Th. G. v. Hippel's

sämmtliche Werke.

Vierter Band.

Lebensläufe nach aufsteigender Linie.
Dritter Theil, zweiter Band.

Berlin,
bei G. Reimer.
1828.

In Berlin, das haben meine Leser, hoff' ich, sehr deutlich eingesehen, gehörte mein Feldkessel zu Hause, den meine Mutter zu kennen nicht die Ehre hatte, und worüber die Frau v. G — hohnlachte, der aber meines Vaters Mitgabe war. —

Nach Königsberg brachte uns ein Major und sein Schwestersohn, der als Junker beim Fuhrwerk stand, die uns beinahe zwei Tage in Mitau ohne Noth verzögerten, die Mittag und Abend in einsweg zu halten, weil eine Leichenpredigt vorfiel, sich nicht lange bedachten, und die, wenn gleich sie nicht erlaubten, sich an grünen Plätzen zu verweilen, doch alle Augenblick einen Platz hatten, wo sie entweder einen guten Labetrunk wußten, oder wo der Wirth eine gute Prise Taback hielt, die Wirthin etwa selbst hübsch war oder eine hübsche Tochter im Vermögen hatte. Jetzt Extrapost, und wenn es meinen Lesern gefällig ist, so bis ans Ende. — Ob wir einen Drosselpastor und sein Schein und Seyn kennen oder nicht, und den siebenmal sieben besondern Grafen; die Lindenkranke Predigerin und ihren Mann mit der Sünde wider den heiligen Geist; Gretchen, die mit mir Ostern auf Minchens Grabe feierte, und Pastors Trinchen, welche die heilige Geiststraße dreimal auf und ab ging, und so viel andere grüne Stellen mehr. Was thuts? Extrapost, nicht wahr?

wenn sie gleich mehr kostet als ein rigaischer Fuhrmann; ich mache mir nichts daraus. —

Von Göttingen. Parnaß und Musen, wie es fällt.

Vortrefflich für Jeden, der Lust und Liebe zum Ding' hat, und doch so ziemlich ohn' Jammer und Schaden für den, der es nicht hat. Diese Akademie hat bei der Letztgeburt den Segen, wie Jakob vom Isaak, ohne ihn durch rauch gemachte Hände zu erlisten, ohne ihn durch ein schnödes Linsengericht zu beschönigen. — So viel ist gewiß, Göttingen ist so wenig die kleinste unter den deutschen Universitäten, daß sie vielmehr auf dem Wege ist, die größte zu werden, oder daß sie es schon wirklich ist, den Großvater in Königsberg in Ehren; allein giebt's in Göttingen nicht auch Großväter? Und wenn gar zum Aelter-Vater Hoffnung wäre? Ich kann den Gedanken nicht bergen, ohne mich zum competenten Richter aufzuwerfen: ob und in wie weit eben der Umstand, weil Göttingen jung von Jahren, vieles zu diesem Fortschritte beitrage? Die Musen werden im ewigen Frühlinge der Jahre dargestellt. — Zwischen Majoraten, Lehnen, Stiftern und Universitäten ein Unterschied! Damit ich noch ein Kappfensterchen aufstoße: wär es nicht gut, wenn sich die Universitäten in Züchten und Ehren einverstünden, was sie eigentlich erziehen wollten? Da könnt' eine erkoren werden, Professores, academische Lehrer zu bilden. Laßt uns Professores machen, Bilder, die uns gleich sind! Den andern Stief- und rechten Schwestern wäre zu überlassen, mit der übrigen studirenden Jugend umzuspringen, oder zu thun und zu lassen, was jetzt gethan und gelassen wird. Kommen denn Alle auf die Universität zu lernen, um wieder zu lehren? Da sind ihrer viel, die nur selbst wissen wollen. Zwischen einem Wisser schlechtweg, zwischen einem Vielwisser und zwischen einem Lehrer, welch' ein Unterschied! Und dann unter der Rubrik, Lehrer, was steht da nicht Alles? Schullehrer, Kirchenlehrer, ist zwar der bekannteste Lehrunterschied; allein auch gewiß der unbedeutendste. O der unaussprechlichen Unterschiede! Wie wird ein Jüngling seinen Weg unsträflich gehen? Diese Welt ist eine Schule, wo Lehren und Lernen abwechselt, und fast beständig so, daß man zu gleicher Zeit lehrt und lernt, Docendo discimus; sonst würd' auch die edle Zeit verloren gehn, die oft die besten Köpfe auf's Lehren verwenden. Es ist indessen wahrlich weit schwerer, zu lehren, als zu lernen. Der Mensch hat was sehr Gelehriges; allein wenn er unterrichten soll, zeigt er überall, daß Gott sein Lehrer gewesen, und daß er, in Rücksicht des Lehramts, das Bild Gottes verloren. Wahrlich, daß es mit dem menschlichen Geschlechte so wenig fortwill, daß es nicht von einer Stelle kommt, liegt am Lehrstande. Das arme Menschengeschlecht, wie es da noch immer in seinem Blute liegt! Und was thun unsere Groß- und Kleinsprecher? Sie bestellen einen schönen eichenen Sarg mit im Feuer vergoldeten Griffen, um für ein standesmäßiges Begräbniß Sorge zu tragen. Die meisten Lehrer sind Curatores funeris, Leichenbesorger. Gott, wann erschallt die Stimme; sie komme aus Osten, Süden, Westen, Norden, wenn sie nur erschallt: du sollst leben!

Ist's also Gotteswerk zu unterrichten, so gehorchet euren Lehrern und folget ihnen, denn sie wachen über eure Seele, so lange sie nicht Irrlehrer sind! Ich glaube mit meinem Vater, daß der, welcher zur rechten Thür in den Schafstall gekommen, fein methodisch seine Lektion gelernt und kein Miethling ist, auch Andern die rechte Thür zeigen und ein guter Hirte seyn könne, der bekannt ist den Seinen und die Seinen kennet. Dies findet vorzüglich bei Universitätslehrern statt, so wie sie jetzt im Schwange gehen. Da hat Jeder seine Lektion, die er ad unguem, bis auf den Nagel selbst, weiß, und also auch lehren kann; indessen sollte man es, bei der Mannigfaltigkeit der Lernenden und des Unterrichts, nicht bei einem — Leisten, ja wohl Leisten, lassen. Würd' es nicht Früchte bringen in Geduld, wenn man die Saat nach der erwünschten Erndte, den Unterricht nach der künftigen Anwendung, einrichten möchte? Jetzt stehen die Studirenden nicht viel ordentlicher als die Bücher in den meisten Bibliotheken, nach der Größe, nach den Bänden, nach dem Schnitt, nach der Anwerbung. Es fehlt nur noch, nach dem Verleger und dem Druckorte. Das Druckjahr, worauf am wenigsten gesehen wird, würde vielleicht ein Umstand seyn, der nicht zu verwerfen wäre.

Der Professor hängt jetzo den Brodkorb bald zu hoch, bald zu niedrig, und wie oft vergessen nicht die Speisemeister auf Universitäten über der Seele den Leib! Zanket nicht auf dem Wege, sagte Joseph zu seinen lieben Brüdern, da er ihnen den Zehrpfennig gab; und wahrlich, dies sollte die Losung aller Universitäten seyn. Durch's Zanken wird zwar die Schale polirt; der Kern aber trocknet ein in diesem fein geschliffenen Gehäuse!

Kann ich doch auf keine Universität kommen, ohne mir ihren Ton eigen zu machen. Ein guter Ton! wenn die Angeber weniger quid est fragen, und alle Wissenschaften zu Experimental-Wissenschaften zu bringen bemühet sind, wie es jetzt am Tage ist. —

In einigen Dingen kann man Universitätsgebrauch lassen. Da man einsieht, wie wenig man weiß, will man lieber irren, als unthätig seyn. Wir ehren einen paradoxen Mann und blößen unser Haupt nicht vor gemeiner Erkenntniß. Wir kleiden uns prächtig und sollen nur rein einhergehen. Ein Sünder, der Buße thut, ist besser als neun und neunzig, die der Buße nicht bedürfen. Ein fähiger Unwissender, er sey wirklich unwissend, oder er könne seine so genannte Vernunft gefangen nehmen, so oft sie die Fenster einwerfen will, ist ein so schönes Naturstück, als man nur, nachdem das Paradies eingegangen, sehen kann. —

Kein Examen in Göttingen. Wozu der Unrath, wenn gleich ein Großvater dabei am Ruder war, wie erwünscht fiel der Blitz durch die Ritze! — Gute Hausmütze, du konntest nicht gelegener, wie ein Eid, das Ende alles Haders machen!

Den Fechtboden und das Reithaus nicht zu vergessen; wahrlich ein paar Vergißmeinnicht in Göttingen! Wir sind hier geborne Fechter und Reiter, sagte mir der Königliche Rath beim Kreisrichter in Königsberg, da der letzte eben eine denkwürdige Schlägerei mit allen ihren Punkten und Clauseln referiret hatte. Kein Wunder, daß ich in Königsberg so schöne Vergißmeinnicht nicht fand!

In Göttingen spielt' ich auf Fechtboden und Reithaus Alexander, wiewohl ohne an jene jugendliche Ritterspiele zu denken, deren vorgestecktes Kleinod Mine war. Berlin aber sah ich vor mir; den Paradeplatz nehmlich in Berlin und in Potsdam, wo der König, wie die Sonn' auf ein Geländer Pfirsichen, wirkt; dann schien es, daß sich ein Gedanke in mir hob, der wollte und noch nicht konnte. Man muß ihm seine neun Monden Zeit lassen! — Getauft soll er werden, wenn er zur Welt kommt. —

Ich studirte die Mathematik. Sie, dacht' ich, ist zu allen Dingen nütze. Sie ist das Lineal und lehrt, sich bei allen Wissenschaften gerade halten. Selbst Cicero maß — — Doch hatte er nicht zu viel Mathematik in seinen Reden?

Zu viel Mathematik im Felde taugt nicht. Was meinen meine Leser vom ciceronianischen Kriege?

Mein Vater war mit dem ganzen Gange meiner Studien, den ich ihm getreulich und sonder Gefährde vorlegte, zufrieden. Meine Mutter empfahl mir, große Männer zu hören, die sich hören ließen, um ihren Ausdruck beizubehalten, und ich lernte hier einen kennen, der weder Hand noch Auge brauchte. Das Auge, pflegte mein Vater zu sagen, hat Christus selbst bei seiner Bergpredigt angewandt. Es gehöret dem Prediger; die Hand aber dem Handwerker. Dieser Redner ohne Aug' und Hand fachte in mir keinen göttlichen Ruf zum Geistlichen auf, der sich völlig gelegt hatte, da ich keine Mine mehr hatte. Bei meiner ersten Predigt galt mir ihr verstohlner Blick und Nummer 5 mehr, als alle übrige klingende Münze von großer Anlage, von unvergleichlichen Kanzelgaben, von kirchenväterlichem Anstande. Minchen liebte mich nach der ersten Predigt mehr als ehedem. Ich hatte mich zum Manne ihrer Seele gepredigt, und war vom Alexander bis zum lieben Jungen erniedrigt oder erhöht worden. —

Vergeblich erinnerte ich mich, daß mein Vater, wiewohl nach dem Brande, mich versichert hatte, daß ein Geistlicher der glücklichste Mensch in der Welt wäre, und daß seine Seele in beständigem Frühling sey, wo es nicht zu kalt, noch zu warm ist. „Frühling ist das Clima des Himmels; in der Hölle ist Winter und Sommer! — Herbst würde alsdann das Fegfeuer seyn!" Beständiger Frühling, guter Vater? Wenn es aber ein nordischer wäre, wo man den Frühling blos im Calender und in einer lebhaften Einbildung hat? Zwar in deinem Lande, wo man zeitig eine Pfeife in der freien Luft raucht, den Wein bei der Quelle trinkt und lange Manschetten trägt. — Aber wo gehörst du zu Hause? wo? „Im Himmel!" Guter Vater, da ist aller Menschen Vaterland. „Dinge der Zukunft sind der Geistlichen Beschäftigung." Das wäre ja ein gefundenes Essen für mich, der ich jagdmüde bin, und wahrlich kein Linsengericht, das eine Erstgeburt zu stehen kommt! Wie aber, wenn der Geistliche über der andern Welt diese vergäße, nur an den Lohn dächte, ohne des Tages Last und Hitze zu übernehmen? Wenn er, den Purpur und die köstliche Leinwand selbst nicht abgerechnet, hier, wie einer der sieben Brüder des reichen Mannes, herrlich und in Freuden lebte; wenn er's mit der Ewigkeit so machte wie geizige Leute, die aus Furcht, in ihrem Lande das Ihrige durch Handel und Wandel zu verlieren, die überflüßigen Capitalien in auswärtige Banquen senden, oder sie auf sichere Hypotheken eintabuliren lassen, um ein recht gemächliches Zinsenleben führen zu können? Man sehe sich doch um; läßt sich denn der Geistliche nicht weit lieber bei seinem Lehnspatron als bei Abraham, Isaak und Jakob zu Tische bitten? Sich zerstreuen, heißt denn das leben? Es heißt, recht geflissentlich nicht leben; es heißt, das Leben fliehen, das ohnehin nicht leiden kann, daß man es sauer ansieht. Zwar giebt's Männer, die, wie mein Vater, ein Rad gebrochen und im Wirthshause weilen, die, wie der Pastor in —, Drosselfänger, und wie der in L —, Ehemänner von Weibern sind, die eine Lindenkrankheit haben, aber —

Ich will es meinen Lesern nicht länger vorhalten. Soldat, dachte ich, um mein Leben in die Schanze zu schlagen, um so zu stehen, wie Urias, wiewohl wider Wissen und Willen, stand, als der König David sein Weib zur Wittwe machen wollte. Welch' eine Kluft indessen war zwischen diesem Gedanken und der Ausführung! welch' eine Veste war einzunehmen! Ich versteckte mich, wie meine Leser es selbst wissen, mit diesem Gedanken unter die Bäume im Garten, und stellte mich geflissentlich so, damit meine Mutter mich am wenigsten sehen möchte, deren Losung es war: „Wer seinen Aeltern nicht folgt, folgt dem Kalbfell.“ —

Ich studirte in Göttingen Kriegskunst. Kriegskunst? — Das war ein Wort für Manchen. Die Kriegskunst und Urias? Aber du guter Mancher! Lernt man denn die Kriegskunst für sich oder für Andere, und steh' ich denn mit dem Urias eben in einem Gliede? Wagen kann der Mensch sich selbst; umbringen muß er sich nicht. —

Die hoch- und wohlgeordnete und eben so auch verordnete Bibliothek in Göttingen ist nicht ein Schatz für Motten und Rost, wonach höchstens die Diebe graben und stehlen; sie ist ein öffentliches Haus, wo Jeder einen Zutritt hat. Die Bemerkung meines Vaters, wie wahr! Eine Universität und keine Bibliothek ist ein Weinhaus ohne Keller. — Da geh' ich doch hundertmal lieber in einen Keller, so finster es auch drinn aussieht, und so schwer hinabzusteigen er auch ist, und trinke die Gabe Gottes frisch und kräftig, fast wie an der Quelle; lieber, sag' ich, als daß ich in manchem prächtigen Auditorio lange gestandenen, warmgewordenen Wein aus einem begriffenen Geschirr trinken sollte. Das Geschirr mag patriarchalisch, griechisch, gothisch oder modisch gearbeitet seyn. Eine Universität und eine Bibliothek sind sich so nahe verwandt, daß ich behaupten könnte, eine Academie sey nichts weiter als eine Bibliothek, wo es oft genug ist, zu wissen, im Schranke linker Hand, da und da! Mit diesem Entschlusse kam ich in Königsberg an, und ging nach Göttingen. Ich that nichts weiter, als Register machen, welches ein ander Ding ist als Kalender, pflegte mein Vater zu sagen. — Das Motto über eine Bibliothek dieses Mannes, der meinen Lesern bei seiner Büchermusterung bekannt zu seyn die Ehre hat, wie richtig! „Machet euch Freunde mit dem ungerechten Mammon, auf daß, wenn ihr nun darbet, sie euch aufnehmen in die ewigen Hütten." —

Ich kann nicht aufhören, zu sagen, was mein Vater gesagt hat. Mich wundert's, pflegte er vor dem Brande zu bemerken, daß man nicht das Vater unser und seinen Namen vergißt, und mancher Professor sein Collegium. —

Außer der Mathematik studirt' ich mich selbst. Wenn Newton entdeckt hätte, wie es mit der Welt von Anfang gewesen, und was es mit ihr, oder mit ihrem Ebenbilde, dem Menschen, für ein Ende haben werde; so wär' es doch noch ein Erfinder gewesen; allein so geht's! Wenn die Menschen sich zeigen, kehren sie wohl vor ihrer eignen Thür?

Seht, wie die Natur es zur Menschenkenntniß recht geflissentlich angelegt hat! Die Menschen sind gesellig, wie man sagt. Wenn wir nach Menschen auslaufen, wollen wir die meiste Zeit nicht den Menschen, sondern diese oder jene That. Nur wenn man was Großes von Jemandem gehört, ist man begierig, ihn zu sehen, und wenn man ihn sieht, sieht man dann wohl den Menschen? — Fast nicht, sondern seinen Geist, (sein Gespenst,) die That, die ihn vergrößerte. Es ist eine Erscheinung, ein Gesicht! Schurken drängen sich vielleicht, große Leute zu sehen, weil sie sich nicht vorstellen können, daß es solche Menschen gebe. Der Edle sieht in den Spiegel.

Auch den Bösartigsten will man sehen; vielleicht um seine Pfosten zu sichern, daß der Würgengel vorüber gehe! Academien sind selbst, um zu sehen. Das Gehör ist ein Stück vom Gesicht. Im Odem liegt die Liebe, in der Rede die Probe von Weisheit und Thorheit. Rede und du bist, hab' ich schon sonst wo behauptet; allein selten trauen wir der Rede, wenn wir Temperament und Gemüthscharakter kennen lernen wollen. Man hält die Zunge für bestochen, für gedungen. Sie ist höchstens ein Hauszeuge. Eben darum der natürliche Hang zur Physiognomik. Man will in den Augen sehen, wie dem Menschen um's Herz ist. Freilich ist's schwer, von dem auswendigen Menschen auf den inwendigen zu schließen. Ich würde weit eher aus dem Kleide, aus dem Pferde den Menschen beurtheilen, als aus seinen Gesichtszügen und andern Schilden, die er vielleicht mit gutem Vorbedacht aushängt, und vom besten Stadtmaler zeichnen läßt. Wäre hier zur Gewißheit zu kommen, würden die Folgen nicht eben so gefährlich seyn, als es die von der Gewißheit unserer Todesstunde sind? Ich gebe selbst zu, Gottes Finger habe in's Gesicht dem Menschen sein Testimonium geschrieben; wer kann aber Gottes Hand lesen? Da sie auf Cains Stirn leserlich werden sollte, mußte sie verständlich gemacht und mit rother Tinte unterstrichen werden. In der nämlichen Rücksicht sind wir so für Handlungen, für's Entstehensehen vor unsern Augen, für's göttliche Sprechen, wo Donner und Blitz eins ist! — „Eher hätt' ich das bedenken sollen?" — Und wenn ich's bedacht hätte, gestrenger Herr, bin ich denn nicht auf der Akademie? Und sollte man, sobald man der Sache näher tritt, nicht finden, daß ich auch hier handle, und nicht erzähle? Hier ist Vivat und Pereat, hoch und tief! — eine Serenade und eine Stunde im Auditorio.

Wollen Ew. Gestrengigkeit Alles mit Einem von hohen Schulen? Wir haben ihnen die Absonderung der Wissenschaften, die Bevölkerung derselben zu danken, und ein gewisses Stellen in Reih' und Glieder. Zwar weiß ich den Einwand dagegen; allein wird dieser Mauerbrecher unserm System Schaden zufügen? Freilich ist Alles in der Welt in der Gemeinheit, und freilich ist noch die Frage: ob es denn so gut sey, daß Alles und Jedes aus der Gemeinheit gesetzt werde? Freilich kann man auch seine Lieblingswissenschaft nicht ganz aus aller Gemeinheit bringen, da selbst Leib und Seele in einander wirken; indessen ist doch ein Tausendkünstler gemeinhin ein schlechter Künstler! — Der Schuster kann dem Maler nicht verbieten, einen Schuh zu treffen, und der Schneider nicht, wenn der Maler ein Kleid fertiget; allein gemalt ist nicht gemacht! — Das Gemenge könnte vielleicht dem symbolischen Erkenntniß förderlich und dienstlich seyn, wo man am Leitfaden der Aehnlichkeit zur Wahrheit kommt; allein bleibt denn auf dem gelehrten Marktplatz der Universität nicht noch eine Gelegenheit zu Symbolen übrig, wenn gleich verschiedene Abtheilungen vorhanden sind? Muß ich denn gehen in dem Garten, um ihn zu beurtheilen, und ist hier nicht ein Ueberblick oft nützlicher als ein Gang? — Alles ist Symbol; Zahlen selbst, wer sollte das denken, sind Symbole der Größe! — Der Mensch ist's von Gott. Darum sind wir so große Bilderliebhaber! — Den Kindern bringt man Alles durch Bilder bei, weil Bilder kleiner als die Natur in Lebensgröße sind. Mit dem Bilde spielt man; allein wer kann es mit der Natur, ohne sich die Finger zu verbrennen? — Je mehr der Begriff in die Sinne fällt, oder in dem Sinne liegt, je weniger Mühe machen die Worte. Je abstrakter aber der Begriff, je schwieriger der Wortfang. Auf Universitäten, wo auf allen Straßen abstrahirt wird, scheint diese Gewohnheit zur andern Natur zu werden! — Selig sind, die nicht sehen und doch glauben. Die Probe bei der Abstraktion ist geistisch. Zwar ist auch hier die Anschauung die Probe; allein sie bleibt so schwer als das zu probirende Exempel selbst, und noch schwerer. Leichter ist's, die Sphären-Musik zu hören, oder ein Dichter zu seyn, als abstrakte Sachen anzuschauen und anschauend zu machen! — Nur Sonntagskinder können Geister sehen, so wie Leibnitz, zum Beispiel, auf einem Baume das Principium indiscernibilium. Zwar geben sich auch Etliche mit Geisterbeschwörungen ab; allein ich halte nichts von der Clavicula Salomonis, und wer weiß es nicht, wie es dem D. Faust gegangen?

Der Fuß schläft zuweilen ein, und wer kann alsdann von hinnen? Man nennt dies Besterben; wer sagt aber, daß der Kopf bestirbt, und doch bestirbt er eben so und aus eben der Ursache wie der Fuß. Wir merken nicht so stark auf das, was den Organenbeweger trifft, als auf die Organe. Ungern lassen wir Etwas auf den Kopf kommen, den wir zur Schau tragen für Jeden, der Lust und Liebe zu sehen hat. Wir thun gegen alle Welt groß damit. Dem Manne der Hut, dem Weibe die Kinder. Den Hut können wir mit leichter Mühe abnehmen; sonst würden wir ihm die Würde eines Ehrenzeichens nicht einräumen. Es gibt Völker, die das Haupt blößen, wenn sie mit Gott reden, und Völker, die es decken. Die es blößen, thun es bei Leibe nicht, um dem Kopf gegen Gott nichts zu vergeben; sie wollen vielmehr zeigen, daß auch der Kopf ein armer großer Sünder sey. Völker, die ihr Haupt decken, schöpfen aus der nämlichen Quelle. Sie schämen sich, vor Gott ihr Licht leuchten zu lassen, und kriechen unter die Bäume im Garten. — — —

Sollte hie und da ein Kunstrichter von meinem Kopf zu behaupten für bequem finden, daß er zuweilen besterbe — so mag er wissen, wie man der Erde nicht ansehe, daß sie spornstreichs laufe. — Sieh da! — Ich reise Extrapost, und scheine nicht von der Stelle zu kommen! — Für's Kleinkauen bin ich nicht, guter

Freund, so gesund es übrigens deinem schwachen Magen seyn mag!

Alles, was ist, hat Geist und Leib. — Ich liebe von Allem nur den Geist, vom Buch, vom Trank, vom Essen.

Wie weit, sagte mir einstmals ein feiner Jüngling vor der Stunde, wie weit sind noch unsere hohe Schulen vom Ziele! wie weit! — Alles ist noch zu tapfer, anstatt daß es verfeinert seyn sollte. Je roher die Nation, je tapferer der Bürger! — Je mehr Renommist, je weniger Fleiß!

Aber, fing ein Andrer an, wissen Sie auch, daß ein Knäbchen, Milch und Blut im Gesicht (schon wollt' ich Angesicht sagen, das gebührt keinem Knäbchen), wissen Sie auch, daß ein solches Bürschchen mit aller seiner Wissenschaft kein Kerl ist? Ich nahm mich diesmal des Andern an. Der Nutzen ist beim Geschmack nur nebenher, sagt' ich. Sobald der Nutzendurst, eigentlich Hunger, zu merken ist, leb' wohl, Geschmack! Fein ist der, der in der Anschauung Vergnügen findet; fest, steif, klug, wer auf Nutzen, wenn der Nutzen gleich nicht zu den sichtbaren Geschöpfen gehöret, bedacht ist. Nutzen ist ein Gegenstand des Nachdenkens, Feinheit ist ein Dienst der Sinne. Wenn aber gleich eine silberne Dose weniger gefällt, als eine von zerbrechlichem Porcellain, es sey berlinisch oder aus Dresden; was meinen Sie, hat man denn immer Zeit, eine Dose zu warten? und ist's nicht unangenehm, wenn sie bricht? Hat man denn nicht mehr in der Welt zu thun, als Geschmack und extrafeinen Geschmack zu zeigen? Ein Bauer, der seine milchgebende Kuh verkauft, um sich eine Alonge zu kaufen, oder eine brabanter Kante, oder einen Rubens (ein Stück von ihm), was meinen Sie?

Wer recht viel vor sich gebracht hat, kann an Verfeinerungen denken; wer sein Feld gebaut, an den Garten, und wer sein Haus in Dach und Fach berichtiget, an Verzierung in seinen Zimmern. Das Menschengeschlecht, in Wahrheit, hat so wenig mehr zu verlieren, daß, wenn es noch lange mit zerbrechlichem Porcellain spielen wird, wenn es nicht bald anfängt sich zu besinnen und eine silberne Dose, die was aushält, zu kaufen, wenn es nicht wieder auf Dauer, Stärke des Leibes und der Seele, zu sehen sich entschließt, nicht viel drum zu geben ist. Wäre das menschliche Geschlecht mehr Renommist, mehr stark, mehr teutsch, man könnte eher was mit anheben.

Ja wohl, sagte Herr v. G—, der diesmal in der Stunde war, wer nicht seine drei Tag, und Nächte auf der Jagd seyn und dem Hirsch den Fänger entgegensetzen kann, ist weder zum Groben noch zum Subtilen aufgelegt. Mehr wollt' er nicht anbringen, um es mit dem Jüngling, der, so fein er war, doch wohl Herz haben konnte, nicht zur Jagd anzulegen.

Ein Haus, pflegte mein Vater zu sagen, das lange Niemand bewohnt hat, verliert ein gewisses Leben! — Was nur bewohnt ist, lebt, oder ist belebt. Es ist ihm ein Leben eingehaucht. — So geht's mit den Wissenschaften, sagte Herr v. G—, da ich bei einer Gelegenheit die väterliche Bemerkung mittheilte. Ich freue mich, daß ich auf ihn komme, um noch anführen zu können, daß ich auch in Göttingen in seiner Seele studirte. Unser Wirth hatte keinen Taubenschlag, am wenigsten ein geschmackreich gebautes Hühnerhäuschen, keinen Garten; und wie konnte sich Herr von G— anders helfen, als daß er sich drei Hunde zulegte, die er Argos hieß? Sie hatten andere Namen; er aber firmelte sie. Ich will nichts vom christlichen Namen Satan sagen, fing er an, wie kann aber ein Hund Packan heißen, wenn man in Königsberg vom Großvater examinirt ist? Homer! ich kann dich anreden, denn du lebst, du bist unsterblich! — Wie ist's möglich, dir ein besseres Opfer, selbst in christlichen Zeiten, zu bringen? Die dir angrenzende Nachwelt schlug sich deines Geburtsorts halber; ein curscher Edelmann nennt seine Hunde Argos! Wer es empfinden kann, wie schön es sey, daß ein Buch auf's Leben wirkt, was kehrt sich der an die Packans seiner Zeit! —

In einem kleinen Garten kann füglich nicht Natur seyn. Der Geschmack liebt Miniatur! — Er besteht in der Kunst, etwas aus dem Großen in's Kleine zu bringen, um es übersehbar zu machen. Er ist so etwas Menschliches, als die Natur Göttliches ist! — Und hiemit, löbliche Universitäten, lebet wohl, lebet wohl! Wir scheiden so, wie in diesem Theil oft geschieden werden wird! — Ihr habt keine Authentica habita Cod. ne filius pro patre etc. nöthig, keinen Kranz, kein Gnadenzeichen — die ganze Fülle der Gelehrsamkeit wohnt in euch leibhaftig!

In seinem ganzen Leben hatte mein Vater keinen längern Brief geschrieben, als den ich auf meinen berlinischen von ihm erhielt. Ein groß Compliment für König Friedrich, wenn er teutsch könnte. Mein Vater suchte Rinnen, um abzulaufen, so voll war er —

Ich habe zwar die Melodie noch behalten; allein den Text hab' ich in diesem sogenannten freien Lande, daß sich Gott erbarm! vergessen. Ein Hutmacher macht Cardinäle; allein kein Juwelier einen König! — Ich will es nicht sagen, daß es dir wie manchen Malern gegangen, die das Pferd besser als den Reiter treffen; allein wie ungern fand ich hie und da einen Abbruch zur Unzeit! Reden kömmt vom Reden; Thun vom Thun. Weiber essen sich trunken; Männer müssen Pokale haben, wenn sie warm an der Stirne werden sollen! —

Auszug aus einem Briefe nach Königsberg.

Gern seh' ich, daß du den König sehen wirst! — Wenn er dich mit seinem Aug' electrisirt, fühl' es, daß es ein königlicher Funke sey. Grüß' den König von mir. Das heißt, sieh' ihn für dich und für mich! Man glaubt gleich Alles im Menschen zu finden, was der Andre sagt. So kann man für groß und klein, klug und unklug gehalten werden, je nachdem man im Ruf ist. — Es ist gut, daß sich die Könige nur selten, und dann zu Pferde zeigen. Sie sind geborne Reiter. Wandelten sie unter uns, wie oft würde der allerunterthänigst treugehorsamste Knecht sein Uebergewicht empfinden! —

Fortsetzung des vorigen Briefes auf meine Epistel von Berlin.

Es gibt olympischen Neid oder Eifersucht; der steht einem Könige nicht übel, vielleicht ist er uns Allen nützlich. Dieser Neid schadet dem Andern nicht, sondern ist nur bemüht, sich nicht vorkommen zu lassen. Wir sind Alle faul von Natur und brauchen Leidenschaftenvorspann, um weiter zu kommen! —

König! Wo kommt's her? Von können? Kung, wie du weißt, heißt im Lettischen Herr. Nicht, als ob meine Achtung für Könige eine Folge von der Meinung wäre, die ich für die Person selbst habe. Meine Achtung ist so rein nicht, als ein mathematisches Problem; du kannst es nicht vergessen haben, daß ich von jeher des Dafürhaltens gewesen, der monarchische Staat würde uns in mancherlei Hinsicht zum Reiche Gottes führen. Wilde Bäume haben Stacheln. Ungezähmte Thiere fallen den Menschen, ihren Herrn, an. Und lehrt's nicht die tägliche Erfahrung, daß sich ein freier Staat sehr bald in kleine fingerlange Königreiche zergliedert? Hier und dort und da fängt sich ein Mensch zu verbreiten an! Da geht's ihm denn freilich wie dem menschlichen Körper, der, wenn er in gewisse Jahre kommt, an Größe in der Breite mit dem Verlust der Kräfte und Wirksamkeit zunimmt. Das Ganze leidet bei solchen Kleinkönigen; die Beilage hiezu ist Curland und Semgallen. Man lobsinget dem Alten, weil man im Wahn stehet: die Natur brauche sich ab, werde alt! — Nicht also; noch heute kann Eden werden, im Gedicht und im Original. —

— Ich nehme dem Könige Friedrich seine Schatzkammer nicht übel. Wo eine Qualität ist, da laß ich auch eine Quantität gelten. Das Geld ist beim Privatmann ein schönes Piedestal, und ein König, der so wie er denkt, muß entweder alle Augenblicke Schatzungen ausschreiben, oder es machen, wie Friedrich — was ist besser?

— Die Farbe des Verdienstes ist die Farbe der Schaamröthe, so, daß auch alle rothe Farbe von ihr ein fast allgemeines Ansehn erhalten hat. Sie ist von ihr in's Geschrei gebracht. Purpur ist die Schaamröthe auf einer braunen Wange! — Unser guter Herrmann reißt beim letzten Vers des Liedes alle Züge seines Positives auf, und die gewöhnlichen Redner und Schreiber suchen mit einem epigrammatischen Gedanken zu schließen. Mich schmerzt so was. Stich ist Stich. — Dein Brief schließt V. R. W. mit dem alten Vale! Vale!

Ueber das Spiel hättest du mehr schreiben sollen. Es scheint mir wechselseitige Abmachung, interessirt seyn zu können. Eigennutz und Alles und Jedes, wo das Wort eigen vorkommt, ist aus dem Stammhause Eigenliebe. Wer kann indessen in einer guten Gesellschaft einen Menschen ausstehen, der ohne End und Ziel von sich selbst spricht; es wäre denn, daß er sein überstandenes Unglück erzählt. Eben so ist ein Eigennütziger ein Greuel im Umgange. Das Spiel scheinet erfunden zu seyn, den menschlichen Neigungen, die man durch Lebensart zu unterdrücken verbunden ist, zu Hülfe zu kommen. Wir würden es sehr übel nehmen, wenn der Andere uns geflissentlich gewinnen ließe. Der Gewinner muß indessen eben so viel Glück als Spielverstand zeigen, wenn wir ihm das Recht zu gewinnen zuerkennen sollen; obgleich es auch gewiß ist, daß Spieler Diesen gern, Jenen höchst ungern gewinnen lassen, es besitze Jener gleich Glück und Verstand in der besten Proportion. Du verstehst mich von ferne. Unter dem Worte Spieler versteh' ich Keinen, der auf's Spiel ausgeht, oder vielmehr ausläuft. Keinen Virtuoso, sondern einen Dilettante, um es dir deutlicher (das heißt oft uneigentlicher) zu geben. Bei Leuten, die keine Bewegung haben, ersetzt das Spiel diesen Mangel. Es ist Seelenbewegung, die nöthiger ist, als die körperliche; es ist eine Abwechselung aller Leidenschaften, aller Jahreszeiten hätt' ich bald gesagt; und zur Gesundheit gehört diese Abwechselung. —

Der König spielt nicht; kein König sollte spielen. Spiel ist Zeitvertreib, und wer kann des Morgens Karten mischen, ohne das Unschickliche zu fühlen? Ich kenne noch keinen Violonisten, der nicht selbst einem treuen Kenner oder Liebhaber lästig geworden, wenn er vor Mittage gespielet!

König Friedrich hat gern Leute, die Glück haben. Wo Verstand ist, muß auch Wille seyn. Ein Entwurf will Ausführung, ein Anfang Vollendung. — — — Man glaubt selbst glücklich zu werden, wenn man Glücklichen so nahe ist, und wer beschäftigt sich nicht am liebsten mit Dingen, wo Glück dabei ist. Drum spielt man Karten, drum setzt man in die Lotterie, drum geht man auf die Jagd, wenn man kein König ist, drum führt man Krieg, wenn man König ist. — — Herr v. G. sagt, alle Könige sind Spieler. —

Leb wohl, gieb dem Kaiser, was des Kaisers, und Gotte, was Gottes ist. Fürchte Gott, ehre den König. Lebe wohl! —

Aus einem andern väterlichen Briefe.

Deine Mutter schreibt dir viel, und unfehlbar auch von mir. Ich bin nicht mehr, der ich war. Wenn man einmal in gewissen Jahren ist, hat man sich so ausprobirt, daß man lange vor Krankheit sicher ist. Da weiß man den verstimmten Clavis überzuspringen, da hält man eine Rede ohne R, wenn man das r nicht aussprechen kann. So ging's mir; aber die Jahre traten ein, von denen es heißt: sie gefallen uns nicht. Das erstemal, daß ich klage. Stöhnen erleichtert den Schmerz, so wie der Aufschrei das Schrecken. Was hilft es, daß du früh aufstehst, und lange sitzest, und dein Brod issest mit Sorgen? Seinen Freunden giebt er's im Schlafe, im Tode. — Wer nach einer frohen Stunde den Tod schön finden kann, das ist ein Mann. Leben und Tod liegt im Gemenge. Was thun wir im Tode? Wir legen blos das Kleid ab, das Jedem zu enge ist. Wir glauben vom Tode, so wie die Jünger von ihrem Herrn und Meister, er sey ein Gespenst. Ueber vierzig Jahre, wer wird von denen seyn, die jetzt sind? — Diesen Augenblick kann man deine Seel' abfordern, und was wird es seyn, das du an Zeit gesammelt hast? — Ich habe mich lange umgesehen, um von hinnen zu ziehen in's Vaterland! — ἀνέχου καὶ ἀπέχου. „Lebe wohl!"

Das letzte Lebewohl! Der Herr setze ihn über viel, diesen lieben Getreuen über wenig! – Er ist eingegangen zu seines Herrn Freude! Amen! Amen! —

Ich kann nicht mehr, als Amen schreiben, obgleich es schon so lange her ist, daß er mir dies letzte Lebewohl schrieb. — Um es authentisch meinen Lesern mitzutheilen, schrieb ich es aus dem Original aus, das noch da vor mir liegt. Ich weiß es, daß einige meiner Leser dem Herrn v. G. nachsagen werden, die Königin ist weg, das Spiel ist verloren! Der Trefflichste in diesem Buch ist gefallen! — Meine Leser haben ihn gehört und ich! ich hab' ihn gesehen! — Noch seh' ich diesen Mann. Jede Falte in seinem Antlitz zeigte, wie gut er war! Wahrlich, die beste Probe eines guten Alten! — Ist's nicht wahr, daß die Falten sich nach den Lieblingsmienen des Menschen formen? Ist's nicht wahr, daß sie da reifen, wo jene blüheten? O könnt' ich ihn darstellen! —

Ruhe sanft, seltener Mann! Dein Segen war die Wolken- und Feuersäule, die mich geleitete auf meinen Wegen. Deinen Tod feiern, heißt: Deinem Beispiel folgen!

Er ging mit der Sonn' unter! Es blieb unentschieden, wer schöner untergegangen! — In Abendroth gekleidet war die Wolke, die ihn zum Himmel nahm, schrieb meine Mutter.

Er starb den 24. Junius des Abends um 9 Uhr, in seiner Lieblingsstunde. Jeder hat seine Zahl, die ihm am Herzen liegt, versichert meine Mutter. So war dem hochgebornen Todtengräber sieben in's Herz geritzt, die Zahl der Ruhe, die Sabbathszahl, die Zahl der Vollendung. Meines Vaters Liebling war die Zahl neun! Sie ist neun, pflegt er zu sagen und bleibt neun. Zweimal neun ist achtzehn, acht und eins ist neun; dreimal neun ist sieben und zwanzig, sieben und zwei ist neun; viermal neun ist sechs und dreißig, sechs und drei ist neun. Es ist die Zahl der Beständigkeit! Es kann seyn, daß die im ewigen Frühlinge sich befindenden neun Jungfern den ersten Probirer auf diese Berechnung gebracht, oder die Berechnung auf die neun Musen. Wer kennt nicht, wie mein Vater, die liebe, treue neunte Zahl? — Meine Mutter schreibt, diese selbstbeständige Zahl blieb ihm auch treu bis in den Tod. Er starb um neun Uhr Abends, ward neun und funfzig Jahr alt, neun Monate und neun Tage!

Doch der Tod meines Vaters gehört zum vierten Bande, der seinen Lebenslauf enthalten soll, den ich bergab zu erzählen versprochen habe.

So viel noch vorläufig! Er starb, wie er lebte, sprach bis in den letzten Augenblick seines Lebens, wie Sokrates, sein Freund!

Meine Mutter beschloß ihren Brief! Curland war sein Zoar, wo dieser fromme Lot Gnade fand vor Gottes Augen. Sein Vaterland hab' ich auch in seinem letzten Augenblick nicht erfahren, so herzlich gern ich es auch, die frühen Spargel und die Pfeife in der freien Luft und die langen Manschetten an seinen Ort gestellt, — in dieser Welt gewußt hätte. Er hat überwunden so manchen Hohn, der ärger ist als andre Leiden dieser Zeit, bei welchen wir in die Hände Gottes fallen! — Je mehr Pfand, je mehr Wucher! Seine Melchisedechs-Predigt, wo Salz und Schmalz war, und so manche andere gewaltige Predigten, zeigen, daß er nicht von sich selbst geredet, und so sang er auch nicht von sich selbst, da er bei der zweiten Strophe im zweiten Discant einfiel:

Läßt sie nicht lange weinen
In diesem Jammerthal! —

Er wird nicht in dem himmlischen: Heilig, heilig, heilig! einen falschen Ton angeben oder den Takt verlieren, dafür steh' ich! — Er wird mir aber danken, daß ich ihm Sang und Klang empfahl, um dort bei der Probe zu bestehen. Das Wissen bläset auf, aber die Liebe bessert! —

Auch sie singt schon im höhern Chor ein himmlisches Halleluja! ein Heilig, Heilig, Heilig! desgleichen kein Ohr gehöret und in keines Menschen Herz kommen, und Gott bereitet hat denen, die ihn lieben! — Hier war sie ein Lied, dort ist sie ein Psalm Davids; hier ein Sonnabend, dort ein Sonntag, ein Sabbath; hier ward sie gesäet in Schwachheit, dort geht sie auf in Kraft! Wohl dem, der so stirbt, wie sie! Sie wartete auf ihren Tod, wie Simeon auf den Trost Israels. Sie starb wie Simeon: „Herr! nun lässest du deine Magd in Frieden fahren!"

Mein Leib und Seel' befehl ich dir,
O Herr, ein selig End' gib mir!

Das war nach Minens Tod ihr immerwährender Seufzer! Ach wenn werd' ich dahin kommen, daß ich Gottes Angesicht schaue! Ich habe Lust abzuscheiden! Sie war getreu bis in den Tod, und wahrlich, wahrlich! sie hat das Ende des Glaubens, der Seelen Seligkeit, die Krone des Lebens davon getragen. — Solch' ein Weib stirbt nicht alle Tage! Wenn der hochgräfliche Todtengräber sie hätt' observiren können, was hätte er drum gegeben! Elias sprach zu Elisa: bitte, was ich dir thun soll, ehe ich von dir genommen werde. Elisa sprach: Daß dein Geist bei mir sey zweifältig. — Sollt' ich mich trügen, wenn ich behauptete, daß Viele diesen Wunsch hinauf gethan? — Nun so mögen die Prophetenkinder allen diesen guten sanften Biederseelen das Zeugniß geben, das sie Elisen gaben: Der Geist Eliä ruhet auf Elisa, ruhet auf diesen Wünschenden! Er ruhe wohl! —

Meine Leser werden sich mit leichter Mühe erinnern, daß mein Vater in seiner Bibel beim Hauptmann zu Capernaum und bei drei Obersten Zeichen eingeleget, nicht minder überall, wo das Schwert schlägt, das Fähnlein weht, Trompeten schallen, und wo Sold ausgetheilt wird. Eben so erinnerlich wird ihnen die Epistel am ein und zwanzigsten Sonntage nach Trinitatis seyn, die in der väterlichen Bibel erschrecklich begriffen war, und die ich meinen Lesern im ersten Theile, so wie sie im lutherischen Altdeutschen lautet, wörtlich vorgelesen. Sollte hie und da einem Capitellosen dies in Vergessen gerathen seyn; so sey es mir erlaubt, ihn an meine Mutter zu erinnern, die, wenn sie meinen Vater, mit dieser Epistel angethan, zur Kanzel steigen sah, zu sagen die Gewohnheit hatte: Heute geht er gestiefelt und gespornt, wie ein geistlicher Ritter, auf die Kanzel. Indessen war auch sie, das gute Weib, von einer Prädilektion wegen gewisser Spruchstellen nicht frei. Jeder Mensch hat nicht blos seine Lieblingszahl, sondern auch seinen Spruch. Der Liebling meiner Mutter war: „Der Herr hat's gegeben, der Herr hat's genommen." Wenn der Kelch noch nicht da war, mochte sie vielleicht gewünscht haben, er gehe vorüber; allein wahrlich, sie hat auch herzlich hinzugefüget: Nicht wie ich will, sondern wie du willt! Meine Mutter fand im diesseitigen Leben zwar Dornen und Disteln, allein auch Veilchen, Himmelschlüsselchen und Krausemünze. Sie hatte mit Schmerzen ein Kind geboren; allein dafür hatte sie auch einen Sohn. Dieser hieß zwar Alexander; allein er studirte Theologie. Ihr Ehemann sagte zwar nicht, wo sein Vaterland wäre; indessen war er doch rein und lauter in Lehr und Leben. Zwar konnte sie eine Zeitlang keinen Menschen auf's Kanapee nöthigen, der Name Melchisedech ward nicht anders als bei gedeckten Thüren ausgesprochen, und selbst alsdann noch nur in's

Ohr; indessen schlug mein Vater doch durch eine einzige Predigt so viele Blutgierige und Falsche, und befreite das Kanapee, das, wie ein verfluchtes Schloß, wüste war, vom Fluch. — Ein Weib, wie meine Mutter, war mit allen Wegen Gottes kindlich zufrieden. — Wenn sie unter den Israeliten gewesen, so hätte sie nach keinen Wachteln verlangt, obgleich sie ein Priesterweib und aus dem Stamme Levi war. Mit Manna hätte sie sich begnügt, so daß ihr nie ein Fleischtopf eingefallen wäre. Sie war nicht wachtellüstern. Viel für eine Pastorin! Da ich in meinem vierzehnten Jahr ohne Hoffnung krank darnieder lag, und mein Vater Licht! Licht! Licht! rief; sang sie mit einer Seelenfassung:

Gott eilet mit den Seinen,

daß sie sogar meinen ungestimmten, unmusikalischen Vater dahin sang, daß er selbst bei der zweiten Strophe im zweiten Diskant einfiel, wie oben und unten erwähnt worden! —

Da mein Vater nach dem Brande versicherte, daß, da Cleopatra die eine Perle auftrank, sie nicht mehr verzehrt hätte, als er, und daß kein Lucius Plancius die andre Perle gerettet; war meine Mutter so Gott ergeben, daß sie mitten in der Predigt sang, mitten im Gewitter sanft regnen ließ, und nur Eins lag ihr auf dem Herzen, daß ich nicht gepredigt hätte, eh' ich stürbe!! — Wie sehr ich meine Mutter geliebt, ist am Tage, und wenn selbst mein Tod sie nicht aus dem Lebensconcept bringen konnte; ich wüßte nicht, was sonst sie zu unterbrechen im Stande gewesen. — Nichts, nichts konnte sie scheiden von ihrer Fassung, nicht Trübsal, nicht Angst, nicht Tod, nicht Leben! Wahrlich, sie kam nie aus der Melodie, sie hielt Takt, und konnte selbst ihre Hausgenossen, ihre Corinther, wie sie sie in ihrem Condolenzschreiben nannte, in Takt und Melodie setzen. — Minens Tod indessen brachte sie so sehr vom Leben ab, daß sie gern sterben wollte.

„O des schönen Baums im Garten Gottes!" schreibt sie noch in ihrem vorletzten Briefe. „Nach ih-„rem Ableben fühl' ich keinen Schlag mehr der herrli-„lichen Natur, wovon sonst meine Seele genas! Sie „elektrisirt mich nicht weiter. Sie ist mir nicht greif-„lich. Sie sitzt mir nicht mehr, daß ich sie malen kann! „Keine Tulpe öffnet mir ihren keuschen Busen, den sie „zuschnürt, wenn der Abend sich Freiheiten herausneh-„men will. Die Rose lockt mich nicht wonniglich in „die Abendkühle. Wenn ich sonst in den Wind sahe, „war mir, als hätt' ich mich mit kaltem Wasser er-„frischt, jetzt wird mir warm um's Herz, wenn ich ihn „sehe! Er macht mir Hitze. Da seh' ich die Saat, die „sich krümmet, wie das Alter, und sage nicht: Sey „gesegnet im Namen des Herrn! Und dem Baume „wünsch' ich nicht Glück zur Erziehung seiner neuge-„bornen Frühlings-Sprößlinge, die ich sonst so gern „mit einer Hand voll Wasser zu taufen pflegte! — Ich „verstehe die Linde nicht mehr, wenn sie in der Gegend „den Priester vorstellet, wenn sie sich ehrfurchtsvoll nei-„get, das kleine Gesträuch segnet und für selbiges be-„tet. Es rühret mich nicht mehr, wenn dieses kleine „Gesträuch so rings um die priesterliche Linde steht, „und mit deinem Geiste lispelt, oder wenn es „vielmehr, nach russischer Art, mit einem Gospodi pu-„milu sich bückt.

„Wie schwer athme ich den Balsam des schönen „Morgens ein! Ist's mir doch nicht anders, als wenn „ich Arzenei einnähme! Wie pflegte mich die Natur „lieb zu haben! Wie fest an sich zu drücken! — Lieb „hatt' ich sie wieder! ich weinte oft vor Freuden in „ihren mütterlichen Armen! O ich habe eine liebe, gute „Mutter verloren! — Wenn ich jetzt etwas seh', ist's „alles ungerathen, eitel! Da ärgert mich der Baum, „der gerade wachsen könnte, und aus Eitelkeit schief „wird, um sich in dem kleinen Gewässer zu bespiegeln, „das in einiger Entfernung blinket — und dort ver„drießt mich das elende Kraut, das sich auf der stolz „herausgewachsenen Wurzel der Eiche niederläßt und „diesen edlen Baum chikanirt, wie oft der Pöbel große „Männer.

„Zwar lieb' ich mich abzusondern; allein ich kann „nicht ganz allein seyn; das heißt im Finstern. Licht „ist Gesellschaft, pflegte unser Seliger zu sagen, und „ich brenne selbst Licht in der Nacht, als ob ich's bes„ser wüßte, wie der liebe Gott, der gewiß mehr Licht „am ersten Tage hätte schaffen können, wenn es gut ge„wesen wäre. Bei weitem bin ich nicht, was ich war. „Eine Scheelsichtige bin ich!

„Das Kind muß einen Namen haben! Warum „Winkelzüge? Freude an der Natur ist das Proba„tum est eines guten Gewissens. Eine feurige Koh„lensammlerin, eine Aufhetzerin ist die Natur dem, der „es mit dem Gewissen verdorben hat. Den Zorn kann „man besprechen; allein den Schmerz nicht.

„Das thränenschwere Veilchen gefällt meinem Au„ge am meisten, weil sich gleich und gleich gern gesel„len, und wenn uns Beiden der Tropfen entblinkt, sehen

„wir gen Himmel, der am besten weiß, was uns „nützet. Da zitterte gestern ein Tropfen auf einem „Vergißmeinnicht, und der in meinem Auge bebte „eben so lange, bis mein Auge zugleich mit die= „sem blauen Blümchen entbunden war, und beide Tro= „pfen zusammenflossen zu den Füßen des schönen Ver= „gißmeinnicht. Mine, Mine, Mine! Ich vergesse „dich nicht, ich vergesse dich nicht! —

„Welke, gelbe Blätter, das ist meine Wonne, wenn „sie abfallen, ich lese und höre Gottes Wort; allein „ich lege keine Sylbe bei! Und je mehr ich mich fassen „will, je ärger ist's. So geht's mit den Leidenschaften, „sagte dein Vater, je mehr man drückt, je elastischer „sind sie! — Ich, die ich keine Fliege auf dem Rücken „liegen sehen konnte, wenn sie an's Fenster prallte und „sich den Kopf stieß; ich, die ich ihr aufhalf, obschon „sie mich oft aus der Melodie sumsete, habe unschuldig „Blut verrathen. O Mine! Ist's Wunder, daß mir „der Blüthenschnee wie ein Leichentuch vorkommt? O „wenn wird es von mir heißen: Ich liege und schla= „fe ohne Kummer! Wie lange soll ich noch fragen: „Hüter, ist die Nacht schier hin? Wann ruft „Gott der Herr in mein Chaos: Es werde Licht, „und es wird Licht? Wann sing' ich im höhern Chor: „Der Tag vertreibt die finstre Nacht?"

Das war die anhaltende traurige Lage meiner Mutter um Minens willen! — Geschieht das am grünen Holz — Die gute Bußfertige! In ihrem Trost= schreiben, das ich in seiner Länge und Breite mitge= theilt, so wie sie es in verschiedenen Absätzen, die sonst ihre Weise nicht waren, an mich erlassen, war nichts in der ersten Hitze geschrieben. Sie blieb so, bis in ihren Tod! — „Wer lebt so, wie er glaubt?“ pflegte sie zu fragen, und darauf: „Das thaten nur die Apostel,“ zu antworten. Wahrlich! sie lebte, wie sie glaubte. Sie that, was sie sagte. Sie redete lebendig, sie handelte, wenn sie sprach. Jetzt war sie nicht mehr die Sanftfließende! — All' Augenblick schlug sie Wellen. Sie lag nicht still auf einer Seite. Sie riß das Deckbette.

Etwas über das Gewissen.

Man sey noch so fromm, noch so gut, wer hat nicht ein Wort, dem er nicht auswiche, wie meine Mutter, wiewohl meines Vaters halber: Melchisedech. — Wer hat nicht eine Handlung, an die er ungern denkt, und wer kann auch bei der sorgfältigsten Bemühung, ein unbeflecktes Gewissen zu behalten, beides vor Gott und den Menschen, vor allem Schaden stehen? Zwei Dinge sind uns noth, Gewissen und Ruf. Dieser des Nächsten, jenes unsertwegen. Das Gewissen aber verdient, nach der Meinung eines Weisen des Alterthums, mehr Rücksicht als der Ruf. Dieser kann trügen; jenes nie. Beim Ruf fällst du in der Menschen Hände; beim Gewissen in die Hand Gottes. Ich halte dafür, daß es zweierlei Gewissensarten gebe, ohne dem neuen gewissen Geist, den wir als eine Frucht eines guten Gewissens von Gott erwarten können, ohne dem göttlichen Diplom des Gewissens zu nahe zu treten, und auch ohne auf der andern Seite die Distinktionen von Vor- und Nachgewissen u. s. w. ungültig zu machen. Es ist ein Lebens- und Sterbens-Gewissen. Auch der redlichste Richter findet, ehe er von seinem Obern untersucht werden soll, noch Mängel, ohne auf ABC-

Schnitzer, die nur ein Revisionsknäbchen rügen kann, Rücksicht zu nehmen. Auf die Frage, was ist die Freiheit? antwortete jener Weise: Ein gut Gewissen. Wer ist aber, der sich nicht zuweilen, wie ich mit meinen Soldatengedanken meiner Mutter halben, unter die Bäume im Garten versteckt und von Feigenblättern sich Schürzen macht? Auch Julius Drusus, der in einem durchlöcherten Hause wohnte, und welcher das Anerbieten eines Künstlers, für fünf Talente diesen Flickbau zu übernehmen, mit den Worten ablehnte: Daß er zehn geben wolle, um sein ganzes Haus aller Augen darzustellen; auch er wird doch bei allen guten Zeugnissen seines Lebensgewissens, ein dunkles Kämmerchen gehabt haben, wo ihm ein hereingeschlagener Funke ein ungebetener Gast gewesen wäre!

Am Sonnabend überdenkt jeder gute Haushalter die Woche; am letzten Tage im Jahr, das Jahr; im Sterben das Leben! Es ist gleichviel, ob ich es hier oder wo anders erzähle. Ich habe einen Deserteur — in — — erschießen sehen, der, seiner angebornen Freiheit halber, sich nicht überzeugen konnte, von Rechts wegen ein Mann des Todes zu seyn. Selbst die spitzfindigsten Rechtslehrer entschuldigen hiermit die Flucht aus dem Gefängnisse, und in einem gelehrten theologischen Werklein, das ich gelesen, wird von einem Casuisten behauptet, daß ein Missethäter, der auf den Tod säße, mit gutem Gewissen, wenn er dazu Gelegenheit hätte, entfliehen könnte. Es liegt wirklich etwas Menschliches drinn, daß die Flucht aus dem Gefängnisse die Strafe nicht vergrößert, die auf den Missethäter wartete, wenn er nicht geflohen wäre. Mit der Desertion ist's so eine Sache. Es kömmt Alles auf den Contract an, den der Soldat eingehet. Unserm waren von den Capitulationspunkten nicht ein einziger gehalten, und doch sollt' er des Todes sterben. Bitter und gesetzt, wie ein Märtyrer, ging er zum Richtplatz. Die Märtyrer haben alle den Todesgang, als wäre nichts, Welt auf, Welt ab, ihrer werth. — Die Geistlichen hatten sich müde und matt bemüht, unserm Verurtelten zu beweisen, daß er alle zehn Gebote, und des D. Luthers Auslegung obenein, bis auf jedes Comma und Punkt übertreten hätte; allein er blieb dabei, er sterbe unschuldig. Nun sagte einer der vornehmsten unter den Ehrwürdigen Herren, so wäre seine Behauptung, unschuldig zu seyn, eine Todsünde: denn, setzte er hinzu, wenn wir Alles und Jedes gethan haben, was wir zu thun schuldig sind, bleiben wir doch unnütze Knechte und des Galgens werth. Da der Deserteur aber diesem Manne, der die Sache beim rechten Ende angegriffen zu haben glaubte, seinen Platz anbot, hieß es, daß sie so nicht gewettet hätten. — Kurz, weder Kaiphas noch Pilatus, weder das geistliche noch das weltliche Gericht konnten ihn von seiner Märtyrer-Denkungsart abbringen. Der Tag des Todes erschien, und auch der ging ihm auf wie alle andere, außer daß er, der Luft wegen, die er, wie er sagte, lange nicht genossen, ein Glas Wein frühstückte. Es ward zum Todesgang getrommelt. Fürchterlich! — Er ging ihn, da er sich blos wegen der bösen Luft präcaviren zu dürfen glaubte, getrost. Unterwegs fiel ihm ein Bettler in's Auge! Halt! schrie er — ich habe gesündiget! Gott erbarme sich mein, nach seiner großen Barmherzigkeit! Sagt' ich nicht, fing der Geistliche an, der ihm das Geleite gab, kommt Zeit, kommt Rath. — Der Märtyrer kam so aus der Fassung, daß er kaum weiter konnte. Der commandirende Officier, der an der armen Seele des Deserteurs wahren Theil nahm, bewilligte ihm Zeit und Raum zur Buße, und war eben im Begriff, ihm den Soldateneid vorlesen zu lassen; der Geistliche, die zehn Gebote mit ihm nochmals kürzlich durchzugehn, und, wo es die Zeit zuließe, auch noch die übrigen Hauptstücke des christlichen Glaubens: als es sich ergab, daß der verstockte Sünder über sein Capitalverbrechen noch eben so, wie zuvor, dachte. Der Bettler hatt' ihn an eine Schuld erinnert, die er mitnahm! Zwar, fing er an, war ich in Noth; allein mußt' ich darum dem armen alten Kerl das Brod nehmen? Er hatte vor fünf Jahren einem alten Bettler ein Brod genommen; (um meine Leser nicht aufzuhalten) der Bettler, dem unser Läufer begegnete, mochte nun entweder eine Aehnlichkeit haben mit dem, welchem er das Brod genommen, wie denn alle Bettler sich gleich sind, oder es mochte das Gewissen, welches, wie man sagt, auch seine fünf Sinne hat, bei dieser Gelegenheit auf die so alten, schon reponirten und bestäubten Acta gefallen seyn; kurz, dieser kleine Vorfall brachte ihn zum Bekenntniß, ein großer armer Sünder zu seyn, und das Leben verwirkt zu haben. Nicht immer machen dem Menschen die schädlichsten, gefährlichsten Dinge den größten Schmerz. Wer ist am Zahnweh gestorben, und wer kann diesen Schmerz, ohne zu murren, ertragen? Einer der Cameraden, den dieser Vorfall rührte, bot dem großen armen Sünder einen Theil von seinem Solde an, um das Gewissen zu stillen; er nannt' es aus gutem Herzen: dem Gewissen was zu verbeißen geben; allein der Läufer verbat's: Gib es, wenn du, ohne selbst zu betteln, es missen kannst, in deinem eigenen Namen. Ich will nicht prahlen! — Das Gewissen eines Sterbenden ist so leicht nicht befriedigt — sagt' er nach einiger Zeit. Der arme Camerad gab es, und hatte acht ganzer Tage Buß- und Bettage, das heißt: er konnte in acht Tagen keinen Tropfen Bier trinken; es war von seinem Solde. Der Prediger hatte kein Geld bei sich; der Stabsofficier hatte Familie, und die Subalternen waren noch Billardparthien schuldig. —

Das Gebet des Bußfertigen war kurz, herzbrechend! Er hatte ein Weib und zwei Kinder in den Staaten eines andern Herrn, und hatte im besoffenen, oder welches gleich viel ist, im zu guten Muth, Handgeld genommen. Seine Capitulationsjahre waren abgelaufen. Weib und Kind wollten seine Schwiegerältern nicht ziehen lassen, und also — Solch einen Schuß, der diesem Armen das Herz bohrte, Gott laß ihn mich nie mehr hören! — Seinem Weibe ließ er noch durch seinen Freund, der ihm den Becher kalten Wassers auf dem Richtplatz reichte, zur Pflicht machen, allen alten Bettlern, die so aussähen, wie der, der ihm begegnet und dem der Camerad seinen Sold, sein täglich Brod gebrochen, ein ganzes Brod zu geben; auch wollte er, daß seine Kinder und Kindeskinder es thäten immerdar. — — Das ist mein letzter Wille, sagte er, und hiemit gab er seinem Cameraden die Hand, der den Bettler, der Wittwe zur Regel, abzeichnete und ihn traf. — Leb' wohl! Du warst ein ehrlicher Junge, und so stirbst du auch. — Der Camerad durfte, des grausamen Herrn Fähnrichs wegen, nicht weinen, desto mehr hielt er aus. Es war auch ein Ausländer! —

Die Nutzanwendung.

Mine war das Alles meiner Mutter, was der Bettler dem Läufer. Sie war älter, als der Läufer. Es fiel ihr also so manches genommene Brod ein! — Der Hauptdiebstahl war Mine. Noth hin, Noth her. — Das Sterbensgewissen ist nicht so leicht zu befriedigen. Bis auf die Curländerin lag Alles schwer auf ihr. Eine verstimmte Pfeife, schreibt sie, verdirbt die ganze Orgel. Bei mir ist mehr als eine in Unordnung. Was bei Manchem Rath ist, ist bei mir Unrath.

Meine Mutter ging in Gedanken in ein Carthäuserkloster und sah' es ein, daß der Mensch, auch bei den besten Gesinnungen, unmöglich mir Nichts dir Nichts sterben könne. Wer kann wissen, wie oft er fehle?

Der Stamm Levi vermehrte bei dieser Selbstprüfung ihre Seelenleiden. Es war die Kohle auf ihrem Haupte, welche die andern noch mehr aufglühete. Wer Viel empfing, von dem wird Viel gefordert. So viel Mund, so viel Pfund! sagte sie. — Zwar empfand sie leibhaftig, daß sie ihrem Nächsten nicht Wasser und Luft verkauft, daß sie kein verirrtes Schaf in ihren Stall getrieben und dem Nabot keine Spanne Acker abgegränzet, daß sie keine Taubenkrämerin, keine Käuferin im Tempel gewesen. Geben war ihr seliger, als nehmen; indessen heulte doch die ganze Orgel.

Jacob's Ausruf: „Er lebt, ich will hin, ihn zu sehen," hatte ein großes Zeichen, und so auch alle Stellen, wo Tod und Todtengebeine vorkamen. Die Lebenszeichen wurden zwar nicht verworfen, dazu war sie zu sanft; allein sie wurden so in die Bibel gesteckt, daß ihr Haupt nicht zu sehen war. Es hatte sich geneiget. —

Mein Vater sagte, es sind alte verdiente Officiere, die man zu Commandanten macht. Ein dergleichen Commandantenpostchen hatte auch ihr ehemaliger Liebling: „Der Herr hat's gegeben, der Herr hat's genommen." Der Inhalt der liebsten, ja einzigen Gespräche waren die vier letzten Dinge: Tod, Auferstehung der Todten, jüngstes Gericht, Ende der Welt. Alle, die sie sonst gekannt hatten, fanden jetzt bei ihr eine so große Veränderung, als zwischen Tod und Leben, zwischen Wachen und Schlafen, und sie verbarg sie auch nicht, wie ehemals den Namen Melchisedech. Thür' und Thor stand offen bei ihr. Jeder sahe den Unterschied, wie Tag und Nacht. Ich weiß nicht, wie es zugegangen; allein alle Augenblicke hatte sie einen schweren Namen im Munde. Mein Vater wollt' ihr aushelfen; allein sie verbat's. Der Tod ist weit schwerer, als diese kauderwelschen Namen, sagte sie, und mein Vater schwieg bedenklich. —

Tertullianus und Theophylactus in Ehren, fing sie an, welche die Paradoxie gehabt, daß die Geschichte vom reichen Mann und armen Lazarus eine bloße Parabel sey; die guten Herren haben gewiß keine Mine in ihrem Dorfe gehabt, und keinen Sohn, der Minen liebte und keinen Gewissensscrupel Minen's Todes halber, sonst wären sie gewiß so orthodox gewesen, die Erzählung vom reichen Mann und armen Lazarus für das zu halten, was sie ist, für reine, gediegene Wahrheit. Hat denn Adrichomius sich nicht anheischig gemacht, des reichen Mannes Haus in Jerusalem zu zeigen Jedem, wer es sehen will? Ich thue drum keinen Schritt, fügte meine Mutter hinzu, und eben so wenig mag ich das Husten Christi sehen, das man irgendwo vorzeigt. —

Das heilige Grab aber, das Grab Christi, o! wie gern hätte dies meine Mutter gesehen! Sie nannt' es ein geistliches Bad, einen geistlichen Gesundbrunnen, und wunderte sich nicht, daß so viele Seelenkranke, so viele Pilgrime dahin wallfahrteten! Mein Vater, der hiebei indessen seinen ritterlichen Gesinnungen ihren Lauf ließ, hatte so wenig wider diese Reise etwas einzuwenden, daß meine Mutter wegen seiner Reisefertigkeit zuweilen fast auf den Gedanken gefallen wäre, ob nicht im heiligen Lande sein Vaterland sey, wenn die langen Manschetten ihr nicht im Wege gestanden. Vater und Mutter reiseten also die Woche ein bis zwei Mal an's heilige Grab, und legten sich, so oft sie sich auf diesen Weg machten, so pilgermüde, so gottselig nieder, daß ich wetten wollte, kein frommer Grabeswanderer hat eine bessere Nacht gehabt, als sie. Des Morgens waren sie zwar immer in —, ohne daß sie einen Türken gesehen; was thut aber der Türke zur Sache? —

Wie ich mich verirre, ohne daß ich diese Reise nach dem gelobten Lande mitmache! Da bin ich wieder bei den vier letzten Dingen! —

Wer meiner Mutter einen Liebesdienst erweisen wollte, mußte von diesen vier letzten Dingen mit ihr sprechen. Wenn es auf sie angekommen wäre, hätte sie noch gern wenigstens ein letztes Ding darüber gewünscht, um noch mehr darüber reden zu können, wenn nicht die Fünf, eine herzbrechende Zahl, darauf gefolget. Mein Vater sagte ihr, von den vier Theilen Europens, von den vier Weltgegenden, von den vier Jahreszeiten, von den vier Altern des Menschen, von den vier Temperamenten und vier Elementen, läßt sich leichter reden, als von den vier letzten Dingen; allein meine Mutter ließ sich nicht abwendig machen. Die vierte Zahl war ihr Liebling geworden. Es hat zwar, sagte sie, kein Auge gesehen, kein Ohr gehöret, und ist in keines Menschen Herz kommen, was Gott bereitet hat denen, die ihn lieben; wenn es aber gleich schwer ist, von einer Sache zu sprechen, die kein Auge gesehen, kein Ohr gehört, und die in keines Menschen Herz kommen: so haben wir doch Mosen und die Propheten, und im neuen Testamente die Geschichte vom reichen Mann und armen Lazarus, wo man, des Tertullianus und des Theophylactus unerachtet, mehr von den hauptletzten Dingen hört, als uns Vernunft und alle fünf Sinne zu lehren im Stande sind. Die Meinung der Psychopannychiten, als ob die Seelen noch in der Welt herum wanken, und andere dergleichen Meinungen, wie abgeschnitten! Luc. 16. stand der Text meiner Mutter, der keinen Commandantenposten, sondern ein hervorstehendes Zeichen hatte; und sollt' er nicht? — Eine Cocarde am Hute, sagte ein Einfällist, ein neumodischer Candidat, den meine Mutter auf diese Zeichen aufmerksam machen wollte; allein dieses Bürschchen ward gerupft, obgleich er noch mit seiner theologischen Scherpe und Ringkragen, so wie er eben gepredigt oder auf der Wache gewesen war, da stand. Unmöglich hätt' er übler wegkommen können, wenn er einer der fünf Gemüths- oder Geblüts-Brüder des reichen Mannes gewesen wäre!

Der Tod ist Prosa, sagte meine Mutter, der Himmel Poesie. Darf ich weiter in dem Text? — Kürzen heißt nicht veruntreuen. Ich will mit Fleiß bei der Extrapost bleiben, damit Niemand meiner Mutter den Vorwurf mache: sie hätte in's Gelag hinein geredet.

Meine Leser kennen sie noch nicht in der Todeslaune, die auch prosaisch war, wie der Tod. Ueber Luc. 16.

Es kommt, fing' sie zu ihren Corinthern an, Alles von Gott, Glück und Unglück, Leben und Tod, wie Sirach im eilften Capitel und dessen vierzehntem Vers schreibt. Abraham war ein reicher Mann. Er würde gewiß mit keinem Curischen von Adel getauscht haben, und der König Salomo, dem der Reichthum im Postscript zufiel, wie reich war er nicht! Was ist vom ehrbaren Rathsherrn Joseph von Arimathia zu sagen, der, so reich er war, doch auf das Reich Gottes wartete, und der vornehmste Todtengräber gewesen, der je gelebt hat! Wie leicht fällt aber bei'm Reichen die Frage vor: Wer ist der Herr? Wer läßt sich durch Gottes Güte zur Buße leiten? Wer sagt nicht zu seinem Palast, wie Nebucadnezar: Dies ist die große Babel, die ich erbauet habe zum königlichen Hause, zu Ehren meiner Herrlichkeit; und bei Gelegenheit seiner vollen Scheuern: Du hast nun einen guten Vorrath auf viele Jahre, liebe Seele, habe nun Ruhe, iß, trink' und habe guten Muth. — Wie leicht kleidet man sich in Purpur und köstliche Leinwand. Des dreigliedrigen Candidaten — Manschetten könnten unter uns kleiner und feiner seyn.

Was wird seyn, du Prasser, du Vielfraß, du Saufaus, was wird seyn, daß du alle Tage herrlich und in Freuden gelebt hast? O ihr, die ihr euch weit vom letzten Tage achtet, die ihr auf elfenbeinernen Lagern schlaft und Ueberfluß treibet mit euren Betten, die ihr die Lämmer aus der Heerde esset und die gemästeten Kälber, die ihr Wein aus den — Schalen trinket und salbet euch mit Balsam, und bekümmert euch nichts um den Schaden Josephs, was ist's, was ihr gelebt habt? Wir wollen uns mit dem besten Wein und Salben füllen; lasset uns die Maienblumen nicht versäumen! Weisheit im zweiten Capitel, der sechste und siebente Vers: Euer Morgensegen, Euer: das Walt, ist: Wohl her! Lasset uns wohl leben, weil es da ist, und unsers Leibes brauchen, weil er jung ist! Euer Benedicite! Euer: Aller Augen: Kommt her, laßt uns Wein holen und voll saufen, und soll morgen seyn, wie heute, und noch viel mehr. Wehe! Wehe! Es wird nicht lange so seyn! Der Reiche starb und ward begraben, und als er nun in der Hölle und in der Qual war, hob er seine Augen auf und sahe Abraham von ferne und Lazarum in seinem Schooß — die Engel waren seine Seelenträger! Seiner Seele war es nicht anzusehen, daß der Leib voll Schwären und daß die Hunde seine Wundärzte gewesen. Gerades Weges, ohne allen Umweg, kam er an seinen Ort, so wie der reiche Mann an den seinigen! Was der Tod nicht machen kann! Welche Kluft ist zwischen beiden befestiget! Lange war der diesseitige Wall so groß nicht. —

Die Sterbensgeschichte meiner Mutter selbst.

Das Ableben meines Vaters war Oel für diese Lampe, die für die Ewigkeit brannte. Auch der Tod des Herrn v. G— lieferte einen Oelbeitrag. Dieser starb plötzlich in unsrer Kirche, und kann ich, wenn es verlangt wird, noch Red' und Antwort von seinem Hintritt ertheilen! — Der hochgeborne Todtengräber hat so viel Leichenbegängniß in diese Lebensläufe gebracht, daß ich fast vermuthe, mancher Kunstrichter werde sich auch eine Spruchstelle merken, und ihr kein Commandantenzeichen beilegen. Laßt die Todten die Todten begraben! — Kann seyn; hab' ich aber nicht Minens Tod zu feiern? —

Nach meines Vaters Tode lagen meiner Mutter ein großer Theil Amtsgeschäfte auf, womit sie den benachbarten Herrn Confrater nicht beschweren wollte, welcher sich sonst der heiligen Nothdurft der verwaiseten Gemeinde annahm. Oeffentlicher Amtsverrichtungen konnte sie sich freilich nicht unterziehen, weil die Weiber, wie sie sich von selbst beschied, schweigen müssen in der Gemeinde; dagegen war sie, wo ein Christ nur irgend ein geistlicher Priester seyn kann, dieser Priester mit Leib und Seele. Sie setzte den Unterricht mit den Catechumenen fort, sie zeichnete die Beichtkinder an, ermahnte und tröstete sie, nachdem es der Seelenzustand wollte. Die vier letzten Dinge wußten die Kinder wie das Vaterunser. Vorzüglich besuchte meine Mutter die Kranken. Ehre den Arzt, sagte sie, da mein Vater kein Wort auf ihr beständiges: der Brief, gab, sondern wider die Aerzte declamirte; in Wahrheit, sie ehrte die Aerzte; es sind Leibessorger, pflegte sie zu sagen. Obgleich sie die Aerzte, und unter ihnen den D. Saft, ehrte, spendete sie dennoch, wenn es die Gelegenheit gab, Hausmittel aus, denen sie indessen, wider die Meinung meines Vaters, bei weitem nicht so viel als einem Saftschen Recept, zutraute. Sie war sehr für alles Geschriebene, und stand jedem Saftschen Schwarz auf Weiß den Rang zu. Die Seelencur ging bei ihr über Alles. Heirathen rechnete sie in gewisser Hinsicht auch zu Seelenmitteln. In allen Seelencuren war sie so glücklich, daß das ganze Kirchspiel zu ihr ein so unumschränktes Zutrauen hatte, daß die Gemeinde (den Adel nehm' ich aus, der zum Theil sein Gespötte mit ihr trieb) sie sehr gern in die Stelle ihres Mannes zum Predigtamt berufen hätte, wenn nicht das Geschlecht ihr entgegen gewesen wäre. Selbst von der Nothtaufe hatte sie ihre besonderen Meinungen, wobei die Herren Diaconi, Pastores, Präpositi und Superintendenten gewiß nicht den Kürzern zogen. —

Was jene weise Frau zum Feldhauptmann Joab sagte, da er Abel bestürmte: „Vor Zeiten sprach man: wer fragen will, der frage zu Abel, und so ging's wohl aus," das galt von meiner Mutter und ihrem Rathe, den sie Keinem entzog, der ihn begehrte. Das Pastorat blieb wie gewöhnlich lange erledigt, und meine Mutter hatte also Gelegenheit ihre Gaben in mancherlei Art unter die Kirchspielsleute zu bringen. Da zersprang ein Felsenherz, welches vieljährige Bosheit gehärtet hatte; da thaute der Frost wie vom Märzschein auf, wenn sie ermahnte, wenn sie lehrte. Zwar hatt' ein Benachbarter von Adel sich über sie gar lustig ausgelassen, daß sie ihm wie ein flügellahmer Storch vorkäme, der den Winter zurückgeblieben; allein dies war ihr kein Stein des Anstoßes, kein Fels der Aergerniß. Rache war nie ihre Sache, wie sie sagte. Man fand das kunstlose Alterthum, wenn man sie sahe. Ihre sehr treuherzige Art zog ihr alle Herzen zu. Sie war keine Blendlaterne, die von allen Seiten zugezogen ist, sondern eine gläserne Lampe, die überall Licht zeigt, wo man sieht. — Eine Fackel war sie nicht, und wollt' es auch nicht seyn. Ein Dorfmädchen, das eine Hauptdichterin der Gegend war, sagte: daß ihre Worte die Herzen, wie die Morgensonne die Blumen, öffnete, daß sie da stünden, wie die Blumenkelche. — Seht, so hat die Natur selbst ihre Kunst. Es ist ein sehr bekanntes Sprüchwort: „Wie die Natur spielt!"

Einst träumte meine Mutter, daß Minchen sie auf ein himmlisches Vocalconcert einladen ließ, bei welchem mein Vater, der wahrlich diesseitig, auch selbst nach dem Brande, nicht sehr musikalisch war und nur den zweiten Discant versucht hatte, eine Hauptstimme übernehmen würde. Ehe sie antworten konnte, war das Gesicht verschwunden. Diese Einladung blieb sehr lebhaft in ihrer Seele. Des Tages auf diesen Traum ging meine Mutter, die Seelenbesorgerin, zu einer Kranken (es war die Mutter des armen kleinen Jungen, der seinen Milchtopf zerbrochen hatte, und dem Minchen aus der Noth half, indem sie behauptete, daß sie schnell zugegangen, und da wäre der Topf hin gewesen). Sie hatte eine hitzige Krankheit; ein ländlicher Universalname aller Krankheiten. O meine Lehrerin, schrie ihr die Hitzigkranke zu, ich bin diese Nacht zu Gaste bei Minchen gebeten, auf ein Gericht Manna, wo ich mit Abraham, Isaak und Jakob zu Tische sitzen werde. Gewiß werd' ich auch meinen Siebenjährigen finden, der den Milchtopf zerbrach. Der Liebe wird himmlisch groß geworden und schön ausgewachsen seyn! Meinen Sie nicht, liebe Frau Pastorin? Meine Mutter hatte die Einladung auf Manna so getroffen, daß sie nicht antworten konnte. Nach ihrer Erholung entdeckte sie der Kranken ihre Einladung auf Gesang. — Ich habe aber nicht zugesagt, sagte meine Mutter. Und warum? die Kranke. Weil das Gesicht die Antwort nicht abwartete. Gut, fuhr die Kranke fort; so werd' ich die Antwort mitnehmen. Amen! sagte meine Mutter, um ein himmlisches Wort zu gebrauchen; Halleluja! die

Kranke, und nun ward eine Todesstille, als ob Beide sich zu dieser Einladung vorbereiteten. Nach einer Weile kamen sie wieder, wo sie stehen geblieben, und die Kranke konnte sich nicht drein finden, daß meine Mutter auf Gesang, sie aber auf Manna geladen sey, wobei meine Mutter ihr in's Geleise half. Seht nur, gute Nachbarin! Da kann ja während dem Singen, sagte sie, auf Blättern vom Baum des Erkenntnisses Gutes und Böses, und vom Baum des Lebens, Manna herumgetragen werden. Wenn die Blätter groß sind, sagte die Kranke — Messer und Gabel und Teller, fuhr die Kranke fort. — Weg damit, versetzte meine Mutter. In der Auferstehung werden sie weder freien, noch sich freien lassen, sondern sie sind gleichwie die Engel Gottes im Himmel. Die Kranke reichte meiner Mutter die Hand und mit ihr den Tod. Mit einem Schauer trat er ihr in alle Glieder. Sie wußt' es, daß er eingetreten war, und ging heim. Die Nachbarin starb in wenigen Stunden, um bei Minen Gesang und Manna nicht zu versäumen. Meine Mutter ward krank, ohne daß sie und D. Saft wußten, was ihr fehle. Sie starb an der Einbildung, wenn ich mich nicht irre, an der mehr Leute sterben, als man glauben sollte. Daß viele daran krank sind, ist eine ohnedem bekannte Sache. Sie hatte, wie der Graf — in Preußen, das himmlische Heimweh, nur mit dem Unterschiede, daß es beim Grafen eine lange zehrende, bei meiner Mutter eine hitzige Krankheit war. Ein Lied war ein Springwasser, das ihr zuweilen Kühlung bot; und mit welcher Inbrunst sang sie! Ihr Trost war ohne allen Aufwand — sie sah nicht in die Sonne. Der Mond war ihr Planet, der Planet eines Planeten. Wer kann in die Sonne sehen! sagte sie. Der Mond hat so was Menschliches. Laß sie, die hochweisen Herren, nur immerhin behaupten, fuhr sie fort, den Baum des Erkenntnisses Gutes und Böses schon in dieser Welt gefunden zu haben; es ist wahrlich eine Schlange, die sie verleitete. Die Regeln können zwar schlechte Dichter vom Parnaß, oder besser, vom Sinai, zurückhalten; haben sie aber je einen gemacht? Die Weisheit dieser Welt, was ist sie bei'm Licht der reinen Wahrheit? Werdet wie die Kinder. Wenn Andere lehren: Ziehet die Kinderschuhe aus; lehrt uns wahre Weisheit: Ziehet sie an — und noch bis jetzt, fuhr meine Mutter fort, hab' ich mich bei'm lieben Mond und bei den Kinderschuhen wohl befunden. Was sie über ihr Herz bringen konnte, das konnte sie auch mit der Vernunft reimen. Das Herz spielt auch wirklich weniger Streiche, als die Vernunft. Die Vernunft ist eine Gemeinuhr, Jeder schiebt ihren Zeiger; das Herz trag' ich bei mir. Je weniger der Mensch der Vernunft und dem Schicksal Blößen über sich gibt, je unüberwindlicher, je stärker ist er. Wenn ich schwach bin, bin ich stark, konnte meine Mutter sagen. Ihr Portrait war weibliche Schwachheit im Arm männlicher Stärke. Vater und Sohn können an einem Tage taufen lassen. Ein Pomeranzenbaum hat Blüthen und Früchte.

In Betreff ihrer Krankheit, so verstellte sie nicht ihre Geberde. Schon bei meines Vaters Leben hatte sie eine alte Priesterwittwe, anstatt einer Diakonin, zu sich genommen, und von ihr hab' ich empfangen, was ich meinen Lesern erzähle, und zwar so, als wär' ich Augenzeuge gewesen. Auf meine Sünde wider Mine steht Gewissensbiß in der vorletzten Stunde, pflegte meine Mutter oft zu sagen; die letzte aber, setzte sie hinzu, wird heiter seyn. Es nagte und plagte sie noch heftig, wenn gleich sie bis auf die vorletzte Stunde überwunden zu haben glaubte. Sie sagte in einer schweren Stunde der Anfechtung, in Rücksicht der schon erkämpften und sie jetzt wieder fliehenden Ruhe, auf eine schreckliche Weise: wie gewonnen, so zerronnen; indessen wurden ihre Hände bald, bald wieder gestärkt, die strauchelnden Knie erquickt und der zerbrochene Rohrstab geleimt — ihre blutrothe Schuld war dann wieder schneeweiß. Geschieht das am grünen Holz, geschieht das an Minen, die auch noch vor ihrem Ende manchen Gewissensknoten zu lösen hatte, ehe sie überwand; geschieht das an meiner Mutter, die Gewissensängste ergriffen; was will am dürren werden! Wer kann dies zu oft wiederholen? Wer es lieset, der merke drauf! — Die Krankheit meiner Mutter behinderte sie außerhalb ihres Hauses Amtsverrichtungen vorzunehmen. Sie kam seit dem Handschlage nicht mehr aus dem Pastorat; indessen ließ sie ihre geistlichen Priesterhände nicht völlig sinken. Freilich mußten sie zuweilen gestützt werden, wie jenes Priesters, wenn er das Volk segnen sollte; indessen ward sie nicht laß, zu strafen, zu lehren und zu trösten. Jedes, das einen Stein auf dem Herzen hatte, kam zu ihr; Jedes, das sich nicht finden konnte, suchte Rath, im Geistlichen und im Leiblichen.

Eine Besonderheit, noch denkwürdiger, als die schweren Worte, womit sie sich belastete! Sie hatte das Glück, daß sie einige verborgene Dinge, als z. B. Diebstähle, an's Licht brachte, die wie eine Pest im Verborgenen schlichen. — Sie sagt' es dem Schuldigen auf den Kopf zu. Wo sie anklopfte, da ward aufgethan. — Ich weiß nicht, schreibt die Priesterwittwe, ob die verschiedenen denkwürdigen Träume die Ursache waren, woher sie die ihr verliehene Gabe der Prophezeihung inne ward; nur das weiß ich, daß sie viel Aufsehen gemacht haben würde, wenn sie diese Begeisterung eher verspürt hätte. Sie sagte der Frau v. —, sie würde einen Sohn zur Welt bringen, und doch ging die Frau v. — nur im fünften Monat. Sie wußte, wer Pastor werden würde, und sagte Diesem und Jenem Dinge, worüber Dieser und Jener erstaunte. Selbst von den fetten und magern Kühen der künftigen Jahre ließ sie Worte fallen, die manchen Kernjuden hätten bereichern können, wenn dergleichen ihren Worten getrauet. Wenn sie sich eine Wünschelruthe gebrochen, würde sie alles Metall in ganz Curland und Semgallen auspunktirt haben. — Zuweilen kam ich auf den Gedanken, daß es ein Erbstück von ihrer seligen Mutter gewesen. Eine Blitzfrau! Die verknüpftesten Räthsel, die intricatesten französischen Schlösser, ohne Dietrich gleich offen. — Sie hätte einem Superintendenten was zu rathen aufgeben können, von Rahels Gesichtsfarbe zum Beispiel, und von der Seifenkugel des Pontius Pilatus.

Unten noch ein Räthsel, das ich lösen zu können wünschen würde. Hier noch die Anmerkung, daß der Candidat mit den langen Manschetten meines Vaters Platz erhalten. — Ich glaube, meine Leser haben, unerachtet des dreigliedrigen Segens und der langen Manschetten, die eherhin nicht von köstlicher Leinwand waren, Nichts dagegen.

Nicht Eins aus dem Kirchspiele konnte sich behelfen, ohne von meiner Mutter Abschied zu nehmen, und

Keines ging von ihr ohne Andachtsröthe (wie die Priesterwittwe sich ausdrückt) auf den Wangen. Man brachte die Kinder zu ihr, damit sie sie einsegnen möchte, und gesegnete Weiber befragten sie: ob's ein Sohn oder Tochter wäre? Ueber mich, sagte sie, wollte sie nicht den prophetischen Zügel schießen lassen, so gern ich eine Probe ihrer Kunst aus der ersten Hand gehabt hätte. — —

Außer der Lehre von den vier letzten Dingen, war sie jetzt über die Lehre von den Engeln unerschöpflich geworden. Der Spruch, erste Corinther im eilften Capitel der zehnte Vers: Das Weib soll eine Macht auf dem Haupte haben, um der Engel willen, war ein Text, worüber sie sich ausließ, wiewohl ohne ihn zu zeichnen. Sie zeichnete jetzt überhaupt keine Spruchstellen mehr. Da sie indessen, auch selbst als Prophetin, orthodox blieb, und die Kinder, so man zu ihr brachte, nur zweigliedrig segnete: so blieb es bei der gewöhnlichen Erklärung, nach welcher Haube das Gegentheil von Hut anzeiget. Dieser deutet Freiheit an, jene Unterwerfung unter den Willen des Mannes, und sollen also die Weiber Schleierhauben tragen, um die Engel durch Gelegenheit zur Untreue nicht zu betrüben. Die gute Predigerwittwe fand diese Erklärung so überschwenglich, daß ich ihr zum Andenken sie hier einrücke! Wie mag diese Spruchstelle doch ihr Ehegatte seliger erkläret haben? Vermuthlich legte er sie durch heidnische Aufpasser in den Versammlungen der Christen aus.

Die Engel sind die treuesten Geschöpfe, die Gott geschaffen hat, sie sind rein und selig. — —

Die Auslegung, daß die Weiber darum Hauben zu tragen angewiesen worden, damit sie die Engel nicht ansehen möchten, um sie zu begehren, war meiner Mutter ein Stein des Anstoßes. — — Sie überlegte Alles mit ihrem Schutzengel, und war so sehr der Meinung, daß jedem Menschen ein Gefährte zugeordnet wäre, der ihn in der Jugend und im Alter begleite, daß sie Nichts davon abwenden konnte. In den Jahren, sagte sie, wenn der Mensch im eigentlichen Sinne Mensch ist, wie selten ist er da eines Engels werth? Die Engel sind nicht unsere Diener, wiewohl Etliche des Dafürhaltens gewesen, sondern unsere Vormünder, unsere Curatores. Wie muß es sie verdrießen, daß eine Gestalt, die der erste Adam und der zweite Adam getragen, so vernachlässiget wird! Aus der göttlichen Uniform, o! was ist aus ihr worden! Die Engel lernen von uns die Auswickelung eines Geistes, den Einfluß des Geistes auf den Körper, und dieses auf jenen! Sie sehen, was es mit einem sublunarischen Körper für eine Bewandtniß habe, und wie er einem Geiste stehet. Sie sehen die Ungemächlichkeiten, die ein Eigenthum vor einer Miethe, ein eigenes Haus vor einem geheuerten hatte. — O was ist vom Menschen zu lernen! Vielleicht ist in ihm aus jedem Hauptweltstück Etwas! — Er ist die Welt im Register! Man kann sie bei ihm nachschlagen — und wenn er stirbt, welcher neue Unterricht! Die Trennung, das Ueberbleibsel außer der Seele, das Hemde vom Menschen, von köstlicher Leinwand. — Wir sind also, ihrer Vormundschaft unbeschadet, ihre Lehrer! Hier sind wir Engel und Menschen in einer Person! Wer sagt, daß wir sterben, drückt sich uneigentlich aus. Wir sind unsterblich. —

Kindlich-große Mutter! Du schlecht und rechtes Weib! Selig bist du, selig, drei Mal selig ist dein

Kind, das Christus unter seine Jünger zum Muster stellte. Jesus rief ein Kind, und stellte es mitten unter sie und sprach: Wahrlich ich sage euch, es sey denn, daß ihr umkehret und werdet wie die Kinder, so werdet ihr nicht in das Himmelreich kommen. Wer sich nun selbst erniedriget, wie dies Kind, der ist der Größte im Himmelreich! Selig ist, der ein Kind wird, um dieses Kinderfreundes willen!

Gern hätt' ich meinen Lesern ein Engelgespräch meiner Mutter mitgetheilt, welches wir andern Leute ein Selbstgespräch zu nennen gewohnt sind, das auf dem Theater ein Staatsfehler ist — indessen besprach sie sich mit ihrem Schutzengel in der Stille. Unsere Seele kennen wir nicht, und wollen die Engelnatur begründen? sagte ein Schriftgelehrter in der Gegend. Wir wissen in unserm eignen Hause nicht, wer Koch oder Kellner ist, und wollen alle Einwohner jener Sterne zu Gevattern bitten? Allein meine Mutter widerlegte ihn nicht. Oft brach sie, schreibt die Pastorwittwe, mitten drein ab: was ich weiß, das weiß ich, und gab nicht undeutlich zu verstehen, daß sie mit ihrem Schutzgeiste bekannt zu werden Gelegenheit gehabt. Sonst wüßt' ich auch nicht, wo sie Alles her hätte von den sieben fetten und sieben magern Kühen künftiger Jahre; ob Söhnchen oder Töchterchen, und wer Pastor werden würde. —

Es war in der Gegend eine Frau v. B— von sehr bekannter Einsicht. Sie hatte nie Kinder gehabt. Man sagt, viele Kinder schwächen die Weiber an Leib und Seele, und wenn man manche alte Jungfer darüber zu Rathe zieht, sie sey Durchlauchten, hochgebornen, hochwohlgebornen oder bürgerlichen Standes, findet man zu dieser Anmerkung Bestätigung. — Ihre

Neider behaupteten, sie wäre keine Frau, sondern ein Mann, obgleich ihr verstorbener Gemahl nie darüber Klage geführet. Diese Frau war eine Jüngerin vom seligen Herrn v. G—, ohne daß er es dazu anlegte. Sie hatte wider Manches Scrupel, und trat dem Herrn v. G— in allen seinen Meinungen bei, ohne zu bedenken, ob ihre Scruvel dadurch gehoben wären oder nicht. Nach der Zeit fing sie selbst an aus Büchern zu schöpfen. Das sind nie Quellen für Weiber! Bei ihnen kommt aller Glaube durch die Predigt, und siehe da! sie hatte von der Existenz der Seele nach dem Tode solche Hirngespinnste zur Welt gebracht, daß es ihr besser gewesen wäre, wenn sie Kinder gehabt hätte, wenn sie ihr gleich nicht gerathen wären. Hirngespinnste sind oft schädlicher als ungerathene Kinder. Hiezu kam, daß sie Keinem diese Meinungen mittheilte, sondern Alles mit sich selbst berichtigte. Sie hatte eine grobe Stimme, sonst aber war sie fein, ausgenommen Nase und Augen, die ungewöhnlich groß waren — und doch war etwas Fräuliches in beiden Stücken. Daß sie nicht zu unserm Kirchspiel gehörte, muß ich noch bemerken. Der Prediger, der ihr angewiesener Seelenhirte war, schien keine Seelenweide zu verstehen, am wenigsten die Gabe zu haben Scrupel zu heben und Alles wieder auf gut Weideland zu treiben. Diese Frau v. B— hatte für meinen Vater viel Achtung gehabt; obgleich er durch das zehnjährige Interregnum von der für ihn gefaßten guten Meinung viel verlor. Wo sie nur von einem Zeichen hörte, erschien sie, und immer im Amazonenhabit. Sie war eine geborne Amazonin. An Swedenborg, den Geisterseher, hat sie öfters Briefe erlassen, auch an einige — — Jetzt hörte sie vom benachbarten Phänomen. „Liebe Frau Pastorin! ich komme zu sehen, wie Sie sich befinden." — Besser als je! „Das hör' ich!" und nun Alles einsylbig: Je nun, mag, nun denn! Ach! Sieh' doch! und dergleichen. Die Frau v. B— hatte meine Mutter für eine einfältige gute Frau gehalten. Sie war wegen ihres Singens weit und breit bekannt. Die Frau v. B— sang gar nicht. Sie war für keine Musik. Meine Mutter kannte die Frau v. B— wegen ihrer Heterodoxie, und merkte sogleich, daß es auf ein Zeichen würde abgesehen seyn. Sie fertigte sie indessen so kurz und gut, als Vater Abraham den reichen Mann, ab, da er seiner fünf Brüder halber eine Erscheinung begehrte. „Hören sie Mosen und die Propheten nicht, so werden sie auch nicht glauben, wenn Jemand von den Todten auferstünde." Mit der Nachricht, wer Pastor werden würde, war der Frau v. B— am wenigsten gedient, und da sie aus zwei bekannten Dingen ein drittes unbekanntes herauszubringen gar wohl verstand, nicht minder gar wohl wußte, daß das Glück allem Außerordentlichen zur Seite ginge; so ward sie so wenig überzeugt, als die Pharisäer und Sadducäer und Schriftgelehrten. Meine Mutter hatte indessen etwas im Gesicht, was der Frau v. B— auffiel. Die Festigkeit, mit der meine Mutter Alles behandelte, machte die Frau v. B— auch ohne erhaltenes Zeichen aufmerksam. — Sie nahm die Assignation auf Mosen und die Propheten an, und bat sich die Erlaubniß aus, künftigen Sonntag wieder zu kommen. Wenn man den Löwen vorgeworfen werden soll, stirbt der größer und ist mehr als Märtyrer, der sich ihnen gelassen anbietet, als der sie reizt. — Die Frau v. B— zog ihre Straße, und da sie wohl einsahe, daß meine Mutter nicht mehr lange hier wallen würde, entschloß sie sich Etwas auszuführen, wofür sie bis dahin zurückgebebet. — Sie kam. — Noch ein klein Geläute zuvor, wegen des Sonntags. Seit der Zeit, daß meine Mutter eine Prophetin geworden, war sie des Sonntags mehr als sonst in diesem Prophetenelement; obgleich sie sonst so sehr für den Sonnabend war. — Sie kam, hab' ich schon gesagt. Beide sahen es sich an, daß sie heute außerordentlich wären. Es war bei Beiden Sonntag — ich will die Pastorwittwe sich selbst überlassen. —

Ich wünschte wohl mit Ihnen ganz allein zu seyn, fing die Frau v. B— an. „Kann nicht seyn," antwortete meine Mutter. „Gott ist bei uns, und meinen Schutzengel kann ich nicht gehen heißen. — Bleib, Lieber!" Dieses kurze: Bleib', Lieber! zu Etwas, das die Frau v. B— nicht sahe, würde sie sonst zum Lachen gebracht haben; jetzt wandelte sie kein Lachen an. „Auch diese, meine Collegin," fuhr die Selige fort, „darf nicht von mir. Sie hat mein Herz und weiß meine ganze Sterbensgeschichte." Nach einigen Erholungsaugenblicken versicherte die Frau v. B—, daß sie eine Bitte an die Selige hätte, die sie wohl überdacht. — „Im Namen Gottes," erwiederte die Selige. Ich glaube, fuhr die Frau v. B— fort, an Gott den Vater, allmächtigen Schöpfer Himmels und der Erden, und ehre in tiefster Demuth alle die Wege, die er mit den armen Menschen, seinen Geschöpfen, eingeschlagen, um sie zur Erkenntniß der Wahrheit zu bringen — ich glaube — doch, unterbrach sie sich selbst, Sie wissen was ich glaube. „Ich weiß," sagte die Selige mit aller Ueberzeugung, und legte eben hiedurch ein Zeichen von ihrer Uebernatur ab: denn mir kam es vor, daß die Frau v. B— selbst nicht recht wußte, was sie glaubte. Gern, ich leugne es nicht, hätte ich sie den zweiten und dritten Artikel des Glaubens beten gehört. — So beschwör' ich denn, rief die Frau v. B— mit einer Mark- und Beinstimme, so beschwör' ich deinen Geist bei dem ewigen Anschauen Gottes und bei allen Hoffnungen der Seligkeit, daß, wenn es zur Ehre des Geistes der Geister und mit Bewilligung deines Geleitengels seyn kann, der hier ist, ohne daß ich ihn sehe, daß du mir drei Tage nach deiner Auflösung erscheinest — ich werde in meinem Hause rechter Hand im weißen Cabinet deiner warten. Alle guten Geister loben Gott den Herrn! — Die Selige antwortete auf so viel Kreuzblitze mit einer Gelassenheit, die man nicht beschreiben kann: „Eure Rede sey: Ja, ja, nein, nein, was drüber ist, ist vom Uebel! Laßt mich!" — Sie winkte uns ab! — Ich, (das heißt, die alte Pastorwittwe) zitterte von dannen: denn ich fühlte, daß ein unsichtbares Geschöpf in der Nähe sey, das mit der Seligen conferiren wollte; die Wahrheit zu sagen, ich hörte ein Rauschen, als eines sanften Windes, als einer atlassenen Schleppe. Die Frau v. B— ging mit der ehrfurchtsvollsten Geberde von dannen! Samuel konnte nicht ehrfurchtsvoller sagen: rede Herr, dein Knecht höret! Wir kamen in's blaue Stübchen, das ich tausendmal gesehen, und jetzt war mir so, als ob ich es zum ersten Mal sähe. Es kam mir vor, als säh' ich überall Kreuze! Mich umgesehen hätt' ich nicht um Tausende. Die Frau v. B— sah mich mit ihren großen Augen starr an — und eigentlich bemerkt' ich, wie sie eine Todesangst faßte. Die Aengste hoben sie;

was schweben heißt, konnte man an ihr sehen. Dies nahm zusehends zu; auch sie konnte sich nicht mehr umsehen. Wie es zuging, weiß ich nicht; allein ein plötzlicher Sturm riß die Fensterladen von ihren Eisen; Alles bebte im Zimmer. Alles, was einen Klang im Zimmer hatte, gab einen Laut. Schrecklich. — Weh! war es nicht; allein nicht viel auseinander. — Die Hähne kräheten auf eine Art, als wenn Eins verrathen und verkauft werden sollte! — Im Sturm waren Worte zu hören. — Wer konnte sie vernehmen? Die hochgelahrte Frau v. B- - rang die Hände und konnte sich auf den Knien nicht halten. Was! Wie ist mir! — Damals, und auch nach der Zeit, glaubte die zeichenbegierige Frau v. B—, daß die Unterredung der Prophetin mit ihrem Schutzgeist auf den Geist der Frau v. B— gewirkt hätte. Etwas ging in Wahrheit vor; was es aber war, mag Gott wissen und der Prophetin Schutzgeist. Die Prophetin klingelte. So was von Klingeln hab' ich nie gehört. Die hochgelahrte Frau v. B— hatte so wenig Herz hinein zu gehen, daß sie mich bat, ich möchte hören, was sie wollte; und da ich vorging, hielt sie mich zurück, weil sie nicht bleiben, nicht gehen wollte. Da eben gingen die Glocken unserer Kirche, und der Sturm, der noch nicht nachließ, brachte sie uns so nahe, daß sie uns recht in's Ohr schrieen: „Bedenke, Mensch, das Ende!“ Es war eben ein blühendes, junges Mädchen, das nur seit drei Tagen krank gewesen, verschieden. Gott habe sie selig! Die Frau v. B— that, ehe wir noch zu der Seligen gingen, eben so feierlich, als ihre Beschwörung war, Verzicht auf die Erscheinung der Prophetin, als Eines von den Todten, und da wir voll von diesem Verzicht zur Seligen kamen, so hab' ich nie erfahren, wie die Conferenz abgelaufen und wie sie sich mit dem Schutzgeist berathen. Gern wüßt' ich es jetzt. Zu der Zeit hätt' ich es nicht tragen können. Das bin ich überzeugt, hätte sie versprochen, sie wäre gewiß gekommen, und wenn sie vom lieben Gott selbst Urlaub bitten sollen! — Es wäre ja ohnedem nicht auf lange gewesen! „Rechter Hand in's weiße Cabinet;" Jammer und Schade! —

Die Prophetin entdeckte uns bei so bewandten Sachen nichts von ihrer Conferenz, und so blieb auch die Frage: Ob es angeht, daß man erscheinen könne? unentschieden.

Nach einigen, das Ableben der Dirne betreffenden Umständen, erzählte die Prophetin uns eine zur Stiftung des Carthäuserordens gehörige Geschichte (die Sie besser wissen werden, als ich). Es war ein von der ganzen Welt fromm geglaubter Mann; dieser starb und sollte begraben werden. Ohnfehlbar hatte man über seinen rühmlich geführten Lebenswandel und sein seliges Ende eine Standrede gehalten, und da richtete er sich auf und sagte (die Prophetin richtete sich im Bett' in die Höhe): Ich bin vor das strenge Gericht Gottes vorgeladen. Alles ging, der Neuheit der Sache wegen, von dannen, wiewohl unbesorgt wegen des Urthels. — Des folgenden Tages, da man das Leichenbegängniß fortsetzen wollte, richtete sich der fromme Mann wieder auf und rief: Das Verhör ist vor dem Richterstuhl geschlossen! — Die Leichenbegleiter und das Volk verließen diesmal bänger die Leiche. — Ein Verhör, dachte man, doch vielleicht um dem frommen Mann desto gründlicher zu lohnen! — Den dritten Tag, wie begierig war Alles, den Spruch der Gnade zu hören, das: „Ei, du Frommer!" Allein Weh! Weh! rief die Prophetin; sie richtete sich so in die Höhe, daß sie mir ungewöhnlich groß vorkam; der für fromm Gehaltene sprach mit einem Tone, mit einem Tone: „Ich bin verdammt!" Die Amazonin fiel in Ohnmacht. — Ein Weib, auch im Amazonenkleide, ist doch nur ein unausgebackener Mann! — Die Prophetin ermunterte sie durch das schöne Lied: „Du siehest, Mensch, wie fort und fort." Dies Lied half zusehends. — Sie drückte meiner Mutter die Hand. Nicht eher, als dort, wünsch' ich Sie zu sehen, rief sie laut, recht als ob sie es dazu anlegte, daß auch die Unsichtbaren es hören möchten. — Sie nahm noch außer ihrer Kammerjungfer einen ihrer Bedienten in den Wagen, und hat keinen Scrupel mehr, und geht nicht weiter im Amazonenkleide. — Den dritten Tag nach Ihrer heiligen Mutter Hintritt, fiel Frau v. B— in heiler Haut in eine dreistündige Ohnmacht — und erwachte wieder so, als wenn man ausgeschlafen hat. Sie hat wirklich Etwas, man weiß nicht was, erfahren, wovon sie aber bis in ihren Tod, der kurze Zeit darauf folgte, keine Sylbe entdeckt hat. Ich habe diesem Vorfall eine Pension von 50 Reichsthaler Alb. zu danken, die sie mir mit der Bitte legirt hat: diesen Sonntag, ihr zum Andenken, nicht zu vergessen; und das will und werd' ich erfüllen, bis auch ich wissen werde, wie es in der Geisterwelt stehet. Wie mir vorkommt, werd' ich Sonntags sterben, am Pensionstage. Frau v. B— ist sehr sanft gestorben. Ich konnte wegen Selbstkrankheit bei ihrem Ende nicht seyn. —

* * *

Des alten Herrn muß ich bei dieser Gelegenheit auch gedenken, sowohl meiner Mutter, als der Frau v. B— wegen, die nach Geistern ausging, und am Ende doch zu den Seligen gehörte, welche nicht sehen und doch glauben.

Meine Mutter hatte ihn sogleich, nachdem sie von Minens Geschichte unterrichtet war, citirt, und nachdem sie ihm Himmel und Hölle vorgestellet, seinem Herzen die Wahl überlassen — ob Himmel? oder Hölle? —

Herr v. E— hatte, um sich aus der Schlinge zu ziehen, den Herrmann völlig verlassen. Magdalene aber schien, um einen Literatus zu heirathen, ihn nicht aufgeben zu wollen. Er schien wirklich Minens Andenken und der Zurückerinnerung an ihre Mutter den Gedanken dieser Heirath völlig geopfert zu haben. Noth, sagte meine Mutter, hält kein Gebot; wenn ich Ihnen aber Nahrung und Kleider verspreche, so lang' ich lebe! versteht sich. Herrmann machte Buße und Glauben durch das gute Werk thätig, Denen zu entsagen. — Nach der Zeit tröstete sie den Herrmann; darf ich mehr bemerken, um an den Tag zu legen, daß der tochterlose Herrmann wirklich Reu' und Leid über seine Sünden getragen? Sie hatte ihm Alles aufgedeckt, auch was er an der Curländerin verschuldet. Er ging krumm und sehr gebückt; den ganzen Tag war er traurig. — Der Tremulant war sein Hauptzug. Seine größte Strafe, wie meine Mutter bemerkte, war die Furcht vor dem Tode; nicht weil es ihm in der Welt gefiel, sondern weil er sich fürchtete, seinem Weibe und Tochter unter die Augen zu kommen. So war unser Bekannter voll Angst, seinen Sohn und Charlotten zu sehen.

Eines Tages, da meine Mutter ihn in tiefster Schwermuth fand, welches sie zwischen eilf und zwölf in der Nacht nannte, nahm sie ihn bei der Hand: Getrost! sagte sie. Luther ließ sich zu seiner Zeit gegen einen traurigen Organisten so aus: Lieber Mathia, wenn Ihr traurig seyd, und es will überhand nehmen, so sprecht: Auf, ich muß ein Liedlein schlagen auf dem Regal, das Te Deum oder Benedictus. — Gehe hin, thue desgleichen! Herrmann, so betrübt er war, konnte nicht umhin anzumerken, daß er nie Organist gewesen, sondern nur ein Post- und Präludium hier und da gehalten, wenn es vierzehn Tage zuvor bestellet worden, womit es meine Mutter bewenden ließ, die um Alles in der Welt willen ihm nichts vom kalten Brande gesagt hätte. Sie kränkte seine Literatusehre nach Minens Tode nicht weiter. Diese Welt, lieber Herrmann! sagte sie, ist ein Präludium; die künftige das Textlied! — Ja wohl, erwiedert' er mit einem tiefen Seufzer. So lebte Herrmann nicht viel anders als ein Carthäuser, hatte nicht Lust und Liebe mehr, seitdem er den Kinderunterricht aufgegeben, seine Handwerke zu treiben; obgleich er noch vom Schneider die Gewohnheit beibehalten auf den Tisch zu klopfen, vom Schuster das weite Ausholen mit den Händen, und vom Töpfer das beständige Wackeln mit dem Fuße. — Die Frau v. B— hatte außer der Pastorwittwe auch an ihn im Testamente gedacht. Sie hatte sich, nach ihrer Wallfahrt zu meiner Mutter, um alle Umstände, die Minen und mich betrafen, erkundiget. „Auch Herrmann jährlich funfzig Thaler Alb." hieß es in ihrem mildthätigen Testamente. Mir hatte sie ein schwarzes Kleid nebst Kragen und Mantel legiret, wenn ich Prediger werden würde, welches ich, so unbeträchtlich der Umstand ist, hier anzumerken nicht ermangeln kann! —

Meine Mutter ward von Tage zu Tage schwächer; der Geist immer noch willig, thätig, kräftig, das Fleisch schwach. Ihre Einbildungskrankheit nahm so zu, daß sie hier schon wie ein Geist aussahe. Aus der Geschichte mit der Frau v. B— ergiebt sich, daß sie zu Bette gewesen. Sie war wirklich so, daß sie sich nicht auf den Füßen halten konnte. Seht nur, meine Lieben, sagte sie, wie sehr ich beweise, daß mein Geist unsterblich ist! Da bin ich durch den, der mich mächtig macht, stärker als Sokrates, von dem so viel gemacht wird, und der doch, wie man mir erzählt hat, einen Hahn opfern ließ, um seine Religionsgrundsätze zu leugnen. So muß ein Hahn immer bei der Verleugnung seyn! Ich lebe auf, indem ich sterbe. Mein Geist fliegt, indem mein Körper sinkt! —

Besonders war es, daß meine Mutter über mich, wie bereits bemerkt worden, auch keinen einzigen Laut prophezeihte! Nach ihrem letzten Briefe, den ich extractsweise meinen Lesern mitgetheilt, war Alles still über mich. Zuweilen dachte sie meiner im Fluge; wer kann aber im Fluge treffen? Die Pastorwittwe konnt' es nicht. Sieben Tage vor ihrem Ende, wie diese Krankenwärterin mit den funfzig Thaler Alb. Pension mir berichtet, war der Geist, wie soll ich's nennen? noch stärker. Kann es nicht heißen, als je? Sie war in einer wirklichen Ekstase, wo zuweilen Funken fielen; allein sie fielen auf kein gut Land, schreibt die Pastorwittwe, sie zündeten nirgend. Es war Alles so in die Luft. Die gute Frau hat mir davon eine Probe mitgetheilt, die ich so wiedergebe, als ich sie empfangen habe. Meine Leser wissen, wie sehr ich für eigene Worte bin!

Alles, was Odem hat, liebt, und was keinen hat, möchte gern lieben. Es sehnet sich nach Liebe. Bein von meinem Bein, Fleisch von meinem Fleisch. Habt ihr nicht gemerkt, wie sich manches Gewächs an einander schlingt, so fest als ein junges Weib an ihren Gatten, und was sich nicht umschlingen kann, berührt sich, wenn ein sanfter Wind es bewegt? Wie es sich küßt! Wonniglich ist der Kuß, den der Zephyr der Rose stielt. Ist er der Rose treu, ist er der Herr v. E —, der barbarische Stutzer? Ist's ein Stutzer, der zerschmilzt, der wie ein Flötenton vergeht? Wie Zucker in der Tasse? Was ist die Liebe? Der Athem Gottes! — Faßt ihn doch auf, so warm er da kommt aus seinem Munde! Heilig, heilig, heilig, ist Gott der Herr Zebaoth, und alle Lande sind seiner Ehre, seiner Liebe voll! Entweder wirklich lieben oder lieben wollen, nach Liebe sich sehnen; sonst verlohnt's nicht, daß ein Hund ein Stück Brod von uns nimmt. Die Hunde nehmen's auch nicht vom Lieblosen und Falschen. Wenn ich mit Menschen- und mit Engelzungen redete und hätte der Liebe nicht, so wär' ich ein tönend Erz und eine klingende Schelle. Wenn man dem Huhn nicht ein Nest bereitet, legt es in die Nessel. Auch Wasser wird Lauge, wenn es durch Asche geseihet wird. Seht! seine Einfalt erhebt den Witz, wie Schatten das Licht. Wenn die Natur ein Chorhemde anzieht, ist sie das Christenthum. Zergliedre, und du findest an der schönsten That Flekken oder Runzeln oder deß Etwas. Sie hat Sommersprossen, eine Blatternarbe; allein im Ganzen schön!

So geht's auch mit aller diesseitigen Heiligkeit! — Die Liebe ist kein Portraitmaler. Sie malt die Seele! Sie malt den ganzen Menschen! Das Gute ist zu hören, das Schöne ist zu sehen! Das Schöne erscheint von vorn, das Gute von hinten. Mine ist zu sehen und zu hören; mein Schutzengel desgleichen, wie er da um mich wallt, unsichtbar dem Werktagsauge! Der Mond scheint hell, der Tod reitet schnell, ihr lieben Leutlein graut euch auch? — Singst du, Holde? Apfelblüthen vom Baum des Erkenntnisses Gutes und Böses waren auf ihrer Wange; jetzt Blüthen vom Baum des Lebens. Mine, singst du? — Hört sie singen, sie ist des alten Herrn Tochter nicht mehr, sie ist meines Mannes Tochter und ihrer Mutter Tochter! Wie schön sie singt! „Es ist das Heil uns kommen her!" — Wie eine Lerche wölbt sich ihr Gesang, wie eine Wachtel fällt er! Da steht sie! — Wie ein Stern über meinem Haupte! O des schönen Morgensterns!

Also werd' ich auch stehen,
Wenn mich wird heißen gehen
Mein Gott aus diesem Jammerthal!

Nun ruhen alle Wälder, von Paul Gerhard. Nun wachen alle Wälder, von Feustel und Riedner, die Beide in Maskopie die Wälder aufgeweckt. — Zur Unzeit, wie gewöhnlich! Sie hätten sie ruhen lassen können! Seinen Freunden giebt er's im Schlafe! Gott läßt uns sinken, aber nicht ertrinken. Wenn der Klügste beichten sollte, was er in seinem Leben für Einfälle und Ausfälle gehabt, wäre er des Irrhauses schuldig! Grüne Ostern, weiße Pfingsten. Viel können zwar zusammen singen, aber nicht zusammen reden. Der

Gesang ist gesellig, die Prose ist leutescheu, einsiedlerisch, tückisch — bei alle dem ernsthaft. Träume! ihr sollet nichts seyn, und wenn die Ursache vom Zukünftigen schon in mir liegt? Auch dann nichts, wenn das Seelenauge schon sieht, was das Körperauge noch nicht zu sehen im Stand' ist? Die Kalendermacher machen den Kalender, der liebe Gott das Wetter! Steck' ein Licht an, wenn die Sonne scheint; kannst du das Licht sehen? Greif auf der Laute, wenn die Glocken tönen; kannst du hören? Wenn's gut schmeckt, verdaut man auch gut! Jede Empfindung, die das Leben unterbricht, ist Schmerz; die Leben in's Leben bringt, ist Freude! Der Tod ist Beförderung des Lebens! Der Tod hat auch sein Sonntagskleid. Alte Leute in Doktorhänden, wären sie auch des D. Saft seine, sind Mayen, die abgerissen sind von der Natur und im Wasser stehen! — Es geht eine Zeitlang; allein nicht lange. Viel Köche verderben den Brei. Bei sieben Künsten geht man betteln, bei einer kann man Altmeister werden. Gott der Herr hat in jedem Dichter sein Feuer und Heerd! O Jerusalem! Jerusalem! die du tödtest die Propheten und steinigest die zu dir gesandt sind, wie oft hab' ich deine Kinder versammeln wollen, wie eine Henne versammelt ihre Küchlein unter ihre Flügel, und ihr habt nicht gewollt. Und es werden Zeichen geschehen an der Sonne, Mond und Sternen, und auf Erden wird den Menschen bange seyn und werden zagen, und das Meer und die Wasserwogen werden brausen, und die Menschen werden verschmachten vor Furcht und Warten der Dinge, die kommen sollen auf Erden; denn auch der Himmel Kräfte sich bewegen werden. So seyd nun wacker allezeit, und betet, daß ihr würdig werden möget zu entfliehen diesem Allen, das geschehen soll, und zu stehen vor des Menschen Sohn. Sollte Gott nicht retten seine Auserwählten, die zu ihm Tag und Nacht rufen, und sollte Geduld darüber haben? Ich sage euch: er wird sie erretten in einer Kürze! In der Welt verschlingen die sieben fetten Kühe die sieben magern; in des Träumers Pharaonis Traum umgekehrt! — Wo ist deine Schöne, du heilige Stadt, wo dein Glanz, du Gotteshaus, wo dein Allerheiligstes, die Lade des Bundes? Wehe, Wehe, Wehe deinen Thoren! Wehe deiner Feste! Wehe dem Tempel! Weh' über dies Weh'! Dies letzte Weh'! Weh' auch mir! Mine traf mich, wie jenen Weherufer auf Jerusalems Mauren ein römischer Pfeil, in Schlangengift getaucht. — Weh' auch mir! – Wie es zischt in meinem kochenden Busen! Labung! Labung! — Meine Zunge verdorrt in dieser Qual! Essig und Galle! O Greuel der Verwüstung an heiliger Stätte! Fliehe auf den Berg, der du im Thal bist! Stürze in den Abgrund du, der du dich vor den Wolken bückst! Wer auf dem Felde ist, kehre nicht um, seine Kleider zu holen. Wer auf dem Dache ist, in bloßen Füßen, stürze nicht herab, um einer Verkältung zu entweichen! Wehe, Wehe der Schwangern, die eine Tochter trägt! Wehe der Säugenden! Sie sterben dahin in fremden Landen! und keine Milchschwester singt ihnen das: Gehabt euch wohl. Keine Gespielin streut Blumen auf ihr Gebein. Minens Stätte ist in Curland nicht mehr! Der Mond, seht ihr denn nicht! Scharlach! Zeter! Der Comet, Gottes angebrannter Wachsstock! Er kommt! er kommt, uns anzuzünden! Ha! da brennt die Erde, und der sie anzündet, verbrennt sich den Finger, wie mein Seliger, da er Licht! Licht! Licht! rief, und todt! todt! Alles todt! — Was ist der Tod? Die Seite platzt an der Harfe, die ist leicht bezogen und gestimmt. Der Würgengel mit seinem letzten Weh! Ich bin vor dem gestrengen Richterstuhl verklagt, citirt vor — Nein! da kommt ein heiliger Engel, der Gnade bringt, Gnade für Recht! Und Minens Mutter! Und sie singen eine Terz tiefer: Gnade! Gnade! —

Drei Tage vor ihrer Auflösung, oder ihrem Auflösungsanfang, verließ sie die Gabe der Weissagung, der Geist der Kraft und Macht. — Die Flügel der Morgenröthe sanken. — Sie kam auf die Beine. Der Sabbath hatte sich geneiget, und sie war wieder ein anderer Tag in der Woche; indessen doch kein Sonnabend mehr! — Diese Gemüthsfassung verlor sich so allmählig, so weich. — Merklich ward dieser Verlust durch den Umstand, daß meine Mutter sehr gelassen anstimmte:

„Was willst du, armes Leben!“.

Ja wohl, armes Leben, auch bei der Gabe der Prophezeiung, und bei dem Geiste der Kraft und Macht! Es war dieser Tag Minens Sterbetag. Auch an diesem Tage beobachtete meine Mutter ihre Fasten so streng, als ob sie den Tag vorher bei einer Hochzeit auf den Fasttag pränumeriret hätte. — Sie fühlte, wie sie selbst sagte, daß sie zu weit gegangen. — Wahrlich, es war mehr, als ein Gang. Ein Kind geht. — Jetzt war sie wieder in diesem Kindergeleise — im Gange. — Das Erste, was sie in demselben that, war ein Brief an den Herrn Amtsbruder, der in der Vacanz ab- und zureiste. Sie bat ihn, ihr die Communion zu reichen, als welches sie in ihrer Ekstase, wie sie selbst sagte, nicht gebeten haben würde. Sie wußte Alles, was in dieser

Entzückungszeit vorgefallen war, auf's Genaueste. Der Amtsbruder versprach zu kommen und kam. Kurz vor seiner Ankunft hatte meine Mutter Tinte und Feder gefordert und eine Viertelstunde geschrieben. Sie versiegelte diese Schrift dreimal! —

Von jeher hatte meine Mutter die Gewohnheit gehabt, sich den Morgen vorher, ehe sie zur Communion ging, die Füße zu waschen. Das war ihr ein so nothwendiger Vorhergang, als ein Präludium vor dem Liede. Auch jetzo hatte sie zu diesem Ende ein Fußbad veranstaltet. Ohne alle Spezerei! Sie ersuchte ihre Gesellschafterin, die Pastorwittwe, dieses Fußwaschen zu übernehmen, und bat sie, aus dem fünften Capitel des ersten Briefes an den Timotheus, den neunten und zehnten Vers aufzuschlagen und laut zu lesen:

Laß keine Wittwe erwählet werden unter sechszig Jahren, und die da gewesen sey Eines Mannes Weib, und die ein Zeugniß habe guter Werke: so sie Kinder aufgezogen hat, so sie gastfrei gewesen ist, so sie der Heiligen Füße gewaschen hat, so sie den Trübseligen Handreichung gethan hat, so sie allem guten Werk nachkommen ist.

Die Pastorwittwe, die nur einmal verheirathet gewesen, freute sich herzlich über diese Worte, die wie auf sie zeugend waren, und war bereit, diese ehrwürdige Ceremonie zu verrichten, da meine Mutter sie die Einsetzungsworte laut verlesen hieß. Sie fing also, nachdem sie sich mit dem weißen Schurz, den ihr meine Mutter in die Hände gegeben, bekleidet, zu lesen an, wie folgt:

Stund er von Abendmahl auf, legte seine Kleider ab, und nahm einen Schurz und umgürtete sich. Darnach goß er Wasser in ein Becken, hub an den Jüngern die Füße zu waschen, und trocknete sie mit dem Schurz, damit er umgürtet war. Da kam er zu Simon Petro, und derselbige sprach zu ihm: Herr, solltest du mir meine Füße waschen? Jesus antwortete und sprach zu ihm: Was ich thue, das weißest du jetzt nicht; du wirst's aber hernach erfahren. Da sprach Petrus zu ihm: Nimmermehr sollt du mir die Füße waschen. Jesus antwortete ihm: Werde ich dich nicht waschen, so hast du kein Theil mit mir. Spricht zu ihm Simon Petrus: Herr, nicht die Füße allein, sondern auch die Hände und das Haupt. Spricht Jesus zu ihm: Wer gewaschen ist, der darf nicht, denn die Füße waschen, sondern er ist ganz rein, und ihr seyd rein, aber nicht Alle. Denn er wußte seinen Verräther wohl; darum sprach er: Ihr seyd nicht Alle rein. Da er nun ihre Füße gewaschen hatte, nahm er seine Kleider und setzte sich wieder nieder, und sprach abermal zu ihnen: Wisset ihr, was ich euch gethan habe? Ihr heißet mich Meister und Herr, und saget recht daran, denn ich bin's auch. So nun ich, euer Herr und Meister, euch die Füße gewaschen habe; so sollt ihr auch euch unter einander die Füße waschen. Ein Beispiel habe ich euch gegeben, daß ihr thut, wie ich euch gethan habe. Wahrlich, wahrlich! ich sage euch: der Knecht ist nicht größer, denn sein Herr, noch der Apostel größer, denn der ihn gesandt hat. So ihr Solches wisset, selig seyd ihr, so ihr's thut.

Diese Ceremonie ward so rührend vollzogen, daß die Pastorwittwe mit Thränen das Fußwasser verstärkte, welches nach vollbrachter Ceremonie, ohnweit dem grünen Taufwasserplatz, ausgegossen ward. Es ist kein Taufwasser, sagte meine Mutter. Da dieses Alles der Pastorwittwe als etwas sehr Neues schien, verhielt ihr meine Mutter nicht, daß die Wiedertäufer mehr heiliges Wasser in ihrem Glauben hätten, als wir; indessen es später zu gebrauchen anfingen. Behüte Gott, daß wir das Fußwaschen, nach Meinung mancher Irrchristen, für etwas mehr, als einen Nachtmahlsvorklang, ein reines Hemde zum Fest erklären wollen, als eine Sache, die seyn und nicht seyn kann; warum sollten wir aber dieses Zeichen der Erniedrigung weglassen, und nicht vielmehr, bei diesem Fußbad, an die Reinigung der Seelen denken, ohne welche Niemand Gottes Angesicht schauen wird! — Meine Mutter, wie die Pastorwittwe, eines Mannes Weib, bemerkt, war hier nachgebender, als sie es wohl in gesunden Tagen gewesen. Die Mennonisten kamen besser weg, als man denken sollen. Sie nannte sie sonst Fußwäscher und behauptete, daß sie wegen ihrer Agapen oder Liebesmähler sich den christlichen Magen verdorben hätten. Jetzt gar anders. Wenn gleich sie ihnen nicht den Beinamen der Honigbienen des Staats bewilligte, womit man sie wegen ihres Fleißes und ihrer Sparsamkeit zu beehren pflegte, vielmehr es sich ziemlich deutlich merken ließ, daß sie ungelehrte, oder, wie sie's nannte, plattdeutsche Socinianer wären; so richtete sie dennoch nicht, um auch nicht gerichtet zu werden. — Fasten und leiblich sich bereiten, sagte sie, bleibt bei'm Nachtmahl eine feine äußerliche Zucht; aber der ist recht würdig und wohlgeschickt, der die Worte für euch versteht! — Für Euch! Nach dem vollendeten Fußbade faltete die Gewaschene die Hände, und sprach: Das Lamm mitten im Stuhl wird sie weiden und leiten zu dem lebendigen Wasserbrunnen, und Gott wird abwischen alle Thränen von ihren Augen. Offenbarung Johannis das neunzehnte Capitel, vom siebenten bis zum neunten Vers. Lasset uns freuen und fröhlich seyn, und ihm die Ehre geben, denn die Hochzeit des Lammes ist kommen, und sein Weib hat sich bereitet, und es ward ihr gegeben sich anzuthun mit reiner und schöner Seiden (die Seide aber ist die Gerechtigkeit der Heiligen). Und er sprach zu mir: Schreibe: selig sind, die zum Abendmahl der Hochzeit des Lammes berufen sind. —

In dieser fußgereinigten, geduldigen, nachgebenden Lage traf sie der Pastor, der sie noch in der vorigen Verfassung zu finden glaubte. Er mußte also seine Anrede, die er auf den entzückten Zustand zugeschnitten, kurz und gut abändern. Sein unstudirter Vortrag fiel indessen so erbaulich aus, daß Alle, die ihn hörten, gerührt wurden. Seine Hauptworte waren: Selig sind, die zum Abendmahl der Hochzeit des Lammes berufen sind. Meine Mutter hielt eine Beichte, die sie aus dem Innersten des Herzens nahm. Mine war Anfang und Ende. — Nach mancherlei Herzensnöthen schloß meine Mutter mit den Worten: „Gott helfe meiner Schwachheit, Amen!" Alles Andere war im Verhältniß gegen Minen, wie Worte gegen Sachen, wie das Haupt gegen seine Glieder. — Mine war oben drauf. —

Wenn ich diese Beichte, die meine Mutter nicht in's Ohr, sondern laut ablegte, mit allen ihren Punkten und Clauseln erhalten, wie gern gäb' ich sie meinen Lesern! — Mit welcher Inbrunst empfing sie die Communion! Sie aß und trank Trost und Beruhigung. Von der Minute, da sie das Nachtmahl empfangen, klagte sie nicht mehr über Angst, als in den vorletzten Augenblicken ihres Lebens. Die Worte Christi bei'm Lukas im zwei und zwanzigsten Capitel, die er kurz vor dem Abendmahl sprach, wie rührend sagte sie ihm meine Mutter nach: Mich hat herzlich verlanget, dies Osterlamm mit euch zu essen, ehe denn ich leide; denn ich sage euch, daß ich hinfort nicht mehr davon essen werde. — Man sah, daß sie mit der Seele aß. — Den Herrmann hatte sie zu dieser heiligen Handlung bitten lassen, der aber nicht den Judas bei'm ersten Abendmahl machte, sondern den Petrus, welcher, nachdem er bei'm Caminfeuer in Caiphas Hause seinen Meister verrathen, hinausging und bitterlich weinte. — Meine Mutter pflegte den Apostel Paulus einen Notarius des letzten Testaments zu heißen. Ich habe es von dem Herrn empfangen, das ich euch gegeben habe; denn der Herr Jesus in der Nacht da er verrathen ward, nahm er das Brod — — Kann was Rührenderes seyn, als dieses Gedächtnißmahl? — Verachtet man doch eines Menschen Testament nicht, sagt Paulus den Galatern, pflegte meine Mutter zu bemerken und schüttelte sonst das Haupt, weil im Credo nichts vom Sacrament des Altars steht. Jetzt dachte sie zwar, da sie sich selbst mit den Mennonisten vertragen, hieran nicht; indessen konnte die Rührung nicht höher seyn, als die meine Mutter zeigte. Johannes der Jünger, den Christus liebte, communicirte so an seinem Busen. Gott thut was Ueberschwengliches im Nachtmahl an seinen Gästen, pflegte meine Mutter zu sagen, und wie sehr war es an ihr sichtbar, daß sie auf den Geist gesäet. Wer auf sein Fleisch säet, der wird von dem Fleische das Verderben erndten, wer auf den Geist säet, der wird von dem Geiste das ewige Leben erndten, und wie viel nach dieser Regel einhergehen, über die sey Friede und Barmherzigkeit und über den Israel Gottes! Wahrlich, schreibt die

Wittwe, das Weib eines Mannes: Sie hatte ein hochzeitliches Kleid an! Nach diesem Mahl sprach sie mit dem Pastor über verschiedene, die Gemeinde treffende Dinge. Sie trat ihm die letzten Sorgen über die Gemeinde, welche sie noch behalten, in rührender Form ab. Ich sterbe, fing sie an, und Gott wird mit euch seyn! Obgleich sie angeordnet, daß nach dem Weissagungszufall Niemand zu ihr gelassen werden sollte, als den sie selbst zu sehen verlangen würde; so konnte sie es doch nicht verhindern, daß jetzt in ihrer wiederhergestellten Fassung das Volk sich zudrängte. Ich sterbe, sagte sie, und Gott wird mit euch seyn! —

Ermahnet euch unter einander und bauet Einer den Andern; dem fehlt ein Fenster, dem eine Thür, dem ein Stück am Strohdach; helfet ihm, so wie ihr wollt, daß euch der Herr helfen soll, im Leben und im Sterben, und vor seinem Richterstuhl! So lieb einem Jeden sein ewiges Wohl ist, vermahnet die Ungezogenen, tröstet die Kleinmüthigen, traget den Schwachen, seyd geduldig gegen Jedermann! Sehet zu, daß Niemand Böses mit Bösem vergelte, sondern allezeit jaget dem Guten nach, beides unter einander und gegen Jedermann. Seyd allezeit fröhlich. Betet ohn Unterlaß. Seyd dankbar in allen Dingen; denn das ist der Wille Gottes in Christo Jesu an euch. Den Geist dämpfet nicht, die Weissagung verachtet nicht; prüfet aber Alles, und das Gute behaltet. Meidet allen bösen Schein. Er aber, der Gott des Friedens, heilige euch durch und durch, und euer Geist ganz, samt Seel und Leib, müsse behalten werden unsträflich auf die Zukunft unsers Herrn Jesu Christi. Getreu ist er, der euch rufet, welcher wird's auch thun. Lieben Freunde, betet für uns! Die Gnade sey mit euch!

Gehorchet euren Lehrern und folget ihnen; denn sie wachen über eure Seelen, als die da Rechenschaft dafür geben sollen, auf daß sie das mit Freuden thun und nicht mit Seufzen, das ist euch nicht gut! nicht gut. — Gedenket an eure Lehrer, die euch das Wort Gottes gesagt haben, welcher Ende schauet an, und folget ihrem Glauben nach. Wir sind Alle mit Fehlern versetzt; der aber ist der Fehlerhafteste, der seinen Bruder, seine Schwester darben läßt. Bedenkt, daß diese Welt Gottes Speise-, Gottes Vorrathskammer sey. Sehr groß, werdet ihr sagen, aber bedenket auch, was der liebe Gott für Kostgänger hat. Wer mehr nimmt, als er verzehren kann, thut seinem Nächsten unrecht. Wenn dieser zu klein war, zum Fach zu reichen, thut ihr es für ihn. Wer wird aber des Handgriffs wegen glauben, daß man an der genommenen Habe und Gut allein ein Recht besitze? Seht, alle gute Menschen geben von dem, was sie drüber haben. — Gott geb's wieder, sagte jener Arme, allein der Geber noch weit besser: Er hat's schon gegeben!

Almosen geben armt nicht,
Kirchengehen säumt nicht.

Beneidet euch nicht unter einander, wie die wilden Thiere. Seht die Sternlein, wie still sie da des Abends bei Mondschein zusammen sind. Keins kommt dem andern zu nahe, und doch sind ihrer mehr zusammen, als wenn die ganze Gemeinde bei einander ist. Kannst du sie zählen? sagte Gott zu Abraham. — Ein Vogel singt, ein andrer fängt Fliegen. Jedes Ding nach seiner Art. Laßt euren künftigen Lehrer nicht von euch sagen, wenn er euch eine Bußpredigt gehalten, daß er in ein Wespennest gestochen; laßt es ihn nicht an seiner Calende empfinden. Er trägt die Bibel nicht umsonst! — Es ist die Laterne zum Himmel! Die Manschetten wird er ablegen. Gott segne euch! Herzoge gelten nicht viel nach dem Tode; Gelehrte nicht viel bei'm Leben. Und hiermit dank' ich euch, ihr meine Lieben! für alle eure Liebe und euer Zutrauen, das ihr meinem seligen Mann und mir erwiesen. Dafür kann kein Säemann, daß nicht jedes Korn aufgeht, und wenn hie und da ein Pulver, das ich für den Leib, und ein Trostwort, das ich euch für die Seele eingab, nicht anschlug — ich bin unschuldig an eurem Blute! — Liebet euch! das ist mein letztes, allerletztes Wort. Hab' ich euch beleidiget, es sey mit zu heftiger Ermahnung, oder mit unterlassenem Trost, es sey That- oder Unterlassungssünde, vergebt! Vergebt mir um Gottes willen! Ich muß es Gott klagen und euch; ihr wißt, was mir auf dem Herzen gelegen. Wer wälzet diesen Stein von mir, war mein Gebet! Ich war traurig, wie Eßra und Nehemia. Ihr wisset, daß mich der gerechte Gott gezüchtiget hat durch des alten Herrn Tochter, der ich hart begegnet. Ihr wißt, was in diesen Tagen geschehen ist. Alle Züchtigung aber, wenn sie da ist, dünkt sie uns nicht Freude, sondern Traurigkeit zu seyn; aber darnach wird sie geben eine friedsame Frucht der Gerechtigkeit denen, die dadurch geübet sind. — Ich scheide und übergebe eure Seelen diesem treuen Hirten seines Herrn, der so segnet, wie meine Väter gesegnet haben; er leite und führe euch auf ebener Bahn, damit er euch dereinst dem Nachfolger meines Lebensgefährten, als eine geschmückte Braut dem Bräutigam, übergeben könne, den Gott lehren wolle, sein Volk zu segnen. Dich, o liebes Altar! wo ich so oft das Nachtmahl meines Herrn empfangen, o könnt' ich diesen rothbeschlagenen Tisch noch einmal sehen! Der Herr mit euch! wenn ihr dazu tretet, und wenn in Pfingsten Maien bis zu den Hörnern des Altars gesetzt sind, die gern ihren Geist im Tempel aufgeben und doppelt so angenehm wie im Walde duften, die in der Kirche begraben werden; so tröste der grundgütige Gott den, der Trost bedarf, und erhöre das stille Gebet, das aus dem Innersten eures Herzens quillet, das Gott allein weiß; das, das erhöre Gott! Ja! Amen! Ich will nicht in der Kirche begraben werden, wie die Pfingst-Maien. Auch im Grabe will ich meinem Seligen die Hand geben, und da liegen, wo Er, Minens Mutter und Charlotte liegt. Wenn ihr diese Gräber vorbei gehet, denkt: Selig sind die Todten, die im Herrn sterben! Auf die Kanzel, wo mein Lebens-Geleitsmann und unser Sohn stand, trete nie ein Miethling, nicht einer, den Fleisch und Blut, sondern den Geist und Kraft zum Diener des Herrn erkoren! Zweigliedrig sey sein Segen, den er dem Zerknirschten giebt, und zweischneidig das Schwert seines Mundes, wenn er dem Sünder das Ohr abhaut. Es wird sich das dritte Segensglied von selbst geben, wenn die Manschetten wegfallen werden. No. 5., die Bank, wo Mine gesessen, sey euch mehr, als No. 1. Die fünfte Zahl ist eine Wundenzahl. Ich kann nicht mehr! — Sie hielt inne, sie hatte sich sehr ermüdet. Nach einer Weile sahe sie Alle an! Lebt, sagte sie, so, daß wir uns Alle, Alle dort wieder zusammenfinden, wie wir hier von einander schieden, damit ich sagen könne: Herr! hier bin ich und die, so du mir gegeben hast! — Lieb wird es mir seyn, herzlich lieb, euer Angesicht zu sehen mit

Freuden in der seligen Ewigkeit! — Gott aber des Friedens, der von den Todten ausgeführt hat den großen Hirten der Schafe, durch das Blut des ewigen Testaments, unsern Herrn Jesum, der mache euch fertig in allen guten Werken, zu thun seinen Willen, und schaffe in euch, was vor ihm gefällig ist, durch Jesum Christ, welchem sey Ehre von Ewigkeit zu Ewigkeit, Amen! —

Es war ein gesegneter Einfall, daß meine Mutter dem Pastor, der selbst sehr gerührt war, das Lied: „Es woll' uns Gott genädig seyn und seinen Segen geben," zuwinkte, um den Ausbruch der Rührung der Gemeinde zu hemmen. Jetzt kam Alles in sanfte Thränen, und Alles wünschte, daß Gott meine Mutter geleiten möge, und an Ort und Stelle bringen, in den Himmel. Amen! Sie versprachen, die Gräber in Ehren zu halten, und es ihren Kindern und Kindeskindern auf ihrem Sterbebette anzubefehlen, so daß der jüngste Tag sie noch finden sollte! —

Die Wittwe bricht hier ab, und auch ich muß abbrechen. —

Dem Pastor gab meine Mutter die Schrift mit drei Siegeln, mit dem ausdrücklichen Beding, sie nicht eher, als sieben Tage nach ihrem Begräbniß, zu öffnen! Ja, sagte sie; Er: Amen! Er legte sie in die Agende. Sie fing ihm noch einmal zu danken an. Es ist sehr rührend, wenn ein Sterbender dankt. Gemeinhin ist sonst der Dank eigennützig. — Der Pastor ließ sie nicht ausdanken, sondern drückte ihr die Hand und ging mit den Worten von dannen — In Ewigkeit! — Sie, noch ein: Amen! —

Man hat nie erfahren, was in dieser Schrift mit den drei Siegeln gewesen. So viel ist gewiß, daß sie mehr enthalten, als die Zeitungsnachricht, wer Pastor werden würde. Der gute Vicar ist nach dem siebenten Tage, von dem Begräbnisse meiner Mutter an gerechnet, ein ganz anderer Mann in Gedanken, Gebehrden, Worten und Werken worden. Es schien, als hätt' er einen Pränumerationsschein auf einige künftige Fälle erhalten. An die Frau v. B — war in dieser Schrift gedacht. Warum denn nicht an mich? Warum für mich nicht auch eine ἀνέχου καὶ ἀπέχου mit dreien Siegeln, sieben Tage nach dem mütterlichen Begräbnisse zu eröffnen? — Meine Mutter hatte herzlich gewünscht, daß das heilige Abendmahl ihre letzte Speise seyn möchte auf dieser Welt, und ihr Wunsch ward erfüllt. Sie ward von Stunde zu Stunde schwächer, und bat die Pastorin, ihr die Leidensgeschichte Christi und seinen Tod vorzulesen aus allen Evangelisten! Wir sollen, sagte sie, des Herrn Tod verkündigen, bis daß er kommt.

Während dem Lesen sagte sie zuweilen Strophen aus Liedern. Bei'm Begräbniß Christi sang sie mit dumpfen Tönen. (Dies war ihr letzter Gesang. Sie selbst sagte: Meine Stimme ist schon begraben! Sie wird wieder auferstehen im ewigen Leben! Man kann länger reden, als singen.)

Die Welt ist mir, ich ihr nicht gut,
Mir ekelt Alles, was sie thut;
Was kann sie mehr als Fromme schmähen?
O! nimm mich! nimm mich hin in's Grab;
So sterb' ich meinen Sünden ab,
Und werde sauber auferstehen!

Komm so, mein Tod, und sey gegrüßt,
Der mehr als tausend Leben ist!

D. Saft, der, ohne daß sie ihn verlangt, zu ihr ekommen war, sagte der Pastorin, daß eine Entzün- ung da wäre. Den Gang der Krankheit konnte er icht bezeichnen. Jetzt war freilich mehr als Einbil- ung. Aus dem Schein war das Seyn worden. Sie elbst sagte der Pastorin in's Ohr, daß sie des folgen- en Tages sterben würde. Früher als einen Tag zu- or schien sie ihren Todestag nicht zu wissen; viel- eicht wußt' es ihr Schutzgeist nur eine Stunde früher. Auf Seelenkrankheiten verstehen sich die Engel, sagte sie, auf Leibeszufälle wenig oder gar nicht. Gott weiß Alles. Sie hatte verlangt, daß Niemand zu ihr gelas- sen werden sollte. Saft drängte sich noch den letzten Tag früh Morgens vor. Ich weiß, sagte sie ihm — Sie verweigerte ihm die Hand, da er sie beprüfen wollte, und zeigte mit vieler Mühe gen Himmel. Sie blühete im Gesicht wie eine Rose. Den Tag wußte sie, die Stunde nicht. Sie war, wie wir wissen, aus Sonnabend, Sonntag geworden. Starb den — — Sonntag — —

Wie er von ihr ging, neigte sie ihr Haupt und dankte ihm! — Die vorige Nacht hatte sie noch die entsetzlichsten Schmerzen. Um vier Uhr Nachmittags war Alles vorbei! Zuweilen fiel sie in eine Phantasie und sprach wieder mit ihrem Engel. Da sie ihn zum er- stenmal wieder inne ward, redete sie ihn mit einer Heftigkeit an, die durch die Seele ging:

„Alle gute Geister loben Gott den Herrn.“

Die Pastorin versicherte, daß sie bei einem Geisterrauschen eine holde Stimme vernommen: „Ich auch!" Je näher zum Tode, je mehr sprach sie mit diesem guten Geiste, der sich Ich auch genannt hatte, wie die Pastorin versichert. Sie sprach mit ihm, wie mit ihrem Seelenträger, mit ihrem Reisegefährten, und war so froh, an seiner Hand in Abrahams Schooß zu kommen und die Krone der Gerechtigkeit zu empfahen, daß sie den glühenden Fegofen, die Löwengrube der Trübsale, nicht achtete. „Aber der Engel Gottes," sagte sie zur Pastorin, „führt mich zu einem Wasserbrunnen, „daß ich bei'm Leben erhalten werde. Er lagert sich „um die her, so den Herrn fürchten, und hilft ihnen „aus."

Der Schmerz ist weg, fing sie zu der Pastorin nach einer Weile an, aber die Seele, die Seele, thut mir sehr, sehr wehe! Sie hat sich an die Melodie des Körpers zu sehr gewöhnt.

Die Wittwe mußte hier Verschiedenes aus der Bibel lesen und aus dem Gesangbuch singen. Sie selbst sprach sehr unvernehmlich! Die Angst, die sie stoßweise ausstand, war groß! Das letzte Lied war:

Herr Gott, dich loben wir.

Die letzte Strophe mußte die Pastorin viermal singen, nach Zahl der letzten Dinge—

Behüt' uns heut', o treuer Gott,
Für aller Sünd' und Missethat.
Sey uns gnädig, o Herre Gott!
Sey uns gnädig in aller Noth!
Zeig' uns deine Barmherzigkeit,
Wie unsre Hoffnung zu dir steht.

Auf dich hoffen wir, o lieber Herr,
In Schanden laß uns nimmermehr! Amen!

Auch im Grabe, sagte sie, nicht zu Schanden!

Trinken können die Kranken länger, als essen. Die letzte Zeit konnte sie, wie wir wissen, keinen Ton angeben. Zuweilen schien es, sie wollte; allein sie sahe sich verbunden, ihre Seele in Geduld zu fassen, und sich mit Prosa zu behelfen.

Die Pastorin mußte den Vorhang am Fenster, wo sie lag, mitten entzwei reißen! So, so, sagte sie, so reißt's hier, hier! Licht! rief sie. Der Vorhang ward weggezogen; sie sahe Licht. Grün, grün, fing sie an, Frühling! so schönes Grün, als das Taufwassergrün, und noch schöner! Kein Fußwasserplatz daneben; Alles gleich schön! Oft reckte sie beide Hände aus. Paradies! — rief sie. Sie ward wieder stille, ließ sich ein Kruzifix dahin setzen, wo der Vorhang zerrissen war. Sie sah es starr an, verlangte es näher, drückt' es an ihr Herz mit den Worten, die sie ungewöhnlich vernehmlich aussprach:

Wenn ich einmal soll scheiden,
O scheide nicht von mir!
Soll Todesangst ich leiden,
O scheide nicht von mir!
Und wenn am allerbängsten
Mir rings um's Herz wird seyn;
Reiß' du mich aus den Aengsten,
Kraft deiner Angst und Pein!

Sie fiel wieder ohnmächtig ein. — Was ist die Uhr? fragte sie die Pastorin, und diese versicherte, daß ihr keine Frage empfindlicher gewesen. Vier? Bald! — Sie hielt sich fest am Kruzifix, das sie sich hatte reichen lassen. —

Ihre letzten Worte, nicht völlig vernehmlich, waren:

Komm' so, mein Tod, und sey gegrüßt,
Der mehr als tausend Leben ist.

Ihre gewaschenen Füße lagen im Kreuz'; so im Kreuz mit Händen und Füßen wollte sie auch begraben werden. Ihr Gesicht war nicht im mindesten im Tode entstellt.

Kein Hund heulte, schreibt die Pastorin, weder vor, noch nach ihrem Ableben; der Storch nur, der in der Gegend des Pastorats sein Sommerhaus hatte, ist verzogen.

Von ihrem Begräbnisse will ich nur wenig anführen.

Sie hatte nur bloß über den Ort, wo sie ruhen wollte, über ihre Begleiter und einige Austheilungen an die Armen der Gegend, Einrichtungen getroffen; alles Andere aber den Zurückbleibenden überlassen. Sie wollte nicht in der Kirche ruhen, sondern unter ihren lieben Todten; indessen hatte sie verfügt, daß sie in die Kirche gebracht, und rund herum getragen werden solle. Bei No. 5. bitt' ich anzuhalten, sagte sie. Mein Gott, schreibt die Wittwe, wie bange war mir, sie würde sich aufrichten: Ich bin vor dem strengen Richterstuhl Gottes verklagt! — Für's Urthel war mir nicht bange. Eine *Selige* ist sie wahrlich!

Der Vicarius hielt ihr eine Rede über die Worte, Matthäi im fünften Kapitel der achte Vers: „Selig sind, die reines Herzens sind; denn sie werden Gott schauen!"

Eine Stelle aus dieser Rede:

„Unsere Glaubensschwester führte ein verborgenes Leben in Gott. Man sahe an ihr die Worte erfüllt: Laß dir an meiner Gnade genügen; denn meine Kraft ist in den Schwachen mächtig. Die Trübsal hatte in ihr gewirkt Geduld, die Geduld Erfahrung, die Erfahrung Hoffnung, und diese läßt nicht zu Schanden werden. Ihre Seele war genesen, da sie aus meinen Händen das Mahl des Herrn empfing! Gott war mit ihr! — Wahrlich, Freunde! Diese Gegend hat eine Beterin, eine Himmlischgesinnte, eine Gottverlobte verloren." —

Vor der Rede ward gesungen:

Wenn Gott von allem Bösen! rc.

Die Pastorin schreibt, daß sie den zweiten Vers dieses Liedes auch mit heiligem Schauer gesungen, nicht mit Bangigkeit, wie beim Herumtragen bei No. 5. Sie wird den Sargdeckel heben, dacht' ich (ihre eigenen Worte) und mitsingen:

Mein Mund wird nichts als lachen,
Und meiner Zungen Klang
Wird lauter Lieder machen,
Gott, unserm Heil, zu Dank! —

Nach der Rede ward gesungen:

Es ist gewiß ein' große Gnad' rc.

Bei der vierten Strophe, schreibt die Pastorin, empfand ich, wie wohl gewählt dies Lied war:

Da wird Gott All's in Allem seyn;
Da wird dann recht erklingen
Der Sang der heil'gen Engelein,
Die Gott ein Loblied singen
Von Ewigkeit zu Ewigkeit. —

Sie ward, wie sie angeordnet, in die Erde gelegt, bei meinem Vater. Hier werden sie Hand in Hand ihren schönen Morgen erwarten, wenn das Verwesliche wird anziehen das Unverwesliche, und das Sterbliche die Unsterblichkeit! Außer den Begleitern, die sie erbeten hatte, war die ganze Gemeinde jung und alt gegenwärtig. Man hatte keine Schaufel nöthig, sie zu bedecken. Jedes warf eine Hand voll Erde sanft auf ihren Sarg. Der Greis flehte um einen seligen Tod; der Mann um die glückliche Entbindung seines Weibes; das Weib, daß ihr Erstgeborner ihr wohl gedeihe; der Jüngling für seine Geliebte; die Braut um die treue Liebe ihres künftigen Gatten; das Kind um das Leben seiner Eltern! Was Jedem das Liebste und Beste war, das erflehte er sich bei diesem Grabe, und Jedes warf eine Hand voll Erde! —

Freunde! Schaudert ihr vor dem kalten Arm der Erde? Seyd getrost! Ihr werdet in ihm von der Last eurer Pilgrimschaft ausruhen, und auch der hier nicht viel schlafen konnte, wie sanft wird er hier sich legen! Was weiß ich, schreibt die Pastorin, ob das Laken gerissen, oder die Wehmuth derer, die einsenkten, daran Schuld gewesen: (die Wehmuth ist schwach wie ein Kind) — der Sarg riß sich los, recht als ob er die Zeit nicht abwarten konnte! Wie er nahe an meines Vaters Sarg kam, wankte der Dekkel. Dies vermochte die Träger, um die Erlaubniß zu bitten, beide Särge noch zu öffnen, und Beider Hände in einander zu legen. Diese einfältige, fromme Bitte ward von den Leichenbegleitern bewilliget, und sie copulirten dieses Paar, weinten die bittersten Thränen auf die Hände, deckten jeden Sarg zu, und Alles empfand bei diesem ungekünstelten, unbereiteten Vorgange, daß er ungekünstelt, unvorbereitet war.

Noch einen dergleichen muß ich nachholen. Den Abend vor dem Begräbnisse versammelten sich die besten Sänger und Sängerinnen im Dorfe und sangen vor dem Trauerhause das Todtenlied, so ich meinen Lesern in einer Uebersetzung mitzutheilen nicht anstehen kann:

* * *

Todtenglocken! Klaget, klaget laut, und wimmert nicht so dumpfig, so innerlich, daß es Mark und Bein durchtönt! Ruft es aus, damit Jedes, klein und groß, wisse, woran es sey: Vater todt, Mutter todt! Unsere Kirche eine vater= und mutterlose Waise.

Armes Weib! die noch gern gebähren wollte, damit unsere Kirchenmutter ihre Hand auf das Knäbchen lege und es einsegne, du kamst zu spät! Ihre Hand ist eiskalt! Nicht ein Tropfen warmer Segen ist drinn. Sie hat ihn Keinem entzogen, der seinen Kopf darreichte! — Wir fühlen noch Alle die Stelle, wo ihre milde Hand lag!

Wer wird nun unsern Kleinen Honigbrod geben, wenn sie den Glauben beten? Wer wird sie bei der Hand nehmen, und sie Abba mein Vater! an einem Nest voll junger Vögel, die ihren Mund gen Himmel aufreißen, beten lehren? Wer nach dem Ungewitter, wenn die Luft sich erholt hat, ein Loblied singen, mit dem Finken um die Wette?

Kommt! laßt uns gehen, wo es widerhallt, und Mutter rufen, Mutter! Vielleicht erfährt sie dadurch, daß wir ihrer denken. Uns spottet das Echo nach; mit Geistern spricht es, wie wir mit einander. Kommt in den Wald, wo es widerhallt! Fast hochnoth ist, daß wir Zweige brechen, den Weg zu bestreuen zu diesem Grabe. Ihr Grab wird von selbst grünen und blühen. Nicht von Aesten, die sich jeglicher Reisende brechen kann, um sich auf seinem Wagen eine Bude zu bauen, die ihn vor der Sonne schirmt. In die Höhe wollen wir klimmen, und aus den Gipfeln Aeste nehmen und brechen. Sie ist's werth, daß man hoch steigt, und daß man bricht und nicht schneidet. Sie ist von der Seele gerissen, wie diese Aeste vom Stamme. Sie welkt, wie dieses Laub auf dem Wege zu ihrem Grabe. — Wem dienen die Tauben, die sie im Schlage zurückließ? Auch sie sind arme Waisen, wie wir Alle! Sie fressen nicht mit Wohlgefallen, seit sie todt ist. Laßt uns Theilung halten! Jedes Haus ein Paar. Ihre Jungen und die Jungen ihrer Jungen, die sie brüten, sollen das Andenken eines Pastorpaares erneuern, das wie ein Paar Tauben war, und wenn wir von diesen Tauben unsern Kindern ein Paar zurücklassen, sey es mit der Ermahnung, an die Gräber dieser Frommen zu denken und ihnen kein Leid zu thun! Ist es euch nicht so, als wenn die Tauben selbst drum bäten, ohn' unser Zuthun? Gar fromme Thiere! Unser Pastorpaar wird sich der liebe Gott so halten, wie Jeder von uns das Taubenpaar! —

Seht ihr nichts im Monde? Seht! Sie ist's! Im weißen Kleide, weißer, heller noch als der Mond; sonst könnten wir sie nicht sehen. Das Tuch um ihr Haupt, so wie sie da lag, ehe sie eingesargt ward. Wie sie uns zublickt! Seht! Seht! Welch' ein Abglanz auf uns! Nicht um das Auge zu blenden, nein, um es zu stärken. Nicht Mittag, Abendkühle liegt drinn! Heilige! Dank für deinen Blick! Dank für Alles! Sieh auf dein Grab; ist es nicht aus Erkenntlichkeit gut aufgeklopft? Da soll dein Gebein ruhen, sicher vor jedem Sturmwind, der sich mit unbedeckten Gebeinen neckt, als könnt' er sie lebendig machen, und die frommen Tauben mögen Habichte werden und unsre junge Küchlein aufhacken, wenn wir dein Gebein nicht ehren, du fromme Mutter, um deinetwillen!

Am Begräbnißtage, und noch zwei Tage nachher, ward in der nehmlichen Procession dies Lied abgesungen, und jedesmal mit einer Rührung, die ihres gleichen nicht hatte. Immer als zum erstenmal.

Der nehmliche lettische gelehrte Sänger hat auch auf meinen Vater einen Sang herausgegeben; indessen find' ich die gegenwärtige fromme Sonnabends-Empfindung bei weitem nicht drinn. Naive Tändelei ist dem Volke eigen; indessen ist, was drüber ist, nicht immer vom Uebel.

Eine Stelle verdient Mittheilung. Man merkt leicht, daß das Lied aus höherm Chor ist, und daß überhaupt unser Meistersänger das Kunstlose des Volksliedes öfters verfehlt! Wie das zugeht, weiß ich nicht. Mein Vater pflegte zu behaupten: meine Mutter sey Schuld daran! Nicht doch, erwiederte meine Mutter, das kommt weil er ein Christ ist. Das Christenthum ist göttliche, himmlische Kunst. —

Die Stelle:

Er starb zu einer seligen Stunde, eben da wir den Waizen einstreuten. Sein Leib, dies Waizenkorn Gottes, wird so leicht verwesen, als eine Rose verbleicht, so sanft, als Leib und Seel' von einander gingen und sich zum letztenmal herzten.

Die Erde ist nicht so kalt, als sie zu dieser Jahreszeit zu seyn pflegt! Schaud're nicht, ehrwürdige Pastorleiche! Die Sonne schlug so warm, ringsum warm herum, als wenn sie es auswärmen wollte, und was war's für ein Rauch, den ihre Strahlen herauszogen? Weihrauch, den sein Engel, der auf dem Sonnenblick herabfuhr, anzündete, um dies Grab zur Schlafkammer auszulüften. — —

Ist es erlaubt, zu der Standrede des Herrn Vicars über die Seligkeit der reinen Herzen, die Gott schauen werden, etwas zum Lebenslauf meiner Mutter zu liefern? Prose, wie ihr Tod war. Den Gesang hab' ich dem Letten überlassen, dem der Vicar, ein großer Lette, nachgeholfen zu haben scheint. —

Sie war von mittelmäßiger Größe, hatte braunes Haar, eine sanftgebogene Nase und große Augen, die am Blitz jenem Großmutterauge durch die Ritze, wenig oder gar nichts gewichen hätten. Aus beiden Augen ließ sie dies Licht leuchten. Die Nase ist der Zeiger am Menschen. Sie sah gerade zu, und trug die Nase, wie sie selbst bemerkte, weder gen Himmel, noch hatte sie ein Schatzgräberaussehen. Sie war sehr verhältnißmäßig gebildet. Man sahe ihren Händen an, daß sie solche nur selten in Handschuhen verschlossen gehalten, und doch waren ihnen die Priesterahnen und eine gewisse bewährte Feinheit anzusehen. Sie hatte die folgsamste Zunge, die je im Dienst des Herzens gestanden. Ihre Hände lebten mit der Zunge in Gemeinschaft; sie schrieben sich: & Compagnie. Aergert dich dein Auge, reiß' es aus, ärgert dich deine Hand, haue sie ab, konnte keinem Zuhörer meiner Mutter einfallen, wenn sie sich hören ließ! alles war im besten Zusammenhange und ließ auf ein gleich übereinstimmendes Herz schließen. — Sie bezog nicht Leben und Thaten der Hochwohlgebornen Herren mit Firniß, Messing, Blech, Gold; sie war selbst keine Freundin von englischem Lack. Papilloten konnte sie nicht leiden; ich habe nie in meinem Haare Papilloten getragen; Vater und Mutter waren dagegen. Papier im Garten und in den Haaren war meinem Vater gleich unnatürlich, und meine Mutter sagte, wenn sie einen falschen Menschen beschreiben wollte: Es ist ein Mensch, der sich in Papilloten zu legen versteht. Eine Ordnung war ihr eigen, die mein Vater ein S c h n ü r c h e n P e r l e n zu nennen pflegte. Sehr war sie für Leute, die von Natur lockigt Haar hatten. Geborne Pastores, pflegte sie zu sagen! Im Tanzen hatte sie nicht Unterricht genommen, das sahe man ihr an. Sie hielt sich nicht rohrgerade; allein sie fiel auch nicht zusammen; ein kunstloser, völlig natürlicher Anstand war ihr eigen. Sie schnürte sich nie, ging etwas schnell und ein wenig mit dem Kopfe vorgebogen. Eine Lieblingsart von

Andachtsbezeugung war es, die Schultern in die Höhe zu ziehen. Die Hände faltete sie auf eine so vortreffliche Weise, daß man Ausdruck drinn sahe. Sonst hemmt das Händefalten alle Handaction; es scheint die tiefste Ehrfurcht zu verrathen, die immer unbeweglich ist. Man will sich selbst halten, sich selbst binden. Die Hände meiner Mutter bewegten sich indessen auch gefaltet, und zwar der Ehrfurcht unbeschadet. Sie hatte keine Menschenfurcht; indessen war sie auch eben so weit entfernt, sich zu erdreisten.

Ihr seyd ein Narr, sagte ein bekannter Landesvater zu einem seiner Höflinge! Wer ist's nicht? allergnädigster Herr! erwiederte der Höfling. Dies: wer ist's nicht? sieht meiner Mutter ähnlich; obgleich sie gewiß in einem andern Tone, als der Hofnarr, es gesagt haben würde. Da sie Alles nahm, wie es kam, fiel nichts bei ihr vor, das wie gesucht anscheinen könnte! Sie pflegte zu sagen: Man muß keinem Gedanken die Thüre verschließen. — Sie war im höchsten Grade gastfrei.

Trau, schau, wem! war ihr ein Sprüchwort, das sie nicht liebte; obgleich wider den Reim nichts zu sagen ist.

Sie hielt keine Wirthschaftsbücher, und liebte sehr, ohne Etat zu leben. Wenn der liebe Gott mit uns Alles zu Buch bringen sollte, pflegte sie zu sagen, ei denn! — Sie dachte überhaupt Alles ohne Zahlen.

Mein Vater bemerkte: sie dächte Alles poetisch. Ein neues Haus ohne Baukosten; indessen bot sie ihm die Spitze durch einen hohen Geistlichen, den Pabst Sixtus den fünften, welcher behauptet hätte, daß man auch einem Esel die Arithmetik beibringen könnte.

Der Mond war ihr Liebling. Das Profil und das Geradezu, pflegte sie zu sagen, wie schön! —

Sieh einen Geizigen, sagte meine Mutter, Treppen steigen; wo er nur kann, nimmt er zwei Stufen auf einmal! Man lasse doch dem Reichen seine vollen Scheuern, ihm, der gemeinhin arm an Leib und Seel' ist! —

Wer Worte aufmutzt, war ihr ein Hahn, der den Auskehrigt nachkehrt. Gern hätte sie gesehen, daß der Hahn die üble Gewohnheit nicht hätte. Er war ihr ein bedeutendes Thier. Sie selbst war sehr grammaticalisch und setzte ihren casum.

Die Hölle nannte sie oft brennende Kälte!

Ich meines Orts, pflegte sie zu sagen, habe nichts wider die Herren Philosophen; allein sie sind alle, wie mein Hausphilosoph, im Herzen für den monarchischen Staat. Freiheit ist Himmel!

Der Dichter ist für gleich und recht aus der goldenen Zeit her. Er hebt alles Ansehen auf. Den Großen läßt er einen Kittel anziehen, den Unbedeutenden einen blanken Rock! Das Beste ist, es kostet ihn nichts. Er ebenet und gleichet Alles, und da sieht man sonnenklar, daß kein Ansehen in der Welt ist! Er ahmet Gott nach; denn auch vom Dichter kann es heißen:

Es ist dem Dichter Alles gleich,
Den Großen klein und arm zu machen,
Den Armen aber groß und reich!
Er ist der rechte Wundermann. —

Da liegt die Ursache, warum nur gewöhnlich arme Leute dichten!

Das Pfingstfest nannte sie Geniefest, und hielt es für nothwendig, daß in diesen heiligen Tagen Wein getrunken würde; selbst Champagner, wenn nicht anders. In Ostern aß sie ein Lamm mit Brunnenkresse. Ueberhaupt verwahrte sie alle Erstgeburt, so die Mutter gebrochen, auf Festtage. Die Erstgeburt war ihr heilig. Auch selbst das erste Glas aus einer Flasche war ihr wie Erstgeburt werth. Sie gab es dem, den sie lieb hatte.

Sehr war sie für ihr Geschlecht; indessen war Adam doch die Erstgeburt, das konnte sie nicht leugnen, und sagte, daß ein Weib eine 0 sey, der eine 1 vorstehen müßte, wenn die Null was bedeuten sollte. Die Mädchen, sagte sie zu mir, sind wie Hopfen, sie müssen sich von klein auf rankeln. Du nicht also, setzte sie hinzu.

So laßt, ich bitte euch, das Doch aus dem Vater unser — und wenn Bitte nicht helfen wollte, fraß sie ein heiliger Eifer. Ist denn, fuhr sie fort, das vollkommenste Gebet auch nicht vollkommen? O ihr Kleingläubigen, daß ihr's mit einem Doch verstärkt! Führ' uns (doch) nicht in Versuchung. Erlös' uns (doch) von allem Uebel.

Mein Vater nahm sich des Flickwörtchens Doch weniger, als der armen Leute an, die, wenn sie beteten, nicht an's Vater unser, sondern an's Doch und an meiner Mutter Scheltwort dachten. — Laß sie! Läßt Gott der Herr nicht manches Doch an uns? — Meine Mutter ließ demungeachtet nicht nach, das Unkraut aus dem Vaterunserwaizen, wie sie sagte, zu jäten. —

Das Gedächtniß meiner Mutter war außerordentlich; es war eisern. Kein Wunder, wenn sie zu Sprachen aufgelegt war. Sie behauptete, daß man bei der Poesie das Gedächtniß schone. Sie ist dem Gedächtniß eben das, pflegte sie zu sagen, was die grüne Farbe den Augen ist. Bei Sprachen hingegen, fuhr sie fort, greift man das Gedächtniß an. — Was ich sagen wollte, betraf eigentlich Sprachen.

Meine Mutter war keine Freundin von Wörterbüchern. Wenn auch, sagte sie, dir das oder jenes Wort fehlt; die Sprache verläßt Keinen, der sie nicht verläßt. Sie hat nicht unrecht. Wer eine Sprache nicht ex professo weiß, kann sich doch drinn trefflich ausdrücken, wenn er nur sonst ein Kopf ist. Wagen gewinnt, wagen verliert, heißt's hier! Was ich ein Genie gern eine Sprache reden höre, deren es nicht völlig mächtig ist! und wo ist ein Genie, das seine Sprache pünktlich weiß? Da seh' ich denn, wie dem vollen Ausbruch der Flamme nur ein Mund voll Luft gebricht. — Ein Genie ist ein Kopf, der nicht auf's Wort merkt, und doch fehlts ihm nie an irgend einem Guten. Kraft und Macht sind hier verschieden; obgleich sie sonst ein Paar sind.

Mein Vater las nie ohne Wörterbuch eine Sprache, in der er nicht Meister war. Er mußte Alles aus dem Grund haben und jedes Wort aus der Wurzel ziehen. — Mein Vater war ein Prosaist; meine Mutter eine Dichterin. —

Wenn ein Hahn krähte, dachte meine Mutter an den Hochverrath des Petrus und an ihren eigenen, den sie sich wegen Minen zu Schulden kommen lassen. Der

Präpositus unter ihren Hähnen, der alle andre überschrie, war ihr ein ehrwürdiges Thier! In den Denkzetteln that sie ihm sogar die Ehre, ihn Superintendent zu nennen. Schade, sagte sie, daß auch er den Auskehrigt noch einmal auskehrt! — Nichts konnt' es ihr näher legen: wer steht, mag wohl zusehen, daß er nicht falle, als ein Hahn.

Sie konnte keine Uhr schlagen hören, ohne daß sie auffuhr. Kaufet die Zeit aus! sagte sie. Wenn sie wo war, stand sie mit dem Schlage auf; wenn sie wo hinging, geschah es mit dem Schlage, und dies nicht etwa der Pünktlichkeit wegen, sondern des Vollschlagens halber. Sie that, als wüßte sie, daß sie mit dem Schlage sterben würde. Ich wollt' auch nicht im ersten oder dritten Viertel, oder wenn es halb ist; kalt oder warm, sagte sie, da du aber lau bist, will ich dich ausspeien. —

Wär' es nicht gut, fragte sie, lieber Mann! wenn man lieber spräche, wie Matthäus, Marcus, Lucas sagt, und nicht, wie sie schreiben? Sagen ist lebendiger Glaube, schreiben todter. Jenes Geist, dies Leib. Mein Vater lächelte. —

Meine Mutter, die gegen Jedermann gerecht war, und die mir in ihrer Textsammlung, in ihren Denkzetteln die Lehre gab, die u bei ihrem Strich und die i bei ihrem Punkt (privilegio reali) zu lassen, war eben so gerecht gegen alte Wörter und ihre wohlhergebrachten Privilegia. Der Wurmstich thut zu ihrer Gültigkeit nichts ab, nichts zu. Luther war ihr Autor classicus.

Sie liebte sehr Realworte, solche, welche die Sache selbst wären, wie sie sich ausdrückte. Donner!

Blitz! — Sturm! — In dieser Hinsicht war sie mit einigen nicht zufrieden, z. E. mit Geschwind. Es wird kalt, ehe man das Wort zu Ende spricht. Schwind wie der Wind, wäre besser. Du sollt' nicht stehlen, setzte sie hinzu, und wich dem Worte Geschwind aus, um ihren Grundsätzen nach auf der einen und auf der anderen Seite dem Worte keinen Schaden noch Leides zu thun, sondern allen, wär's auch einer Sylbe, förderlich und dienstlich zu seyn.

Sie gab allen Bäumen zu viel Wasser, die sie selbst pflanzte. Ueberaus gern sah und hörte sie regnen.

Ihren Unterricht pflegte sie eine Schöpfe zu nennen. Wollte Gott, setzte sie hinzu, aus einem Gesundbrunnen, aus einem Brunnen des Lebens! Nicht Jeder kann, so lang wie er ist, sich in den Bethesda stürzen.

Seht doch jenen Baum, dem die Aeste brechen. Er hat mehr Kinder, als er tragen kann! So fromm, wie jene Wittwe das Scherflein einlegte, so fromm stützte sie diesen Baum!

Ein Pastor aus der Gegend, dessen Geiz grenzenlos war, hatte einem dürftigen Eingepfarrten 10 Thaler Alb. geliehen. Wo sind denn die neune? sagte er zu seinem Schuldner, da er ihm einen Reichsthaler zum Anfang abtrug. Das nenn' ich, sagte meine Mutter, eine Spruchspötterei, dergleichen sich zehn Freigeister nicht zu Schulden kommen lassen; wiewohl sie ob der Bibelsprache hielt.

Die Juden sah meine Mutter, wie Winkelmann die Antiquitäten an. Von getauften Juden war sie vielleicht blos darum keine Freundin. Nie hatte sie bei einer Judentaufe Gevatter gestanden, obgleich sie gern bei Christenkindern dieses Pathenamt übernahm. Sie drängte sich recht zu Gevatterständen. Laßt die Kindlein zu mir kommen, sagte sie, und wehret ihnen nicht, denn solcher ist das Reich Gottes!

Wer bei'm ersten Gericht von Religionssachen spricht, ist ein Heuchler! — da denkt man an den Leib. Bei'm letzten Gericht, vorzüglich bei'm Kuchen, wird in allen Gesellschaften von Religion des Mittags, von Erscheinungen des Abends gesprochen.

Das Gewissen, sagte sie, ist eine Seite, die nie ausgespielt wird. —

Sie schrieb Christ mit einem X und Christenthum Xthum, und war eine so große Verehrerin vom Kreuz, daß, wenn gleich sie nicht mehr ein Kreuz schlug, wenn sie jähnte, sie doch Alles und Jedes in's X legte. Z. E. Messer und Gabel. Die Eckartschen Camine waren ein Greuel in ihren Augen, weil das Holz hier nicht kreuzweise brannte. Sonst war Caminfeuer ihr Leben. Mein Vater war auch dafür.

Zu früh, sagte meine Mutter, ist eben so zur Unzeit, als zu spät. Wer Etwas zu geschwind sagt, weiß es, und weiß es auch nicht. Sie ging zwar etwas schnell; allein sie sprach so, wie man muß, nicht zu früh, nicht zu spät. Sie hatte sehr was Vernehmliches in der Sprache, eine klingende Stimme! —

Sie war sehr für rasche Pferde, und da mein Vater gleicher Meinung war, so pflegte sie oft, wenn sie mit ihren vier Braunen fuhren, zu sagen: Feurige Rosse und Wagen. Es kann seyn, daß sie, bloß weil sie Dichterin war, rasche Pferde geliebt; indessen erwähnte sie nie des Pegasus. —

Wer wird, sagte sie, einen Erzengel Gottes wirklich geheimen Staats- und Kriegsminister nennen? Kindliche Weisheit mit Scholastik verkaufen? Wisset ihr nicht, daß ein wenig Sauerteig das ganze Gebäcke versäuret?

Sie glaubte sich, als Pastorin, wirklich im göttlichen Dienste. Die Schauspielerin arbeitet so gut als er. Eine Sängerin erhält oft ihren Mann. Eine Pastorin besorgt den kleinen Dienst, sagte sie, um meinem Vater zum Munde zu reden! —

Ein Berg ist die eigentliche Kanzel Gottes! Christus, der Herr, bestieg selbst eine dergleichen Kanzel, und predigte gewaltiglich.

Vernunft nannte sie Unterfutter! Oberzeug, sagte sie, muß Dichtkunst sein, wenn es kleiden soll.

Sie konnte nichts Uebertriebenes leiden, und übertrieb selbst, wenn sie dergleichen Leute auf den rechten Weg leiten wollte. „Thut sie doch so keusch, daß sie Bedenken trägt, ein Söhnlein christlicher Eltern über die Taufe zu halten.“ —

Einen Unbeständigen bezahlte sie mit gleicher Münze. Im Mutterleibe, sagte sie, ist er am längsten gewesen. Wer hat aber seine Mutter darüber befragt, ob sie nicht Beschwerde zu führen gehabt, daß er den Zaun brechen wollen, eh' es Zeit war?

Für die Augsburgische Confession war sie über alle Maaßen. Herzlich konnte sie sich über einen curischen Candidaten freuen, der auf die Frage: woher sie Confessio Augustana hieße? antwortete, weil sie vom Augustino herkäme; warum nicht gar vom Kaiser Augusto, der eine Schatzung ausschrieb? Der Conversus war aus Augsburg, kein Wunder, daß, des Königs von Spanien unerachtet, Alles mit dem Hieronymo a sancta fide so gut beigelegt, und ein für den Conversus so vortheilhafter Friede eingegangen ward.

Wenn meine Mutter zuweilen im heiligen Eifer war, sprach sie, wie sie selbst bemerkte, nach Prophetenart, die es auch, wie sie glaubte, so böse nicht gemeint hätten. Den folgenden Fluch hatte sie aus den Propheten ausgezogen; nie hat sie ein Glied davon gebraucht. — „In der Stadt soll keine Mühle mehr gehen; keine Braut soll sich ihres Lieblings freuen; kein Richter soll einen Mord rügen; jede Erstgeburt verunglücken. Nie werde gesungen und gesprungen. Hülle und Fülle sey nirgend, weder im Tempel, noch beim Schmause. Lang werde den Tischgästen die Zeit, wie den Tagelöhnern, und kein Mark sey auf ihrem Tische; in ihren Häusern rieche es nach eitel todten Leichnamen, die den Weihrauch nicht aufkommen lassen, wenn gleich ihn Aarons Hand wölbt. Wenn es donnert, ergreife den Einwohner eine Angst, wie eine Gebährerin, und niemand finde hier volle Genüge. Keine Creatur freue sich hier ihres Seyns. Der Vogel sitze länger, um seine Jungen zu brüten, und verlasse das Nest, ehe seine Nachwelt einen Flug gethan. Ein Schwindelgeist sey unter ihre Jugend ausgegossen, daß sie wie Trunkenbolde laufen, wie aufgeraffte Mittagsschläfer. Ihr Alter sey wie Rohr, das der Wind hin und her beugt! — Verzagtheit wohne in ihren Städten, und bei dem kleinsten Uebel recke Jeder seine Hand wie ein Ertrinkender, wenn er sie zum letztenmal reckt." — Die Propheten, behauptete sie, fluchten schön und — wer lese nicht gern solche Flüche? —

Eine feine Flucherin! Ich schreibe mir nichts

hinter's Ohr, sagte sie, und that auch also. Ich habe mit keinem Menschen ein Hühnchen zu pflücken. Wahrlich! sie war ein schöner nordischer Maitag. Sie war nicht eine Fläche, die dem Auge nicht hinreichend Nahrung gibt! Ein Berg, eine Kanzel Gottes, grenzte an ihr Thal. —

Einen Plan machen konnte sie nicht. Sie schlug nicht Alleen im Walde, sondern, nachdem es die Gelegenheit gab, hier und da einen Stamm. Zum ersten, besten Bahnbruch war sie nicht aufgelegt. Sie selbst aber wußte ein und aus.

Mein Vater war gleich mit einem Riß fertig. Meine Leser werden selbst so manche Abschnitzel von Entwürfen bemerkt haben. Gern aber mochte meine Mutter Plane hören, z. B. die Disposition meines Vaters von der Sonntagspredigt schon Sonnabends zu wissen, war ihr Leben. Mein Vater nannt' es den Küchenzettel der Predigt. Meine Mutter war mit diesem Ausdruck höchst unzufrieden.

Sie sah sehr ungern, wenn irgend ein gemeiner Mensch ein Instrument spielte. Singen, sagte sie, muß Jeder können; allein spielen nur der, wer Geld und Zeit hat. Sie glaubte, ein Reicher hätte unendlich mehr Zeit, als ein Armer, und man könne wirklich Zeit kaufen. —

Sehet die Vögel unter'm Himmel, sie säen nicht, sie spinnen nicht, und darum singen sie doch, pflegte sie zu sagen.

Das Schreiben hielt sie in Absicht des gemeinen Haufens unnöthig, sogar schädlich, dagegen behauptete sie, müsse jeder Mensch sein Augenmaaß excoliren, das heißt, setzte sie hinzu, zeichnen lernen, wenn nicht anders, so mit den Augen allein. —

Weder Hefen, noch Schaum. -- Der alte Herr ist oft Beides. — Sie goß Alles ohne Schäumchen auf.

Ein Becher war ihr liebstes Geschirr; ein Halbbruder vom Kelch, sagte sie. Mein Vater war für Gläser.

Der Champagner war ein Stutzer unter den Weinen! Windbeutel nannte sie ihn. — In Pfingsten hieß er Geniewein.

Sie aß gern Honigseim, wie sie es nannte, zu deutsch Honigkuchen.

Sie hatte eine Weise, der Mode nicht ungetreu zu seyn; indessen brachte sie dabei Etwas an, wodurch sie ihre curische Freiheit sich reservirte. Mein Vater, der Monarchenfreund, versicherte, daß sie eben diese Abweichung am vortheilhaftesten gekleidet hätte, und in Wahrheit, eine blos modische Frau ist geputzt, eine, die, wenn's nöthig, sich selbst Etwas vorbehält, hat Geschmack. Sie ging sehr reinlich. Wenn sie sich ungewöhnlich ankleidete, pflegte sie zu sagen: Wir brauchen Brod alle Tage; Geld aber nur alle Jahr.

Walt' ewiger Gott! Wie viel Vorliebe hat der Mensch doch für's Sinnliche! Läßt er wohl das Kippen und Wippen? Und doch ist er schon hier im Stande, verklärt zu werden. Es gibt Seelen von Menschen! Geister von Menschen, sagt man nicht. Es gibt Gemüther, von denen man behaupten könnte, sie hätten keine Erbsünde; allein den meisten Menschen ist nicht um Sachen, sondern um Worte zu thun! Welch' eine Thorheit! singt dein Vater, und das mit Recht! Nach dieser Fahr und Noth will ich dir lobsingen, Gott meine Zuversicht, in deinem Heiligthum! Als ob Gott, dem Herrn, mit einer Hand voll Worte, mit einem Panegyrikus gedient wäre! Handlungen, das ist die eigentliche Art, mit Gott zu reden; das heißt, ihn im Geist und Wahrheit anbeten!

Das sind mir die rechten Pastores, die böse Hunde halten, und die Leute blos in's Gebet einschließen! Sie hielt die Hunde für eine Beleidigung der Gastfreiheit.

Mein Sohn! schreibt sie mir gleich nach meiner Abreise, bald hätt' ich mein Kind geschrieben, und das ist nicht Jüngchen, nicht Mädchen. Dieser Ausdruck schickt sich für Keinen, als den Johannes den Evangelisten, den Christus lieb hatte, mit dem er spielte. — Das war ein Kind, ein liebes Kind, im erhabenen Sinne. Wie ich den Johannes lieb habe! Was ich dir sagen wollte: Saul suchte die Eselin seines Vaters, und fand ein Königreich. Joseph träumte sich zum Herrn über ganz Egyptenland, der nicht ein Kornjude, wie Etliche wollen, sondern ein feiner Finanz-Minister ward. Es ist sehr gut, daß es dem Menschen nicht immer nach seinen Wünschen geht. Gott behält sich ein Votum bei ihm vor, und anstatt, daß ein Mensch betrübt seyn sollte, daß ihm ein Posten abgeschlagen wird, sollt' er sich freuen, daß Gott der Herr sich in die Sache eingemischt. Wenn man die Zeit abwarten kann, wird Wasser in Wein verwandelt. Wer weiß, ob Horeb oder Gethsemane der beste Berg ist? Du willst in die Rathsstube, und weißt nicht, daß du in die Mördergrube gerathen würdest; du willst Geld, und bedenkst nicht, daß Geiz die Wurzel alles Uebels ist; du klagst über öftern Anfall von Kolik, und weißt nicht, daß, wenn der Stöhner nicht lange lebt, der Prahlhans gewiß nicht. Ich zittere vor einem großen Glück, wie dein Großvater seliger. Wenn es recht warm gewesen, donnert und blitzt es. Da erzählt mir jüngst der Candidat mit den langen Manschetten, daß eine Glocke, die nicht fest genug hing, auf ein Mädchen von sieben Jahren gefallen, die unten spielte, und zwar so, daß sie sie bedeckte. Von solchem Glücke konnte dein Großvater nicht sagen: Das heißt Glück. Da hätte auch der Himmel fallen können, und nicht blos eine Glocke! Dies Mädchen wäre keine Frau für dich geworden. Mag sie doch der Herzog heirathen, wenn er Lust und Liebe zum Dinge hat! — —

Bücher und Kinder kosten am meisten, und es ist unrecht, dem geistlichen Stande den Credit drüber zu benehmen. Die alten Prediger ließen etwas Bart zur Art stehen, und diese Weise gar eben, wäre so etwas in meinem Kram. Vielen unserer Candidaten würde es Mühe kosten, diesen Aufwand zu machen. Der Bart wird sich zeitig bei dir einfinden! Es ist kein ungebetener Gast, er sey willkommen! —

Sobald du den Kopf auf einer Seite und nicht geradezu trugst, merkt' ich gleich, du wärest verliebt. So trägt ihn der Verliebte. Du fingest an, in Tenor zu fallen. Gut, dacht' ich, er hat das Weltbürger-Recht gewonnen. Ich wußte, mein Blick könne nicht fehlschlagen, und du wärest nicht gleichgültig gegen Minen. Mein Gott! aber wer konnte auch gleichgültig seyn! Wenn ich ihr kaum einen guten Morgen bot, da sie kam, mußt' ich sie doch küssen, wenn sie ging. Viele Menschen lassen die Natur nicht zum Worte. Mine stand so mit der Kunst. Wahrlich, die Natur hat euch die Liebe gelehrt!. — Laß sie nur Pfefferkraut sammeln, dacht' ich! Was hat's zu sagen, wenn es beim Pfefferkraut bleibt? Ich Thörin'! konnt' ich denn nicht bedenken, zu dieser meiner Zeit, daß du die erste und letzte Geburt einer Dichterin wärst, und daß deine Einbildungskraft kein Stück Kleid bei dem, was es ist, lassen, sondern es in ein himmlisches Gewand umschaffen würde? Ich, die ich deines Vaters halber hebräisch lernte, ich konnte dies Alles nicht bedenken? —

Meine Mutter, obgleich kein Wort ihr Kopfschmerzen machte, und sie Genie im Ausdruck war, trat doch der u und i Gerechtigkeit halber meinem Vater in Absicht der Stammworte bei. Diese waren ihr so ehrwürdig als ihre Ahnherren, die Superintendenten und Präpositi. Sie rieth, sich dran zu halten, um jedem Worte seine Würde und Ehre zu geben. Ohne das ist Alles nicht Fleisch, nicht Fisch, nicht gekocht, nicht gebraten. Soldat ist zusammengesetzt von Sold und That, sagte sie. Wer um's Lohn Dinge thut, thut sie der? fragte sie; denn sie hielt nicht viel auf Soldaten. Sie hieß sie gewöhnlich mit der heiligen Schrift Kriegsknechte. Die Bauern nannte sie lächelnd Bauherren. Wenn gleich in Curland blos der Bauern- und Ritterstand obwaltet, und der Literator der Rinnstein zwischen beiden ist, doch so, daß er sich mehr zur bäuerlichen Seite wendet, so meinte sie doch, das Mittelstück sey das beste.

Wie heißt das vierte Gebot?

Du sollt deinen Vater und deine Mutter ehren, auf daß dir's wohl gehe und du lange lebest auf Erden!

Was ist das?

Ob denn nicht ein Autor auch ein geistlicher Vater sey? Gern säh' ich es, um den verlornen Sohn von Kunstrichter bei Gelegenheit, daß ich meiner Mutter die kindliche Pflicht erstattet, zur ähnlichen Schuldigkeit anzuweisen. — Mag er doch bei seinen Trebern bleiben!

Du aber, ruhe wohl, meine gute, liebe Mutter! bis der liebe jüngste Tag anbricht, bis zur Stunde, da es heißt: Steht auf! Du warst zur Wiedergeburt gewöhnt, wahrlich du wirst wiederkommen! Ei, du Fromme und Getreue! du bist über wenig treu gewesen! Du wirst zu Vielem kommen! Du warst reines Herzens, du wirst Gott schauen, du preisest Gott mit deinem Leibe und deinem Geiste, welche sind Gottes. — Was gesäet war in Schwachheit, wird auferstehen in Kraft! Eva aß und gab ihrem Manne auch davon, und er aß, und doch war Eva das Weib aller Weiber, die Mutter aller Lebendigen. Gute, einfältige, fromme Seele! Gott segne dich! Vergess' ich dein; so vergesse mein Herz meiner! Mein Vertrauter, der aus einem Becher mit mir trinkt, sey ein Judas, der Gift unter meinen Kuß mische! In meiner Rechtssache spreche ein schielender, kleiner Bube aus einem Obergericht! Der in der Curländerin Sache sprach, richte auch meine Sache, wenn von Ehr' und gutem Namen die Rede ist! Mit Thränen will ich erndten, was ich mit Freuden säete! Dein Mann, mein Vater, versplitterte oft das beste

Stück Bauholz, woraus ein Anderer eine Kirchenstütze gehauen hätte, wenn er's im gemeinen Leben brauchte. Er wechselte ein Schaustück eines Dürftigen halber, und auch du gabst, was du unter'm Herzen hattest! — Wahrlich du warst kein Gras, das unter Steinen wächst, das Keinen rührt, und wozu Niemand sagt: Gott grüß dich! Eine grüne Taufwiese warst du, ein holdes Thal, das einen Berg zum Nachbar hat. Ein Lied im höhern Chor, ein Sonnabend, auf den der Sonntag folgt. Eine Glorie von hellem Mondschein war hier dein Theil; dort bist du gekleidet in Sonne der Gerechtigkeit. Gerechtigkeit war deine Aussaat und wird deine Erndte seyn. Keinem Worte hast du einen Zahn ausgestoßen, keinem einen bleiernen oder silbernen eingesetzt! Jedem Buchstaben, groß und klein, gabst du, was sein war. Sümpfe zu verurbaren, gemeine Seelen zu adeln, in den Schwachen mächtig zu seyn, so wie es Gott in dir war, das hieltest du für deinen Beruf. Du hattest richtige Läufe. Ruhe wohl! — Du hast deine Quarantaine vor der Ewigkeit richtig gehalten; — du bist eingegangen! Gott webe seine Hand über deinen Staub! Lebe wohl! —

Daß Herr v. G— der ältere noch vor meinem Vater den Weg gegangen, den wir Alle gehen werden, hat meine selige Mutter anzuzeigen nicht ermangelt. Freilich gehört Herr v. G— nicht so unmittelbar in diese Geschichte, und wäre es wohl Zeit, daß ich an mich selbst mehr dächte: soll man denn aber seinen Nächsten nicht lieben als sich selbst, und ist denn Herr v. G— der ältere nicht wahrlich unser Aller Nächster? Je weniger man Andere aus den Augen setzt, je mehr sagt man von sich selbst — und damit ich mein

Schwert in die Scheide stecke und meinen Lesern reinen Wein einschenke, so verlangt der nehmliche Freund, der mich schon mehrmals in dieser Geschichte besuchte, den Herrn v. G— in Lebensgröße. So werd' ich ihn nicht darstellen können, weil ich Extrapost genommen; indessen doch hie und da ein Zug von diesem Naturmanne, der auch die Kunst nicht zum Worte kommen ließ, wie meine Mutter es Minen nachrühmt. Es ärgert mich jederzeit, wenn ich eine Vor- oder Nachrede vollbracht habe, und doch kann ich's nicht lassen! Wer kann sich ohne guten Morgen und gute Nacht behelfen? In allen Sprachen wird es der lernenden Jugend zuerst beigebracht, und wer sich überhaupt ohne Vor- und Nachreden behelfen, oder, wenn sie schon da sind, sie mir nichts, dir nichts streichen kann, kann mehr als ich! Es ist so etwas von Erst- und Letztgeburt drinn.

Damit meine Leser indessen gleich wissen, woran sie sich zu halten, so sey mir erlaubt, den Text zu verlesen, worüber gepredigt werden soll. Wahrlich, dies ist auch der einzige Gesichtspunkt, aus welchem Herr v. G— zu nehmen ist.

Er und mein Vater hatten sich in zehn Jahren nicht besucht, wohl aber, so oft sie sich nur reichen konnten, mit Gedanken, Geberden, Worten und Werken (wiewohl Alles in Ehren) gepfändet. Sie empfingen sich, da Junker Gotthard und ich zusammen gegeben werden sollten, wie die beiderseitigen Schwiegerältern gemeinhin am Hochzeitlager, so freundlich, daß nichts drüber war. Aber Pastor! sagte Herr v. G—, nachdem sie in der freien Luft so manches gute Wort gewechselt, sind wir nicht ein Paar Verneinungen, ein

Paar Nullen gewesen, daß wir uns und so manchen Realitäten sieben Jahre, wenn's nicht mehr ist (es waren, wie ich nicht anders weiß, zehn, die vollkommene Zahl), den Rücken gekehrt? —

Aus einem Briefe meiner Mutter.

Ich habe, das weißt du, je und in alle Wege viel aus den Predigten deines Vaters gemacht, obgleich er nicht viel aus meinem Gesang, bis er mit Brand heimgesucht ward. Am liebsten hör' ich ihn, wenn er eine Casualpredigt hält. So ist mir die Predigt: Richtet nicht, noch immer in den Ohren ein süßer Schall, und hätt' er's bei den Liedern nicht versehen, dieser Sonntag wäre werth, in Gold gefaßt zu werden und Edelstein. — Ueber den Herrn v. G— hielt er eine Predigt trotz der: Richtet nicht; indessen war sie nicht für Jedermann. Sein Text war aus dem einhundert neun und dreißigsten Psalm und dessen drei und zwanzigsten und vier und zwanzigsten Vers: „Erforsche mich, Gott, und erfahre mein Herz, prüfe mich und erfahre, wie ich's meine, „und siehe, ob ich auf bösem Wege bin, und leite mich auf „ewigem Wege!" Seine Predigt handelte vom Verstande und Herzen eines Christen, nicht, wie Alles ist, sondern wie man's glaubt, daß es so recht, daß es so gut, so recht gut ist. — Auf den Glauben kommt's allein an. Mancher, der nicht Herr, Herr! gesagt hat, wird dort die beschämen, die Herr, Herr! des Morgens, des Abends und vor und nach Tische sangen und beteten. Nicht die Vater unsers, nicht die das Walt's machen's aus, sondern die den Willen thun des Vaters Jesu Christi im Himmel, sind hier auf gutem, auf ewigem Wege. Da bekamen in die Länge und in die Quer, die sich über den Herrn v. G— aufgehalten, weil er lange nicht communicirt, und kein Kirchengänger gewesen. Es war deinem Vater nicht anzusehen, daß er sein ganzes Hebräisch vom Conversus hatte, und das heißt, eben nicht weit her. Er sagte uns Christenleuten so manches theure, werthe Wort, und wahrlich, mein Sohn, er hatte nicht Unrecht. Die Orthodoxie des Herrn v. G— will ich an seinen Ort stellen. Gott gebe, wenn es nicht zur Rechten ist, es wenigstens nicht ganz zur Linken, sondern von der Seite sey. Der Herr v. G— bekannte und leugnete nicht. Ich bin keiner, sagt' er rein heraus, und ohne Sprüchwort. Wenn man aber die jetzige neue Mode, Christen zu seyn, erwäget, die unsere junge Herren (Gott nehme dich in seinen Schutz!) von einigen Academien mitbringen; (Heil mit Königsberg und Göttingen für und für!) so könnt' es wohl heißen: dein Silber — zu reden aus Jesaias dem ersten Capitel und dessen zwei und zwanzigstem Vers: „O Christenthum! dein Silber „ist Schaum worden, und dein Getränke mit Wasser ge„mischt," und aus dem dritten Capitel, der siebenzehnte und vier und zwanzigste Vers: „Der Herr wird den „Scheitel der Töchter Zion kahl machen, und der Herr „wird ihr Geschmeide wegnehmen." Das heißt, er wird den Leuchter von der heiligen Stätte stoßen, und statt der feierlichen, hellbrennenden Kerze, prasselt dann ein elendes Talglicht, zwar in einer gläsernen Form gegossen, schön von außen, allein doch Talglicht; dann wird Stank für Gutgeruch seyn, und ein loses Band für einen Gürtel, und eine Glatze für kraus Haar, und für einen weiten Mantel ein enger Sack; für

Bibel und Gesangbuch allerlei Naschwerk und Marcipan, das süß auffällt, allein den Magen verdirbt.

In dieser Verstandes- und Herzenspredigt dachte dein Vater an den Herrn v. G—. Es war wie vom Himmel gefallen. Ha! vermuthete man, da wird er die zehnjährige Entfernung aufdecken; da wird man erfahren, ob Rahel weiß oder braun gewesen; was für Federn Gabriel in seinen Flügeln gehabt; ob Adam mit einem Nabel versehen gewesen — wenn gleich der Text darnach nicht war! — Es war eine Stille, wo man das Wort fast in der Seele hören konnte. Die Frau v—, die so tief zu seufzen gewohnt ist, daß die Wände es hören und wiederhallen, als wunderten sie sich drob! — still! ganz still! O mein Sohn! dein Vater ist ein feuerschlagender, geistreicher Mann! Schade! daß er sein Hebräisch nicht aus der ersten Hand hat! und abermals Schade, daß man nicht weiß, wo er her ist! Sein Text ist Stahl und Feuerstein. Er schlägt, und es fallen Funken, des Küchenzettels unerachtet, den er über jede Predigt macht. Ich habe geweint bitterlich, und die ganze Kirchen- oder Trauerversammlung weinte so. Er schalt nicht, er drohete nicht. Er stellte dem es heim, der da recht richtet. Wenn ich doch schreiben könnte, was er sagte! Es war Alles, wie in Versen, so leicht, so schön!

„Laßt uns ungebeten an ein Mitglied einer benach-„barten Gemeinde denken, dessen Erforschungs-, dessen „Prüfungsjahre selig zu Ende gegangen, und der den „ewigen Weg der Wahrheit und des Lebens angetre-„ten! — Er kam nicht zu mir, so wie er's seit einiger „Zeit öfters zu thun die gütige Gewohnheit hatte, son-„dern zu unserm Gotteshause! Er wollte unsern from-

„men Uebungen beiwohnen, ohne daß ich's zuvor wußte. „Ich sprach ihn nicht, ich begrüßte ihn, allein von weitem, „und siehe da! noch ehe ich meine Predigt anfing, hatte „er seinen Lauf vollendet. Noch ehe ich Ja sagte, war „er bei'm Amen. Er starb, wie ihr Alle wisset, in den „letzten Worten des christlichen Glaubens:

„Nach diesem Elend
„ist uns bereit
„dort ein Leben in Ewigkeit.

„Unvergeßlich wird mir jedes Wort dieses Umstandes „seyn, so wie dieser Mann es einem Jeden seyn muß, „der ihn gekannt hat! — Er besuchte selten die Kirchen, „und mußte in einer Kirche sterben! Ich sah den Auf„stand, der unsers Vollendeten halber entstand; allein „ich hielt seinen Zufall für einen solchen, der bei wei„tem nicht der letzte wäre."

„Welch eine Kluft zwischen Gottes und unsern Ge„danken! Dein Wille, unser Vater! dein Wille ist ge„schehen. —"

„Er war — ich sage das Wort war, anstatt „ist, zum erstenmal und ich fühl' es, es ist das „erste Mal, — er war mein Freund! er war, ich will „mich an dies Wort gewöhnen, er war ein Freund „der Wahrheit, und ich kann hinzusetzen, ein Freund „Gottes und der Menschen, nach seinem Bilde gemacht. — „Gemeint hat er es gut, das wissen wir Alle, mit Gott „und Menschen. Was können leichte Wolken der Sonne „schaden? Sie darf sich nicht vordrängen, sie leuchtet „ungesucht hervor, und Jeder sagt: die liebe Sonne! „Er dachte nicht, so wie wir, Freunde! Ihr wisset, „daß er und ich uns darob wie Loth und Abraham „trennten, und fiel Etwas vor, was nicht ganz wie

„Loth und Abraham war! Verzeih' es Gott! bei dem „viel Verzeihung ist. Ich bekenn' es frei, ich war bei „dieser Trennung der Eiferer, und der Eifer thut nicht „jederzeit, was recht ist. — Mein Trost ist, daß auch „ich es gut meinte! O Gott, wie oft ringt meine Seele „zu dir! Wie oft bet' ich in meiner Einsamkeit, nur „allein von dir gehört: Erforsche mich, Gott, und er- „fahre mein Herz, prüfe mich und erfahre, wie ich's „meine, und siehe, ob ich auf bösen, auch nur auf Irr- „wegen, bin, und leite mich auf ewigem Wege! Ich „habe gethan, was meines Amtes ist. Thut, Freunde, „auch was das eurige ist. Ich wünsche ihm die Ruhe „der Gerechten! Ihr desgleichen. Gedenk' an mich, „wie ich gestorben bin; so wirst auch du sterben. Ge- „stern war es an mir, heute an dir, das sey unser Ge- „leitsspruch, wenn wir dieses Gotteshaus verlassen! —"

Dieser Auszug bedarf keines Zusatzes. Kurz und gut war der Tod unsers theuern v. G—. Eben so kurz soll auch meine Leichenrede seyn; ob so gut, kann ich nicht bestimmen.

Herr v. G— war ein sehr natürlicher Mann; Alles, was er sagte, war mit der Hand geschöpfte Natur. Diogenes sah einen Knaben Wasser mit der Hand schöpfen, so wie unsere es mit dem Hute zu thun gewohnt sind, und setzte sich aus dem Besitz seines Mobiliarvermögens, ohne solches publica legis auctione dem Meistbietenden zu überlassen. Wenn die Natur Lehrer und Propheten sendet, sind es alle solche Wasserschöpfer! — Herr v. G— hatte eben da seine eigentlichen Collegia gehört. Er war aus Curland. Da, wo er geboren, waren schon sieben Herren v. G— geboren und gestorben; allein wahrlich kein v. G— seiner Art. Curland hat einen solchen Mann schwerlich aus seinen Mitteln gehabt. Mein Vater konnte sich nicht überzeugen, daß seine Vorfahren Curländer gewesen. Er ist, wie die Curländer seyn könnten, und wo sind v. G—s? Wie aber, wenn die Natur in einem Lande, wo Keckheit, Rauhigkeit, Trotz und Tyrannei unter dem Namen von Freiheit gang und gäbe ist, einen Mann, der ihrem edeln Bilde ähnlich wäre, recht mit Fleiß schaffen wollen? Wenn sie gedacht, laßt mich einen Curländer machen, ein Ideal?

Herr v. G— hatte, wie jeder Junker, seinen Hofmeister. Dieses war zum Unglück ein so ausgelernter Künstler, daß er wider die Landesgewohnheit viel todte Kenntniß besaß, die in der curischen Dunkelheit hell schien, so wie faules Holz gewöhnlich im Finstern. Unser Jüngling war seinem Führer am Verstande unendlich überlegen, dieser aber jenem an Sprüchen, und da der gute Goliath an dem Herrn Vater unsers kleinen Davids einen Verehrer gefunden, so war der junge Herr gezwungen, den Kürzern zu ziehen, seine Schleuder ungebraucht zu lassen, und sich höchstens mit einem verstohlenen Blick des Beifalls von seiner guten Mutter zu begnügen. Dieses edle Weib hatte die gerechtesten Klagen wider ihren Mann, besonders in puncto puncti. Auch außer dem puncto puncti nahm sich der alte Herr v. G— so manche schreiende Härte nicht übel, und befand sich dabei recht wohl. Fiel ja ein Gewissensbiß vor, so hatte der Hausarzt ein Recept von Sprüchen, die ihn auf der Stelle beruhigten. Arzt und Patient waren gleich kurzsichtig. Aus seines Vaters Hause ging unser seliger Mitbruder in die academische Welt, ließ seiner Denkungsart, die bishero Ziegel gestrichen, den freien Lauf und ward — Dreistdenker. Anfänglich war es nur, um das Großmaul, den theologischen Goliath, zu Gottes Erdboden zu bringen. Obgleich dieser Ausforderer in dem väterlichen Hause zurückgeblieben war und mit keinem kleinen Stein erreicht werden konnte, so war er doch unserm David so lebhaft, daß er mit einem kleinen Steinchen nach dem andern seine Stirn probirte. Dieser Steinwurf ward ihm eigen. Jung gewohnt, alt gethan. Die Gewohnheit ist die andere Natur, hätt' ich bald gesagt; allein in Wahrheit nicht die andere, sondern die erste, die eigentliche, die Natur selbst. Unser Seliger studirte Lebens- und nicht Schulweisheit, von der er immer der Nachfrage halber eine Kiste erhandeln können! Freilich, sagt' er, hätt' ich, und es thut mir oft leid, daß ich's nicht habe; allein wenn es mir wieder einfällt, daß all' die Raritäten so sehr der Mode unterworfen sind, als es kein Kopfputz meiner Frau ist, warum sollt' ich? — Wahrlich! Gelehrsamkeit ist Weiberkopfputz; der Erste unter den Gelehrten geht frisirt! — Pfui; da ehr' mir Gott mein eigen Haar, wenn's gleich nicht kraus ist, wie die gute Pastorin es gerne sieht. Nicht war er in sich selbst verliebt; ist denn das die Natur? Läßt sie nicht die Kunst in ihre geheimsten Zimmer? — Hilft ihr nicht die galante Kunst bei'm Anziehen, bald hätt' ich gesagt, reicht sie ihr nicht oft das Hemde; allein ist sie darum eine Buhlschwester? Mit nichten.

Alles, was Herr v. G— aus der zweiten und dritten Hand hatte, war ihm nur insoweit theuer und werth, als ein gutes Stück Natur drunter war. So konnt' er sich über Naif und Laune nicht zufrieden geben, obgleich diese ganze Lehre viel Kopfputz enthält! Ich habe die Schule durchgelaufen, pflegte er zu sagen, sporenstreichs, setzt' er hinzu. Was thut's? Er hatte mehr bei'm Fenstereinwerfen und bei'm Ständchen bei einer Professor-Cour, und was weiß ich wo mehr, gelernt, als hundert seiner Gesellen in den Collegiis, die sich ärgerten, wenn Jemand dem natürlichen Wink seiner Nase folgte, und sie mit dem Schnupftuch in der Hand störte. Da seh' ich noch so manchen Nachschreiber lebhaft, der gern dem guten Pastor nachgefragt hätte: Wer grunzet in der Gemeinde? wenn dies Milchknäbchen nicht befürchten müssen, es würde ihn ein Spießgeselle angewiesen haben, seine weise Nase in's Heft zu stecken. —

Herr v. G— behauptete, Gelehrsamkeit sey nur, um nachzuschlagen, und wenn man ein so gutes Lexicon in der Nähe hätte, wie mein Vater, so wäre nichts überflüßiger, als sich den Kopf mit Worten zu überladen, oder mit der Schale zu schöpfen!

Es gibt Schrift- und Redgelehrte, Sokrate und Platone, so wie es gehende und sitzende gibt. Ich mag deren keines. Zum Erfinden, sagt der Pastor, gehört Einfalt, kindische Einfalt! Selten ist ein Erfinder ein Gelehrter. — Wenn ich doch ja was seyn sollte, wollt' ich ein Erfinder seyn. Da gibt's freilich Professores, die sich auf ein Definitionchen so viel einbilden, als auf eine eingenommene Festung mit Sturm oder List! Die Thoren! Was hilft's, in schönem Porcellain jämmerliche Kost, ohne Geruch und ohne Geschmack? Was im crystallenen Pokal verschalter Wein? — Ein Definitionskrämer wird wahrlich kein Newton werden, obgleich auch dieser über die Offenbarung Johannis schrieb.

Herr v. G— las blutwenig! Wenn ich ein Buch lese, sagte er, lassen mich meine Gedanken nicht zum Worte kommen! Böse Gesellschaften verderben gute Sitten. Die Natur wollt' ihn nicht verführen lassen! Die gute Mutter Natur! Bald hätt' ich geschrieben, die gute Frau v. W—. Ich habe mir immer eingebildet, so würde die Natur aussehen, wenn sie Menschenkindern zu Ehren sich in unsre Gestalt verlieben sollte. Sie wird es nicht.

Las Herr v. G— ja Etwas, so mußt es leserlich geschrieben seyn. Der Autor mußte, wie er sagte, ihn nicht breitschlagen oder zum Besten haben wollen. Mein Vater hatte ihm einige Stellen aus den Alten verdeutschet, und Herr v. G— war so gütig, sie ein Brennglas zu nennen, wodurch wir die Sonne an die Pfeife zögen. Er liebte nicht, mit Schriftstellern umzugehen. Die sich frisch und gesund lesen lassen, sagte er, sind, wie ich gehört habe, stockstill in Gesellschaft. — Man sage ein Hephata nach dem andern, die Zunge wird nicht los. Herr v. G— selbst war, ehe er schrieb, noch schwieriger wie mein Vater; hatt' er indessen die Feder einmal ergriffen, ging's, seinem eigenen Ausdruck zufolge, wie aus der Pistole. Er strich so wenig, wie meine Mutter, und nie hatt' er ein Blatt zerrissen, um es besser zu schreiben. Warum soll ich mich mit mir selbst schlagen? warum mich selbst herausfordern? Ich bin sehr für den Hausfrieden, das ist, für den mit mir selbst. Nie macht' er ein Couvert; am liebsten schrieb er auf unbeschnittenem Papier. Gemeinhin schrieb er mit umgekehrter Feder; kehrt man denn nicht, sagt' er, den Hut um, wenn die Sonne scheint? Die Ursache war, weil er nicht gern Federn schneiden mochte, und da meint' er's denn so ehrlich mit jeder neuen Feder, daß sie bald unbrauchbar ward. Herrmann schnitt ihm zuweilen Federn; allein gemeinhin waren sie ihm zu spitzig.

Plane, pflegte er zu sagen, kann man erzählen; Ausführungen reden von sich selbst.

Nie zog er seine Stiefeln um, wie andere ehrliche Leute. Schuhe hat er so wenig getragen, wie der König von Preußen.

Das Brod schnitt er sehr gerade. Schade! pflegt' er zu sagen, daß es geschnitten werden muß! Was nur möglich war, aß er ohne Gabel und Messer. Hatte er zuweilen eine Mahlzeit, die er durchweg ohne dergleichen Mordgewehr, wie er's nannte, vollbringen konnte, so war sein Gratias an Gott desto inbrünstiger.

Er war hitzig; da möcht' ich, sagte er selbst, gleich das Haus zum Fenster hinauswerfen; allein wenn ich näher komme, seh' ich, daß das Fenster zu klein ist!

Die Feder gilt nichts, wenn sie zertreten ist, war sein Sprüchwort; warum er dies Sprüchwort eben von der Feder entlehnt, weiß ich selbst nicht.

Jeden seiner Herren Brüder hielt er drei Schritte vom Leibe. Nie ließ er sich zu nahe kommen; allein auch er kam Keinem zu nahe.

Mit dem Künstler, Meister Herrmann, sprach er wie Naturmann. Er fragte sich nie: was werden andere Leute sagen? allein er lebte wahrlich so, daß Niemand von ihm auch nicht einmal etwas Böses denken konnte; darauf, fügte er hinzu, muß man es anlegen. Der Schmähsucht entgeht Niemand. Selten wird ein Mann seyn, der so gleichgültig gegen das Urtheil Anderer ist, als er war. Um von gewissen Leuten nicht gelobt zu werden, hätt' er sogar etwas thun können, das er sonst nicht würde gethan haben!

Es gibt Krippenreiter in Curland, die es recht geflissentlich dazu anlegen, ihre Brüder in Versuchung zu führen, ihnen auf die Zähne zu fühlen; indessen nur alsdann, wenn die Zähne los sind, stoßen sie sie ihnen aus. Da hatte Einer eine Ohrfeige erhalten und nichts dagegen vorgenommen, als gefragt: wie er diese Zweideutigkeit verstehen sollte? Das war sehr natürlich unserm v. G— ein Stachel im Auge. Der Thor! sagt' er. Sieh den Andern, der dich ansieht, wieder an, und sein Auge sinkt. Ziele nur, der Andere wird wanken, wenn er Herz hat, und sich zurückziehen, wenn er keines hat. Umgekehrt, so wird ein Vers draus. Auf den Hohn: das Pulver scheint der Herr Bruder nicht erfunden zu haben, gleich den Trumpf: aber zu gebrauchen weiß ich's! Ich wette drauf, der Pulvererfinder wird sich in bester Ordnung zurückziehen. —

Herr v. G—, der standhafte Mann, blieb indessen gefällig. Seine Lieblingsthiere waren Hühner, und nur nach ihnen folgten Hunde! Er überrumpelte Niemanden; jeden ließ er zum Wort und bei'm Worte. — Keine Dissonanz in seinem Umgange; er war immer gestimmt — immer heiter. —

In seinen Zimmern war ein eigener Geschmack, kein fournirter Tisch, keine Falschheit. — Keine Weste, wo hinten Leinwand war, wäre sie auch von Gold und Silberstück gewesen, ist je an seinen Leib gekommen. Von Allem, was ihm gefiel, sagt' er, es schmecke ihm: So schmeckte ihm ein Zimmer, dieser oder jener Freund. — Er behauptete, auch ein Zimmer habe seine Physiognomie, und aus der Schlafstube, oder vielmehr aus einer solchen, wo kein Fremder so leicht einen Zutritt hat, müßte man den Hausherrn beurtheilen.

Vom Trinken machte er mehr als vom Essen. Kalt aß und trank er am liebsten.

Das Natürlichste, pflegt' er zu sagen, ist, wie Diogenes zu essen, wenn man Hunger hat, ohne sich an Morgen und Abend zu binden. Gesünder würde man dabei seyn, auch älter werden; allein wir würden mehr einbüßen, als gewinnen. Das Essen und Trinken mit Wohlgefallen, weg wär' es. Löffel sind im Hospital erfunden. Alle flüssige Sachen schwächen. — Für Kinder Milch, für Männer Käse. —

An seine Gemahlin war er gekommen, wie man an Vieles kommt. Sie soll außer der Weise schön gewesen seyn. — Wieder Natur am Hern v. G—. Des darf ich bitten wegen, hatt' er sie geheirathet, sagte Herr v. G—, da er in — zu Tische bat. Sie konnte, wenn sie wollte, allerliebst seyn, und gutherzig scheinen. Ist man es wirklich, wenn man so stolz, wie die Frau v. G— ist? Unser Freund hatte die beste Ehe von der Welt. Wenn's zu arg kam, sagt' er Punktum, und die gnädige Frau ging sehr freundlich ab, wovon wir Alle einer Probe beigewohnt haben. Von Ihm, und nicht von Ihr, hing es ab, ob Einem in seinem Hause wie Herr oder Monsieur begegnet werden sollte. — Seine Liebkosungen waren immer mit Ungestüm. Frau v. G— befürchtete zuweilen, daß es ihr wie den russischen Weibern, wiewohl ohne ihr Zuthun, gehen würde, die aus Liebe von ihren Männern geschlagen werden. Wo Herr v. G— geküßt hatte, war gewiß ein rother Fleck.

Sie pflegte von ihrem Manne, den sie im Herzen sehr hoch hielt, zu sagen: Er hätte Einfälle, wie ein altes Haus; und wahrlich, er hatte Einfälle, nicht wie der lebendig todte Herrmann, an dem man immer den Bocksfuß sahe, sondern wie ein Mann, der Alles gern bei'm rechten Namen nennet. „Er hat zwar," sagt' er von einem alten Geistlichen, der sich sehr viel zu gut that, „einen kahlen Kopf, wie Elisa; allein den Mantel „hat er nicht von Elias geerbt." Pastor! sagte er zu einem andern Seelsorger, Sie schlagen mit Moses um die Wette: jener auf den Fels, Sie auf die Kanzel; hier und dort kommt Wasser. Man hielt ihn für einen Feind der Geistlichen, und die Wahrheit zu sagen, seine alten Hauseinfälle trafen diese Herren am meisten. Dies war vielleicht eine geheime Ursache, warum mein Vater sich zehn Jahre von ihm entfernte.

Mein Vater hatte ihm seiner Hitze halber im Scherze angerathen, ich, du, er, wir, ihr, sie zu sagen, so wie er sich selbst vorgenommen hatte, panis, piscis, crinis, ignis, finis, glis in dergleichen Fällen zu brauchen; allein Herr v. G— konnte sich nicht ohne den Teufel behelfen. Es lüftet das Herz, so wie eine Prise ächter Curländer die Nase. Sein Argos hieß Satan. So wie meine Mutter kein i um seinen Punkt betrog, so sagte Herr v. G— nie, daß dich! So was, fügt' er lächelnd hinzu, heißt den Teufel betrügen! —

Er barbirte sich so, wie mein Vater, mit kaltem Wasser, oft mit Schnee, um etwas Seifähnliches zu brauchen. Wer warmes Wasser an seinen Leib kommen läßt, ist aus Furcht des Todes ein elender Knecht seines Lebens. Herr v. G— war viel zu sehr ein freier Curländer, um bei'm Leben in Dienst zu treten.

Herr v. G— hatte sein Lebtage keine gewisse Eßstunde. Wenn gleich er leider! Mittag und Abend hielt, so wollt' er wenigstens sich doch nicht auf Stunden einschränken lassen. Hierin mindestens wollt' er frei seyn, wenn es nicht vollständiger angehen könnte. Dergleichen Regeln, und fast alle, pflegt' er zu sagen, sind der Gemächlichkeit wegen da; wer Verstand und Willen hat, braucht keine dergleichen Kinder-Regeln. Grundfalsch war nie Etwas, das er behauptete. Er hatte einen so treffenden Blick in Seele und Leib, daß man glauben mußte, es wäre Alles regelrecht, was er sagte. Er war, wie wir wissen, ein Wurzelmann. Die Frau Gemahlin, die bei ihrem hohen Sinn nicht allemal einen hohen Ausdruck hatte, pflegte dies zu übersetzen: er merke Mäuse. Jeder Mensch hat seine Manier, seine Natur im Sprechen. Herr v. G— besaß, wenn gleich nicht den treffenden Ausdruck meines Vaters, so doch einen wohlgemeinten, einen verständlichen. Gnade dem Gott, wer ihm mit Punkten und Clauseln kam, die man so und anders nehmen konnte; so was mochte er versäufen im Meere, wo es am tiefsten ist. Auf die Juristen war er übel zu sprechen; die besten, behauptete er, bemüheten sich, dem Kinde einen Namen zu geben; der Name ist ein Zaun, ein Schranken, bis dahin und weiter nicht. Gott hat keinen Namen.

Das Natürlichste, was noch in der Welt ist, sagte Herr v. G—, ist der Schlaf und Wasser. In Rücksicht des Wachens und Essens sind so viele Verstümmelungen vorgefallen, daß die eigentliche Natur zu finden ein Räthsel ist. Der Schlaf, in so weit die Träume von des Tages Last und Hitze abhängen, ist auch schon verfälscht, wenn man's genau nimmt. Wasser also ist allein aus dem Paradiese übrig geblieben; Wasser ist das Einzige unter allem Flüssigen, was reinigt, setzt' er hinzu. —

Die vier Elemente, Feuer, Luft, Wasser, Erde, nannte er die vier Temperamente der Natur; — die fünf Sinnen, die Poststraßen zur Seele; ein Liebhaber der fünften Zahl hat darum fünf angenommen, mag seyn nach Anzahl der fünf Finger. — —

Unsere Sinne sind nicht gleiches Ursprungs; Einige haben ihre Privilegia erschlichen. Geruch und Geschmack sind gekaufte Titel; kein Kind hat Geruch und Geschmack. — Freilich lernt es auch sehen; allein diese Lehre bekommt es aus der ersten Hand; durch wie viel Hände erhalten wir dagegen Geruch und Geschmack! — — Kann es je heißen: Gott hat die Menschen aufrichtig gemacht, aber sie suchen viele Künste; so hier. —

Das Herz war das Gesetz unseres theuren v. G—, und wahrlich ein trefflicher Gesetzgeber, wenn es wie das v. G—sche ist!

Empfindsamkeit, pflegt' er zu sagen, schützt vor Zügellosigkeit; allein was ist besser, zügellos oder weibisch? —

Er glaubte, daß es Hand-, Mund- und Herzensworte gebe. Die Augen sind Filiale, pflegte er zu sagen, vom Herzen; die Füße von den Händen; der Mund hat keinen so nahen Bundesgenossen. —

Sobald über Natur die Rede ging, war er unüberwindlich; in der Kunst war er gern Schüler! Selbst im Wortwechsel überrumpelte er Keinen. Seinen Grundsätzen war er treu, wie Gold; er war kein Prävaricator, kein zweier Herren Diener.

Die Hauptsache, worüber mein Vater und der Herr v. G— uneins geworden, waren freilich die drei Artikel des christlichen Glaubens; indessen stand der monarchische Staat hiemit in Verbindung, ohne an manche geheime Ursache zu denken, die nie ausbleibt. Herr v. S— glaubte, die christliche Religion und die monarchische Regierungsform arbeiteten sich in die Hand, und mochte ihn wohl der Umstand, daß mein Vater Beides, Christ- und Monarchenfreund war, zu diesen Gedanken gebracht haben. Ueberhaupt paarte er zuweilen Dinge, die, wenn man es genau erwog, wirklich ein Herz und eine Seele waren, wenn gleich Niemand sie dafür gehalten. Ob nun zwar die christliche Religion dem Kaiser was des Kaisers ist und Gotte was Gottes ist, zu geben anordnet; so ist sie doch so wenig für die Monarchie, daß sie vielmehr das Reich Gottes einführen will. — —

Laßt euch mit den Menschen ein, sagte Herr v. S—; sie klagen immer! Woher kommt's? warum die Klagen über schwere Zeiten, die, seitdem der Cherub mit dem gezogenen Schwerte vor der Thüre des Paradieses auf die Wache gezogen, entstanden? Weil der Mensch sich frei fühlt, und es nicht ist. — Recht! sagte mein Vater! Gottes Reich ist noch nicht kommen. Der Monarch ist Einer! er trägt Gottes Bild in diesem besondern Sinn, und ist mehr, als in Einer Rücksicht, wenn er will, im Stande, sein Volk dem Reiche Gottes näher zu bringen. Wenn er will, sagte Herr v. S—; wird er aber wollen? Wird er Gott dem Herrn seinen Stuhl abtreten und seyn wie unser Einer? — — —

Wir sollten immer einfacher werden und uns in den Stand setzen, wenig zu brauchen: dadurch würden wir der Härte unserer Obern trotzen, gegen Mein und Dein gleichgültiger werden und allmählig zum Reiche Gottes kommen, welches nicht bestehet in Essen und Trinken, sondern in Liebe. —

In dem Gesetz: was du nicht willst, daß dir Andere thun, thue ihnen auch nicht, liegt das ganze Criminal- und der größte Theil des bürgerlichen Rechts. Gott ehre mir unsere curischen Gesetztafeln! sie sind ziemlich im Kurzen! allein die Hülfsvölker — daß sich Gott erbarm! Wahrlich auch hier sollte das Reich Gottes näher kommen, und der Mensch sich auf's Einfache zurückstimmen; denn in Wahrheit, überall ist nur Eins noth!—

Wenn's so fiel, war Alles trefflich. Sobald aber Herr v. G— anfing: er wünsche, daß heute alle Könige Herzoge von Curland würden, und daß alle Armeen, anstatt des Degens eine Sichel, und statt der Flinte einen Spaten zur Hand nehmen möchten, so fragte mein Vater: heute? und wenn Herr v. G— bei'm Heute blieb, und es sich nicht ausreden lassen wollte, so war Feuer in den Dächern. Wer hat etwas Größeres gesagt, als jener Primas: Dem König ist die Krone nicht an den Kopf gewachsen, fing der Herr v. G. an, und mein Vater bat den Herrn v. G—, Polen in Augenschein zu nehmen und zu bedenken, was Polen sey, und was es, aller Wahrscheinlichkeit nach, werden würde. Mag! ist doch Freiheit da, kann doch hier jeder Edelmann dem Regenten in's Gesicht sagen. Der Bucephalus ließ zwar den Alexander aufsitzen, allein ohne Zaum, den litt Bucephalus nicht! Wenn ich Edelmann wäre, erwiederte mein Vater, ich weiß nicht, ob ich gern Bucephalus heißen würde. Nicht? sagte Herr v. G—, und doch war Bucephalus ein Curländer. — Bei weitem nicht, erwiederte mein Vater. — —

Mein Vater war ein Bienenfreund und Herr v. G— trieb seine Monarchenfeindseligkeit so weit, daß er sogar keine Bienen hielt, weil sie einen monarchischen

Staat machten; dagegen liebte er Ameisen, von denen er behauptete, daß sie in der Freiheit lebten. Ist denn der Honig nicht süß? sagte mein Vater. Kostet er denn nicht den besten Saft den Blumen? erwiederte Herr v. G—. Ist es nicht gesammelter Zoll und Accise, und wird nicht Zoll und Accise noch obenein mit einem widerlichen Gesumse genommen? Mich dünkt immer, ich höre die Bienen sumsen: Wir von Gottes Gnaden. Freilich ist die Biene militärisch, hat ihr Schwert bei sich, sticht; — allein wenn sie gestochen, wenn sie Krieg geführt hat, ist sie auch so matt und elend. — Und wenn uns die Ameisen bekriechen? fiel mein Vater ein. So schüttelt man sie ab. — Die häßlichen Thiere! — Sind Curländer, sagte Herr v. G—. Könnte seyn, mein Vater.

Staat ist ein so nothdringliches Mittel, den Menschen glücklich zu machen, daß man ohne dies Mittel zu keinem Zwecke kommen kann. Alles führt zum Staate, untere und obere Seelenkräfte, Seele und Leib, Bedürfniß und Leidenschaft, Hospital und Schauspielhaus. Die bürgerliche Gesellschaft ist auch eben darum sogar für Naturzweck von Etlichen gehalten. Staat ist freilich Kunst; allein diese Kunst bestehet aus zusammengesetzter Natur — und muß denn der Staat eben Monarchie seyn?

Ist nicht nur ein Gott? und wird nicht eher lieber Ein Gott der Erden dem Original weichen, sobald das Volk sich an's Unsichtbare gewöhnen lernt, als an so viele Götter?

Doch, warum in spitzfindigen Reden und Antworten; ich will versuchen, meinen Vater in Eins zu bringen, und was stückweise über den monarchischen Staat vorfiel, in einen Ausbund vom Ganzen zu ziehen.

In der Vernunft, womit der Mensch ausgestattet ist, liegt Freiheit und Regel. Der Mensch ist frei, das heißt: der Mensch kann thun und lassen, kann wollen; der Mensch ist an eine Regel gebunden, das heißt: seine Willkühre hängen vom Gesetz ab. Er hat Verstand; Verstand und Willen zusammengenommen könnte man die Vernunft heißen. Alle die Unterschiede, welche die Philosophen und Juristen (ehemals Nachbarn, jetzt fast völlig aus der Gemeinschaft gesetzt) unter Gesetzen machen, können sehr einfach werden, wenn nur nicht das Leichteste in der Welt dem Menschen so überschwenglich schwer würde. Es gibt eigentlich nur Naturgesetze, oder solche, welche aus der menschlichen Natur faßlich sind. Zwar haben auch Gesellschaften, Völker, Staaten Gesetze, die außer dieser Grenze zu liegen scheinen; allein wenn diese Gesetze anders, als aus der Natur des Menschen erkläret werden, so sind es nicht Gesetze, sondern Unmenschlichkeiten, es sind Landplagen, ärger als Frösche, Heuschrecken — Und auch ärger, als wenn die menschliche Erstgeburt unter die Soldaten genommen wird, fiel Herr v. G— bei dieser Gelegenheit ein.

Mein Vater hielt ein wenig an, und fuhr fort, ohne zu antworten: Der Mensch ist ein geselliges Thier, es ist nicht gut, daß er allein sey. Die Menschen werden nur Menschen, und können sich als Menschen zeigen, wenn sie in Gesellschaft treten. „Einer ist Keiner, Ein Mensch ist kein Mensch," würde meine Frau sagen; Ein Mensch aber ist kein guter Mensch. Nicht der Müßiggang, sondern die Einsamkeit ist die Mutter alles Bösen. Es ist indessen Grund und Folge; allein seyn und müßig seyn, ist ziemlich einerlei. Große Erfindungen selbst sind in Gesellschaft gemacht; alle Künstelei in der Einsamkeit. Gott allein ist Einer; hier gilt nicht, Eins ist Keins. Der Verstand und der Wille eines einzelnen Menschen scheinen nicht zuzureichen, ein vollständiges menschliches Seyn auszudrücken; der Pluralis vom Verstand und Willen ist erforderlich, wenn der Mensch was auszurichten im Stande seyn soll. Der Staat ist der Mensch im Plurali; im Plurali indessen gilt eben das, was im Singulari gilt. Der Staat ist der vollkommenste, der die meisten Menschen hat, die wie Einer scheinen. Je volkreicher ein Land ist, je mehr scheint es sich dieser Probe eines wohleingerichteten Staats zu nähern. In Staaten, hab' ich gesagt, müssen auch die Gesetze aus der Natur erklärt werden, falls sie nicht egyptische Plagen seyn sollen, und wenn ich hinzufüge, daß es Natur aus der ersten und Natur aus der zweiten Hand gäbe, so hab' ich mich näher bestimmt. Im Naturstande, wo sich der Mensch ganz allein denkt, im Paradiese, ist er zwar ein Gott der Erde; allein so lange er so denkt, wie Adam und die zeitigen Adamskinder, wird er gewiß vom verbotenen Baume essen, und bei der Mühe und Arbeit und dem Schweiß seines Angesichts, mit dem er sein Brot ißt, sich weniger bedauern, als in der Einsamkeit, wo der Müßiggang ihm eigen ist, wo er vielleicht länger lebt, und ohne vielen Schmerz einschlummert, wo indessen gegen eine einzige Stunde jetzigen Lebens Tage und Wochen dieser Einsamkeit wie gar nichts sind. Was ist ihm solch ein Baum des Lebens? Er lebt hier auch im Singulari. Im Staate lebt der Mensch im Plurali. Zwar kann man sich einen Stand der Natur denken, und der erste bekannte Schriftsteller entwirft uns ein Bild im paradiesischen Adam von dem Naturstande, so wie der Stifter der christlichen Religion, der zweite Adam, ein Urbild des vollkommensten Menschen im Staate ist.

Wenn Feinde seines Namens behaupten wollen, Christus habe ein weltliches Reich stiften wollen, so ist's aus zwei Drittel Ursachen eher unglaublich, als glaublich; allein gesetzt, er wollt' es, so war es bloß, um die Menschen auf diesem Wege zu dem Ende des Vater unsers, zu dem zu bringen, dessen allein das Reich, die Kraft und die Herrlichkeit ist! Dahin ging er auf dieser Welt! und wenn die Menschen so stockblind waren, daß sie das Licht nicht sahen, das er ihnen anzünden wollte; wenn er in sein Eigenthum kam, und die Seinen ihn nicht aufnahmen, so ließ er uns wenigstens ein Vorbild, nachzufolgen seinen Fußstapfen. Es gibt eine doppelte Theokratie; die eine würde körperlich, die andere geistig zu nehmen seyn. Was ist glaublicher, als daß die Menschen über kurz oder lang zu allgemeinen Weltgesetzen kommen werden, wo jedem Staate sein bescheiden Theil angewiesen ist, und wo, wenn der eine weiter gehen will, er alle übrige vereinigte Staaten wider sich hat? Dies verbesserte Völkerrecht, möcht' es doch bald kommen! Wie weit näher wären wir alsdann schon dem Ende des Vater unsers, als jetzo! Man könnte von dieser körperlichen Theokratie, von dieser Welt-Regierungsform sagen: es ist eine Heerde und ein Hirte; allein auch selbst alsdann ist noch Alles leiblich! Geistlich wird es seyn, wenn wir selbst diese allgemeinen Weltgesetze nicht mehr brauchen, wenn der göttliche Codex eintritt, wenn der Glaube an Gott schon Alles in Allem ist! — Um sich die Sache noch begreiflicher zu machen, kann man den Redegebrauch der Theologen beibehalten. So wie die Welt jetzt ist, könnte man sie das Reich der

Allmacht nennen. Das Reich der Gnaden wäre die körperliche Theokratie, wenn die Menschen anfingen allgemeine Weltgesetze zu machen, wohin es gewiß kommen müßte, wenn der gemeine Mann zu mehreren Kenntnissen käme, als er jetzt hat. Das Reich der Herrlichkeit wäre jenes Reich der Möglichkeit, wo wir Alles um Gottes willen thäten, — wo —

War es Wunder, um wieder auf den ersten Adam zu kommen, war es Wunder, daß die Natur ihm so wohl anstand? Adam kam aus den Händen des Schöpfers; er war die Blüte des Naturstandes, zu Früchten kam es mit ihm nicht, er fiel als Blüthe ab. Schade! Er war allein und durfte sich vor Keinem fürchten, und konnte jede Creatur durch Vernunft beherrschen.

Man kann sich einzelne Menschen denken ohne Gesetze, ohne Zäune, wie Götter auf Erden unter einander herumwandeln. Die Welt ist groß für alle; niemand darf dem Andern vorbauen, zu solch einem Stande hat Gott den Menschen angelegt; allein dem Menschen fiel das Mein und Dein ein, wovon er erst nicht wußte; jetzt wird sein Stand ein wahrer Stand der Sünden, wissentlicher und unwissentlicher Schwachheits- und Bosheitssünden. Diese Erde, diese Menschenwelt, das leugnet Niemand, ist jetzt noch in der Kindheit, hie und da ein Kopf. Eine Schwalbe aber macht keinen Sommer. Ich kann mir aber denken, daß der Mensch wieder zurückkommen werde, und zwar aus Grundsätzen zurückkommen werde, wo er ausging, daß zuletzt wieder die Welt ein Paradies seyn und jeder Mann Adam, und jedes Weib seine Rippe seyn werde. Das tausendjährige Reich, wovon so Viele träumen, liegt sehr verworren in diesem Gedanken, sehr verworren! kein Stein auf dem andern. Meine Beruhigung ist, daß Alles, was möglich ist, auch wirklich sey oder werde. Warum wär' es sonst möglich? Die Gelehrten haben sich oft gestritten, ob der Mensch gesellig oder ungesellig sey? So oft die Gelehrten sich gleich vergebens gestritten, so ist doch diese Frage keine vergebliche. Jeder Mensch sucht selbst im Staat sich zu befreien; es ist seine Herzenslust, wenn er sich nur einigermaßen in Freiheit setzen kann. Jeder kluge Gesetzgeber muß gewisse Fälle dem Menschen anheimstellen, wo er frei seyn kann; sonst würde er zuverlässig auch den menschenfreundlichsten Landesherrn Tyrann heißen, und sich sein Joch abschütteln, so sanft, so wohlmeinend es ist. Dagegen würde der Mensch den größten Tyrannen ertragen, wenn er ihn nur hie und da im Freien ließe. Monarchen, die Religionsfreiheit einführen, können immer Zoll und Accise höher stellen. Der Geiz, der Sammlungstrieb, gehört auf diese Rechnung. Man ist ein Sclave, um einst frei zu werden; man dient als Soldat, um nicht als Bürger zu gehorchen; man ist Ehemann, man ist ein Sclave, um zu glauben, man sey frei. Selbst dieser so ausgeartete Trieb führt, oder könnte uns auf den Punkt führen, den Christus angab: er sey bei uns alle Tage bis an der Welt Ende; zu einer Theokratie, wo Jeder dem Andern läßt, was er hat, wo im erhabensten Sinn Jeder für sich und Gott für uns Alle ist; wo wir nicht messen und wägen, wo Alles in den Tag hinein lebt. — Diese güldene Zeit, dieses mannbare Weltalter, wenn wird es kommen? Wenn die leibliche Theokratie, wenn die geistliche, das Reich der Gnaden und der Herrlichkeit? Amen! Komm, du schöne Freudenkrone! singt meine Frau. —

Dies ist das Paradies aus Grundsätzen, das sich der Mensch selbst bauen kann.

Denkt man sich aber einen verwilderten Naturmenschen, der gewiß in keinem Paradiese seyn wird, wenn es ihm nicht ein Anderer gebauet hat, so kann er freilich Herr der Thiere seyn; allein wenn er seines Gleichen sieht, denen er die nämliche Vernunft, die nämliche Quelle zu Zwangsmitteln ansieht, so flieht er. Hobbes hat dem ungeachtet Recht, wenn er behauptet, daß der natürliche Mensch den Begriff von Botmäßigkeit und Herrschsucht in sich trägt. Herrschsucht, Tyrannei und Furcht sind sich so nahe verwandt, als möglich. Ein Grad mehr Furcht am Andern zu erblicken, macht den Wilden nachdenkend. Jener läuft, dieser verfolgt ihn; jener verkriecht sich, dieser spürt ihm nach. Freilich, wenn sich Jener umsehen, nur umsehen, nur hervorblicken möchte, würde Dieser umkehren; allein da Jener sich nicht umsieht, da er nicht hervorblickt, so wird Dieser sein Meister. Aus Furcht wird er ihn beherrschen, damit er sich nicht mehr vor ihm fürchten dürfe. Im wilden Naturstande müßte man also den Herrn blos als ganzen Menschen, die Unterthanen aber als verstümmelt, blind, krumm und lahm sehen. Mit der Zeit würde sich der Mensch besser kennen lernen; es würde dem herrschenden Scharfrichter leid thun, daß er Diesem die Hand, Jenem das Bein gelähmt, und man würde sich in Verbindungen mit einander setzen. Wenn sich gleich bei'm Anfange ein Paar Warmherzige begegnen, sollte nicht, ohne den Weg durch's Hospital zu gehen, eine Gesellschaft zu Stande kommen? — — Der Stand der Natur ist ein Stand des Krieges; allein der polizirte Staat ist es auch, bis wir zum Stande der Gnaden, zu allgemeinen Weltgesetzen kommen, welches der Vorhof zum Reiche Gottes im eigentlichsten Sinne ist. (Ich habe so manches Lobopfer ausgelassen, welches bei dieser Gelegenheit dem monarchischen Staate gebracht ward; indessen fand auch Herr v. G—, der Freund und Feind meines Vaters, seine Rechnung bei dieser Deduktion.) Die Hauptfrage blieb mir: bringt die Monarchie oder die Freiheit am nächsten zum Reiche, oder, wie Herr v. G— es wollte, zum Stande der Gnaden? — Im Naturstande denkt der Mensch darum nicht an Gesetze, weil er gar nichts denkt. Sich zu erhalten, sich fortzupflanzen, das würde das Einzige seyn, was ihm auffallen und was ihn beschäftigen könnte. Es liegt Alles in uns! Allein dieser Nähe unerachtet, wer würde es finden, wer es nur suchen? Tausend und abermal tausend Menschen im Naturstande würden auf keinen Buchstaben von natürlicher Religion und natürlichem Rechte fallen, wenn nicht die Gottheit es ihnen noch näher gelegt hätte. Die Gottheit kann sich Menschen nicht anders als durch Menschen offenbaren, und die bleiben Menschen, wenn gleich sie Gottes Menschen sind, getrieben vom heiligen Geist. Niemand hat Gott je gesehen; erhabene, große Menschen sendet Gott zu Menschen, um ihnen zu sagen, was sie gleich Alle wissen, wenn es ihnen nur gesagt wird. Wir sind Alles und Nichts. Das Licht der Vernunft, das in uns ist, muß angezündet werden, sonst bleiben wir beständig Kinder der Finsterniß. Das natürliche Recht ist, so lange der Mensch nicht göttlich unterrichtet wird, das, was das römische Recht sehr treffend von ihm sagt: was die Natur allen Thieren lehret. Die Kräfte, die der Mensch noch drüber hat, unterscheiden ihn vom Thiere. Selbst die Gesellschaft, die Vereinigung, die die Natur dem Menschen so sichtlich beibringt, indem seine Jungen weit später zu sich selbst kommen, als andere Jungen, fordert ihn zur Gesellschaft auf; allein wenn es auf einen Streit ankäme, würde ich denen eher beitreten, welche glauben, daß ein Ohngefähr die Menschen zusammengebracht, und nicht die Vernunft. Selbst jetzt regieret wohl die Vernunft im Großen. Sie lebt so in bedrückter Kirche, daß man von ihr behaupten könnte, sie wohne in Höhlen, in Klüften, und doch darf man von ihr nicht fürchten, daß sie so ausarten würde, als die christliche Kirche, da sie in's Große ging, ausgeartet ist. Die Ausartung der Vernunft wäre Unvernunft. —

Fast könnte man behaupten, daß die Menschen, nachdem sie vielleicht durch ein Ungefähr zusammengebracht waren, auf die Vernunft gekommen, so wie man auf Etwas kommt. Gott hat es ihnen offenbaret. Es waren vielleicht erst positive Gesetze, ehe man an natürliche dachte. Der Grund der positiven Gesetze, wenn sie anders den Namen von Gesetzen verdienen sollen, ist so gut die Vernunft, als sie der Grund der natürlichen ist. Die Rechtslehrer machen einen Unterschied zwischen positiven, natürlichen und gemischten Gesetzen. Jedes Gesetz muß natürlich, oder, welches fast dasselbe ist, vernünftig seyn, so auch jede Offenbarung. Das Christenthum ist eine vernünftige, lautere Milch. Was vernünftigen Menschen Regeln vorzeichnen will, muß, dünkt mich, selbst vernünftig seyn; es muß sie überzeugen. Zwar leugne ich nicht, daß der Staat Anordnungen treffen könne, die sich nur aus dem Staat erklären lassen, und alsdann ist die Vernunft, auf den

Staat angewendet, der Grund des Gesetzes. Wenn man die positiven Gesetze aus diesem Gesichtspunkte nimmt, wie ehrwürdig sind sie! Sind sie nicht der moralische Catechismus des Volks? Wo ist solch ein Codex? Ich habe noch keinen von dieser Art gesehen.

Ich will mich nicht über die positiven göttlichen Gesetze auslassen. Die Frage: ob es allgemeine göttliche positive Gesetze geben könne? kann wohl keinem Streit unterworfen seyn, da es bei dieser Frage auf die Frage ankömmt: ob es Gesetze giebt, die aus der Natur nicht zu erkennen, und die Gott außerdem dem menschlichen Geschlecht eröffnet hat? Giebt's solche? Diese Frage ist streitig. Herr v. G— nahm das Wort: Streitig? sagte er. Unstreitig ist's, daß es keine dergleichen giebt und gegeben hat und geben kann. Mein Vater fuhr fort:

Jeder Staat ist eine Theokratie. Gott ist nicht fern von einem Jeglichen unter uns. In ihm leben, weben und sind wir. Das jüdische Volk behauptet, daß es im besondern Sinne Gottes Volk wäre, obgleich es sich am wenigsten als ein Volk Gottes unter allen Völkern aufgeführt hat, und doch ist aus ihm allen Völkern Heil widerfahren.

Menschliche positive Gesetze heißen auch, und das mit Recht, bürgerliche. Das Volk selbst, oder der oder die, dem oder denen es das Volk überträgt, geben Gesetze. Hier giebt's gemeine und Provinzial-Gesetze. Ich wünschte, es wären keine Provinzial-Gesetze. Was sollen sie, wenn sie nicht Polizei- und solche sind, wozu Boden und Sonne Gelegenheit giebt, und die auf's Mein und Dein wenig oder gar keinen Einfluß haben? Wir sind Alle Kinder Gottes; Alle Söhne der Mutter

Erde. Wir haben Eine Sonne; wir sind Alle Brüder. Alle Augenblicke der Wunsch: o wenn doch Gottes Reich leiblich und geistlich, das Reich der Gnaden und der Herrlichkeit, käme!

Es giebt Provinzen, die einem Herrn unterworfen sind, und in jeder Provinz sind andere Gesetztafeln. Ein Staat scheint kein Ganzes zu seyn, wenn er seine Gesetzbücher nach Provinzèn zählt. Man sieht ihm Nadel und Zwirn an, womit er zusammengenähet worden. Er scheint nicht für sich zusammengeboren; die Vereinigung scheint nicht im Himmel geschlossen zu seyn. Wer liebt nicht selbst in seinem eigenen Hause eine Uebereinstimmung seiner fahrenden Habe? Wer hält nicht lieber Auction, wenn er erbt, als daß er fremdes Gut und das seinige unschicklich zusammenbringt? Excipe! Wenn es Sachen sind, auf die man einen Accent legt, die einen Lieblingswerth haben.

Natürlich sind in einem so unübereinstimmenden, so zusammengerafften Staate die Bürger sich auch fremd; sie machen einen Staat im Staate; es kömmt unter ihnen zu Anfeindungen, und am Ende wird dieser Staat wüste; keine Provinz, kein Stein bleibt bei einander. So gewonnen, so zerronnen!

Aber, sagte Herr v. G— (das passende Wort zum Aber wird freilich schwer zu finden seyn, ich für mein Theil mag es nicht suchen); aber sind denn die Fürsten von der Art, daß man glauben kann, sie werden die Welt zum Gnadenreiche bringen? Noch scheint es nicht, erwiederte mein Vater.

Je länger, je weniger! Herr v. G.

Ich zweifle.

Sie sind Tyrannen!

Desto besser!

Was zu hoch gezogen wird, reißt.

Nicht anders!

Und wenn es reißt, sind wenigstens zwei Enden!

Die man verbinden kann.

Durch einen Knoten!

Mein Vater setzte diese Allegorie nicht weiter fort. Herr v. G— fiel auf die Bemerkung meines Vaters.

Freilich, Pastor! fing er an, wenn uns die Vernunft wieder in's Paradies bringt, werden wir solche Narren nicht seyn, als unsere ersten Eltern! — Die Fürsten, fuhr Herr v. G— fort, thaten ehemals Alles mit Bewilligung der Stände, darum Wir von Gottes Gnaden. Jetzt ist von allem dem nur der Pluralis übrig, der sogar gebraucht wird, wenn sie sich vermählen. Wir haben uns entschlossen, unser Beilager auf den und den — geliebt's Gott, zu halten. Wir sind durch die Entbindung unserer Gemahlin eines Thronerben wegen höchlich erfreut. — Als ob? fragte Herr v. G— so wie mein Vater bei einer andern Gelegenheit; allein mein Vater antwortete nicht:

„Ja wohl!"

Vielmehr war mein Vater der Meinung, dies käme daher, weil sie den Menschen im Plurali, den Staat, vorstellten. Herr v. G— blieb bei seinem: als ob?

Theurer Naturmann, sagte mein Vater, die Wahrheit ist nackt.

Wir anders?

Allein man giebt ihr ein Gewand.

Die Fabel thut's.

Niemand kann einen nackten Menschen aushalten. Das Nacktseyn hat so etwas Wildes, Anstößiges an sich, daß ich fast die Wahrheit selbst nicht nackt sehen möchte. —

Zwar hatten die beiden guten Männer, Herr v. G— und mein Vater, bei der feierlichen Aussöhnung den Friedenspunkt mit berührt, daß des monarchischen Staats weder im Guten noch im Bösen gedacht, sondern er vielmehr in seinen Würden und Unwürden gelassen werden sollte; indessen war Herr v. G—, dem zum Vortheil dieser Punkt verzeichnet war, der Erste, der ihn brach. —

Die drei Hauptartikel des christlichen Glaubens indessen waren die Hauptsteine des Anstoßes! —

Mein Vater verkündigte (wie meine Mutter versichert) das Wort Gottes rein und lauter, und ich muß noch hinzufügen, (ich weiß nicht, ob es meinen Lesern von ihm gefallen wird?) daß er Lehrer und Prediger als Zunftverwandte ansah,. die Alles zu thun und zu lassen verbunden sind, was die Innung mit sich bringt. Unser Schild, pflegte er zu sagen, ist die Bibel. Wenn wir ein ander Buch aushängen, und eine andere Arbeit treiben, oder die uns angewiesenen Geschäfte nicht nach dem Zunftprivilegio einrichten, sind wir Pfuscher, Betrüger. Zwar gab mein Vater im Streite mit Herrn v. G— zu, daß, wenn Jemand mit der Bibel eingeschlossen werden sollte, um daraus ein System herauszubringen, er nie das unsrige herausbringen würde, im Fall er nämlich nicht das Mindeste von einem Katechismus gehört, und darin gegängelt worden. Was aus dem System des alten Testaments werden würde, wär' ich begierig zu sehen, sagte Herr v. G—; und was das System aus dem neuen betrifft, fuhr er fort, und mein Vater griff ein: „so könnte es natürlicher, kindlicher und herzlicher ausfallen; ob aber in Hauptsachen von dem unsrigen abweichend, weiß ich nicht." — Meines Vaters Losung war gut, gut; er war in keinem Stücke lahm, und da Herr v. G— nicht aufhören konnte, zu spötteln und zu lächeln, und da nicht beten, und dort nicht das Nachtmahl nehmen wollte; da er die Beichte für eine Art von Tortur schalt und die Geistlichen beschuldigte, sie wären Usurpateurs des Gewissens, und das Christenthum sey monarchischer Staat, eingetheilt in drei Provinzen: Papstthum, Lutherthum und Calvinismus; so konnte unter diesen beiden Männern kein Reich der Gnaden vorerst zu Stande kommen! Zwar, fuhr Herr v. G— fort, hätte die selbsteigene Schwere dieser den obersten Gipfel erstiegenen Monarchie und Tyrannei sie wieder zur Erde gezogen, wovon sie genommen war; allein — Mein Vater ließ ihn nicht ausreden. —

Alle solche Zwars und Alleins, solche Abweichungen zur Rechten und Linken konnte mein Vater nicht ertragen. Hören und Sehen verging ihm. Ein einzelner Mann (seinen sehr gesunden, natürlich edlen Verstand und Willen bei Seite,) will sich wider die Kirche auflehnen; was würde man von mir denken, wenn ich fünf gerade seyn ließe, und einen Mann nicht miede, dem man sonst die Wahrheit zu sagen nicht füglich meiden kann? Er ist Lot in Curland. Ein Gerechter. Seine Gemahlin sey was sie wolle, hier kommt sie nicht in Anrechnung; allein er sey Lot in Beziehung auf Curland, nur nicht in Rücksicht auf mich, wenn ich den Abraham vorstelle. Willst du zur Rechten, so will ich zur Linken, willst du zur Linken, so ich zur Rechten, könne zwischen dem Herrn v. G— und mir nicht statt finden, wenn von der lautern Milch unserer Religion die Rede ist. Zwar will ich nicht richten; allein man muß doch hier, wie überall, auf einen Ausgang denken. Die Pluralität selbst, wenn ich dem Herrn v. G—, diesem Naturmanne, einen Gefallen thun wollte, es drauf auszusetzen, würde für mich entscheiden. Zwar ist die Religion nicht mehr so ganz die Religion Christi, sondern die christliche Religion; allein wenn gleich das Paradies verloren gegangen, so giebt's doch noch ein Reich der Gnaden und eines der Herrlichkeit in der christlichen Kirche.

Die Pfändungen, welche testantibus actis Vol. I. vorfielen, waren, wie aus allem diesem zu ersehen, lauter Religionskriege.

Der Brief, dem mein Vater zehn Jahre weniger einen Tag entgegengesehen, was konnt' er anders, als ein Glaubensbekenntniß in sich halten, das, wenn es gleich nicht aus Augsburg, wie der Conversus, war, jedoch mit dem Versprechen begleitet ward, nicht von Religionssachen sprechen zu wollen, es sey denn der Belehrung halber, als wobei, wie es von selbst sich verstünde, Herr v. G— Schüler und mein Vater Lehrer wäre. Dies waren die Vortheile, die meinem Vater schon in den Präliminärpunkten eingeräumet waren, wogegen sich Herr v. G— alle Anzüglichkeiten gegen den freien, und Lobreden auf den monarchischen Staat, verbat. —

Die Punkte kosteten, bis die Sache abgeschlossen war, noch so manchen Kopfstoß. Der Vergleich kam allerliebst zu Stande. Diesen Brief, dessen l. c. Erwähnung geschehen, will mein Freund — — Kein Wunder, weil er auf den Herrn v. G— in Lebensgröße bestehet. Gern, lieber Getreuer! Du weißt, dies ganze

Buch ist ein langer Brief an dich; allein du findest hier Vorhänge, die ich im Hause des Herrn v. G— nicht fand. Wer diese Vorhänge zugeschnitten und angebracht, weiß ich nicht. Vermuthlich ließ Herr v. G— nach der Zeit sich näher durch meinen Vater belehren, und strich, was er anders einsah. —

Die ganze Vorrede gestrichen.

Gott allein die Ehre.

Den historischen Wahrheiten geht es, wie den alten Leuten, je älter, je schwächer. Ich verdamme Keinen, wenn er daran zweifelt, was er nicht selbst gesehen; wenigstens kann ihm ein Zweifel dieser Art keinen Schaden noch Leides thun. Da es der Vernunft erlaubet ist, jede historische Wahrheit durchzuprobiren, so ist nichts gewisser, als daß die Sache, wenn nicht vor meinen sichtlichen Augen, so doch vor dem Auge meiner Vernunft noch einmal vorgehen muß, wenn ich sie gläubig annehmen soll.

Es giebt nothwendige Hypothesen, wahrscheinliche Gewißheiten. Nichts ist ohne Praxis. Bei der Theorie kommt man nicht weit. Sie ist der Buchstab; die Praxis ist das Leben!

Wollte Gott! es wäre ein Katechismus möglich, den ich sokratisch nennen würde, wo die Beantwortung und Frage, wenn man so sagen soll, in der Sache, nicht in der Person liegen, wo Beide, der Frager und der Gefragte, an der Quelle wären und selbst schöpften! Solch ein Buch wäre freilich nicht zum Lesen, zum Auswendiglernen; allein es müßte in's Herz gebracht werden. Man frage nicht, wie? Sehen und reden ist schon eine halbe That. Ein Leser ist ein Tagedieb. Wir wollen den gemeinen Mann nicht an eine Studierstube gewöhnen; da käme er aus dem Regen in die Traufe.

* * *

Ich glaube an Gott den Vater, allmächtigen Schöpfer Himmels und der Erden. Zwar ist Gott der Herr mir unbegreiflich; allein er ist (damit ich mich kurz fasse, und doch so, daß ich mir wirklich Etwas denke und nicht bloß einbilde, was gedacht zu haben) er ist der Inbegriff aller Moral, mit der zugefügten Gewalt, der Herr der Sonne und des Blitzes und Donners. Pastor! da kann kein Mensch was dawider sagen'; dieses unendlich moralische Wesen nehm' ich an. Mein Herz sagt es mir: Er ist, ich seh' ihn, ich hör' ihn in Allem.—

Ich glaube an Gott, und glaube, daß man an einen Gott in drei Artikeln glauben könne; ich glaube aber auch, daß ein einziger Artikel genug sey. Ich glaube, daß sich der Glaube ändern könne. Der Mensch besteht, wie man sagt, aus Geist, Seele und Leib, und Gott den Herrn kann man sich als Vater, Sohn und heiliger Geist vorstellen. Vielleicht ist der Geist die Vorstellung, die Gott sich von sich macht, vielleicht ——

* * *

Ich glaube an Gott, daß heißt: ich bin ein Kind im Verhältniß gegen ihn, ein Bruder im Verhältniß mit meines Gleichen, ein Mensch im Verhältniß alles dessen, was ich außer mir sehen oder nur empfinden kann, Alles, was lebt und nicht lebt, im Großen und im Kleinen, was weniger schätzbar angenommen wird, und was zur höhern Schätzbarkeit in der Welt, ich weiß nicht warum, gekommen ist. Ich gebrauche, was sichtbar und unsichtbar lebt (Alles lebt), zur Speise, zum Getränk und zum mäßigen Vergnügen. Was drüber ist, halt' ich strafbar. Ein Hauch Gottes, und so hat alles Leblose eine lebendige Seele. Was weiß ich, was ich war, und was ich seyn werde. Die ganze Welt ist mit mir verwandt. Erde bin ich und Erde werd' ich, wovon ich genommen bin: denn der Mensch ist Erde, und soll wieder zur Erde werden.

Ich bin in der Welt Kind, Bruder, Mensch, oder Herr; doch bin ich in meines Vaters Hause, wo viel Wohnungen sind, und wo mir nur das Muttertheil abgetreten ist, wo ich viele Brüder habe, und unter dem Auge des gütigsten, allein auch gerechtesten Vaters stehe, der mir das Vatertheil noch vorbehalten hat.

Ich glaube, daß heißt: wenn tausend Schwarz- und Weißkünstler und Klugheitsgaukler auch kämen und sprächen: es ist kein Gott! so müßten und könnten mich doch diese Sprünge durch den Reif aus diesen Verhältnissen nicht herauslügen und trügen, da schon die Wahrscheinlichkeit, selbst die Möglichkeit, daß er sey, und der eben hieraus fließende Glaube an ihn hinreichend ist, mich in den Verhältnissen als Kind, als Bruder, als Herr, zu erhalten und zur strengsten Erfüllung der hiermit verbundenen Pflichten zu bringen.

So erklär' ich mir den Glauben, von welchem vielfältig in der Bibel geredet wird. Eine vollständige demonstrirte Gewißheit von dem Daseyn des Allvollkommenen würde mehr schaden als nützen, so wie die Gewißheit von meinem Tode; wenigstens ist mir die Demonstration von der Existenz Gottes nicht nothwendig, und ein lebendiger Glaube ist, die Sache genau genommen, mehr als eine Demonstration. Einen lebendigen Glauben nenn' ich, der durch's Leben thätig ist: denn der Glaube, wenn er nicht Werke hat, ist er todt an ihm selbst, wie die meisten Bücher, die nicht Gottesmenschen geschrieben haben, todt an ihnen selbst sind. Die Menschen müssen nie von Gott reden, ohne daß sie an ihre Pflichten gegen ihre Mitmenschen denken. Gott ist in Allem, und durch Alles. In ihm leben, weben und sind wir. Er, der Originalgeist, der Geist im Ganzen. Die Natur ist die Seele.

Von Gott, dem unendlich moralischen Wesen, kommt Alles her. Er ist, wie oben gemeldet, die Moral in origine. Die Schöpfung ist ein hingestellter göttlicher Gedanke, ein Buch Gottes! Bei uns sind die Gedanken Wasserblasen; beim lieben Gott eine Welt! — Dies All verkündiget das Daseyn Gottes, und es gehört nicht Schulweisheit dazu, sondern blos menschliches Gefühl, die Macht und Güte Gottes wahrzunehmen, und dies: Er ist, zu verstehen. Würde der Verstand selbst den Kopf schütteln, das Herz spräche doch Ja. Der Gedanke, es ist ein Gott, ist der Anfänger aller bildlichen Poesie! Was schadet es also, ihr Herren Sophisten, daß man Flügel der Morgenröthe nimmt, wenn man von Gott spricht?

Alles versteht sich in der Natur, und diese Uebereinstimmung, diese Mitwirkung aller moralischen und physikalischen Kräfte, dieses Sichtbaren und Unsichtbaren in der Natur, sind die ungescholtensten Zeugen der göttlichen Weisheit. Was schadet die anscheinende Unregelmäßigkeit? Ist sie es? Und wenn sie es in meinem Wirkungskreise ist, kann dieser Mißlaut nicht ein feiner Triller im Ganzen seyn? — Der Pastor redet so von

er Harmonie der Sphären, als hätt' er diese Geister-
usik gelernt, die anders klingt, als das Waldhorn.
ich habe seinem feinen Gehör viel zu danken; nichts
ernt man leichter, als hören.

Ich hänge von Gott ab, und dränge mich recht,
on ihm abzuhängen. Mein Gefühl überzeugt mich,
aß ich als ein Mitwesen in der Reihe der erschaffenen
Dinge, und zwar unter ihm, stehe. Da darf der Pa-
tor nicht gleich kreischen, er hätte als Monarchenfreund
ie Schlacht gewonnen! Der liebe Gott läßt einem
Jeden so seine Freiheit, als man sie nur in Curland
haben kann. Ich bleibe in diesem Abhange noch immer
ein curischer Edelmann, kann thun und lassen, was ich
will; allein da Gott ein lieber, guter Gott ist, so ist
mein Gefühl der Abhängigkeit die Mutter der Ehrfurcht,
der Liebe für ihn, den Schöpfer, und des Gehorsams
für seinen heiligen und allezeit guten Willen und dessen
Gesetze; dies heißt mit andern Worten, ich kann von
Herzen sagen: Abba, mein Vater, dein Wille geschehe
auf Erden, wie im Himmel! — Ich thue ihn gerne,
dein Gesetz hab ich in meinem Herzen! Gottes Willen
gern thun, heißt: Gott dienen!

* * *

Ich schwöre nicht beim Himmel, daß dich der
Donner erschlüge! nicht bei der Erde, daß du den
Hals brächest! Der Himmel ist Gottes Stuhl, die
Erde sein Fußschemel.—

Ich liebe Gott mit einer besondern Liebe, über
Alles und in Allem; meinen Nächsten lieb' ich, wie meine
ehrliche Haut.

* * *

So denken hab' ich gelernt. Nicht unmittelbar von Gott, sondern mittelbar von Gottesmenschen, von solchen, die sein Bild an sich tragen, im besondern Sinn. Diese Gottesverkündiger, getrieben vom heiligen Geist, dürfen nur den Wachsstock in mir anzünden, der schon da ist. Jeder hat seinen fertigen Wachsstock bei sich. Wie er gleich lichterloh brennt!

Wenn ich nicht einmal weiß, wie ich im Mutterleibe zum Menschen geronnen, wie ich Ich geworden, wie kann ich wissen, wie die Welt, wie Himmel und Erde entstanden, und zum Stehen und Gehen gebracht sind?

Vom Pastor — in — hab' ich viel gelernt. Es ist zuweilen höchst nothwendig, nicht übereinstimmend zu denken. Die Wahrheit hat keinen größern Feind und keinen größern Freund, als die Uebereinstimmung. Es kommt nur auf Umstände an. Der älteste von den Gottesmenschen, von den Gefühlanzündern, hat uns die Erschaffung der Welt gemalt. Ein schönes Stück! Die neuen Maler sind Klecker gegen ihn. Es hängt vor meinen Augen zum ewigen Andenken das Bild eines Mannes, der außer göttlicher Kraft viel Menschenkenntniß besaß und sein Volk von Grund aus kannte. So wie aber die Maler ihren Namen in einer Schattenstelle gewöhnlich anbringen, so auch er bei dieser Schilderei! — Das kann man ihm lassen. Ich wenigstens stoße mich an diese Schattenstelle nicht. Wissen, wie die Welt gemacht ist, heißt: Gott seyn. Wie kann ein Endlicher dies wissen, dies fassen? Und würd' es ihm nützlich und selig seyn, zu wissen und zu fassen, wenn er es wissen und fassen könnte? Wir sehen dies so leicht an, und es scheint wirklich so; allein Alles, was recht schwer ist, sieht leicht aus. — Warum aber so weit hinaus? Gott weiß, ob der Mensch länger als zehntausend Jahr in seinem Kopf, in seinen Büchern tragen und beherbergen kann? Er wird schwerlich selbst mehr Geschäfte fassen können. Wenn alsdann nicht ein seliger Kelch der Vergessenheit dem menschlichen Geschlechte gereicht wird, wie wird es aussehen? Die zehente Zahl ist die Zahl mit beiden Händen, die vollkommenste, sagt der Pastor, mit welchem Friede sey jetzt und in Ewigkeit! Er ist ein guter Christ und ein braver Mann, und wenn ich das Erste weniger bin; so glaub' ich doch ruhig und selig zu sterben, weil ich ihm im Letzten keinen Tritt weiche. —

* * *

Jetzt sind dem Menschen Zurückgedanken allerdings noch zu gestatten; denn die Welt ist, nach Sethi Calvisii Calenderberechnung, eben aus ihren Jünglingsschuhen. Daß sich der Mann verrechnet hat, ist durch mehr als eine Probe zu erweisen. Dem göttlichen Maler Moses geht dabei nichts ab — der war klug genug, im Anfang zu setzen, und die Jahrzahl dem Setho Calvisio zu überlassen.

In Moses Schöpfungsgeschichte leitet dieser Führer in einer schönen Malerei geradesweges die Menschen überhaupt zur Wahrheit, und nicht, wie sein Volk, aus weisen Absichten, durch Wüsteneien bei der Nase herum; indessen ist nicht Jeder Liebhaber von der Malerei, und der versuche, wie weit er durch's Licht der Vernunft gelangen werde? Die Geschichte Moses von

Entstehung der Welt ist so abgefaßt, als sie dem Menschen vorgekommen seyn würde, wenn Gott die Welt vor seinen Augen hätte schaffen wollen. Dem Moses fiel vielleicht an einem schönen Morgen, da er früher als sonst aufgestanden war, ein: so würd' es dir geschienen haben, wenn dich Gott der Herr auf die Schöpfung zu Gaste geladen, und dein Auge das Licht hätte vertragen können, das die Sonne ansteckte! Dieser mosaische Gedanke war göttlicher Funke, der schnell zündete, göttliche Eingebung, die zum feurigen Busch ward! — Die ersten Capitel im ersten Buch Mose, wie schön sie brennen! Es ist ein allerliebster Bibelmorgen! — Ganz aufrichtig gefragt: ist nicht sehr viel vom Morgen in der Schöpfungsgeschichte? Das Licht ist das Schimmerlicht, ehe die Sonne aufgeht, und so fortan! — Pastor! Sie haben mich immer damit ausgelacht; mögen Sie! — Eben so denk' ich, (und, Zweifler, fass' in deinen Busen, du wirst's auch so finden,) daß jeder Mensch den Stand der Unschuld, der Sünde, der Gnade, selbst belebt. Gott helf' uns zum Stande der ewigen Herrlichkeit! Nimmt man die Sache so; wie viel Weisheit, Stärke und Schönheit in Allem! Da sieht man eine Hieroglyphe, die von allen Ecken und Seiten erklärungsfähig ist. Man findet nicht anstößig, daß Fische im Meer und Myriaden Welten paarweise wandeln. Malerei und Astronomie sind sich spinnenfeind! Beim Moses sind sie verwandt. Noch bis auf den heutigen Tag ist keine Entdeckung gemacht worden, wobei Moses zu kurz gekommen wäre. — Wer kann ihm die Göttlichkeit absprechen? —

Ist, damit ich die nämliche Hieroglyphe auf die andere Art nehme, ist denn nicht jedes Kind, wenn es

uf die Welt kommt, im Stande der Unschuld? Weiß
s vom Mein und Dein? Fällt es nicht in den Stand
er Sünden? Kann es indessen nicht erzogen und der
öttlichen Absicht, das heißt, dem göttlichen Ebenbilde,
äher gebracht werden? Muß der Mensch gleich oft im
Streite seyn und im Schweiß des Angesichts über seine
eidenschaft kämpfen; kann er nicht auch siegen? Und
as ist besser, die Hände in den Schooß legen und
icht wachen, nicht schlafen, oder Beides recht von
Herzen thun?

Ich komme wieder zum Anfange.

* * *

Am Anfange, in einer neuen Weltperiode, oder auch
m tiefern Anfange, am allerersten Anfange, war das
enschliche Geschlecht so Eins, wie Einer. Das ganze
Geschlecht war Adam, weniger eine Ribbe, oder, und
ine seiner Ribben. Welche göttliche Weisheit in die-
em Bilde! Mann und Weib sind eins und verschie-
en. Es fehlt dem Manne, wenn er ein Weib hat,
ine Ribbe allein dieser Verlust, wie reichlich ersetzt,
ie reichlich, eben weil er ein liebes Weib hat!

Im Schlafe verlor Adam eine Ribbe, und es er-
iebt sich besonders im Schlaf, wo so viel Bilder um
ns herumgaukeln, wie nöthig dem Manne ein
Weib sey.

* * *

Vom Garten fing die Haushaltung an, nicht
om Ackerbau. Man aß eher Aepfel, als Brod. Je-
er Mensch bebauete sich einen Fleck mit Bäumen und
Kraut, Niemand beneidete dem Andern sein Garten-

land,.und Niemand kam dem Andern in's Gehege. Das Hirtenleben, das Schäferleben wird dem Ackerbau im ersten Buch Mose vorgezogen, und das mit Recht. Die Schäfer waren Kinder Gottes; die Ackerbauer Kinder der Menschen. Cain brachte dem Herrn ein Opfer von Feldfrüchten, Abel von den Erstlingen der Heerde. Cain gefiel dem Herrn nicht so wohl, der schon bei seinem Acker, bei seinem erarbeiteten Mein und Dein mit dem Gedanken umging, eine Stadt zu bauen, die er nach seinem Sohn Hanoch nannte; der Mörder der! So ging's! Erst ein Garten, dann zwei Wege, einer das Schäferleben, der andere Ackerbau. Beim Schäferleben war noch am wenigsten vom Mein und Dein; allein beim Ackerbau, wo der Mensch der Natur weniger überläßt, wo er selbst Hand an's Werk legt, wie viel Mein und Dein! Vom Ackerbau bis zur Stadt ist nur so weit, als von Vater und Sohn, vom Mörder Cain und vom Hanoch. Noch jetzt thun wir uns etwas zu gut, wenn wir vom Schäferleben, von der güldenen Zeit, träumen. Wir sehen das Schäferleben als den nächsten Gränzort zum Paradiese an.

Der Fall Adams ist der Fall aus der Natur in's Mein und Dein, wodurch Arbeit, Mühe, Schweiß des Angesichts, Uebermuth, Weichlichkeit in die Welt kam. Auch der Tod ist der Sold dieses Standes der Sünden, der aus Krankheiten besteht, welche aus einem unparadiesischen Leben entstehen, und womit der Tod jetzt gemeinhin verbunden ist. Vor diesem wäre der Mensch lebendig gen Himmel gekommen; er wäre in dieser Welt eingeschlafen und im Himmel aufgewacht.

Das läßt sich schön hören, lieben Freunde in dem Herrn! allein eingemachte Früchte sind auch nicht zu verwerfen, und eine vorhergegangene Krankheit, hat sie denn nicht ihren großen Nutzen? Macht sie uns nicht das so liebe Leben ekel? Ich habe schon oben gesagt: es ist gut, zu wissen, daß man wacht, und daß man schläft, und so könnt' ich auch behaupten, eben so gut sey es auch, zu wissen, daß man stirbt, und daß man lebt. Ist denn die Kürze des Lebens so etwas Schreckliches? Ja, wenn das Wohlgehen mit dem langen Leben verbunden ist; wem geht's aber in der jetzigen argen, bösen Welt wohl, wo selbst in Curland ein Herzog ist? Oft lebt man darum so gern lange, damit man sich nicht den Vorwurf zuziehe, sein Leben verkürzt haben. Ein langes Leben scheint uns ein Testimonium des Wohlverhaltens gegen uns. —

* * *

Der Fluch, der die Weiber traf, gehört er nicht auf die Rechnung der Weichlichkeit und Verzärtelung? Weiber, die sich weniger verzärteln, empfinden von dem Fluch: „du sollst mit Schmerzen Kinder gebähren," noch bis diesen Augenblick wenig oder gar nichts, und wenn sie selbst, wie im Naturstande, arbeiten und sich nicht blos vom Herrn Gemahl ernähren lassen, haben sie so gut ihren Willen, als die Männer. Eignen sich nicht viele Weiber diesen Eigenwillen, besonders im adelichen Stande, schon wegen ihres Eingebrachten zu? — Daß sich Gott erbarme! In seinem eignen Hause ein Sklave seyn! —

Der Stand der Unschuld, oder der Stand der ersten Natur, das Paradies, war ein Zustand, da der Mensch, so wie die Thiere, wandelte, nur daß ihn seine

Vernunft zum Herrn über seine Schulkameraden machte! Der Mensch saß in Prima. Keinem Menschen fiel es ein, sich Grenzen abzuzeichnen. Eine Höhle, das war Alles, was er nöthig hatte, und auf die war er so wenig neidisch, und hatt' es auch so wenig Ursache zu seyn, daß Niemand so leicht dem Andern in den Weg kam. Er ging nackt und brauchte keine Kleider. Kleider sind eben das, was den meisten Zank unter den Menschen verursacht, denn sie sind beständig sichtbar: dagegen Speise und Trank, wenn es gleich Neid verursacht, ihn auch wieder dämpft, weil es nicht in's Auge fällt. Die Vernunft braucht Gesetze, sobald sie heranwächst. Diese Zäune, diese Grenzen brauchte auch das menschliche Geschlecht, da es mehr seine Stärke fühlte. Die Herrschaft über die Thiere brachte es zur Herrschaft unter sich. Die ersten Grenzzeichen waren Bäume; wer sie nicht achtete, war der Mensch. Das Weib reizte den Mann, der Kinder halber, an, die mit dem zugewiesenen Platz nicht auskommen würden, und so brach der Mensch die Grenze, und von diesem Zeitpunkt an, lernte er aus der Sünde, aus der Grenz-Uebertretung, das Gute und Böse erkennen, was er erst nicht kannte, da er vor diesem so in den Tag hinein lebte, Gott den Vater walten ließ, das Maul aufsperrte, wenn es regnete, und den Apfel nicht eher aß, als bis er halb faul vom Baume sich herabschlich. Da lob' ich mir, ein Sprindt zu suchen und den Apfel herabzuholen, ehe er natürlichen Todes so alt und schwach stirbt, daß er inwendig faul und auswendig zusammengefallen ist. Freilich hätten die grenzstreitigen Partheien sehr leicht aus einander kommen können, wenn sie so klug gewesen, nur ein Paar Schritte weiter zu gehen, wo sie eine vortrefflichere Gegend, eine Gegend voll Leben, kennen gelernet, und wo sie, ohne sich zu nahe zu kommen, hinreichend entschädiget gewesen wären. Sie durften nicht nach Amerika! — Mit dem rohen Adamsnaturstande ist's indessen so eine Sache! Zu ein paar Schritten weiter waren sie nicht zu bringen.

Der Stand der Sünde, der Stand, da aus Familien allmählig Staaten wurden, hat freilich sein vieles Böse an sich; indessen ist er doch auf der andern Seite nicht ohne sein vieles Gute. Der Staat ist wirklich ein Baum des Erkenntnisses Gutes und Böses.

* * *

Der Mensch ward feiner an Leib und Seele. Schand' und Sünd' ist's freilich, daß die Seele nicht wachsen kann, wenn nicht zugleich auch der Körper verzärtelt wird oder abnimmt.

* * *

So geht's! Der Stand der Sünde bringt uns gerades Weges zum Stande der Gnaden. Durch den Pastor — bin ich zuerst auf diese Begriffe gekommen; indessen irrt er, wenn er des Glaubens ist, daß der monarchische Staat zum Stande der Gnaden eher, als der aristokratische und demokratische führen werde. Mit nichten! Der monarchische Staat ist vielmehr der Stand der wirklichen Sünden; die andern Staatenarten sind Erbsünde. Wenn der monarchische Staat erst zum höchsten Despotismus hinausgewachsen, kommt man wieder in's Freie; wogegen der freie Staat kaum den Namen des Standes der Sünde verdienet. Durch einen sanften Schlaf kann man aus ihm zu den Seligkeiten des Standes der Gnaden gedeihen; — man weiß nicht wie. Sie sehen, Pastor! wie weit ich in der Orthodoxie gekommen. Sie sind nur drei-, ich gar viergliedrig. Wenn Sie die theologische Distinktion vom Reich der Allmacht, Reich der Gnaden und Reich der ewigen Herrlichkeit zum Grunde legen, thue ich ein Gleiches mit dem Stande der Unschuld, Stande der Sünden, Stande der Gnaden und Stande der ewigen Herrlichkeit. Die Sache genau genommen, hebt sich der Bruch und eins geht mit dem andern auf. Ich bin für Stände, Sie für Reiche. Ich wünsche den Stand der Gnaden, Sie das Reich der Gnaden. Sie sind ein Königischer, ich ein Curländer! — Den Stand der Gnaden würd' ich fast so bestimmen, daß es in der ganzen Welt wie in Curland stände. — Außer diesen Banden, sagt der Apostel Paulus, und freilich muß Curland noch von vielen Ungnaden geläutert werden, eh' es ein wahrer Stand der Gnaden ist. Auf dem Wege dazu ist es. Wie sind wir denn unterschieden, Pastor? Sie wissen mehr als ich, und glauben mehr als ich. Ich weiß wenig, und glaube wenig. Sie haben ein Perspektiv, ich mein leibliches Auge. Sie Schule, ich gemeines Leben! — Man ist nur so groß, als man gewachsen ist! — Sie denken verfänglich von Curland und Semgallen, und ich von der Schöpfung. Alles hebt sich. Wir sind Beid' im Jammerthal und werden Beide gen Zion kommen. Wollen Sie noch mehr vom Stande der Gnaden? —

Der Stand der Gnaden ist ein durch Vernunft gereinigter Naturstand, nach welchem die Vernunft den

Menschen regiert, nach welchem er ihre ewigen Gesetze verehrt, ihnen folgt, und wenn Clima und Denkart ich ihr Votum vorbehalten, so hält der Mensch auch ies Votum, sobald es die Vernunft an Kindesstatt animmt, oder ihm beitritt, in Ehren. — Kann man denn icht bei leiblichen Kindern auch Kinder adoptiren! luch noch eher, als der Mensch zu diesem Glücke des Standes der Gnaden gelangt, kann er sich selbst in dieen Stand hinein denken, ihn sich so eigen machen, als wäre er wirklich schon da; und wenn das Viele thäen, wie der Pastor und ich, ich wette drauf, Gottes Reich, wie der Pastor will, oder der Stand der Gnaen, wie ich will, käme einige hundert Jahre eher, als etzt. Vor unserer Trennung war dieses Reich und reektive Stand der Gnaden in unsern beiden Wohnunen! Mein Weib bisweilen abgerechnet.

Auch noch, Geliebte in dem Herrn! auch noch ist er Mensch, wenn er will, wie im Paradiese. Er ist iehr drin, wie vorhin. Er setzt sich jetzt selbst herein, nd erst kam er so dazu, mir nichts, dir nichts. Erorbenes Brod schmeckt am besten, und bekommt auch). Der Teppich der Erde ist mit den vortrefflichsten räutern angefüllt. Nur wir sind nicht mehr Schooßnder. Wir müssen Hand an's Werk legen. Wie die latur nur ein Kind hatte, da hielt sie's freilich auf em Schooß; jetzt aber — was sollte sie mit so viel agedieben anfangen? — — — — Blos das Gute nnen, Freund Pastor? Ist's denn so herrlich, oder t's nicht besser, wie Gott wissen, was gut und böse t, aus dem Paradiese in die Welt gehen, aus der los simpeln Unschuld zur Vernunft? Die vernünftige nschuld ist was Göttliches — allein jene rothbäckige, gemeine Unschuld, was hat sie denn für Reiz? Wüßte denn wohl Adam sich eine Talubbe (Schlafpelz) zu machen? Ich mag ihm keinen Namen beilegen, diesem Namengeber; denn wahrlich! er würde nicht sonderlich abkommen, wenn ich ihn taufen sollte. —

Ist der Mensch denn nicht noch jetzt der Herr der Erde? Er ruft alle Geschöpfe mit Namen und kann ihnen Namen geben, so bald er ihnen nur in's Auge sieht, falls sie nämlich noch nicht benamt sind. Der Mensch verträgt alle Gegenden, und hat er einen guten Hund, das natürlichste Hausgesinde, das Gott dem Menschen zugeordnet hat, wie wir Alle wissen, hetzt er Löwen, wie Hasen, obgleich der Löwe Herzog unter den Thieren ist, als welches ich ihm gar nicht streitig machen will. König mag ich, mit des Herrn Pastors Erlaubniß, solch ein edles Thier nicht nennen. Wo ist denn Unkraut? Nirgends. Freunde, nur dann ist Etwas Unkraut, wenn es nicht an der rechten Stelle steht; wenn es nicht gebraucht, sondern gemißbraucht wird. Dem Thoren ist Alles Unkraut. Dem Weisen ist Alles Kraut, Alles ist ihm gut, was in der Welt ist; er macht's, wie Gott der Herr, siehet an, was Gott gemacht hat, und es ist Alles sehr gut.

* * *

Gott sahe an Alles, was er gemacht hatte, und siehe da, es war Alles sehr wohl!

Was böse scheinet, ist Gewinn;
Der Tod selbst ist mein Leben!

singt Ihre Frau! Der Schein trügt. Das, was böse aussieht, die Grundtriebe, womit der Mensch auf die

Welt kommt, wie wickeln sie sich vortrefflich aus! Laßt sie nur wachsen, ohne an einen Stock zu binden. Laßt sie wachsen, wie Gott und sie wollen, und siehe da! es ist Alles sehr gut! Die Menschenfurcht, die das Mißtrauen, den Geiz und andere Schand und Laster erreget, auch sie ist aus der unversiegenden Quelle alles Guten! — Welch' eine Fülle der Weisheit liegt in Allem verborgen! Eine Welt mit diesem Bösen ist besser, als eine ohne solches. O welch' eine Tiefe des Reichthums, beide der Weisheit und der Erkenntniß Gottes! Wie gar unbegreiflich, o Gott! mein Gott! sind deine Gerichte und unerforschlich deine Wege! Denn wer hat des Herrn Sinn erkannt, oder wer ist sein Rathgeber gewesen, oder wer hat ihm Etwas zuvor gegeben, das ihm werde wieder vergolten? Denn von ihm, und durch ihn, und in ihm sind alle Dinge! Ihm sey Ehre in Ewigkeit, Amen!

Was aus Gottes Händen kommt, ist eitel gut! —

Ich nehme, wie er's giebet,

singt Ihre Frau! die anders rechnet, als ich. In der Summe stimmen alle gute Menschen auf ein Haar! Thoren! — Ihr wollt Gott den Herrn meistern? Ihr wollt sticken und flicken, wie die Pastorin sagt? Es ist nicht völlig regelmäßig, glaubt ihr? Und wißt ihr denn, daß sogar Alles, was über die Regel wegragt, was der Regel über die Schulter sieht, göttlich ist? — Man nennt das Geniezüge, die größer als die gemeinen, bekannten Regeln sind, und sagt zuweilen von einem Stück, wo doch zuweilen nur ein einziger gewagter Strich vorfällt: Ueberaus schön! Unvergleichlich! —

Ein Gesicht, ist es blos regelmäßig, kann es schön seyn, aber nicht drüber. So war das Gesicht der Jungfrau Maria schön. Christus, der Herr! hatte einen Zug, der göttlich, der nicht regelgemäß war! — So, und nicht anders, seht die Welt an; und findet ihr dennoch Böses?

Was böse scheinet, ist Gewinn,
Der Tod selbst ist mein Leben!

Der Teufel selbst ist Gottes Staatsminister.

An die Vorsehung glauben, ist weit besser, als lauter gute Schicksale haben! Wir würden sonst gleichgültig gegen Alles seyn! — Du denkest nicht an Gott? Wer lange nicht an ihn gedacht hat, scheut sich, ihm nahe zu kommen! Er fürchtet sich vor ihm. Unglück! Ist denn wirklich Unglück in der Welt? Die Künsteleien, die Bedürfnisse, welche der Mensch so mühsam suchte, haben sein Unglück gemacht. Reichthum ist nichts Wesentliches. In der im Argen liegenden Welt siehet er zwar so aus; allein er ist es nicht. Gott der Herr würd' ihn sonst so nicht vertheilst haben. Wer hat denn den Reichthum? Gemeinhin Leute, mit denen wir nicht tauschen würden. Christus war ganz und gar nicht für den Reichthum, und da er wirklich an sich etwas Unnatürliches ist, wie schwer ist es, hier ein guter Amtmann Gottes zu seyn. Gott! wende den Reichthum, wend' ihn von mir, wenn ich die Buchhalterei nicht verstehe, die vor dir gilt!

* * *

So denken, und nach diesen Grundsätzen handeln, heißt: das Salz der Erde seyn, wodurch uns die Welt schmackhafter wird; das Reich, oder den Stand der Gnaden beschleunigen, diesem Gnadenzeitpunkt Gewalt anthun. Hab' ich nicht viel von Ihnen behalten, Pastor? —

Einen sehr großen Theil ist dieser Gnadenpunkt durch die Erscheinung Christi in's Fleisch herangerückt! — Daher heißen auch die Tage von den ersten Weihnachten: dies ist die angenehme Zeit, dies ist der Tag des Heils! — Und es mag es gesungen haben, wer da will, wahr ist's, daß durch Christi Herabkunft Friede auf Erden und den Menschen ein Wohlgefallen, und eben dadurch Ehre Gott in der Höhe, entstanden!

Des sollen wir Alle froh seyn,

singt die Frau Pastorin, und ich sing' es mit. Was wollen Ew. Wohlehrwürden mehr? —

* * *

Dies Singen und Sagen bringt mich zur Behauptung, daß das alte Testament Poesie, das neue Prosa sey: so wie die Poesie eher, als die Prosa gewesen. Garten, wie wir wissen, eher als Feld. Alles war im sogenannten alten Bunde Bild! Opfern ist ein sehr natürlicher Gottesdienst! Der Rauch geht hinauf, er trägt wirklich etwas ab, und zwar eben dahin, von wo so viele gute und vollkommene Gaben herabkommen. Seht nur, wie im Junius die Natur opfert! Das Opfer steigt hinauf, welches die Blumen dem himmlischen Vater bringen! Die Erstlinge des Frühlings! Wie natürlich die ersten Menschen auf's Opfer gekommen! Es ist viel Poesie bei'm Opfer, sagten Sie, Pastor! Wahr! Weg mit dem Rauch aus der Schachtel des Apothekers! Laßt die Blumen opfern; wir wollen im heiligen Leben wandeln! — Das Alter ist nicht so empfindsam, als die Jugend. Es scheinet, dieses sey die Folge der Vernunft. Einer jungen Frucht drückt man Alles ein. Wozu dienen aber junge, unreife Früchte? Freilich schmecken unreife Stachelbeeren mit jungen Hühnern nicht übel; — allein sie müssen versüßt werden, und reif bleibt doch reif. —

* * *

Christus brachte die Menschen auf die Akademie, nachdem sie vorher in der Schule gewesen und oft Schulläufer geworden. Nie legt' er es darauf an, ein weltliches Reich zu stiften. Hätt' er's gethan, sagt selbst, wer kann es oft genug fragen, wäre es nicht gewesen, um das Reich Gottes näher zu bringen? Johannes und Jacobus ließen zwar durch ihre Frau Mutter ein Paar Plätze zur Rechten und Linken bestellen; allein Christus gab ihnen zur Resolution, ihr wisset nicht, was ihr bittet. Er war ein Jude, weil dieses Volk das einzige war, das mit so entsetzlicher Mühe zum einigen alleinigen Gott, der ein Geist ist und nicht abgebildet werden kann, vorbereitet worden, sagen die Herren Theologen. Mag seyn, auch nicht! Was geht mich das Warum an?

Wer kann einen Geist malen? Und wenn er nicht gemalt wird, wie es ein jüdisches Kirchengesetz war, wie schwer ist er von Menschen zu glauben, die nur auf das Augsichtbare zu sehen gewohnt sind? Man kann es sich kaum vorstellen, wie sehr das Menschengeschlecht von jeher zur Abgötterei geneigt ist. Christus nannte Gott den Herrn, Vater, und wenn unsere Maler ihn als einen alten Mann bilden, kann es bleiben? Ist's verwerflich?

Wie eifrig Christus bemüht gewesen, die reine Erkenntniß Gottes zu lehren, beweisen die Evangelisten, die, unter uns gesagt, auch mehr hätten von Christo aufschreiben können. Es sind auch viel andere Dinge, die Jesus gethan hat, sagt Johannes, welche, so sie sollten eins nach dem andern geschrieben werden, achte ich, die Welt würde die Bücher nicht begreifen, die zu beschreiben wären. Lieber Johannes! der Pastor und ich hätten sie begriffen; denn wir sind nicht von der Welt.

Moses kleidete die abstrakten Wahrheiten in Allegorien ein! So die Schöpfung in ein Frühstück; so die Quelle des moralischen Bösen in die Erzählung vom verbotenen Baum; so den Ursprung der mancherlei Sprachen in die Geschichte vom Thurmbau zu Babel. Christus, der Herr, war sehr entfernt von aller rückhaltenden, abergläubischen, spitzfindigen Lehrart, welche, voll Verachtung gegen alles Faßliche, gern in der Dämmerung ist. Er war das wahrhafte Licht, welches die Welt erleuchtete. Seine Lehre war eine Kinderlehre; allein man sieht es noch jetzt, wie groß sie sey! Er war wahrlich ein Gesandter Gottes, der in Gottes Schooß war und Gott verkündiget hat, den kein Mensch gesehen hat, noch sehen kann. Seine Offenbarung, seine Verkündigung that der Vernunft die trefflichsten Dienste, so wie diese sie nach der Zeit und noch jetzt erwiedert. Seit dem Christenthum ist noch kein Philosoph gewesen, dessen Vernunft nicht von der Offenbarung geleitet oder bestochen worden! — Die guten, lieben Herren, den Pastor nicht ausgenommen! Man sollte Wunder denken, wo sie es her haben! Lies das neue Testament, geneigter philosophischer Leser! und du wirst finden, daß die Philosophie nichts weiter als Formalität, als Leisten, als Wörterbuch sey. Suche, so wirst du finden, klopfe an, so wird dir aufgethan!

* * *

Christus forderte eine Reinigkeit des Herzens, die noch nie Jemand vor ihm gelehrt hat. Der Mensch soll, des Glaubens halber an Gott, und nicht aus Stolz, aus Gewinnsucht, seinen Obliegenheiten nachkommen. Es soll kein Wasser diesen Wein verderben; und ist sie denn nicht werth, die Tugend, daß man sie liebt? Hat sie denn nicht die glücklichsten Folgen, die bis in Ewigkeit dauern? Nichts vergeht ganz; Alles, der Körper selbst, ist ewig. Und unsere Handlungen? Keine ist kinderlos; jede pflanzt sich fort, und oft wird aus einem Adam von Handlung eine ganze Welt! Lasset uns Gutes thun und nicht müde werden, denn zu seiner Zeit werden wir erndten ohne Aufhören! Ueber diesen Spruch hörte ich Sie predigen, lieber Pastor, und noch hör' ich Sie, so wohl thut mir diese Predigt!

* * *

Der Mensch ist auf der Stufe seiner göttlichen Natur nicht im Stande, so Herr seiner Handlungen zu seyn, daß er den moralischen Gesetzen völlig folgen könnte. Die Welt hat eine Beziehung auf unsere Seele und Körper, nachdem wir die Welt aus diesem oder einem andern Gesichtspunkte fassen. Bald so, bald so. Geht's uns schlecht, ist Alles schlecht. Geht es uns wohl, so lächelt uns Alles an. Zwar ist der Geist unabhängig vom Körper, und sagen wir also nicht: sein böser Geist, sein guter Geist, sondern sein böses Herz, sein gutes Herz. Wer kann den Geist indessen allen äußern Antrieben entziehen? Diesen Geist, wer kann ihn heiligen, so wie Gott heilig ist? — wer kann ihn gewöhnen, bloß nach Grundsätzen der Vernunft zu handeln? Dieser Kampf des Geistes und des Fleisches ist der gute Kampf, den wir Alle kämpfen. — Um mich indessen in einer für mich so höchst wichtigen Sache nicht in Ungewißheit zu lassen, und mich von der Sentenz zu unterrichten, die Gott vor seinem Richterstuhl über jede meiner Handlungen ausspricht, gab er mir ein moralisches Gefühl.

* * *

Vor Gott sind die Himmel nicht rein, und eine ganz absolute Vollkommenheit kann in keinem redlichen Wesen seyn. Etwas, das über die Schranken der menschlichen Natur geht, kann der Schöpfer nicht fordern. Es giebt keinen allgemein guten, und keinen allgemein bösen Menschen.

* * *

Erbsünde ist vielleicht Bewußtseyn von natürlicher Freiheit, mit der wir Alle auf die Welt kommen, vorzüglich ein Curländer. Die Herren Theologen nehmen sie anders. Ich lasse sie bei ihrer Freiheit; allein ich bestehe auch auf der meinigen. In dem Sinne, wie die Herren Geistlichen es nehmen, hat die Frau v. W— keine Erbsünde, und so kenn' ich Viele ohne Erbsünde. — Was ist die Erbsünde nach der Meinung der Geistlichen?

Ein Kind der Dogmatik. Der erste schlechte Erzieher, der sich entschuldigen wollte, erfand dies Namenspiel.

* * *

Wie kann sich aber der Mensch bei dem Bewußtseyn, gesündiget zu haben, beruhigen? Es giebt im eigentlichen Sinne nur Sünde wider seinen Nächsten. Wir sündigen wider Gott in so weit, als wir unsern Bruder beleidigen. Die Liebe zu Gott hat keinen andern Beweis, als die Liebe zum Bruder. Die meisten Menschen glauben, den lieben Gott so behandeln zu müssen, wie einen vornehmen Herrn, obgleich Christus ihn als Vater dargestellt hat. Er hat sich uns zum Vater hergegeben. Wer hat sich aber nicht von Jugend auf angewöhnt Gott zu schmeicheln, den Herzenskundigen mündlich zu versichern, was uns nicht um's Herz ist, ihn mit den Lippen zu ehren, und die Seele, sein Gnadenwerk, von ihm zu entfernen?

Kurz, wer bemüht sich nicht, durch süße Reden Gott um's Herz zu betrügen? Solch eine Führung halt' ich gerades Weges für Menschengebot und Menschentand. Wenn es mich angreift, schreie ich aus. Ich bin zuweilen ordentlich bös' auf den lieben Gott, und da wett' ich, das muß ihm lieber seyn, als wenn ich den Widerwärtigkeiten äußerlich begegne, wie einem Boten von ihm, und innerlich wünsche, daß dieser Abgeordnete zum T— wäre! — Ich bekenne es frei, daß ich nicht danken, nicht beten kann, wenn mich Unglück trifft. Wenn's donnert, ist der lustigste Vogel hypochondrisch, und wenn's ein schöner Morgen ist, wie jubilirt die ganze Schöpfung! Ueberhaupt denk' ich vom Gebet anders, als der Pastor, obgleich ich das Meiste von seiner Meinung auf- und angenommen, und wohl eins mit bete, wenn's so die Gelegenheit giebt. Thor! Was kann denn dem göttlichen Wesen damit gedient seyn, daß du seinethalben die Augen verkehrst, dich krampfartig stellest, die Hände in's Kreuz hältst — des Sonntags so thust, als hättest du die Wache vor seinem Palast? —

Mit diesen meinen Gesinnungen stimmt meine Hymne, die ich Gott dem Herrn bei'm Eingange dieses Aufsatzes angestimmt, und die mich zuweilen so anwandelt, daß ich mich kaum auf den Füßen halten kann. Ich springe, als wollt' ich gen Himmel springen, so ein alter, steifer Kerl ich bin. Eine Ader hab' ich mir dabei nicht verrenket. Da hab' ich zuweilen eine Hymnestunde, wo mir das Herz die Brust durchstoßen will. Hinauf will es, und Alles um mich her hat dann eine allerliebste Stimme, Alles singt melodisch: Gott allein die Ehre! Lachen ist ein Kranz, der gemeinhin sauren Wein anpreiset. Meine Freude braucht keinen Kranz — die Natur hat eine Wonnecirculation, die mich zu dieser Freude auffordert.

Was kann es dem lieben Gott helfen, wenn ich, dem lieben Gott zu Ehren, meiner begangenen Sünden halber einen Trauerrock anlege, mit Klötzen an den Füßen gehe? Das nenn' ich, die edle Zeit tödten und Sünden mit Sünden häufen. Anstatt Leid zu tragen um meinen Todten, erzieh' ich meine übrigen Kinder und sage zum verstorbenen Sohne: ruhe wohl! Es besser machen, durch Schaden klug, wie neu geboren werden, ein ander Leben anfangen, das heißt Buße thun, und dies führt die Vergebung der Sünden mit sich. Das Bewußtseyn einer guten That, wodurch wir uns am Morgen des neuen Lebens auszeichnen, vertreibt die vorige finstere Nacht der Sünden! — Es ist so, als wenn man ein frisches Hemd anzieht! — Ist die Sünde zu ersetzen; gilt vor dem Ersatz keine andere gute Handlung? Mit zinsenreichem Ersatz fängt sich das Werk der Bekehrung an. Ist aber diese Genugthuung nicht möglich, so nehm' ich die Einbildungskraft zu Hülfe und stelle mir Jemand dar, dem ich's vergelte, dem ich in des Beleidigten Namen Gutes thue, in eines Jüngers Namen ein Glas Wasser reiche. Gott, denk' ich, hat doch einmal einen vollkommenen Menschen gesehen, Jesum Christum, der gerecht ist. Wenn's auch mit dir fehlt hie und da, sey unverzagt; — und ich bin's auch! — Bete du nur zehn Jahre und gieb der Wittwe nicht das Stück Waizenland wieder, um das du sie betrogest; wirst du Ruhe haben, wenn dich ein hitziges Fieber ergreift, oder es sich sonst über deinem Haupte zusammenzieht? — Mit nichten. Die beste Cur ist eine gute Handlung, wodurch das Bewußtseyn in dir auflodert: dir sind deine Sünden vergeben. Dies war das Recept, das Christus verschrieb, und wahrlich! es ist kein Kraut, kein Pflaster, was so heilet, wie dies! — Viele Leute werden gesund, wenn sie ein Testament gemacht haben, und ich halte dies für ein gewisseres Nothmittel, als das versparte Aderlassen. Sobald der Mensch ruhig ist, sobald er empfindet, seine Sünden sind ihm vergeben, so steht er bald auf und wandelt! — Pastor! Sie sagten einst, wie mich dünkt: man muß die Körpercur mit der Seelencur anfangen! — Die Hypochondrie ist gemeinhin eine im Gemüth stecken gebliebene Sünde, die ich an mir selbst verübt. Giebt's denn Sünden an mir selbst? Freilich, denn ich bin mir selbst der Nächste; allein solche Sünden haben mir noch keine schwere Lebensstunde gemacht; ich leide ihrethalber die natürlichen Strafen. Ich sterbe ihretwegen täglich und suche mir durch Bewegung und ein Glas Wein die Gedanken zu vertreiben, wenn sie mir ins Ohr raunen: du bist ein Selbstdieb! Gottlob, ein Selbstmörder bin ich nicht! — Wer aber nie an sich selbst gesündiget, der hebe den ersten Stein wider mich! Ich bitte, den Herrn Generalsuperintendenten nicht ausgeschlossen, ich bitte! —

Gott sey mir Sünder gnädig! Das war so herzlich, als: Gott allein die Ehre!

Es giebt Seelen, die sich immer gleich und wie ein sanfter, schöner Tag sind, wo es immer scheint, es wolle die Sonne hervor, es wolle regnen, und es regnet nicht und es scheint nicht die Sonne! Ich habe auch dergleichen Tage gehabt. Man könnte sie heilige Tage nennen, und den, der sie zu leben versteht, einen, der geheiliget ist! Da komm einem, was da will, es regnet nicht, es scheint nicht die Sonne. Die Empfindung, daß uns Alles, Alles, zum Besten dient, wirkt so stark auf unser Herz, daß wir innerlich und äußerlich ruhig sind! Da sieht man, so zu sagen, in Allem Gott den Herrn. Jaget nach der Heiligung, sagt der Apostel, ohne welche wird Niemand den Herrn sehen! Gott, laß mich so leben, so sterben!

* * *

Leidenschaften sind Engel und können Teufel werden. Sie sind Beförderer, Mitwirker des Guten. Sie geben Spannkraft und Thätigkeit dem Müden, — Wärme und Leben dem Kaltgewordenen.

Wohl dem, der sich der Leidenschaften zu seinem eigenen und zum Vortheil seines Nächsten bedient, der Alles zu edlen Absichten lenkt! Hat doch Jemand gesagt, das Ungeziefer wäre blos da, um die Faulen zur Arbeit zu treiben! — Daß dich doch die Mücke dafür stäche! —

* * *

Noch nie hat sich ein Mensch seiner Sünden als Sünden gerühmt. Er wollte vielmehr durch diese seine Offenherzigkeit den Andern auf das Gute aufmerksam machen, was in diesem Bösen lag. Wer Böses von sich sagt, ist oft der feinste Lobredner auf sich. Man denkt, er wolle sich was Leides thun; allein er thut sich was zu gut, so wie sich Niemand um's Leben bringt, der vor aller Welt Augen die Pistole ladet und laut rufet: auf mich! Wen er lieb hat, den züchtigt er, könnte man vom Menschen sagen, der übel von sich selbst spricht.

* * *

Da Christus den großen Zweck seiner Sendung nicht erreichen konnte, sondern bei der evangelischen Lehre des Gnadenstandes, des Heilstandes, nichts anders, als Verachtung und den Tod selbst erduldete, so war es kein Wunder, daß seine Jünger, die so weit von ihrem Meister abstanden, ob diesem Werke verzweifelten, bis sie endlich, nach sehr geheimen Berathschlagungen, sich entschlossen, das Evangelium zu verkündigen, bis daß er käme, bis daß sein Reich käme und wir ihn wieder im Geist dargestellt sähen! — Ein einmüthiger heiliger Geist beseelte die Jünger so, daß sie das Werk anfingen mit Freuden, und für so eine gute Absicht Märtyrer zu werden kein Bedenken trugen.

* * *

Obgleich Menschensatzungen die Religion Jesu so sehr verdunkelt, daß, wenn Christus herabkäme, er die Christen nicht kennen würde; sagt, ist sie nicht noch jetzt, so wie sie da liegt, vortrefflich? Ist sie nicht die einzige, die den Menschen zum Gnadenreiche, zum Stande der Gnaden, zu bringen Kraft und Stärke hat? Ich hab' es anfänglich so nicht eingesehen; allein jetzt glaub' ich, daß in dieser Lehre Leben für diese, und Seligkeit für die andre Welt liege.

* * *

Die Jünger Christi waren ehrliche Kerls, bis auf den Judas, der ihn verrieth. Petrus war feurig, Jakobus strenge, Johannes sanft. Keiner hat sich Schätze erworben. Wie lebten sie, wie starben sie? So lebt, so stirbt kein Leutebetrüger!

Vornehm werden wollen, heißt, darauf ausgehen, daß man bewundert oder beneidet wird. Beides taugt nicht! Sich Glück wünschen, heißt, Andere kleiner verlangen, als man selbst ist; Andere auf seine Kosten unglücklich wissen! — Solche eigennützige, strafbare Wünsche sind geradesweges dem Gnadenreiche Christi entgegen, wo kein Kronprinz, kein Königsbruder ist. Der Erste ist der Letzte, der Letzte der Erste; der Geringste der Vornehmste, der Vornehmste der Geringste. — Gegenseitige Gesinnungen bei seinen Besten zu bemerken, mußte den Erretter, den Erlöser des ganzen menschlichen Geschlechts ganz natürlich zum Rückhalt gegen diese seine sonst guten Freunde bringen, welche die zwölf Stämme unter sich theilten, und durchaus etwas vorstellen wollten! — War es Wunder? Wären wir in allen ihren Umständen besser gewesen? Ich glaub' es nicht. Christus nahm sie also wie Kinder, denen man durch Gleichnisse, durch Erzählungen auf den rechten Weg hilft; und sagt, Freunde! wenn Christus in Curland gewandelt hätte, wo doch Alles von Freiheit spricht, wär' er nicht gekreuziget? Sie, Pastor, sind eins mit mir. Was würde nicht im despotischen, im monarchischen Staate werden! Noch jetzt kann man Christi Absicht, so klar sie gleich da liegt, weder errathen, noch ertragen. Man hält sie unmöglich. Was aber bei Menschen unmöglich ist, ist es nicht bei Gott. Wie langsam geht's mit der wahren Erkenntniß Gottes und mit der Tugendübung! Wahrlich Christus leidet noch — wie seine Worte gekreuziget werden!

* * *

Getrost! —

Johannes, der Schooßjünger Christi, sahe, da er ein hohes Alter erreichet hatte, ein, daß die Zwölfe nicht im Stande gewesen, dieses große Werk auszuführen; allein seine Hoffnung war noch fest! — Die Religion Christi war nicht Menschenwerk. Er half sich mit der Einbildungskraft, da, wo er sich verlassen fühlte. In seinem Gesichte sah er einen Engel vom Himmel fahren, der hatte den Schlüssel zum Abgrunde und eine große Kette in der Hand. Doch warum diese Züge von einem so in's Große gemalten Bilde? — Er ergriff das Erdenelend und band es tausend Jahr. Johannes, der es empfand, wie menschunmöglich es sey, Christi Reich auf Erden zu verbreiten, ohne daß Tyrannei und Bosheit gefesselt würden, bildete sich ein: Es sey also. Er stellte sich, um sich nicht zu vergessen, vor, daß die Märtyrer, die Zeugen Jesu, welche die Mahlzeichen an Stirn und Hand hätten, jetzt in diesen Gnadenstand eingehen und tausend Jahr mit Christo regieren würden! — Selig ist der und heilig, der Theil hat an der ersten Auferstehung; über solche hat der andere Tod keine Macht, sondern sie werden Priester Gottes und Christi seyn, und mit ihm regieren tausend Jahr.

Der hat den Himmel auf Erden, dessen Lebenszeit in diese tausend Jahre fällt, wo man einsehen wird, was Christus und die Märtyrer beabsichtiget. Nach dieser tausendjährigen Regierung bildet sich Johannes wieder Tyrannei und Blutvergießen ein! Das Erdenelend wird wieder losgeschlossen; allein nach seiner Vorstellung soll es nicht lange dauern. Hallelujah! Es kommt ein neuer Himmel, eine andere Denkungsart von Gott, eine neue Erde, andere Menschen. Da ist er! Ein immerwährender Stand der Herrlichkeit! —

Ich, sagte Johannes, sahe die heilige Stadt, das neue Jerusalem, von Gott aus dem Himmel herabfahren, zubereitet als eine geschmückte Braut ihrem Manne, und hörte eine große Stimme von dem Stuhl, die sprach: Siehe da eine Hütte Gottes bei den Menschen, und er wird bei ihnen wohnen und sie werden sein Volk seyn, und er selbst, Gott, mit ihnen, wird ihr Gott seyn, und Gott wird abwischen alle Thränen von ihren Augen, und der Tod wird nicht mehr seyn, noch Leid, noch Geschrei, noch Schmerz wird mehr seyn; denn das erste ist vergangen. Und der auf dem Stuhl saß, sprach: Siehe! ich mache Alles neu; und er spricht zu mir: Schreibe, denn diese Worte sind wahrhaftig und gewiß.

Amen! Amen!

* * *

Meditiren, wie die Gelehrten es nennen, nachdenken, wie der gemeine Mann sagt, heißt in vielen Fällen: beten! — Wer das Gebet als einen Erzwang in Hinsicht der Sachen, die er bittet, ansieht, irrt sich; es ist nur die Connexion, in die man sich mit Gott setzt. Das Vaterunser kann jeder Mensch beten; wenn wir indessen, wenn Gott will, in den Stand der Gnaden und in den Stand der ewigen Herrlichkeit eingetreten, müssen wir ein anderes Gebet haben; nicht wahr, lieber Pastor? dazu uns Gott seine Gnade und seines Geistes Beistand, Stärke und Hülfe verleihen wolle! — Ja, Gott, der in uns angefangen hat das gute Werk, wolle es durch seinen heiligen Geist in uns bestätigen und vollführen bis auf den Introductions-Tag des Standes der ewigen Herrlichkeit, bis auf den Tag Jesu Christi. Getreu ist Gott; der euch ruft, wird's auch thun.

Ein Atheist ist der, welcher seinen Bruder nicht liebet, den er siehet! Selbstverleugnung ist Ersparung an sich selbst, um gegen den Nächsten freigebig zu seyn. Freude ist Danksagung. Wollte Gott! daß ich alle Menschen dies zu üben bewegen könnte! Das würde heißen: sie beten lehren! Vergieb deinem Bruder, vergiß nicht, daß du erst von den mehrern Pfunden, die Gott dir verlieh, Rechnung abzulegen verbunden bist, ehe du vor Gott treten kannst! — Vor Johanni bestellen die Leute ein Gebet beim Prediger; nach Johanni, sagt Gevatter Hans, will ich schon mit meiner Grete beten. Warum haben die gemeinsten Leute Neigung zu Spöttereien? Man sollte ihnen nicht mehr zu glauben aufgeben, als glaublich ist. Ein Thomas wirft Alles über und über, und sein Nachbar glaubt, was das Zeug hält, um mit Glauben dem Thun auszuhelfen! — Aufforderungen zu guten Handlungen sind nicht Handlungen selbst, das Geläute keine Predigt. Der Christ hat zwar seinen Stern am Himmel, wie die Weisen aus dem Morgenlande; allein er muß auch seine Lampe in der Hand halten, wie die fünf klugen Jungfrauen. Viele berufen, Wenige auserwählet.

* * *

Die Welt ist vor der Hand nicht im Stande der Gnaden. Man muß sie so verbrauchen. Doch befinde ich mich unter Wesen, die mit mir zu einer Classe gehören, denen Gott Augen, Ohren, Vernunft und alle Sinne gegeben hat. Was ist billiger, als daß ich in Rücksicht dieser meiner geliebten Mitbrüder genau nach den Vorschriften verfahre, die uns der Wille unseres gemeinschaftlichen Urhebers vorgeschrieben hat? Im Worte Bruder liegen alle diese Pflichten zusammen. Bruder ist ein großes Wort. Mich freut es recht von Herzen, daß dies Wort in Curland so gang und gäbe ist! — Zwar ist es in den meisten Fällen nur so da, der Mode halber, wie: hohl dich —; indessen ist Rom nicht an einem Tage erbaut.

Durch die Geburt sehe ich mich in gewisse gesellschaftliche Verbindungen gesetzt, zu welchen ich zwar meine Einwilligung nicht mittelst eines deutlichen und aufrichtigen Jaworts beigetragen; hab' ich aber nicht

Antheil an den gemeinschaftlichen Vortheilen genommen? Fordern mich also Gesetze des Staats, in dem ich lebe, auf, denen das Gewissen seine Stimme nicht entzieht; so bin ich schuldig, treu, hold und gewärtig zu seyn. Ich muß das Land, das mir Brod und Wasser giebt, nicht als eine Herberge ansehen, wo man sich oft länger als man wünscht, aufzuhalten verbunden ist, weil ein Rad gebrochen. Wessen Brod ich esse, dessen Lied ich singe.

Gott aber muß man mehr gehorchen als den Menschen.

Die Religion im jetzigen Sinn ist der zweite Theil der Staatsverfassung. Sie ist die Ehegattin der Staatsklugheit. Ich bin nicht berechtiget, wider die Religion, die der Staat entweder als Mitregentin nimmt, oder als Freundlingin schätzet, mir eine Verrätherei zu Schulden kommen zu lassen. —

In dieser Rücksicht bekenne ich mich, als ein Mitglied eines christlichen Staats, zur christlichen Religion, in so fern derselben Lehrsätze meinen geprüften und als wahr anerkannten Grundsätzen, bei denen mein Gewissen präsidiret, nicht entgegen sind. Von dieser Oberrathsstube gilt keine Apellation nach Warschau. —

Keinem will und werd' ich meine Grundsätze nahe legen. Nie würd' ich mit dem guten Pastor gestritten haben, wenn er nicht der Pastor in — und ich der wäre, der ich bin! Warum wir uns aber zehn Jahre abgesondert, begreif' ich nicht bis diesen Augenblick. Luthers Schuhe, pflegten Sie zu sagen, sind nicht allen Dorfpriestern gerecht. —

* * *

Ueber Vermögen ford're ich von meinen Untergebenen, sie mögen undeutsch oder deutsch seyn, keinen Schritt. Wenn Gott es mit den Ungerechten machte, wie sie mit ihren Schuldnern. — — —

Milchhaar wird auch braun oder schwarz, und wo ist denn eine Lust, die ihren Gift nicht bei sich trägt? Wo ist ein Mahl von reinem Wein voll Mark, darin kein Hefen ist? Wo eine Sünde ohne Strafe? — Wüstenei ist in der Stadt. Das ist ein Text; wo er steht, weiß mein Hofmeister, den Gott tröste! am besten. Was ist aber richtiger, als Wüstenei in der Welt? Ein unverfälschtes Lachen giebt es nicht in der Welt. Jeder leidet, was seine Thaten werth sind. Der Weise rühmt sich eines Seelenvergnügens, und wirft seinem Weibe aus Verdruß einen Porcellain-Aufsatz an den Kopf. Ein lautes Vergnügen hält man für Rausch. Sauer und süß essen Vornehme und Geringe, und wenn man ein rechtes Vergnügen beschreiben will, heißt es eine Thränenwonne. Die göttliche Traurigkeit, die Reue, die Niemand gereuet, ist ein Beweis, daß Freude und Leid sich verhalten, wie Rosen und Dornen. —

* * *

Ich fühle zwar mich und meine Kräfte in gewissen Gränzen eingeschlossen; allein ich weiß auch, daß das Ende dieses Lebens nicht auch das Ende meiner ganzen moralischen Existenz sey; vielmehr hoffe und glaub' ich, daß, wenn gleich mein Körper durch die Verwesung in seine ersten Theile aufgelöset und mit der übrigen Materie vermischt wird, ich dasselbe Ich und kein Fremder, fortdauern werde.

* * *

Die Vernunft ist ewig. Sie ist der Sitz des göttlichen Ebenbildes, und dies sein Bild sollte Gott der Herr vernichten?

Glauben, im gemeinen Leben, heißt, Anderer Meinungen annehmen. Thun, heißt nach seiner Ueberzeugung handeln.

Verstand haben, heißt, Etwas verstehen.

Leichtsinnig ist der, welcher Alles leicht faßt; allein eben darum geht's hier herein, dort hinaus. Der Pastor sagt: ich wäre leichtsinnig; allein dieser Aufsatz selbst mag Richter seyn zwischen mir und ihm. Ist denn die Saat, die der Pastor ausgestreut, auf einen Felsen gefallen, wo, wenn es regnet, die Saat zwar keimen, ihr Haupt emporheben, allein nicht Wurzel schlagen kann, wie solches Alles der alte Herr in Musik gesetzt hat? Ist die Saat in Rücksicht meiner auf einen so harten Boden gefallen, daß sie keinen Eindruck gemacht, sondern dem Vogel zum gesunden Fraß und dem Wanderer zum Spiel gereichet? Wie der Wanderer sie da mit seinem Stabe aufsprengt! Gehör' ich denn nicht zu den Seligen, die Gottes Wort hören und bewahren? Ein Schwärmer bin ich nicht, der Alles gierig und heiß ißt, und sich total den Magen verdirbt. Er kann die Zeit nicht abwarten. — —

Alles ist Geschichte in der Welt, und da kommt's freilich viel darauf an, ob ich selbst gesehen, selbst gehört, oder mir von Andern erzählen lassen, was diese Andere gesehen und was sie gehöret. Der hat ein Auge für's Vergangene, der für's Gegenwärtige. Man sagt, Einige hätten es für die Zukunft. Ich meines Orts habe Keinen von der letzten Art gekannt. Sie, Pastor, sehen das Gegenwärtige, als stünd' Alles vor Ihnen. —

* * *

Wie lange kann es mit uns währen? So alt, oder älter. Wir sind nicht von dannen, sondern warten auf unseres Leibes Erlösung.

So lang' ich hoffe, leb' ich, so lang' ich seufze, hoff' ich. Ich bin der festen Zuversicht, daß mein Tod mich nicht aus der Fassung bringen werde. Jetzt, in diesem Stande der Sünden zu leben, wenn gleich Curland noch hie und da vermöge der herrschenden Freiheit mehr Aussicht zum Gnadenreiche hat, als ein ander Land, was ist's mehr als Wüstenei? Man stirbt jetzt des Erdenleidens wegen gern, wenn gleich Krankheit und Schmerzen uns den Tod verbittern. Im Stande der Gnaden wird man gern sterben, weil bei einer einfachen Lebensart die Krankheiten sich von selbst heben werden. Leicht ist der Tod immer. Alles ist leicht, nur das Leben nicht. Ein wahres Wort im Stande der Sünde. — Nur im Grabe hat der Mensch Alles unter seine Füße gethan. Die sechs Seiten des Cubus sind nicht der ganze Inhalt unseres Seyns. —

* * *

Ob auf einem Berge mehr Kornähren oder Bäume stehen können, als auf dem ebenen Grunde? war eine Frage, die jetzt so klar beantwortet ist, als: wie viel macht zweimal zwei. — — — —

* * *

Ich bin vielleicht sehr oft ein Ich gewesen. Man hat drei Reiche, das Mineral-, Pflanzen- und Thierreich, die könnte man, dünkt mich, Reich der Allmacht, Reich der Gnaden, Reich der Herrlichkeit nennen, besonders wenn man den Menschen als das letzte Thier in Erwägung zieht. Durch diese drei Reiche bin ich vielleicht schon durchgewandert. So wie ich leblos als Erde war, so hatte ich Saft als Pflanze, bis ich als Thier Blut bekam. Jetzt bin ich Mensch, bin Thier und Engel! — Die Seele ist Mittler zwischen Geist und Körper. Mein Geist denkt vernünftig, zusammenhängend allgemeine Wahrheiten; indessen ist mein Geist ein ausgelernter Geist. Kinder zeigen so wenig von allen diesen Menscheneigenschaften, daß einem jeden klugen Mann bange wird, wenn er sein Kind sieht. Kluger Mann, sag' ich, das heißt ein solcher, der die wenigste Affenliebe hat. Wer hat sie aber nicht? Gemeinhin verzweifelt der Kluge auch im Verhältniß von sich auf den Kleinen: ob je aus dem Kindlein was werden würde, und eben darum gerathen so selten die Kinder der Gelehrten. In der ersten Jugend wissen sie so viel, daß man gewiß glaubt, sie würden eher Magister werden, als Leibnitz; allein sie bleiben bald stockstill stehen. — — Der Herr Vater giebt sie auf. —

Vielleicht werd' ich noch ein paar Mal verwandelt, ehe ich das Bewußtseyn meines ganzen Gewesens erhalte und die Kette übersehe, welche ich hinauf ging. Mein Körper steht auf. Nichts wird ganz vernichtet. Alles, das geringste Stäubchen nicht ausgeschlossen, ist zu etwas gut! — Die Vernunft ist ewig! ewig! Sie ist der Sitz des göttlichen Ebenbildes; und dies Bild sollte Gott der Herr vernichten? — —

Hiermit will ich diesen Aufsatz schließen, den man wohl schwerlich von einem Curischen von Adel erwarten sollte.

Daß Herr v. G— in seinem Aufsatze mancherlei von meinem rechtgläubigen Vater angebracht, ist nicht zu leugnen; allein mein Vater nahm sich dieser wirklich ungerathenen Kinder nicht an, stellte Alles Gott anheim, der recht richtet, und blieb bei seinem aut, aut. — Obgleich er, wie wir wissen, zugeben mußte, daß, wenn Jemand mit der Bibel allein eingeschlossen würde, er gewiß nie unser Kirchenstystem herausbringen würde; so war er doch, wie wir auch wissen, für die Zunftregeln, und wollte durchaus nicht weiter gehen, als sein Schild es besagte. —

Dieser Aufsatz konnte also bei solchen Gesinnungen so wenig befriedigend für meinen Vater seyn, daß er ihn gewiß nicht ohne Beklemmungen seines Herzens gelesen haben wird.

Herr v. G— hatte ihm einstmals in einer großen Gesellschaft die Frage vorgelegt, was er wohl lieber aufgeben würde: die Bibel, oder die natürliche Religion? So etwas zu fragen! —

Herr v. G— konnte nicht aufhören, sich über die Unzulänglichkeit der evangelischen Nachrichten zu beklagen. Mein Vater erwiederte: Freilich sind es fünf Gerstenbrote und ein wenig Fischlein, so die Evangelisten zurückgelassen; allein den Segen drüber gesprochen, so ist es hinreichend, daß viertausend Mann davon gespeist werden können, wenn sie auch noch so heißhungrig sind; und wie viel Körbe bleiben nicht noch für den Denker übrig! —

Herr v. G— war, wie meine Leser sich's leicht vorstellen können, bei einer solchen Denkart ein Sokratiker. Ich bin ein Christ, sagte mein Vater, mache mir eine Ehre draus, und alle Rechtschaffene erkennen mich dafür.

Hier konnte man wohl mit Recht
als ob? und
ja wohl!
fragen und antworten.

Wenn ich noch mit einem Pausch- und Bogengespräch über den Sokrates dienen kann, welches über die zehnjährige Entfernung ebenfalls Licht zu verbreiten im Stande seyn dürfte, will ich's gerne.

Gehalten am Pausch- und Bogen-Tage kurz vor der Tafel an dem schönen Tage, da wir, mein Vater und ich, nach — zum Herrn v. G— kamen, und zwischen beiden streitführenden Mächten ein Vergleich gesäet und begossen ward, wozu auch Gott das Gedeihen gab.

Wo wissen Sie denn, daß ein Sokrates in der Welt gewesen? fragte mein Vater; und zwar ein Sokrates eben so und nicht anders?

Aus seinen Früchten, antwortete Herr v. G—, sollt ihr ihn erkennen. Kann man auch Trauben lesen von den Dornen, und Feigen von den Disteln? — Plato —

Suchte Ideale.

Und fand den wirklichen Sokrates! — Den Apostel der Heiden.

Das war Paulus.

Nach Christi Geburt. Das Orakel versichert, Sokrates sey der weiseste unter allen Menschenkindern gewesen.

Σωκράτης ἀνδρῶν σοφώτατος, weil er nichts wußte.

Ist das verständlich?

Ich verstehe kein Griechisch.

Und ich dies Orakel nicht. Zwar weiß ich den Unterschied zwischen Weisheit und Wissenheit — — —

Wer aus diesem Zeugniß folgert, ergo ist der der Allerdümmste, welcher viel oder Alles weiß, Pastor! der verdient zur Strafe ewig mit einem umgewandten Kleide zu gehen.

Ich lasse kein Kleid kehren.

Ich auch nicht.

Sokrates —

Was sagte der Physiognomist von ihm?

Was Sokrates selbst sagte. Hüte dich für den, den Gott gezeichnet hat, ist eine apocryphische Regel. Ist denn, Pastor! ein Sünder, der Buße thut, ist er nicht besser, als neun und neunzig Gerechte, die der Buße nicht bedürfen? —

Wahr! ein Prophet aber muß nicht häßlich, nicht schön seyn; so wie Wasser und Brod, muß er in seinem Aeußern nach nichts schmecken. — Ὁ *τοίνυν τοιούτῳ συνὼν σώματι, τίνα, ἡγούμεθα, εἶχε ψυχήν.* Hüte dich für den, den Gott gezeichnet hat, ist freilich eine apocryphische Regel; aber können wir denn die Sinnlichkeit ablegen, und trauen wir wohl einer Seele, die so schlecht wähnt, Geschmack zu —? Niemand hat uns Christi Gestalt rein und lauter beschrieben, weder Lucas, noch die heilige Veronica, und ich ärgere mich, wenn die Maler und Zeichenmeister sich um die Wette bemühen, einen Christus-Kopf darzustellen. Den werdet ihr nicht treffen, lieben Leutlein! Ein Mariengesicht, das lass' ich gelten, da wollt' ich schwören, daß mein Weib einen Zug von ihr hat. Mein Sohn lag in seinem vierzehnten Jahre ohne Hoffnung darnieder, und mein Weib, wie Maria des Herrn Mutter: ich bin des Herrn Magd, mir geschehe wie du gesagt hast — Ich ehre den Sokrates.

Nicht so, wie ich! —

Kann seyn, weil ich ein Christ bin. —

Und wenn es Sokrates auch gewesen? Christus war er nicht; warum wollen Sie ihm aber den christlichen Glauben absprechen? Weil sie ihm die Hand nicht auf seinen Mondkalbskopf gelegt —.

Sie spötteln.

Und Sie predigen!

Das that Sokrates auch.

Und schrieb nicht, so wie wir alle Beide. Da sind wir wieder zusammen, wie Mann und Weib! —

Nur noch lange nicht eine Seele! Freilich besaß Sokrates Etwas, das die Weisen seiner Zeit nicht hatten, was man einen Dämon, einen sokratischen Schutzengel nannte, und was nichts weiter als ein philosophisches Genie war. Genie und Dämon ist nicht viel auseinander. —

Pastor! den Rabbat lass' ich mir nicht gefallen; kann denn nicht wirklich eine unsichtbare Gestalt —? Wußte denn nicht Sokrates Zukünftigkeiten?

Wie Sie und ich. —

* * *

Zu Christo kam Nicodemus des Nachts; zu Sokrates der Euclides.

Aber Nicodemus, ein ehrbarer Rathsherr, maskirte sich nicht in Weibertracht. —

Wie Sokrates starb! —

Ist die Frage.

Groß, Pastor!

Kann seyn. —

Stehen Sie etwa des Hahns wegen an? Kommt denn nicht auch ein Hahn in der Passionsgeschichte vor?

Da Petrus Christum verleugnete. —

Eben krähete auch jetzt ein Hahn, und Herr v. G— war still, kam aus dem Zusammenhang und machte ein Gesicht, als wollt' er sagen: du hättest auch nicht krähen dürfen. —

Mein Vater that, obgleich es schien, daß er wider den Sokrates war, ihm die bündigste Ehrenerklärung, sobald Herr v. G— nur nicht auf Kosten des Christenthums dem Sokrates lobredete. Es war unmöglich, daß Sokrates und mein Vater nicht gute Freunde seyn sollten.

Cicero, sagte er, nannt' ihn den Adam der Philosophie, den Vater der Weisen, und das mit Recht, weil er die Sophisten seiner Zeit, die mit einem Wortkram von Scholastik geziert waren, so trefflich durch gemeines Leben, durch edle Einfalt in die Enge trieb.

Geht's denn unsern Philosophen anders? Sind denn nicht die meisten, den Professor Großvater nicht ausgenommen, in Wortsünden empfangen und geboren? Haben sie nicht alle sophistische Erbsünde? Sokrates war ein Volksphilosoph, und so ist die Einfalt zu nehmen, die er frei von sich bekannte. Er fing nicht Fliegen in einem Spinnengewebe von Feinheit. Aus Hausmannskost bestand seine Mahlzeit. Was nützen denn Definitionen, wenn man das Wort versteht, und was hat man denn, wenn man ein ganzes Geschlechtregister eines Worts gelernet hat? Thun die Philosophen viel mehr, als jener Landgeistliche, der seinen Bauern, bei Gelegenheit des Evangelii vom reichen Fischzuge, erklärte, was ein Netz sey? Das Dorf hatte große Fischerei. —

Die Standrede, die Diogenes auf den Sokrates hielt, verhält sich freilich zu der des Hauptmanns unterm Kreuze wie beide Erblaßte gegen einander. Er ist ein frommer Mensch und Gottes Sohn gewesen! — Meine Frau sagt: da zog die Erde den Tremulanten, sie bebte! — Da wurde das Haus des Entschlafenen, der Himmel, mit Trauertuch ausgeschlagen. Es ward eine Sonnenfinsterniß! und hat meine Maria nicht recht?

Diogenes sagt:

Πρῶτος μετὰ τοῦ μαθητοῦ Αἰσχίνου ῥητορεύειν ἐδίδαξε, καὶ πρῶτος περὶ βίου διελέχθη, καὶ πρῶτος φιλοσόφων καταδικασθεὶς ἐτελεύτα.

(Diogen. Laërt. l. 2. sect. 20.)

Herr v. G— verstand freilich kein Griechisch; wie konnt' er aber auch verlangen, daß Diogenes seinetwegen deutsch oder lettisch lernen sollte? Beiläufig, sagte mein Vater, die drei Theile, in welche die Leichenrede des Diogenes zerlegt ist.

Sokrates war ein Herzensredner, ein Moralist und der erste philosophische Märtyrer.

Der erste? fragte Herr v. G—. Der erste, antwortete mein Vater; denn wenn gleich in der Recension über diese Standrede bemerkt worden, daß Zeno noch vor dem Sokrates um's Leben gekommen; so starb doch Zeno nicht der Philosophie halber! —

Die Schächer litten, was ihre Thaten werth waren. Zeno, als General, in Sachen seines Vaterlandes wider den Tyrannen Nearchus. Sokrates starb und καταδικασθεὶς, durch ein Criminalurtel unschuldig verdammt. —

Theurer Sokrates, du wolltest die Menschen zur Erkenntniß Gottes und seines Willens bringen; du wolltest die Menschen gehen lehren, die gen Himmel sahen und darüber das Bein brachen. War das dein Lohn?

Socrates primus philosophiam devocavit e coelo, et in urbibus collocavit et in domos etiam introduxit et coëgit de vita et moribus rebusque bonis et malis quaerere.

Herr v. G— nahm meinen Vater bei der Hand, als wollt' er sagen: ich versteh' auch nicht Lateinisch. Sokrates, fing mein Vater an, lehrte nicht, wie die Welt entstanden, wie sie vergehen würde; er wußte nichts von der Elektricität und ihren Wirkungen; er hätte Gott dem Herrn, wenn er ihn am ersten Weltmorgen zu sich geladen, keinen Rath gegeben, wiewohl

Etliche — Er wußte nichts von Zeit und Raum, von bester und nicht bester Welt! — Leben lehrte er, um froh zu sterben! — Er brachte die Philosophie in Stadt und Haus. — —

Lieber Pastor! sagte Herr v. G—, Sokrates lehrte den Stand der Gnaden, er brachte die Philosophie in Stadt und Haus, das heißt: er wollte alle Gesetze heben und die Menschen so gesittet machen, daß sie über alle Gesetze wären. Er wollte nicht Recht sprechen, sondern ohne Recht sich behelfen lehren. Nicht also?

Mein Vater ließ sich nicht aus dem Concept heraus fragen. Wie trefflich sagt' er der Pompadour seiner Zeit, der Theodora, da sie ihm vorrückte, daß sie ihm so manchen seiner Schüler weggeworben, er aber schwerlich einen, der bei ihr Handgeld genommen, abwendig machen würde: Dein Weg ist breit, der meinige schmal. Dein Weg geht bergab, der meinige bergauf. Die Welt aber vergeht mit ihrer Lust; wer aber den Willen Gottes thut, bleibt in Ewigkeit.

Eine Frau hätt' er nicht nehmen sollen, sagte mein Vater.

Eine Xantippe nicht, erwiederte Herr v. G.

Keine! mein Vater.

Sind sie wohl alle Xantippen? Die meinige hat, ihres schönen darf ich bitten unerachtet, etwas von ihr.

Die meinige keinen Zug. —

Ein so häßlicher Mann, wie Sokrates, fuhr mein Vater fort, ohne dran zu denken, daß Herr v. G—

kein Griechisch verstand, bei dem man fragen konnte: εἰ Σωκράτους ἐστί τις σιμώτερος, band es mit zwei Frauen an; war das rathsam? Ein Mann, der zu den Füßen der Diotima die Kunst zu lieben und zu den Füßen der Aspasia die Kunst der artigen Beredsamkeit gelernt, mußte sehr leicht solche Ehefehler begehen! Wer hieß ihn denn hier Unterricht nehmen? Kein Weiser muß von einem Weibe lernen. Wer eine Mamsell gehabt, behält etwas Mamsellähnliches, wenn gleich er Feldmarschall wird. Das ganze schöne Geschlecht lehren, das kann der Weise! Sokrates hatte freilich das, was ihm am Körper abging, durch Seele in Rücksicht seiner Weiber ersetzen können und sollen. That er's denn nicht? Wer weiß es. Ist es denn so unrecht, daß er gesagt hat:

τοὺς μὲν ἄνδρας τοῖς πόλεως νόμοις δεῖ πείθεσθαι·
τὰς δὲ γυναῖκας τοῖς τῶν συνοικούντων ἀνδρῶν ἤθεσι;

Ist denn nicht der Mann der Gesetzgeber seines Weibes? Was kann ein Weib ohne Mann? Wäre ich Sokrates gewesen, würd' ich freilich meine Philosophie im eigenen Hause zu üben angefangen haben: wer singt indessen nicht den andern Discant, wenn die Frau Zeit und Stunde trifft und das rechte Lied? Ließ denn Sokrates sein Haus ohne Unterricht? Bracht' er nicht Freunde in's Haus, ohn' ein Dresdner Service, und ohne zu den ersten Leckerbissen seiner Frau Geld gelassen zu haben?

Ich weiß, sagte Herr v. G—, da kam er einst mit dem Euthydemus vom Fechtboden; die Frau Professorin, anstatt den Tisch zu decken, kehrt' ihn um und um. Euthydemus, ungewohnt, gegen Weiber seine Stärke zu zeigen, wünschte vor Tische eine gesegnete Mahlzeit. Nicht also, sagte der Herr Professor. That denn nicht jüngst eine Henne das Nämliche, da ich das Vergnügen hatte, bei Ihnen zu essen? Mein Vater ließ den Herrn v. G—, dem er ein- für allemal nicht gestattete, sich des Sokrates anzunehmen, obgleich weder die Henne, noch der um und um geworfene Tisch der christlichen Religion Schaden oder Leides thun konnte, so unangehalten nicht mit dieser Geschichte. Er zeigte sehr gelehrt, wie zwar Ὄρνις eine Henne bedeute; allein im gegenwärtigen Verstande schwerlich; und heißt denn ἀναστρέφειν τράπεζαν um und um kehren? Hier würde es um so weniger passen, da ich noch nie gesehen, daß eine Henne den Tisch umgekehrt. Die Geschichte, fuhr mein Vater fort, ist aus dem Plutarch — allein der gute Herr v. G— nahm ihn bei der Hand, kehrte den Tisch nicht um und um, sondern wußte meinen Vater so vortrefflich einzulenken, daß er fortfuhr, und die Wahrheit zu sagen, Herr v. G— hätte ihn nicht unterbrechen sollen. Hatt' er denn nicht schon gewonnen Spiel? Die Grille, sagte mein Vater, da er wieder an Stell' und Ort war, schwirrt ein Abend-, die Lerche ein Morgenlied. Leidet man nicht Kamine und Kachelofen im Sommer? Leibnitz starb bei Barklais Argenis; ein Anderer stirbt bei der letzten Oelung. So lange man der Seele nicht gesunde Triebfedern und den Adern frisches Blut einflößen kann, was ist zu machen? Lot blieb auch in Sodom gerecht. Herr v. G— wollte sagen, Abraham war aber auch sein Oheim; allein mein Vater ließ ihn nicht zum Worte, und wenn es wahr ist, daß Xantippe bei seinem Tode die bittersten Thränen vergossen, so ist sie mir lieber, als die Wittwe von Ephesus.

Ihr Philosophen heutiger Zeit, lernt hier vom Sohne einer Hebamme und eines Bildhauers Weisheit lehren, da euch doch das neue Testament nicht kunstgerecht ist. Sokrates that zwei Feldzüge, ward noch im hohen Alter atheniensischer Rathmann, ein Feind der Tyrannei und ein Freund seines Vaterlandes. Er lehrte auf den Straßen und an den Zäunen, und catechesirte Alle, die nur hören und antworten wollten, wogegen ihr nur Disputationen haltet. — —

Da fiel es ihm ein, daß er mit den Akademien Friede gemacht, und daß Junker Gotthard und ich reisefertig wären. —

Sokrates hatte an den Sophisten die größten Feinde. Die Schriftgelehrten hetzten den Aristophanes wider ihn auf, der ihn in einem Lustspiel lächerlich machte. Sokrates sahe sich auf dem Theater; allein dieser große Selbstkenner kannte sich nicht, obgleich die Gallerie einmal über's andre: bravo! getroffen! rief, und dem Schauspieler klatschte. Wer im siebenzigsten Jahre durch Urtel und Recht stirbt, kann mit Wahrheit sagen, daß eben dies Urtel die Natur schon über die gestrengen Herren Richter selbst ausgesprochen hätte. Unser Leben währet siebenzig Jahre.

* * *

Ich würde, geliebter Leser! diese Unterredung gerne unberührt gelassen haben; allein eben jetzt, da ich dieses schreibe, verfolgen mich ein paar Sophisten, Anytus und Melitus, die Gevattern von meinem Aristophanes sind. Ein feines Triumvirat! — Gott wird an's Licht bringen, was im Verborgenen geschehen, und den Rath der Herzen offenbaren und dann wird einem Jeglichen von Gott Lob widerfahren! Amen! Komm, o schöne Freudenkrone! Amen! —

Die Umstände des Todes unsers theuern v. G— will ich nicht wiederholen. Er wollte meinen Vater, seinen Freund, an einem Sonntage beschleichen und ihn predigen hören. Er kam öfters nach der Aussöhnung zu ihm: noch nie war er einen Sonntag da gewesen. Man sagt, Herr v. G— habe in der letzten Zeit die Bibel sehr fleißig gelesen und zu sagen die Gewohnheit gehabt: Wenn man Etwas herausbringen will, muß man die Bibel selbst lesen. Minens Schicksal ging dir zu Herzen, theurer Naturmann! und dein Tod erschüttert meine Seele. Da mein Vater dem Herrn v. G— Minens Begräbniß, und bei dieser Gelegenheit auch vom hochgräflichen Todtengräber erzählte, konnte er nicht aufhören den Kopf zu schütteln. Zum Todtengräber hatte Herr v. G— keine Anlage. Bei Gelegenheit des Herrn v. E— sagte mein Vater in der Hitze: Da haben wir Curland! — Nicht also, Pastor, sondern die Welt!

Herr v. G— stieg im Pastorat ab, und wäre bei einem Haar meiner gastfreien Mutter wegen der Mittagsmahlzeit zuvorgekommen. Sie bat eine Minute zuvor, als er sagen wollte: Diesen Mittag bin ich Ihr Gast, wenn Sie so wollen! — Er ging zur Kirche. Meine Mutter ordnete das Mahl an, und um Maria und Martha in Einer Person zu seyn, ging sie etwas spät in die Kirche, und um der Gemeine kein Aergerniß zu geben, wie der Zöllner, unter den Glockenthurm! —

Sie kam im letzten Wir, das sie nicht umhin konnte laut mitzusingen, so daß, wenn sie sich nicht besonnen hätte, wie sie unterm Glockenthurm wäre, sie eben so gut, als durch die Thür verrathen werden können, da sie meines Vaters Vaterland erschleichen wollte.

Von diesem Wir lebte Herr v. G— nur noch wenige Reihen; denn bei den Worten: nach diesem Elend! schrie er auf, sank zur Erde und ward todt aus dem Kirchenstuhl getragen. Er fiel vorwärts. Mein Vater sah den Herrn v. G— in die Kirche kommen und wie er aus der Kirche getragen ward. Sein Text war: Römer im achten Capitel, der fünf und dreißigste Vers. „Wer will uns „scheiden von der Liebe Gottes? Trübsal oder Angst? „oder Verfolgung oder Hunger? oder Blöße, oder „Fährlichkeit, oder Schwert? wie geschrieben stehet: „Um deinetwillen werden wir getödtet den ganzen Tag; „wird sind geachtet wie Schlachtschaafe. Aber in dem „Allen überwinden wir weit, um deß willen, der uns „geliebet hat.“

Bei diesem Text dachte mein Vater so manches Wort dem Herrn v. G— an's Herz zu legen, und da er seit so geraumer Zeit nicht in seiner Gegenwart gepre=diget, es dahin zu bringen, daß Herr v. G— in seinem Glaubensbekenntnisse noch so manche Reihe streichen möchte. Wer kann auf der Kanzel mit Euch aufkommen? pflegte Herr v. G— zu sagen. Ihr fragt und behauptet, und kein Mensch ist Euch zu antworten und einzuwenden im Stande. Nichts ist unausstehlicher, als die Methode der Redner, zu fragen: Ist's nicht also? Was könnet ihr dagegen sagen, meine

Freunde? Er nannte dies stumme Fragen, so wie es stumme Sünden giebt.

Der gute v. G—, er ist allen Fragen entgangen. Er hat überwunden. Mein Vater schlug sich diesmal im eigentlichen Sinne mit seinen eigenen Worten. Wie doch immer der liebe Gott das Beste thut, so mußt' er es vorzüglich bei dieser Predigt thun, da mein Vater ganz zerstreut war und nicht wußte, wie es mit seinem Freunde hinauswollte! —

Meine Mutter bemerkt, daß Herr v. G— kein Wort von allen drei Wir's mitgesungen, bis die Worte gekommen: nach diesem Elend, da wollte er, wie sie ihren sichern Nachrichten zufolge schreibt; allein er konnte nicht. Es kann ihm auch wohl, schreibt sie, den ganzen Glauben über übel gewesen seyn. Wahrlich! liebe Mutter! am Ende des Glaubens war ihm wohl, sehr wohl! Ende gut, Alles gut!

Auch berichtet sie, daß Herr v. G— ohne Klang und Sang, indessen wider seine öftere Aeußerung, nicht in die Erde gescharrt, sondern nach der Anordnung seiner Frau Gemahlin in dem Familiengewölbe beigesetzt sey. Gott schenke ihm, so schließt sie, eine fröhliche Auferstehung! Amen! —

Ich weiß nichts hinzuzufügen, als daß die Frau von W— sehr gerne, ihrem Gemahl zu Gefallen, des Herrn von G— halber Trauer anlegte. Herr von W— that so, als ob Junker Gotthard schon wirklich sein Schwiegersohn wäre. Beim Herrn von W— blieb es bei der Trauer; allein seine Gemahlin war so betrübt, daß die Schmähsucht zum Glimpf und Namenbruch, wie meine Mutter sich ausdrückte, Gelegenheit genommen hätte, wenn nicht vom seligen von G—

und von der von W— die Rede gewesen. Herr von G— hatte von jeher viel Freundschaft für die Frau von W— bewiesen. In seinem Glaubensbekenntnisse stritt er ihr die Erbsünde im theologischen Sinne glatt ab. Gott schuf ihr Herz, pflegte er zu sagen, im stillen, sanften Mondenstrahle! Sein Finger ist kenntlich. Sie ist das Liebchen der Natur. Sie nascht ihr, wie ein frommes Lämmchen, aus der Hand! — Wie wahr! Und wer war ein treuerer Naturkenner, als Herr von G—?

Meine Mutter versicherte, daß nie eine Trauer besser gestanden, als der Frau von W— über ihren Freund! — obgleich, fügte sie hinzu, sie beide vor Gott noch keine Verwandte sind. Der Mensch denkt, Gott lenkt.

Noch einen Ausdruck aus meiner Mutter Nachricht, den Tod des Herrn v. G— betreffend. Sie bemerkte, Herr v. G— wäre zwar ein braver, allein kein kreuzbraver Mann; jenes sey ein Sokratiker, dies ein Christ.— Warum ist er doch nicht in die Erde geschatret, dieser brave Mann, dieser Naturmann?

Genug vom Herrn v. G—, der blos aus Nächstenliebe in diese Geschichte gekommen, der keines andern als des Gastrechts sich zu erfreuen gehabt. Gott schenk' ihm eine fröhliche Auferstehung — und uns zu seiner Zeit eine selige Nachfolge! —

Der Tod meiner Mutter bewog mich, mich wegen des Nachlasses meiner Eltern an einen Rechtsfreund zu wenden. Ich konnte und wollte nicht nach Curland. Meine Leser kennen meinen Bevollmächtigten, es ist der Protokollist, dem der gelehrte *α* — aufgab, nichts auf die Erde fallen zu lassen, was im Blutrathe über Minen vorfiel.

Ich statte dem Curator funeris hier öffentlich meinen Dank ab, ohne zu wissen, ob meine Leser diesem Danke in Rücksicht der ihnen mitgetheilten Nachrichten beitreten werden. Ich wünscht' es wohl —

Unter den mütterlichen Papieren, welche er mir übersandte, war ein Briefbuch, welches unser Gottfried meiner Mutter zugeschrieben. Dies war der geheime Auftrag, den man dem Gottfried, da wir auf dem Gute des Herrn v. G— in Königsberg schliefen, eben so ansah, als es ihm anzusehen war, daß er geweint hatte. Es sey dieses Briefbuch unter den Abc-Beilagen die letzte. Mit welchem Herzen ich dies Wort letzte niedergeschrieben, weiß Gott und mein Freund — — es.

Beilage C.

Einen freundlichen Gruß und alles Liebes und Gutes zum Voraus,

Wohlehrwürdige, Veste, Hoch- und Wohlgelahrte Frau Pastorin!

Fürsichtige Seelsorgerin und Mutter meines zweiten Herrn!

nebst dienstwilliger Bitte, mir durch die Finger zu sehen, daß ich so keck bin, schriftlich Ew. Wohlehrwürden hinterm Stuhl zu stehen und auf diesem Teller ein Glas Wasser zu reichen. Wer durstig ist, steckt auch die Nase in ein Glas Wasser. Ein Schelm giebt mehr, als er hat. Mit der Zeit hoff' ich ein Spitzgläschen Wein reichen zu können. Ew. Wohlehrwürden dürfen nicht glauben, daß ich Ihr Kleid mit diesem Glas Wasser begießen werde, und wenn ich etwas vergösse, ist's doch blos Wasser! Wo das fleckt, ist die Farbe nicht ächt. — Ew. Wohlehrwürden haben alles ächte Farben.

Ich lerne, was man nur kann. Verstand kommt nicht vor Jahren, wie ich sehe, weder in Kopf noch in Finger. Meine Herren machen sich den Spaß, zu sagen, daß ich viel Anlage zum Handwerk habe, aber blutwenig zum Gelehrten, da das Schreiben mir wunderbarlich von statten geht, und da ich die schwersten Worte von der Faust weg auf's Papier setze. Das wächst Alles wie Pilze. Wenn ich nur die Herren und Bedienten unter den Worten unterscheiden könnte; aber da liegt der Hund begraben; nicht der Argos meines adelichen Herrn, sondern der Hund im Sprüchwort. Wüßt' ich die großen und kleinen Buchstaben zu brauchen, was würde mir dann fehlen? Im gemeinen Leben kennt man so was an der Liverei; bei den Buchstaben ist Alles Eins, nur daß einer ein besser Gesicht als der andere hat. Die l gefällt mir über die Maaßen; ein schlanker Buchstab, und überhaupt bin ich den Buchstaben gut, die gedruckt und geschrieben sich gleich sind, da weiß man doch, woran man ist. Es wird mir herzinniglich lieb seyn, zu vernehmen, wenn mein lieber Vater wohl auf wäre, der keine i, geschweige denn eine a machen kann. Für mich ist a der schwerste Buchstab' im ganzen deutschen Abc. Schwester Trinchen, die so schrieb, wie ich, eh' ich auf die Akademie ging, wird wohl noch nicht aufgeboten seyn. Meinetwegen danke dem lieben Gott für gute Gesundheit. Mir hat auf der Reise kein Finger, vom Daumen bis zum kleinen, weh gethan und meinen Herren auch nicht. Kein Mal umgeworfen, aber all' Augenblick gedacht, es fiele schon. Einem der andern Herren Passagiers kam eine meerschaumene Pfeife, die in Curland ihre zehn Bauren werth gewesen, unter's Rad, und noch einer verlor seinen Hirschfänger, den er auch zu Hause lassen können. Er war noch dazu nicht von Adel und trug unterm Hut eine baumwollene Schlafmütze. Meine Herren pflegten zu sagen, daß er in einem Zuge wache und schlafe. Hätt' er den Hirschfänger nicht mit gehabt, wär' er nicht verloren gegangen. Er hatte einen silbernen Griff. Das Gehenk schenkte er mir, weil ich ihm unterweges beisprang. Sonst war er bis auf den Hirschfänger und den Hut und Mütze in einem Stück, bald hätt' ich in einer Person geschrieben, nicht zu verwerfen. Schon hätte ich eher Ew. Wohlehrwürden von allen diesen Dingen dies Glas Wasser voll Nachricht ertheilet, wenn ich nicht erst das Glas reinigen und läutern wollen. Wird sich von selbst verstehen, daß ich mich im Schreiben sichtlich gebessert habe, wofür ich nächst Gott meinen Herren dienstlichst verbunden bin. Ein Apfel fällt nicht weit vom Stamm, und wer nur Lust hat, kann schon auf der Akademie was lernen, es sey großer oder kleiner Buchstab. Ew. Wohlehrwürden danke ich ganz gehorsamst für alles Gute und unter diesem Guten für die schöne Predigt, da ich Abschied nahm und den Segen empfing, den Ew. Wohlehrwürden an diese Predigt legten. Das ging mir Alles durch Mark und Bein! So ein schöner Text, als wenn er auf mich gemacht wäre. Niemand kann zween Herren dienen! Ew. Wohlehrwürden Erklärung vergess' ich nicht, so lang' eine Hand voll Leben in mir ist, daß nämlich dieser Spruch so wie der, vom Kameel-Nadelöhr und dem Reichen zu verstehen sey. Ich hab' Alles gefunden, wie Ew. Wohlehrwürden es mir auf den Weg gegeben. Meine beiden Herren sind wie Mann und Frau, und ich diene also nicht zween Herren. Sie sind so von einander unterschieden und wieder so zusammen, wie Mann und Weib.

Ew. Wohlehrwürden Herr Sohn wird einen starken, schwarzen Bart bekommen. Der liebe Gott lass' ihn dabei. Ist doch besser, als ein Judas-Bart, den ich in drei Kirchen am Altar abgemalt gefunden. So getroffen! Mich wundert, daß ein Barbier nicht in Gedanken dem Judas zu Halse gegangen. Man konnt' ihn recht beim Bart halten. Mit dem Herrn v. G— hält's wegen des Barts schwer. Hie und da ein weißes Härchen. Sonst sind hier die Barbier nicht in sonderlichem Ansehen und werden von den Herren Studenten Bartphilosophen genannt, welches ich Ew. Wohlehrwürden nicht verhalten kann. Große Städte, große Sünden, kam auch in Dero Abschiedsermahnung vor, und das ist wahr und wahrhaftig. Prediger die schwere Menge, mit blauen und weißen Kragen. Blau haben die Feldprediger, auch Manschetten und kleine seidene Mäntel, die man Advokatenmäntel heißt. Die Advokaten gehen hier schwarz mit kleinen Mäntelchen, die man Feldprediger=Mäntel heißt. Sie nennen sich Priester der Gerechtigkeit; von andern ehrlichen Leuten werden sie Galgenprediger genannt. Ich konnte diese Herren lange nicht auseinander bringen, bis mich der blaue Kragen an Ort und Stelle brachte. Wie das Alles hier durcheinander läuft und fährt, wahrlich noch weit ärger, als in diesem Briefe. Prediger und Advokaten. Man kann vor Lärm kaum sein eigen Wort hören. Die Pastortracht, die in Curland Keiner anzulegen sich erkühnen darf, er sey noch so hochwohlgeboren und hochgeschoren, ist hier etwas so Gemeines, daß alle Küster sich in Kragen und Mantel stecken, und kein Ansehen der Person zwischen Pastor und Glöckner ist. Greuel ist's anzusehen. Es giebt sogar Leute, die beim Wagen gehen, wenn Vornehme begraben werden, ganz gemeine Kerls, Träger von den eigentlichen Leichenträgern, und auch diese Unterträger gehen mit Kragen und Mantel. Anfänglich war mein Hut mehr in der Hand, als auf dem Kopf, weil ich jeden Kragen und Mantel grüßte; jetzt lass' ich's bleiben, und so bleibt auch wider meine Schuld mancher Pastor ungegrüßt, welches Ew. Wohlehrwürden nicht übel auszulegen belieben wollen. Gott grüß' den Herrn, wenn er es verdient und Ew. Wohlehrwürden gleich ist in Lehr' und Leben! —

Um zur Hauptsache zu kommen, die Ew. Wohlehrwürden mir auf meine arme Seele gebunden, so hab' ich mancherlei von Ketzern auch in Curland gehört; allein wer den Teufel nicht selbst gesehen, hat keine rechte Vorstellung vom bösen Feinde. Die Ketzer sehen, Gott sey's geklagt! aus, wie wir andere Christenmenschen. Vom Kopf bis zu Füßen, nicht einmal lassen sie sich den Bart wachsen, wie Judas in den drei Kirchen. Man hat mir erzählt, daß unter den Doktoren und Schriftgelehrten sogar viele wären, die nicht reiner Lehre sind; allein hier ist Jeder für sich, und Gott für uns Alle. Ich habe mir einen Candidaten zeigen lassen, der seine Stimme durch eine Erkältung verloren, aber darum geht ihm kein Dreier ab. Er steht sich besser, als wenn er eine Gemeinde und eine Stimme hätte. Er lebt vom Predigtmachen so gut, als Einer, und wenn der Pastor unter den Mennonisten, den Reformirten, den Katholiken, selbst unter den Juden, eine Predigt nöthig hat, husch! ist er mit fertig, und wer sie hört, merkt nicht auf tausend Meilen, daß ein lutherischer Candidat ohne Stimme diese Predigt ausgeheckt. Der Herr Sohn sagt: der Mann sieht wie die Toleranz selbst aus, und da war ich noch übler mit diesem Candidaten dran, wie zuvor; denn ich fand an ihm kein Abzeichen, ob ich ihm gleich zehn Straßen nachlief, wenn ich ihn gehen sah. Was er darüber gedacht hat, fahr' in die nächste Predigt, die er für den Rabbi macht, welches allhier ein feister Mann ist, der wie ein Wechsler aussieht und von Moses kein Haar hat. Die Toleranz sieht wie der Herr Candidat aus, und der Herr Candidat, wie ein anderer ehrlicher Mensch. Was ich mir drüber den Kopf zerbrochen habe! Gestern bemühte sich der Herr Sohn, dies Wort in's Licht zu stellen, wozu ich ihm Feuerstein und Stahl reichte.

Toleranz heißt: wenn man fünf gerade seyn läßt, welches doch nicht ist, obgleich wir an jeder Hand fünf Finger haben. Wo Duldung ist, da ist auch Fortpflanzung, sagt er, und was er sagt, ist wie Amen in der Kirche. Hier zu Land' ist man für beides, für Fortpflanzung und für Toleranz. Die Leute sagen: je mehr Kinder, je mehr Brod. Das find ich nicht, und was die Toleranz betrifft, so kann ich Ew. Wohlehrwürden versichern, daß zur heiligen Advents- und Weihnachtszeit von den Chorknaben vor den Häusern der Juden, so wie vor Christen-Thüren gesungen wird: „Uns ist geboren ein Kindelein," das ist über den Candidaten, den Predigtfabrikanten. Ew. Wohlehrwürden können nicht glauben, wie sonderbar das Lied: „Uns ist geboren ein Kindelein," vor einer Judenthür klingt! Es verlohnt der Mühe, drum nach Königsberg zu reisen, und wenn Ew. Wohlehrwürden einen so guten Major und Junker finden, wie wir, so würd' Ihnen kein Haar gekrümmt, das Ew. Wohlehrwürden nicht selbst zu krümmen Lust und Belieben finden.

Bei uns essen die Juden und die Edelleute freilich Kirschen zusammen; allein man weiß wohl wie's geht, wenn paar und unpaar Kirschen essen! Ich versichere Ew. Wohlehrwürden, daß hier ein Katholik bei einem der ersten Prediger im Dienst steht. Er heißt Johann und ist, bis auf den katholischen Glauben, ein guter Knabe, der mich neulich in seine Kirche schleppte, wo ich eine Predigt gehört, die, Gott sey bei uns! mir so vorkam, als wäre sie lutherisch. Das soll mir eine Warnung seyn, nie mehr in unächte Kirchen zu gehen.

Die preußische Luft ist so tolerant, daß man wie behext da steht. Ew. Wohlehrwürden versichere auf Ehre, daß, Gott steh' uns bei! wenn ich mir die Augen verbände, ich ein Vater unser in der katholischen Kirche beten könnte, troß dem Johann, der beim ersten lutherischen Prediger dient. Wie sich das Alles hier spricht und widerspricht! — Eine Wäscherin heirathet einen Kohlenbrenner; eine Herrenhuterin, die selbst so schlecht uud recht einher geht, als könnte sie nicht drei zählen, nährt sich vom Putzmachen. Jedes geht seinen Weg. Keiner legt es an, den Andern zu bekehren. Juden, das versichre Ew. Wohlehrwürden auf meinen christlichen Glauben, kommen sogar in christliche Kirchen, nicht um sich zu bekehren und zu leben, sondern um eine wohlgesetzte Predigt zu hören. In der Kirche bis auf die schöne Musik zu, ist es wie auf dem Tanzboden. Alles faßt sich an, hier mit der Hand, dort mit den Augen. Daß die Toleranz dem lieben Gott ein Greuel sey, weiß ich wie Einer, daß aber die Leute hier just so dick und fett sind, wie anderswo, ist nicht zu leugnen. Mag aber wohl ungesundes Fett seyn! Hexen glaubt hier kein Kind von acht Tagen, das doch so in seinen besten Glaubens-Jahren ist. Mein adelicher Herr sagte gestern: Wenn hier die alten Weiber (mit Ew. Wohlehrwürden Erlaubniß) noch so häßlich aussehen, es ist keine der Gefahr ausgesetzt, verbrannt zu werden, wiewohl auch zu meiner Zeit keine in Curland, Gott sey's geklagt! in Rauch aufgegangen. Ich möchte gern eine prasseln hören. Muß doch einen besondern Knall geben! Der Himmel weiß, wie es kommt, so häßlich sind die alten Weiber in Curland nicht, wie hier. Mag wohl kommen, weil sie hier nicht alt seyn wollen. Die Mädchen so frech, daß nur noch jüngst eine Ehefrau (ich stand hinter ihrem Stuhl so behext, wie in der katholischen Kirche) die Frage aufbrachte, warum wir nicht Alle nackt gingen, wie im Paradiese? Da bin ich gut dafür, daß Ew. Wohlehrwürden das Wort nackt noch bis diesen Augenblick nicht ohne Röthe werden aussprechen können, und diese — war nicht einmal roth. Sie forderte ein Glas kalt Wasser. Daß dein Feuer gelöscht werde, dacht' ich; allein es scheint, sie bedürfe des Löschens nicht. Ländlich, sittlich! könnte man wohl sagen, wenn bei dieser Sache auch nur das mindeste Sittliche wäre. Man hat mich versichert, daß dergleichen Mädchen mit bloßen Busen, hinter deren Stuhl man behext wie in der katholischen Kirche ist, die tugendhaftesten wären. Erbsünde hat jedes, Ew. Wohlehrwürden selbst nicht ausgeschlossen. Das grüne Holz, die Frommen, die Stillen, sollen hier zu Lande das dürre seyn, und davon kann Ew. Wohlehrwürden ein Pröbchen geben. Grad über, wo wir einwohnen, war ein Mädchen, in ihrer Art nicht uneben. Sie that so züchtig, als kennte sie den alten Adam nicht anders, als im Kupferstich, wo ich ihn auch mit Hörnern gesehen! — Sie dient, ich diene. Mein adelicher Herr kann ihre Jungfer leiden, und — was soll ich leugnen? — ich sie! Wenn ich sie nur ein wenig hart zur Hand nahm, gleich ein Schrei! und dann wieder: bringen Sie mich nicht zum Ende! Sie werden Unheil anrichten! und so weiter. Kam ich Sonntags, las sie:

. die in Gott andächtige Jungfer mit ihren Morgens und Abends zu Gott erhabenen Händen, an Sonn- und Festtagen, sowohl durch auserlesene Sprüche der heiligen Schrift, andächtige Gebete und geistliche Lieder vorgestellet, als in beigefügten saubern Kupferbildern entworfen von M. Nicolao Haas, Pastore Primario und Inspectore der evangelischen Kirchen und Schulen zu Budißin.

Stade, druckt's und verlegt's Caspar Holwein. Im Jahr 1717.

Was mir diese Andacht durch's Herz ging, kann ich nicht sagen. Den Titel abzuschreiben, hat mir, wie Ew. Wohlehrwürden leicht denken können, viel Mühe gemacht; aber ich that es mit Freuden, um Ew. Wohlehrwürden diese Freude zu machen. Weiß nicht, ob Ew. Wohlehrwürden diesen Haas, diesen Caspar Holwein und die in Gott andächtige Jungfer kennen. Sollte mir herzlich lieb seyn, wenn es wäre! Der Name Haas ist freilich etwas anstößig; wer kann aber für den Namen? Die Kupferstiche sind sauber. Wo ich ein andächtiges Weibsbild auf Knieen fand, dacht' ich, Lieschen wär' es auf ihrem Herzensknie. Das Büchelchen war mit Silber beschlagen. Können sich Ew. Wohlehrwürden von dieser in Gott andächtigen Jungfer mit ihren Morgens und Abends zu Gott erhabenen Händen an Sonn- und Festtagen vorstellen, daß sie vor vierzehn Tagen ein Söhnchen taufen lassen? Da wär' ich angekommen, wenn ich es mit ihr zu Ende gebracht! Ich habe gar viel Spott darüber von Freund und Feind erlitten, weil man nichts anders glauben wollte, als daß ich Hähnchen im Korbe gewesen! — Der Thäter soll ein liederlicher Bursch seyn, der durch's Gebetbuch gewiß nicht angelockt worden. Hab' ich doch um das Mädel geweint, wie ihr kleines Kind. Da war sie in Angst und Noth wegen ihres Kindes, und wollt' ich wohl oder übel, mußte schon in einen sauern Apfel beißen und das Kind ernähren. Der Apfel ist eben so sauer nicht. Geht schon in den vierten Monat, daß ich das Kind erhalte. Ward mir indessen vom Johann, der sich auf so Etwas versteht, angerathen, zum Richter zu gehen und über das Alles ein Protokoll zu lösen, damit ich nicht zu Kind und Kegel käme, wozu hier zu Lande die Unschuldigsten am ersten kommen. Ist ein braver Mann der Richter, nahm kein Geld für die Schrift; wohl aber mußt' ich den Stempelbogen bezahlen, weiß nicht warum? Besser wäre es gewesen, das Kind hätte das Geld dafür aufgepappt.

Was das Wunderlichste dabei ist, so thut die in Gott andächtige Jungfer, als wäre die ganze Sach' eine Kleinigkeit! — Wie man es nimmt, freilich eine Kleinigkeit. Der Stempelbogen ärgert mich am meisten! — Wozu ist denn ein Stempelbogen nöthig, wenn man ein Kind einer in Gott andächtigen Jungfer, Stade druckt's und verlegt's Caspar Holwein, erziehen will? Johann sagt, ob Rose, oder Knöspchen. Weiß nicht. Liese soll sich haben verlauten lassen: Wer wieder aufstehen kann, was thut dem der Fall? Ich denke, thut viel, und wär' es auch nur, daß alle Leute drob lachten, wenn man fällt. Sollte man glauben, Lieschen lieset wieder die in Gott andächtige Jungfer, als wäre nichts vorgewesen. Mit der Zeit, merk' ich, ist man allen kleinen Kindern gut. Vater seyn oder nicht, macht nichts zur Sache. Ew. Wohlehrwürden würden dem Knäbchen selbst gut seyn, wenn

Sie es sehen sollten. Ist ein feines, sauberes Kind, wie die Kupferbilder! Zwar sagt die arge, böse Welt, daß es mir ähnlich wäre; allein was sagt die nicht? Ist nur gut, daß ich das Protokoll auf Stempelpapier habe, um der argen, bösen Welt das Maul zu stopfen; zu so Etwas ist ein Stempelbogen gut.

Ew. Wohlehrwürden Herr Sohn wird von allen Menschen geliebt. Ich wette, wenn er Geld lehnen wollte, Juden und Christen würden ihm leihen auf sein blank Angesicht. Sonst giebt man den Studenten kein Geld, sie studiren weltlich oder geistlich! Warum denn nicht? — Sein gerader Weg macht ihm Credit überall. Wenn was zu sehen ist, und es ist Wache ausgestellt, Er kommt, gleich ist die Pforte offen, ich hinterher, wie Ew. Wohlehrwürden leicht denken können. Jeder Vater, der ihn ansieht, möcht' ihm seine Tochter geben, und jede Tochter, das wollt' ich wetten, möcht' ihn auch gerne, mit Herzen, Mund und Händen! Das läßt er aber bleiben. Er wird sich durch keine in Gott andächtige Jungfer anstecken lassen; ob er aber ohne Protokoll abkommen wird, zweifle sehr! Wer hier ein gutes Herz hat, kann an ein Protokoll kommen, weiß nicht wie! Selten, glaub' ich, ist Jemand, der nur mit dem Stempelpapier abkommt, wie ich, wofür ich Seiner Gestrengigkeit großen Dank sage und es zu rühmen wissen werde. Lieschen ist ein und zwanzig Jahr alt und, bis auf das Söhnchen, ein vortreffliches Mädchen. Hoffe, daß das Kind ihr Gemüth haben werde, und nicht des liederlichen Burschen. Sonst sollte mir's doch wohl um die Paar Groschen leid thun, die ich meinem Munde entziehe; der Magen verliert nichts daran. Ob Ew. Wohlehrwürden Dero

Abkömmling kennen würden in seiner gelben Weste und Hosen? Könnte wohl schwarz seyn, wird auch, will's Gott! werden. Gegen die Königsberg'schen Jungfern, ist gleich viel ob grünes oder dürres Holz, ist er wie Eisen und Stahl. Weiß nicht, wie es kommt! — Wünschte, daß ich gegen Lieschen auch so wäre! Bin's nicht! Weiß nicht, wie er auf gelb gefallen; keine sonderliche Farbe. Hat aber seine Grillen! Hab' ihn zuweilen mit sich selbst reden gefunden, und recht laut; sagt, daß es alle Leute thäten, die sich stark was einbilden könnten. Mir würde grauen, wenn ich allein seyn und reden sollte. Denk', es könnte sich doch was melden, und da wär' ich übel dran. Ob er zur Uebung mit Tisch und Stühlen katechisirt, weiß nicht, möchte erfahren, was Ew. Wohlehrwürden von diesem Gerede denken? Ob Röschen oder Knöspchen? sagt der Katholik; allein großer Unterschied! Ist's denn gleich, fein züchtig sich gehalten, oder Schaam und Schande verloren, und sich weit und breit Jedem darstellen, der's begaffen und beriechen will? Ew. Wohlehrwürden werden meiner Schwester Trinchen diese Rosengeschichte nicht aufblättern. Sie und Hannchen liegen sich immer an den Ohren. Hätte zwar Hannchen halber die in Gott andächtige Jungfer je eher je lieber ehelichen können, da ich kein Buch und Tuch auf's Gewiß gegeben; Ein Hannchen aber ist mehr werth, als zehn andächtige Jungfern. Werde schwerlich Hannchen zum ehelichen Gemahl nehmen.

Von Wahrzeichen weiß Ew. Wohlehrwürden wenig oder nichts zu sagen, außer die schöne Aufschrift an einem Hause, die meine Herren sich den Tag wohl zehnmal abfragen und abantworten. Der Eine fängt an:

Klimm, schläfst du?

Der Andre antwortet:

Treu, Glaub', das Recht, und das rechte Recht,
Die haben sich alle vier schlafen gelegt!
Nun komm, du lieber Herre,
Und erweck' sie alle Viere.

Zwar sind diese Worte im platten Deutsch, welches man so gut, wie das Curische, undeutsch heißen könnte; hab' indessen Ew. Wohlehrwürden mit diesem platten Deutsch nicht schwer fallen wollen, wohl wissend, was Ew. Wohlehrwürden schuldig bin. Mir ist in dieser Aufschrift so was vom lieben, jüngsten Tage, daß ich das Haus bei Mondschein nicht ohne Schauer vorbeilaufen kann, wo diese Jüngstetagesschrift angeschrieben ist. Gehen könnt' ich nicht vorbei, um Tausende. Da dünkt mich immer, Klimm regt sich. — Wenn Ew. Wohlehrwürden mir bei guter Gelegenheit zu erklären die Güte hätten, wie das Recht und das rechte Recht von einander wären, würden Ew. Wohlehrwürden Ihrem Diener ein großes Licht anzünden. Mein zweiter Herr ließ sich zwar verlauten, daß das Recht im Buche, das rechte Recht im Herzen und im rechten Herzensfleck, im Gewissen, angeschrieben stünde, und daß, wo viel Recht wäre, oft am wenigsten rechtes Recht sey; das mag aber wohl er und Klimm verstehen; ich begreife da kein Wort.

Der König soll sich alle Mühe geben, Recht und rechtes Recht in sein Land zu ziehen, so wie es alle Fremde gut bei ihm haben; allein noch soll Klimm schlafen. An Recht soll es, wie man hört, nicht fehlen; mag wohl am rechten Recht! Hoffe wohl für mein Theil ungeschlagen, auch selbst ohne blaues Auge davon zu kommen, da ich das Protokoll in Händen habe. Sollte glauben, daß vor dem lieben jüngsten Tag Treu', Glaube, Recht und das rechte Recht schwerlich aufwachen werden! Diesem seligen Tage sehe mit allen frommen Christen entgegen. Wünsche gar andächtig, Ew. Wohlehrwürden desselben Tages früh Morgens um drei Uhr einen schönen guten Morgen sagen zu können. Sollte denken, daß ich den Klimm alsdann ohne Schauer bei Mondschein sehen werde! —

Mein erster Herr sagte gestern gar eben, die Hoffnung sey der Steigbügel, woran wir uns halten, und das gefiel mir nicht übel. Bedaure nur, daß Ew. Wohlehrwürden nicht reiten, um dies Gleichniß probiren zu können. — Muß bekennen, daß sich mein erster Herr durch meinen zweiten Herrn sichtbarlich verkläret, wie aus dem Steigbügel zu sehen. Hat mir seine Antwort gefallen, die er gestern gab. Sie müssen schon das Auge zumachen, sagt ihm Jemand! Das thue ich nur, erwiedert' er, wenn ich schlafe!

* * *

Das Uebrige, was Freund Gottfried meiner Mutter zugeschrieben, stellenweis. Ueberhaupt ist mir diese Beilage in die Hand gefallen, ehe ich's mir versah. Ich hatte meinen Lesern ein ganz anderes C. bestimmt, womit es mir indessen freilich wie dem Gottfried mit den großen und kleinen Buchstaben gehen können. Ich wünschte herzlich, daß ich dem Buchstaben C. durch's gegenwärtige Briefbuch nichts vergeben hätte, dessen mein Vater sich als eines Unterdrückten und Nothleidenden angenommen. Er war's, der den Candidaten ohne C. widerlegte und diesem Buchstab das deutsche Bürgerrecht verlieh, welches ihm meine Mutter zur Gerechtigkeit rechnete, obgleich der lettische Dichter Paul Gerhard kein Lied mit C. angehoben, welches ihm meine Mutter nie ganz vergeben konnte. Daß ich Worten, denen respektive große und kleine Buchstaben gebühren, diese Gerechtigkeit widerfahren lassen und dieses Briefbuch mehr leserlich von dieser Seite gemacht, sey für die Buchstabenhelden gesagt.

Königsberg, den — —

Der König hat sich in den Kopf gesetzt, die Sperlinge zu vertilgen, und es ist ein Befehl ausgeschrieben, daß jedes Männlein eine gewisse Anzahl Sperlingsköpfe jährlich einzuliefern verbunden. Ohne den Willen des himmlischen Vaters, der doch am besten wissen muß, wozu ein Sperling gut ist, fällt keiner. Wär' ich wie der König, ließ ich keinem den Kopf abdrehen. Ew. Wohlehrwürden sollten nicht glauben, wie viel Sperlinge dieser Verfolgung unerachtet in Preußen sind, besonders in den Kirchenmauern, wohin die armen Dinger sich retten und fliehen. Da sieht man doch, daß es nicht ganz gottlose Geschöpfe sind. Vor wenigen Tagen hielt mein zweiter Herr den Sperlingen eine Vertheidigung, wobei er auch vom Morgen- und Abendsegen der Raben sprach, die andächtiger auswendig beten mögen, als Lieschen aus der in Gott andächtigen Jungfer. Kann das Mädchen nicht aus den Gedanken bringen. Besonders des Nachts gaukelt sie mir vor den Seelenaugen! Hoffe indessen, mit der Zeit sie gar völlig los zu werden. Mein zweiter Herr behauptet, daß es gewisse Raupen gebe, von welchen die Sperlinge den Boden reinigen. Habe nie gewußt, was eine Insel sagen wolle; bei dieser Sperlingsgelegenheit auch erfahren. In England kann man Thiere ausrotten, als Bären, wilde Schweine, Wölfe; aber Vögel zu vertilgen, muß man in England bleiben lassen. Möchte wissen, was Ew. Wohlehrwürden von Preußen und den Sperlingen denken, von denen doch ein Paar im Kasten Noah gewesen —?

Ha der Betrüger! Lieschen ist so schuldig nicht, als ich glaubte. Er hat sich durch keinen Schrei abschrecken lassen, wie andere wohlgezogene Gemüther! — Hat ihr ein feines Briefchen von seiner Mutter gezeigt, die gar höchlich froh über solch eine Schwiegertochter gethan! Mich hat der Bösewicht, mit Verlaub zu melden, einen Cosacken genannt. Möchte wissen, ob so Etwas nicht zu bestrafen? Fürchte nur, daß nicht ohne Stempelpapier abkommen würde. Hat einen Nickel verkleidet, der, als seiner Mutterschwester, Lieschen gar lieblich begrüßet, und nun ist Mutter und Mutterschwester nicht zu sehen, nicht zu hören. Glaub' auch, daß der Bösewicht, der still wie ein toller Hund hinschlendert, sich unsichtbar machen werde. Mich einen Cosacken? Möchte nicht einmal ein Katholik seyn, wenn Pabst werden könnte, so doch ein gutes Stück Brod ist. — Hab' es meinem zweiten Herrn erzählt, wundert sich darob, daß Alles so wie aus einem Buch genommen wäre. Hab' es von Lieschen, die es mir mit Thränen erzählt hat, und konnt' ich nicht umhin, herzlich mitzuweinen. Was das Mädel den Tanz bedauert, wozu ich die Musik bezahle, ist nicht auszusprechen.

Habe Lust, das Protokoll zu zerreißen und dem Kinde meinen Namen zu geben. Ob ich das Protokoll zerrissen zurückbehalten werde, weiß nicht! — Wollte das Kindlein Ew. Wohlehrwürden gottesfürchtig empfohlen haben, wenn ich unterwegs bleibe. Die Mutter ist seit gestern so voll Buße, daß, wenn sie nicht etwa eine neue Unthat bereuet, welches Gott verhüten wolle, sich ein Stein über sie erbarmen könnte. Bittet, Ew. Wohlehrwürden auf allen Fall ihres Kindleins halber zu grüßen. Hoffe, daß Hannchen, wenn gleich sie's erfährt, bedenken wird, daß Tanz und Musik zweierlei ist. —

— — Habe gestern eine Wallfahrt mit meinen beiden Herren zu Fuß gehalten nach der alten Stadt und deren Kirche, wo der Sohn des seligen D. Martin Luther, Johannes genannt, begraben liegt. Werden auch wohl in Ferien nach Mühlhausen, ein Paar Meilen von hier, reisen, wo seine Tochter schläft. Man zeigt noch ihre Knochen in einem kleinen Sarge. — Soll gut für Kopfschmerzen seyn. —

Will Ew. Wohlehrwürden ein Paar Geschichtlein nicht verhalten, die hier viel Redens gemacht in Lehr-, Wehr- und Nährstand, wie Ew. Wohlehrwürden die Christenwelt bedachtsam eintheilen.

Ein armes Weib, die in einem benachbarten Flekken mit Brod ausgesessen, ist allda vor Hunger gestorben. Will viel sagen, frisches Brod riechen und nicht begehren seines Nächsten frisches Brod! — Ihr Brodlohn hat sie ihren zween unerzogenen Kindern zugewendet, welche der selige Mann ihr zurückgelassen! — Wollte nicht in diesem Flecken wohnen! Muß Hagelschaden kommen und Mißwachs! —

Da geht ein gedrückter Mann in die Kirche nach Trost. — Findet ihn! Der Pastor predigt recht nach seinem Herzen; nun geht's an eine Collekte für eine abgebrannte Kirche. Die Kirche hat nicht Fleisch und Bein, wie ich habe, sondern Stein und Kalk, und ist nicht mein Nächster, wie ich glaube. Der arme Mann will zur Thür hinaus, ehe die Kirchenältesten die Sammlung anheben. Siehe da! die benachbarte Thür ist verschlossen! und so muß er durch die ganze Kirche, und Alles zeigt ihm mit Fingern nach. Er hatte nur einen Gulden in seinem ganzen Hause, und fünf Kinder, die nach Brod den Mund aufsperrten. Mein zweiter Herr behauptet, dieser Trostlose hätte mehr gegeben, wie sie Alle, obgleich er nichts gab. Er ließ sich schnöde mit Fingern nachweisen. Wenn es doch mit dem Gulden wie mit dem Oelkrüglein ginge. Gott geb's! —

Hab' mir noch einige Knoten in's Schnupftuch gemacht.

Ein armes Weib bekommt drei Kinder, und hat nur mit genauer Noth ein Hemdchen vor ihrer Niederkunft zusammengebracht. Wie das dritte kommt, ringt sie die Hände. Das arme Weib will die beiden jüngsten nackt taufen lassen! — Der Prediger gab nichts, als drei Segen und wollte auch für drei bezahlt seyn. Was aber die Leute, ohne daß sie Gevattern waren, dem armen Weibe zugewandt, ist nicht zu beschreiben! Müssen doch noch mehr Gerechte hier seyn, als in Sodom, wenn gleich man mit „Uns ist geboren ein Kindelein" vor den Judenthüren hausiren geht, eine Wäscherin einen Kohlenbrenner heirathet, eine Herrnhüterin Putz macht, ein stimmloser Candidat für Juden und Heiden Predigten fabricirt!

Ein großer Knoten! — Meine Herren klagen alle Morgen über die schlechte Milch. Freilich sieht sie aus, als käme sie von einer der sieben magern Kühe. Doch liegt's nicht an der Kuh und wird sie mit Wasser von den Mädchen verfälscht, die sie ausschreien! — Da geht eines dieser Milchmägdlein, und der Wind reißt ihr ihr rothes Tuch vom Halse, und nimmt es mit in's Wasser! — Weg ist's! Da steht sie mit bloßem Busen, wie die junge Frau, die nackt gehen wollte. Vom Wasser kommt's, zu Wasser geht's! So gewonnen, so zerronnen, sagten die Leute, und Ew. Wohlehrwürden werden diesen großen Knoten verzeihen. —

Es ist eine extra-fromme Schule, wo ein Knabe gefragt wird: wer ist dein Vater? Soll antworten: der Teufel, wie es geschrieben steht; der Junge ist so dumm und sagt: Erzpriester in —; ist darüber hart angesehen, wie er's auch wohl verdient hat.

Habe so viel von einem großen Gelehrten erzählen gehört, der im großen Weinfaß seine Wohnung genommen, und sich über Alles aufgehalten, was ihm zu nahe gekommen. Ein Mann desselben Schlages ist allhier befindlich. Seiner Profession ein Jude. Sagt allen Leuten eine trockene Wahrheit, hat nur den Fehler, daß er betrügt, wie Andere. Mag wohl der Faßgelehrte auch nicht ohne Tadel gewesen seyn.

Das Pflaster einer der besten Straßen wird gebessert. Was wollt ihr? frägt der Jude, da sie mit Spaten und Steinen kommen. Die — — Gasse ausbessern! Das geht nicht mit Steinen, sondern mit Friedrichsd'oren. Eine Münze, die hier funfzehn Gulden gilt, und der der König seinen Namen gegeben hat. Ist doch nur ein Stückchen Gold, und Ew.

Wohlehrwürden sollten Lieschens schönen Jungen sehen! — Ich denk', ich zerreiß das Protokoll und verwerfe die Stücke. —

Der Jude ist ein sonderbarer Kautz! „Hängt ein Jude", sagt er, „wem kommt's wohl ein, zu schreien: Da hängt ein Dieb! da hängt ein Jude! sagt Jeder." —

Was habt Ihr das Jahr? gestrenger Herr, fragt er einen Richter. Bald viel, bald wenig, wie es fällt, erwiederte der gestrenge Herr. Sporteln meint Ihr doch? fügte der Richter hinzu. Nicht doch, beschloß der Jude, Flüche und Segen.

Der Reiche, hat er sich verlauten lassen, ist ein Kettenhund des lieben Gottes, den er an die Kisten und Kasten gestellt hat. Der Reiche bezahlt für den Armen; dieser genießt, jener trägt die Kosten.

So geht's, sagt' er, da Jemand fuhr, der sich durch einen wohlthätigen Banquerout bereichert hatte; der Herr fährt, weil er sich vergangen hat.

* * *

Eine Hand wäscht die andere. Gottfried hat für mich ein gut Bekenntniß gethan, und ich kann ihm mit gutem Gewissen Gleiches mit Gleichem vergelten! Es war kein Augendiener, sondern einer von Herzensgrunde. Wißbegierig bei mittelmäßigen Fähigkeiten. Ein seltener Fall. Oft vergaß er aus Achtsamkeit dem königlichen Rath den Teller zu nehmen, und bald gab er ihm Salz für Pfeffer, und Essig für Zucker. Der königliche Rath liebte Alles sehr süß. Gottfried hörte überhaupt mehr, als er sahe; war nicht etwa ordentlich, sondern peinlich. Es verdroß ihn nichts mehr am Junker Gotthard, als daß er die Groschen und

Pfennige oft unberechnet ließ. Herzlich freut' er sich über meine Bemerkung: Bruder! zum Kaufmann und tiefen Gelehrten hast du keinen Beruf; die berechnen Pfennige. Dichter aber könntest du werden. — Nach Noten, erwiederte Junker Gotthard! Gottfried lächelte und dachte vielleicht innerlich, zum tiefen Gelehrten mehr Anlage zu haben, als der gnädige Herr! —

Zuweilen übertrieb Gottfried diese Anlage. Wenn er Spielgeld wegtrug, bestand er auf eine Quittung, worüber er einmal bei einem Haare aus dem Regen in die Traufe gekommen wäre. Einen gastfreien Ausdruck nahm sich Gottfried nicht übel, und kam immer mit heiler Haut davon, wenn gleich er zu weit ging. — Seine Rechtschaffenheit blickte überall durch. Jeder nahm Parthei, so bald er ihm in's Gesicht sah. Da er sich im Schreiben zu üben Gelegenheit hatte, glaubt' er auch im Denken es weit gebracht zu haben. So geht's mit solchen Leuten, und was schadet es, daß es so geht? Man kommt oft mit Erfahrungsbegriffen weiter als mit Vernunftbegriffen. Bei jenen ist man unternehmend, nichts ficht uns an; bei diesen all' Augenblick ein Querstrich, ein Seitensprung. Die Vernunft ist nicht jeder Sache gewachsen, und kann manches Gehege nicht durchbrechen, wo die Erfahrung sich Bahn macht! — Die Baarschaft seiner Seelenkraft ergiebt sich aus seinem Briefe. Ich habe den größten Theil seines langweiligen Briefbuchs abgesichelt. Was hindert er das Land? Seine Bemerkungen über Danzig gehen all' auf's Glockenspiel heraus! In Berlin hat er keine in Gott andächtige Jungfer mit ihren Morgens und Abends zu Gott erhabenen Händen gefunden. Lieschen ist todt, ihr Kind hat Gottfried nach seinem

Namen genannt, und das Protokoll nicht etwa eingerissen, sondern verbrannt. Noch eine Stelle find' ich in seinem Briefbuche, die lesenswerth seyn dürfte.

Es ist allhier Sitte, daß man die von Gottes Gnaden oder Ungnaden, wie es die Leute nennen, in den Wirthshäusern zu Jedermanns Achtung, sonderlich denen daran gelegen, aufknüpfet. Da hing ein ganzer Codex (meine Herren nannten es so) am Nagel, und es gefiel meinen Herren die Art, den Codex an den Nagel zu hängen, worüber der Wirth selbst lachte, da man ihn darauf brachte. Sein Schwager, der das Bier zu versuchen gekommen war, hatte noch einen tückischern Einfall, den ich Ew. Wohlehrwürden mittheilen will. Mein adelicher Herr that die Frage: Nun, Ihr haltet doch diese heilsamen Verordnungen, oder von Gottes Gnaden, wie Ihr sie nennt? — Junger Herr! Einer hält sie im ganzen Dorfe. Gott verzeih mir meine schwere Sünden! Da fiel mir der Jüngling ein, der alle zehn Gebote gehalten hatte von seiner Jugend an. Ha! dacht' ich, das wird wohl so ein Enkelchen dieses Jünglings seyn, und freute mich, daß beide Herren fragten: wer? denn hätten sie nicht gefragt, so hätt' ich's gethan. Wer? Der Nagel, antwortete der Bauer, und sah nach oben, als ob seine Antwort auch an dem Nagel hinge.

Aus dem nämlichen Fasse des jüdischen Diogenes. Nicht wahr? Ein besonderer Geschmack drin! Es schmeckt nach dem Fasse. —

Hier sagt man, schreibt Gottfried, mutterseligallein; hab' es in Curland nicht gehört. Mein zweiter Herr ist gleich mit einer Erklärung da. Will es von den sechs Wochen verstanden haben, da der Mann sein Weib, wenn er sie gleich noch so liebt, allein läßt, und wo sie doch allein so selig in der Mutterfreude ist, daß sie nichts mehr begehrt. — Liese, fügt' er hinzu, hat nur drei Wochen gehalten. Möchte wissen, wenn nach dem betrübten Sündenfall die sechs Wochen aufgekommen?

* * *

Meiner Mutter Lieblingswunsch war: Gott thue wohl den guten und frommen Seelen! und so schließ' ich auch diese Beilage

C.

Soldat!

Ob mein Vater den rechten Weg eingeschlagen, mich zum Soldaten zu erziehen, mögen Feldherren und nicht Kunstrichter bestimmen. Daß ich mich aber selbst nach dieser Lebensart, nur erst da Mine todt war, herzlich gesehnt, ist ein Umstand, den ich zur Steuer der Wahrheit, sonder Arglist und Gefährde, hie und da zu erkennen gegeben. Nie würd' ich diese Sehnsucht befriedigt haben, wenn es nicht dem Herrn über Leben und Tod gefallen, meine liebe, theure Mutter aus der streitenden Kirche dieser Welt in die triumphirende zu versetzen und zum ewigen Frieden in sein himmlisches Reich zu bringen, wo Ruhe ist. Sie warf zuweilen die großmütterliche Frage auf: ob es in der andern Welt zwei Geschlechter geben würde? und mein Vater, der sich in solche Fragen nie einließ, brachte sie auf die himmlischen Heerschaaren und ließ das gute Weib im Stich. Sie war wirklich auf dem Wege, zu glauben, daß dort nur männliches Geschlecht seyn würde! Indessen erklärte sie die Spruchstellen, welche die Engel als starke Helden, als edle Streiter, als Hülfsvölker der Menschen darstellten, in der Art, daß man in der andern Welt sich recht ämsig bemühen würde, (dem Wort: exerciren, wich sie glücklich aus) Gott zu loben! — Der Engel aber, sagte mein Vater, der in einer Nacht einhundert fünf und achtzig tausend Mann schlug? — „Das war durch eine Feldpredigt.“ Und der mit dem Schwerte vor dem Paradiese aufzog? fiel ich ein. Stecke dein Schwert in die Scheide; denn wer das Schwert nimmt, wird durch's Schwert umkommen.

Ohne daß man wußte, ob diese vortreffliche Worte auf den Cherub, oder mich, gingen —

Noch nie bin ich über Etwas so stimmig gewesen, als über die Ausführung des Entschusses, Soldat zu werden. Es war göttlicher Ruf. Ich hatte nicht nöthig, die güldene Regel von zwei Loosen in Anwendung zu bringen und in eines flugs Ja und in's andre flugs Nein zu schreiben, sie einander gleich zu machen, eins zu greifen, und zu thun, was ich gegriffen. Es war alles Ja in mir, und Amen in mir, und wahrlich! ich empfand, daß ich eine Stimme zum Adler und Löwen hatte, die meine Mutter nur Baßpastoren erlaubte, dagegen sie der gütigen Meinung war, daß auch ein Discantist schon ein Thierchen für sein Stimmchen in der Bibel finden würde! —

Der preußische Dienst hatte so viel Anziehendes für mich, daß ich lange kämpfen mußte, wo ich den Tod, den lieben Tod, suchen sollte. Da fiel mir noch zu rechter Zeit ein Gespräch ein, das der Professor und der Officier beim königlichen Rath über diese Materie gehalten. Es ward von einem jungen Manne gesprochen, welcher durchaus und wider seiner Eltern Willen, wie es der Professor hieß, dem Kalbfell und nicht den Prolegomenen der Metaphysik folgen wollte.

Der Kalbfell-Ausdruck fiel dem Officier auf. Er forderte den Professor. Hier ist das Duell:

Und wenn er will?

Der Verstand ist frei!

Der Wille nicht?

Wer sich auf den Verstand verläßt, was thut der?

Alles!

Mit der Feder?

Mit dem Kopf überall der Soldat. Freund! ich lass' Ihrem Stande alle Gerechtigkeit widerfahren; ich lass' ihm den Degen und, wenn Sie wollen, die Hand. —

Und Willen?

Meinetwegen! wenn mein Stand den Verstand behält, hat er gewonnen Spiel. Den Verstand — —

Bitte zu behalten. Gegönnt von ganzem Herzen. Mit Verstand ist nicht viel anzufangen; aber was können Sie denn meinem Stande nachsagen?

Cain schlug seinen Bruder Abel todt, war der erste Alexander der Große, der erste commandirende General=Feldmarschall, ein Allerdurchlauchtigster Ueberwinder, Sieger aller Sieger!

Und das Zeichen, das ihm Gott an die Stirn hing, gelt?

Das war wohl, nach Ihrer Meinung, ein Gnadenkreuz, ein Orden? — —

Wenn Sie wollen; wenigstens schützt manches Gnadenzeichen den Träger, daß man ihn nicht Mörder schilt. —

Gewonnen!

Noch nicht. Gott schuf Weiber und Männer; allein viele Männer sind Weiber, und viele Weiber Männer. Es giebt Leute, die den Baum fein höflich wegbiegen, und Leute, die ihm gerad entgegen trotzen; Leute, die bitten, und die fordern.

Fordern, Freund? Was haben wir denn Welt auf Welt abzufordern?

Die ganze Welt!

Oder nichts, als uns selbst. Ein Jeder hat den Ort, wo er steht, den Platz, wo er seine Rüben pflanzt.

Und wer ihm das nimmt?,

Ist sein Feind!

Also Krieg und Soldat!

Vor dem die steinerne Tafel sub B, die von der Liebe des Nächsten handelt, ihn schützt: Was du nicht willst, daß dir Andere thun, thue Andern auch nicht.

Und wenn trotz der steinernen Tafel sub B doch ein solcher Thäter wäre?

Dann Alles wider ihn, bellum omnium contra unum, solum, totum.

So wäre das menschliche Geschlecht eine Familie, wo der liebe Gott Hausvater wäre. Staaten sind unserer Herzenshärtigkeit wegen; und Soldaten? —

Träume, Freund! Wir wollen nicht im Schlaf reden.

Ist's Schlaf? Ist's Traum? Wie gern gäb' ich, wie der Astronom, den Tag um diese Nacht! Glauben Sie nicht, Freund, daß einmal eine Heerde und ein Hirte seyn wird? Daß die Böcke ausgestoßen und die Lämmer gesammelt werden können? — Es gehen viele Lämmer in einen Stall! und in Wahrheit, die Erde ist so ein kleiner Stall eben nicht, daß nicht jedes Paar sein Königreich, sein Haus und Hof, seinen Acker haben und sich begnügen sollte mit dem, was da ist! Wir haben nichts in die Welt gebracht, und ist gewiß, daß wir auch nichts herausnehmen werden. Der Mensch, wenn er todt ist, hat mit wenig Spannen Erde genug, und wenn er lebt, schwebt und ist, braucht er ein Paar Spannen drüber. Man sollte nach Spannen messen. Die verdammten Meilen, sie mögen deutsche oder englische, oder — seyn, so sind es Wege, die den Menschen aus dem Menschen hinausführen. Die Soldaten sind eigentlich die Meilenzeiger. Sie haben alles Unglück in die Welt gebracht, sie erhalten es und werden es so lange erhalten, bis die Menschen so klug werden, daß sie kein Herz mehr haben; dann wird sich Alles von selbst geben! —

In den ersten fünftausend Jahren wohl nicht, und da unser Leben siebenzig währet, wenn's hoch kommt, achtzig, lassen Sie uns die Welt nehmen, wie sie ist, und den Soldaten Soldaten seyn!

Aber das Bewußtseyn, daß er überflüssig ist, daß die Welt ohne ihn seyn könnte und, was noch mehr ist, glücklicher seyn würde — ha! solch Bewußtseyn thut weh.

Kann nicht sagen! Was würden denn die Herren Gelehrten in diesem Paradiese vorstellen?

Bewahrer der Lade des Bundes, wo geschrieben steht: Was ihr nicht wollt, daß die Leute euch thun, das thut ihnen auch nicht.

Lieber Freund! Zu so einem kleinen Bundesládchen hat Jeder in seinem Hause Platz, ohne den Gelehrten Miethe bezahlen zu dürfen.

Nun! so mag Alles dahin fahren! Der Herr hat's gegeben, der Herr hat's genommen, der Name des Herrn sey gelobet!

Und gebenedeiet! Kurz und gut, lieber Professor! Gesetze ohne Vollstreckung sind Professores ohne Studenten! —

Zur Vollstreckung sind hundert Mann genug.

Nachdem die Unterthanen sind, viel oder wenig, ruhig oder unruhig.

Man weiß nicht, ob Julian die Christen, oder die

Christen den Julian verfolgt. Die Sterbescene an seinen Ort gestellt, da Julian eine Handvoll Menschenblut mit den Worten gen Himmel warf: Endlich hast du, Galiläer, doch überwunden!

Ich. Julian? —

Die wenigsten Unterthanen lassen es bis zur Execution —

Und die Nachbaren?

Müssen denken wie wir!

Müssen? Und wenn nicht?

Greift der Bürger nach seinen Waffen.

Der Professer nach dem Studentendegen.

Hat's denn nicht militiam civicam gegeben?

Schneider zum Beispiele.

Fleischer, Schlösser, Schmiede, unsere Fuhrleute —

Gänse zur Leibwache für's Capitolium —

Was ich bei dieser Unterredung für vernünftige, lautere Milch in Absicht meines Entschlusses eingesogen, wird Jeder selbst einsehen. So lange die Welt so ist, wie sie ist, scheint der Soldatenstand so etwas Männliches, so etwas Rüstiges an sich zu tragen, daß ich keinem jungen Menschen, falls er nicht eine Mine hat, verarge, wenn er dem Kalbfell folgt, so wenig wie dem Sokrates, daß er zwei Schlachten pro patria et gloria übernommen. Der Gebrauch, daß man das Kind die Semmel erst mit einem Pfeile treffen ließ, ehe man ihm solche bewilligte, hat er nicht sein Gutes? Und wer kann meinem Vater das Alexanderspiel vorrücken? Man sieht den Krieg als einen Staatsaderlaß an, und vielleicht nicht ohne Grund. Der Professor war der Meinung, so wie es alle Schulmänner sind, der Peditatus, das Fußvolk, sey der Kern, die Phalanx der Armee. Weil die Alten dafür gewesen, sagte der Officier, und weil die Schulofficiere selbst alle Peripathetiker, Spaziergänger sind. Der Officier war ein Reuter. Ein Pferd ist freilich ein geborner Soldat unter den Thieren, und kann es vom Reuter mit Recht heißen: doppelte Schnur reißt nicht; indessen war ich mit dem Professor sehr für's Fußvolk. Kein Wunder, da ich Student war. Ich blieb aber auch dieser Meinung, weil ich in der Jugend schon bei der Infanterie gedient und einen rühmlichen Abschied als Alexander erfochten. Fußsoldaten sind die Richter, die das Urthel aussprechen; die Reuter vollstrecken es nur.

Daß doch der gütige Himmel dies Kränzchen beim königlichen Rath in Frieden erhalten wolle! Nach meinem letzten Briefe aus Königsberg lebt' er noch, der Präsident desselben, dieser Mann mit einer offenen, weit offenen Stirn, schwarzem Haar und einem Aug', in dem man ihn im Kleinen, allein doch ganz sahe, dieser Mann, der in den Mond und auf ein Grab sehen und weinen konnte. —

Es gehört, sagte der königliche Rath, Minister und General zum Kriege; Einer, der das Pulver erfindet, und ein Anderer, der es braucht; und dies kam dem Professor wie gerufen. Was will denn der Soldatenstand? fing er an. Erfand nicht ein Geistlicher das Pulver? Und hat nicht Daniel einen Traktat von der Cavallerie geschrieben? Der Officier hätte, das sah man ihm an, den guten Mann nicht ohne ein Wer da? gehen lassen, wenn nicht Daniel eben von der Cavallerie geschrieben. Das bracht' ihn durch. —

Ueber die fremden Worte beim Exerciren war der Officier am verlegensten. Die Herren, sagte der

Professor, sind alle deutsche Briefe mit französischen Aufschriften. Für aufbrechen, fortgehen, sagen sie marschiren, für Schlacht Bataille, für Rittmeister Capitain, für Rottmeister Corporal, für Feldwebel Sergeant. — Warum denn nicht Feldherr, sondern General? Von den Polen können wir deutsch lernen; da giebt's allein Groß- und Unterfeldherren. Zwar, fuhr der Professor fort, haben die Herren freilich auch ihre deutsche Kunstwörter. So heißt z. B. der Teufel hat ihn geholt, in unserer Sprache: er ist sanft und selig im Herrn entschlafen! aber — Wer Andere jagt, fiel der Offizier ein, wird selbst müde; und der Professor wie ein Kanonenschuß: Man muß sein Geld nicht in einen Kasten werfen, wozu man den Schlüssel nicht hat.

Außer in den Gotteskasten, sagte der königliche Rath.

Soldat! aber wo? Eigentlich ist man Soldat für's Vaterland. Da Curland indessen kein Vaterland ist, oder da Curland keine Soldaten hält, so war mir die ganze Welt offen. Wo? dacht' ich. Der gute Officier, ohne zu wissen, was ich dachte, sprach ohn' End' und Ziel von der überwiegenden Würde eines preußischen Soldaten. Ueberzeugt, daß er mit drei Mann dreitausend schlagen könnte, so daß kein Gebein von ihnen auf dem andern bleiben sollte, war ihm Alexander nicht groß. Alexander nicht? Der Professor sagte an einem tapfern Tage: Gewiß hat ein preußischer Trompeter die Mauern in Jericho zu Schanden geblasen. Unser Reuter lächelte. Wissen Sie, Freund! fuhr er fort, die Unterredung des großen Alexander mit dem Seeräuber, der sich so nahm, als wären sie Kriegscameraden? Der Reuter lächelte. Als Alcibiades, sagte der Reuter, erfuhr, daß die Athenienser ein Todesurtheil über ihn ausgesprochen, sagt' er, laßt uns ein Lebensurtheil eröffnen, und dies Urtheil in Rechtskraft setzen. Alcibiades, lieber Professor, zeigte, daß er lebte.

Der Professor schwieg, ohne zu lächeln. Ich würde unserm Reuter, der wahrlich ein deutscher Brief mit einer französischen Aufschrift war, die Verachtung des großen Alexanders verziehen haben, obgleich Alexander mein Verwandter war, und worden seyn, wie er Einer, wenn nicht zu allem dem noch ein Vademecum von Werbgeschichten gekommen wäre, die der Reuter in Bereitschaft hatte, und die mehr interessiren, als die im Druck erschienenen List und lustige Begebenheiten der Herren Officiers auf Werbungen. Es ist bekannt, daß Preußen für seine Kriegsmacht zu wenig Vaterländer habe, und daß durchaus auf Fremde Rücksicht genommen werden müsse. Mein Herr, sagte ein Witzling, braucht nicht Kinder, sondern Männer, als man von der Unzulänglichkeit der preußischen Landeskinder sprach. Kann man aber vom Witze sagen, daß er seinen Mann halte? — Der Krug geht so lange zu Wasser, bis er bricht, bemerkte der Professor über diesen Gegenstand. Es kommt viel darauf an, wie man ihn trägt, erwiederte der Reuter. Mag seyn! Was kann denn aber ein Fremder für innerlichen Beruf fühlen, für ein fremdes Land zu siegen, oder zu sterben? Sollte man es nicht für eine Art von Blutschande halten, wenn Fremde für Geld und gute Worte Blut und Leben in die Schanze schlagen? Freilich geben auch zwei kalte Steine Feuer; allein man muß sie lange reiben; mit einem eilfertigen: Fertig, schlagt an, Feuer! ist's hier nicht gethan. Zur Zeit der

Anfechtung fallen die Miethlinge ab! — Gut! sagte der Reuter, daß der Spreu vom Kern stiebt! — allein noch besser, wenn keine Spreu mehr da ist. Der Professor! — Sollen Werbungen seyn, warum list- und lustige Begebenheiten dabei? Ist's denn so unrecht, wenn ein mit List und Lust Geworbener sich mit List und Lust wieder aus dem Staube macht? Der List kann durchaus nichts anders als List entgegengesetzt werden. Verstand thut nichts dagegen. — Der Professor konnte nicht aufhören über den armen Tropf zu lachen, der als Regimentsglaser Handgeld genommen. Eine einzige von diesen interessanten Geschichten:

Ein Offizier, der aus List und Lust in gemeiner Kleidung auf Menschenkaperei ausging, fand, wie sich unser Reuter ausdrückte, seine Leute, die er mit Geld und guten Worten locken wollte, daß sie daran glauben sollten, so gefaßt, daß er keine Menschenfestung einnehmen konnte. Er legte sein Ueberkleid ab, fing an zu drohen, und siehe da! man legte es ihm so nahe, daß er sich in's Wasser stürzte, um sich zu retten. Ungewohnt, zu Wasser Dienste zu thun, würde er sein Leben gewiß eingebüßt haben, wenn nicht ein junger Mensch, der nur an die That, nicht an die Gefahr zu denken gewohnt war, mit seiner eignen Lebensgefahr das Leben dieses Werbers gerettet hätte. Edler Mensch, sagt' ihm der Gerettete, was bin ich schuldig? — Nichts, erwiederte er. — Ein Tuch wenigstens zum Trocknen! — Ich bin nie anders getrocknet, als von der Sonne. — So sey mein Freund! — Hier ließ sich der Retter bewegen, dem Geretteten die Hand zu geben und ihm zu folgen. Edler Mensch! wo gehst du hin?

Bei großen Handlungen ist kein Stand merklich. Man sieht den Menschen nicht vor der That. Jetzt, da Beide unter Dach waren, sah der Offizier, daß die Seele seines Lebensverehrers weit über dessen Stand wäre! — Der Gerettete ließ auftragen, was das Haus vermochte. Macht nur den Versuch, es kommt nur auf euch an, wie ihr den gemeinen Mann haben wollt. Ihr habt den Stimmhammer zu seinen Gesinnungen in euren Händen! —

Der Offizier, so wenig zum Stimmen aufgelegt, daß er bis auf eine sehr kleine Cultur tief unter seinem Retter stand, verhielt sich herrlich zu ihm. Man aß und trank, und ward, wie der Reuter sich ausdrückte, von innen so naß wie von außen. In diesem ausgelassenen Vergnügen nöthigte der Offizier seinem Erretter ein Versprechen ab, das sogleich durch eine rothe Binde in Rechtskraft gesetzt ward. Unser Reuter nannte diese Erzählung einen Wasserfall und that so listig und lustig dabei, daß es Jedem von uns wie ein zweischneidiges Schwert durch die Seele ging.

Wenn das der König wüßte, sagte der königliche Rath! — Wenn? erwiederte der Reuter; was für ein Federleser wird es ihm denn melden? Da Niemand das Wort nahm, fuhr der Reuter fort: Nachdem es fällt. Was für Collision ist denn hier, wenn man die Sache beim rechten Zipfel faßt? —

Ich wünschte, diese zweischneidige Geschichte so kalt erzählt zu haben, als sie der Reuter erzählte, der mir in diesem Augenblick mit seiner List und Lust wie ein Menschenhändler vorkam! Er glaubte, daß der Retter nicht höher, als durch eine rothe Binde belohnt werden könne, da er aus einem Sclaven ein Gebieter worden! Wie man Alles in der Welt nehmen kann! Das Copernicanische System scheint paradox und ist doch das wahrscheinlichste! Der Retter war freilich ein gemeiner Mann; muß man denn aber einen Degen tragen, um glücklich zu seyn? — —

Ich dachte nicht mehr wo? Die Russen können von Riga aus den Curländern in die Fenster sehen! Unser Reuter selbst konnte den Russen nicht ein gutes Zeugniß abschlagen. Er hatte sich mit ihnen gemessen, und sein Vater, der während des dritten schlesischen Krieges, in Preußen den Russen zu huldigen verbunden gewesen, hatte alles Liebes und Gutes von diesen guten Feinden genossen! — Alles, fügt' er hinzu, Alles haben die Russen von uns. — Mag! Man sagt freilich, die Russen ahmten nach. Besonders, daß eine Nachahmung der Natur, eine Beschleichung derselben, eine unmittelbare Befolgung der Vernunft, eine Erfindung heißt, und von Niemandem, als wer es versteht, Nachahmung gescholten wird. Nur wenn ein Mensch ein Menschennachahmer ist, heißt er Affe, Männchenmacher, oft Possenreißer; dann sieht's aus, als wenn man im verbotenen Grade geheirathet hätte. — Ist's eine Blutschande, für ein anderes als das Vaterland den Degen blößen, so ist hier die Blutschande noch ersichtlicher. Wahr! daß kein Menschennachahmer es weit bringt und die Nase (bei jeder Nachahmung ein Hauptstück, das in Bewegung ist,) hoch heben kann. Warum aber wahr? Weil der Menschennachahmer vielleicht mehr vermochte, als sein Herr und Meister, weil der Nachahmer kein Herz hatte; und weil überhaupt es nicht viel Menschen giebt, deren Bild man tragen kann.

Jeder Mensch ist Original, sagt Pope, und wie

oft ist das Uneigenthümliche nichts weiter, als Rost, der sich an eignes Talent anklammert.

Das erste Wort war Russen! das zweite Krieg! und das dritte Türken! So viel Worte, so viel Gewichte. Die Türken gaben den Ausschlag.

Mein Vater konnte zwar als ein christlicher Geistlicher nicht wie Aristander in dem Alexanderspiel dienen; allein wider die Türken wär' er mit Freuden als Feldprobst gegangen.

Ich fürchte, er hätte seine Bibel sehr bald mit dem Degen verwechselt. Er hatte nach seiner angestammten Milde keinen Feind in der Welt, als die Türken. Auch diese waren Feinde der Einbildung. Wär' es auf Liebesdienste angekommen, er hätte nicht ermangelt. Selbst zog er keine erbauliche Kirchenglocke wider sie. Meine Mutter besaß eine Predigt mit dieser Aufschrift, die mein Vater in seinem Bücherheere litt. — Das will schon viel sagen; was that er denn Curland und Semgallen? und was den Türken? — Wem fällt hier nicht seine Reise ein, die er mit meiner Mutter des Abends zum Grabe Christi anstellte? Des Morgens, wenn Beide zu Hause wieder eintrafen, hatte keines einen Türken gesehen. — —

* * *

Junker Gotthard hatte, nach dem Tode seines Vaters, von seiner Mutter dringende Briefe, zurückzukommen. Schnell fiel ihm auf einmal seine unverkrümmte und unverkrakte, reif wie die Natur herausgegangene, wie eine Göttin ausgewachsene Trine ein, gegen die Alles, was er in Königsberg Schönes erjaget, nur mangelhafte Kopien blieben. Was das für ein Geruch ist, sagt' er mir einen Abend, wenn die Pomade auf dem Kopf und die Rose am Busen im Wettstreit sind! Nun war Junker Gotthard fertig. Er sagte selbst, daß er wie aus der Pistole abgehen wollte. Unvergeßlich ist mir der Abend, da die Nachricht von seines Vaters Beförderung einging. Seine Mutter hatte mir übertragen, ihm diesen Todesfall gelegentlich im Gärtchen beizubringen. Er kam mir mehr als halbes Weges entgegen. Meine Vorbereitung indessen verpfuschte mir eine Scene nicht, auf die ich es geflissentlich anlegte. Er ist geborgen, fing er an. Was meinst du, Bruder, ich werde nicht alt werden? Mit diesen Worten stützte sich Junker Gotthard auf drei Finger seiner linken Hand, (er hatte starke Finger,) und blieb so eine Viertelstunde. Jetzt sprang er auf und murmelte die Melodie: W e n n m e i n S t ü n d l e i n v o r h a n d e n i s t. Das Ende vom Liede, fing er zu mir nach dem dritten Vers an, das Ende vom Liede, Bruder, ist sterben. — Wir leben für nichts und wieder nichts; Eins kommt zum Andern, erwiederte ich; es giebt auch schöne Tage in der Welt.

E r. Summa Summarum, was ist das Leben?

I c h. Freilich, der schönste ist der Sterbetag!

E r. Gelt! es war ein Mann, mein Vater! Ich will nicht ruhmredig seyn. Ich werde nie werden, was er war! —

Wahr! Bruder! ich vergesse nie ihn und den Alten mit dem einen Handschuh, den er jetzt mit Vor- und Zunamen kennt!

Junker Gotthard holte sich den Kalender und brachte ganz richtig heraus, daß sein Vater an dem nämlichen Tage gestorben, da der ehrwürdige Alte zum letztenmal vom Gewächs des Weinstocks bei ihm getrunken! — Eine Stille! —

Junker Gotthard aß den Abend keinen Bissen. Er war ernst und feierlich; Gottfried außer sich. — Beide konnten sich nicht anders nehmen, da sie herzlich betrübt waren. Gottfried weinte laut, als wollt' er seinem Herrn den Rang ablaufen. Junker Gotthard keine Thräne!

Man entgeht mit eins, wenn man stirbt, allem, allem Elend, sagte Gottfried, und riß seinem Junker das Kleid herunter und band ihm das Kopftuch mit den Worten um: Ist's mir doch, als wär' es dem seligen Herrn! —

Ich weiß nicht, ob dies oder was anders der Drücker der Flinte gewesen! — Junker Gotthard weinte heimlich. Er und ich hatten die Gewohnheit, aus dem Bette gute Nacht auszuwechseln, diesmal hielt es lange an, eh' sie seiner Seits zum Vorschein kam! Ich hört' ihn weinen! — Spät kam die gute Nacht, und so mit Thränen versetzt, daß ich selbst bewegt ward! Ich kein Wort, wie gute Nacht! Wer sollte glauben, daß Junker Gotthard, dieser rauhe Jüngling, auf diese Art gute Nacht sagen könnte! Er schlief bald ein. Seine drei Argos, die er in Göttingen hatte, konnt' er nicht freundlich ansehen. Der Selige hatte es ihm verboten. So wie sein Schmerz nachließ, so nahm die Liebe zu den Hunden zu. Sie heißen Argos, sagt' er, ich nehme sie mit. Der Schmerz, sagt' ich ihm, ist eine Seelenbewegung! Die deinige hatte sie höchst nothwendig.

Ich gesteh' es, sie war der Stockung nahe.

Fast. —

Ich kann mich nicht so geschwind auffreuen als Mancher!

Desto besser, daß du geweint hast! —

Aber weinen! —

Würden wir wohl weinen können, wenn wir nicht weinen sollten?

Gern hätt' er, wie er sagte, seinen Vater im Sarge gesehen! Du hast mir gesagt, es gäbe Gesichter, die sich da ausnehmen! Mein Vater war einer von denen, die im Tode getrost zu seyn verstanden. Es freute den Junker Gotthard, daß sein lieber Vater, wie er's nannte, zu Kreuz gekrochen und sich mit der Bibel ausgesöhnt hätte.

Seine Mutter hatt' ihn von Allem unterrichtet, und im Postscript, das fast eben so lang als der Brief war, vorgezeichnet, wie die Trauer beschaffen seyn sollte. Die Regel jenes Alten, die er gab, da man ein Mittel wider den Schmerz von ihm verlangte, brachte den Junker Gotthard wieder auf die drei Finger seiner linken Hand: denke an die Zukunft, als wäre sie da! — Wahrlich eine schöne Regel!

Giebt's Schmerz? könnte man fragen, und: giebt's Freude? darauf antworten. Bei Gott ist Finsterniß Licht. Böses ist bei ihm Gutes. Er sieht wie Gott, und wir wie Menschen! — Podagra ist Originalschmerz! Edles Salz, uns das Leben schmackhaft zu machen, das ist Schmerz! — — —

Daß dem Junker Gotthard seine gute Trine einfiel, wer kann es ihm verdenken? Ich verdenke Keinem, was die Natur ihm nicht verdenkt! Da ich ihn aber an die liebe Kleine, an Lorchen, erinnerte, schlug er den Kopf zurück. Kinderspiel! Das war Alles, was er sagte. Junker Gotthard ward, was er nie gewesen, krank, und konnte nicht reisen. Die Aerzte widerriethen ihm die Reise, und seine Mutter, da sie die Nachricht von seiner Krankheit eingezogen, verbot sie ihm. Sie verfügte eine Zeit, damit er sich ja nicht übereilen möchte. Ihren mütterlichen Segen setzte sie darauf. — Junker Gotthard blieb, wie er mir sagte, gern meinetwegen! und ich leugne es nicht, daß ich mich ihm und seinem Göttfried in dieser Vorbereitungszeit mehr widmete, als vor diesem!

Einen Morgen traf ich ihn mit einer Taube beschäftigt. Er wollte ihr beibringen, die Wicken aus den Erbsen zu lesen! — Bruder, setze den Citronenbaum dem Fenster näher; siehst du nicht, wie er seine Aeste nach der Sonne reckt? — Natur, Bruder! Wie kannst du glauben, daß eine Taube sich so verleugnen sollte? — Dafür ist's eine Taube! erwiederte er.

Ich würde sie verachten, wenn sie keine Erbse mit verschlänge! —

Zugegeben, sagt' er eines Abends, da er sich durchaus noch eine Viertelpfeife länger mit mir unterhalten wollte, Alles zugegeben, eine Flinte ist doch was Großes. Jupiters Scepter! Donner und Blitz! Jupiter würde sich nicht schämen, sie zu führen.

Je aufgeklärter die Nation, je weniger wilde Thiere, erwiederte ich. Wilde Thiere, wilde Menschen!

Er. Der Sohn des Achill ging mit zwei Jagdhunden in die Versammlung der Achäer.

Ich. Wilde Thiere sind Straßenräuber.

Er. Darum Jagd.

Ich. Ich wünschte Ausrottung! —

Er. Und wo denn Fleisch in der Wüsten?

Ich. Wachteln! Vogelwild!

Er. Vogelwild ist Weiberwild. Männer sollten so männlich seyn, und diesen Jagdabschnitt den Weibern überlassen! Nicht wahr, auch Hausthiere?

Ich. Freilich, wenn durchaus Fleisch seyn soll, wenn Manna nicht hinreichend ist. Man muß doch von jeher Gewissensbisse über's Fleisch gehabt haben, sonst würde nicht in den christlichen Kirchen die Fleischfasten ein Religionsstück worden seyn. Der Mensch, dünkt mich, ist Souverain der Erde, kann essen und trinken, was er will, was sein großes Haus, die Erde, nur vermag! — Was seiner Souverainetät in Weg kömmt, begeht Hochverrath! Alle schädliche Thiere sind Verräther. Nimm England!

Er. Hasen giebt's da noch.

Ich. Die sind zu keinem Hochverrath aufgelegt.

Er. Der Hauptjagdartikel!

Ich. Du sprichst dein Urtel selbst. Sieh' da! der Beweis, daß die Jagd mehr ein Spiel, als eine Ausübung der Majestätsrechte über die Thiere ist! — Freilich kommt der Jäger mit List, Hunden und Flinte, so wie jeder Despot; allein der Sache nahe getreten, ist er Fiskal, Richter, Henker, der im Kleinen den Monarchen spielt! — Ausrottung, Bruder, Ausrottung!

Er. Du red'st, wie Moses von den Canaanitern, Hethitern, Amaritern —

Ich. Mit dem Unterschiede, daß meine Canaaniter Bären, wilde Schweine, Wölfe und andere dergleichen schadenfrohe Thiere sind.

Er. Und England?

Ich. Ich bitte.

Er. Dieser Wildfang von Staat ward, was die Thiere erst waren, ward wild.

Ich. Frei, willst du sagen, und Curland, dies Bärenland! —

Er. Gute Nacht, Bruder!

Ich. Gute Nacht! —

Er. Mein Vater pflegte zu sagen, der Monarchist reitet, der Aristokratist fährt, der Demokratist geht zu Fuß, wie jeder kluge Mann.

Ich. Der Despot läßt sich in der Sänfte tragen.

Er. Der Monarch liebt die Jagd.

Ich. August der Schöne, König von Polen, liebte die Jagd rasend, und der Original-König Friedrich, liebt er sie? — — —

Schon hab' ich bemerkt, daß die Frau v. G— ihrem Sohne die Trauer sehr pünktlich vorgezeichnet. Herr v. W— hätte nicht genauer seyn können, wenn von ihm ein Trauergutachten auf Ehr' und Reputation wäre abgefordert worden. Wer aller dieser Trauergesetzgebung ungeachtet, nicht trauerte, war Junker Gotthard! —

Man muß Gott mehr gehorchen als den Menschen, sagt' er; dem Vater mehr als der Mutter.

Herr v. G—, der Selige, declamirte, nach der Relation des Junkers Gotthard, unaufhörlich wider alle Trauer. Jedes, sagte dieser Naturmann, hat seine

Tracht. Die Erde grün, die Sonne Gold! Grün und Gold ist Erd' und Sonne!

Bruder! sagt' ich, man sieht's dir nicht an. (Dies war seine Uniform, wie wir Alle wissen.)

Ihr Gelehrten habt alle kein Aug', erwiedert' er.

Aber die Jagd, Bruder! verbot sie der Selige nicht?

Er selbst war Jäger; bin ich denn noch Student?

An der Taube hast du den Erb- und Gerichtsherrn von — gesehen, nicht wahr? in Lebensgröße! Sey immer eine Taube, lieber Gotthard! —

Der Zeitpunkt kam, den ihm die besorgte Mutter bezielt hatte, und nun schieden wir an einem regenigten Tage, nach Mittage, weil es eine weite Reise war, von einander.

Es ist in diesem Buche schon so oft Abschied genommen worden, und begnüge ich mich also zu bemerken, daß der unsrige kurz und gut war, wie Vieles in diesem Buch ist. Ginge ich zu Fuß, würd' ich behaupten, ich ginge mit einem Springstock. — Gottfried hatte etwas Schriftliches aufgesetzt, das er mir mit einer Art behändigte, die nicht zu beschreiben ist. —

Der Jüngling, fing Gotthard an, lehrt den Mann, der Mann den Greis. Der Grund, die Folge, pflegtest du zu sagen, lieber Bruder! Du sollst Freude an mir erleben! — Gott segne dich, lieber Gotthard sagt' ich.

Er. Du wirst dein Lebtag nicht Pastor werden.

Nach einem kleinen Wortwechsel mit dem Postillion wegen der drei Hunde, brachte Junker Gotthard es in einem Augenblick durch Geld und gute Worte dahin, daß der Postillion diesen dreien Argos selbst ein Lager legte! Und nun ließ Junker Gotthard über und über blasen! **Reise glücklich!** —

Zum erstenmal empfand ich die Glückseligkeit, allein zu seyn! Daß Leute in gewissen Jahren zum Traualtar so schwer zu bringen sind, kommt wahrlich daher, weil sie die Süßigkeiten des Einsiedlerstandes gekostet haben! — Luther sagt, wo ich nicht irre: wo reiche Leute sind, ist Theurung; wo Menschenhülfe aufhört, da fängt Gotteshülfe an! und gewiß, Keinen hat Gott und die Natur verlassen! — Wahrlich, Freunde! es ist keine unrichtige Behauptung, daß der ehelose, der einsame Stand, nach der jetzigen Eheweise unendlich viel zum göttlichen Leben beiträgt; daß eine gewisse Kirche die Ehelosen begünstiget, ist es Wunder?

Russen! Krieg! Türken! das waren die drei Worte, bei denen ich stehen blieb, und mich ausruhte. Auch ich war fertig, nach dem Ableben meiner Mutter, wie aus der Pistole. Preußen vermied ich wohlbedächtig, ich wollte stark seyn, und wahrlich, das heilige Grab hatte mich geschwächt!

* * *

Ich kam in's russische Lager zu einer theuren Zeit. Die Türken hatten alle Lebensmittel aus der Moldau aufgeräumt, um uns das Bahnmachen, das Vorrücken zu behindern! — Solche Zäune sind im Kriege die gefährlichsten. —

Fürst Gallizin! (sein Name sey in der Geschichte ehrwürdig!) ließ zwei Brücken über den Dniester schlagen und brach auf mit uns. — Die Hauptmaxime des Krieges ist freier Kopf und freie Füße. Sich den Feind vom Leibe halten, ist im Großen und Kleinen ein wichtiges Glück. —

Wer von mir Ulisseische Wanderungen erwartet, dem geb' ich eine gültige Anweisung auf den Homer, und wenn er will, auf den Professor Großvater, der dem Homer neben der Bibel ein Räumlein vergönnt hatte! — Wer nach einer Abhandlung wider den Soldatenstand dürstet, gehe zum Antagonisten des Reuters, dem Professor — Klein-Vater hätt' ich bei einem Haar geschrieben. —

Freunde! um euch nicht ganz im Bloßen zu lassen: Es ist Alles in der Welt nur ein Spiel! Der Soldatenstand, wie der academische, der Feldherr, Professor, die Staabs- und andere Offiziere, Magistri, Baccalaurei, Licentiaten, Candidaten, Fußvolk und Reiterei, Studenten, im vollen Mond, im halben, im Viertel; nur mit dem kleinen Unterschiede, daß der Pedantismus mehr im Soldaten, als im academischen Stande herrscht.

Ich bitte, mein Herr Obrister, dies für keinen Druckfehler zu halten. Tausendmal hab' ich gedacht, nur neue Dekorationen, das Stück ist das nehmliche. Wenden Sie Ihre Zeit gut an, sagt der General und der Professor, und wenn sie Pietisten sind, setzen sie hinzu: Gott segne Ihre Unternehmungen! Ich dachte so wenig, da ich Soldat ward, meinen Lebenslauf zu schreiben, als auf der Akademie. Dort wollt' ich leben, hier wollt' ich sterben. Auch nicht viel auseinander! Kein Wunder, daß ich bei aller menschenmöglichen Gelegenheit Muth zeigte. Wär' ich ein Katholik gewesen, vielleicht schrieb ich im Kloster Prodromum aeternitatis, Jacobs Himmelsleiter; als Protestant, sage selbst, liebe Mutter, was konnt' ich anders, als Soldat werden? Ich folgte nicht dem Kalbfell, sondern der Todesfahne, in der ein Kreuz hing, dein Lieblingszeichen, das du dir aber meines Vaters halber beim Gähnen abgewöhntest. Es gehört auch für kein groß Maul! —

So und nicht anders konnte mir der Soldatenstand nur willkommen seyn; ich wollte nicht den Bürger kränken, um mir von seinem Schweiß und Blut einen Bauch des reichen Mannes anzumästen! — ich wollte siegen oder sterben. Mine selbst würd' es mir nicht verzeihen, die vielleicht auf dieses Blatt blickt, wie Geister blicken, wenn ich eine Unwahrheit schriebe. Ehre mischte sich in meinen Entschluß, und wo sie nicht ist, was schmeckt? Ich war nicht verliebt in mein Leben; allein ich wollt' es nicht um ein Linsengericht dahingeben. —

Was kann meinen Lesern mit Scharmützel- und Schlachtrissen gedient seyn! Hätte ich geglaubt, mich dadurch in bessern Ruf zu setzen, würd' ich daraus, mit Gottfrieds Erlaubniß, die Beilage C. gemacht haben.

Ich war bei dem Treffen, da es zwischen dem Vordertrab des Fürsten Prosorowsky und dem Ottomannischen Haufen, der vom Karaman Bassa angeführt wurde, zum Angriff kam!

Ich war bei der Belagerung von Chotzim. Ueberall stand ich wie Urias, ohne sein Empfehlungsschreiben zu haben. Mein lebensgleichgültiges Herz hatte mir diesen Uriasbrief geschrieben, die Ehre hatte ihr großes Siegel mit einem Adler drauf gedrückt. Bei Chotzim gab mir der Tod, mit dem ich wie mit einem guten Freunde umging, die Hand. Ich ward durch den Arm geschossen! Ich kam dieser Armkugel nicht in den Weg, ich sagte nicht: du irrst dich, hier ist der Fleck! — auf's Herz zeigend. Es ist ein besonderes Ding, das Leben, auch wenn man eine Gemüthskrankheit hat, die das Leben schwarz, wie die mondlose Nacht, und den Tod weiß, wie einen schönen Lenztag, poetisch verkünstelt! Es ist doch das Leben, worauf es angesehen ist.

Ein Armbruch ist im Kriege ein Aderlaß; eh' ich selbst dachte, war ich da, und froh, daß ich da war! Geschäfte sind dem Menschen nach unserm Weltlauf so nöthig, als das tägliche Brod. Ich kann nicht sagen, daß ich Minen drüber vergaß; allein Handlungen sind der Einbildung so entgegen, wie Wasser dem Feuer! —

Gallizin, der mich bis zum Hauptmann gebracht (er war so gut, zu sagen, ich allein hätt' es gethan), übergab das Commando dem Romanzow. Auch er verdient einen undanksichern Platz in der Geschichte.

Ich stand unter dem braven General Elmpt bei der Einnahme von Jassy.

Was werth zu sehen war, hab' ich gesehen. Was ist doch Paris und Rom, und die schönste Schweizergegend gegen diesen Schauplatz? Ich sahe mehr, als was alle Künstler zeigen können; ich sah den großen Sieg, da das türkische Lager erobert ward! — Möchten sie doch das heilige Grab verlassen, wie ihre Zelter! Da sah ich den Prinzen Wilhelm von Braunschweig siegen! Warum nicht sterben? Was will eine Civilkrankheit von Helden? — Wie mir sein Tod nahe ging, bloß weil es ein Betttod war! Kein Prinz sollte einen Civiltod sterben! —

Ich sah Bender mit Sturm erobern. Es war ein Wirbelwind; ob es gleich nur Türken galt, wandte ich doch mein Auge von der Plünderung. Feinde laufen, Prinzen ihr Leben ausschlagen sehen, ist ein Anblick, der seines Gleichen nicht hat. Welch ein Abfall! die Plünderung! Drei Auftritte gingen mir bei dieser Plünderung durch die Seele. Mein Herz rief wehe! über sie. Sie sollen nicht meinen Lebenslauf verunreinigen! —

Romanzow commandirte mich zum Paninschen Corps. Er schien mit mir zufrieden zu seyn und begießen zu wollen, was Gallizin gepflanzt hatte. Romanzow band mir ein paar vornehme Russen auf die Seele. Nicht sollen sie, sagt' er, wie an der Schnur irgend eines Unterrichts einhergehen! — Sie sind schon vor solch einem Garn gewesen! Wir Russen sind gewohnt, die Antwort aus der Frage zu nehmen! Reim dich oder ich fress' dich, ist unsere Regel! Durch Umgang, ohne Uebergang und Curialien, wünscht' ich, daß Sie dann und wann einen Funken Ihres natürlichen Verstandes in ihr Herz und ihre Seele fallen ließen. Zünden wird es, hoff' ich! — Es waren ein paar allerliebste junge Helden! Sie wußten vom Handwerk mehr, als ich; indessen schlossen sie sich so fest an mich an, als brauchten sie über Alles, was sie wußten, meine Bestätigung. Die mathematische Methode ist in der Philosophie abgekommen, und ist die Mathematik heut zu Tage, da Alles, was nur einen halben Kopf hat, studirt, zum Soldaten nöthiger, als Gesinnungen, als

Grundsätze? Wer kann denn den Franzosen ihre Kriegskunst abstreiten? — Bücher sind nur ein Beweis für das, was in uns ist. Ihr Geist giebt Zeugniß unserm Geiste, daß wir richtig wandeln. Wie leicht wird uns Manches durch Umgang, was im Buche so schwerfällig war. Ueber den Fuß, auf dem ich mit diesen jungen Helden umging, waren sie ausgelassen. Mich sollt' verlangen, fing der Eine an, was Er von meinem Aufsatz sagen wird! — Ich durfte nur überall Natur hineinbringen! Alles war schwer von Kunst beschlagen. Ich brauchte nur den Kopf zu schütteln und Alles ward glatt ausgelöscht. Gnade dem Gott, der sich unterstand, mir den Deutschen zu verargen! Die Russen ziehen selten aus dem Kern etwas groß. Alles wird mit der Wurzel verpflanzt! — All' mein Lebtage denk' ich an einen Vormittag, wo meines Vaters Geist auf mich fiel, und wo meine beiden Freunde ausnehmend zufrieden mit mir schienen.

Wir sprachen vom obersten Commando, wozu wir die Gelegenheit nicht weit suchen durften. Nicht wahr, es sollte nach der Staatsform geformt werden? Ist die monarchisch, aristokratisch, demokratisch, so auch das Commando. Der hat sehr über den Soldaten gewonnen, der ihm einbilden kann, er wäre zu Hause! — Die Maxime ist gar nicht unüberdacht, daß man den Soldaten das Heirathen verbietet. Da merken sie es gleich, daß sie nicht zu Hause sind, wenn sie ihre Weiber nicht bei sich haben! Ein Weib und ein Schlafrock scheint einem Soldaten gleich unpassend.

Soll ein Prinz das Commando haben? Gustav Adolph und Carl der XII. scheinen fast auf ein Nein zu bringen; Peter der erste, König Friedrich würden es bejahen.

Zum Beschluß tranken wir dem Drosselpastor zu Ehren: Vivat Academia! Es lebe Romanzow! —

Meine beiden Schüler waren jung und konnten nicht umhin, sehnlichst zu wünschen, daß Lustbarkeiten, Bälle und Theater im Felde erlaubt wären! Ich schlug es ihnen rund ab. Nicht eines? Der keines, lieben Freunde! Der Kampf der Ehre und Liebe macht den fünften Aktstod so schön, daß man mit Geschmack sterben will! — Im Felde muß man den Tod nehmen, wie er kommt — da hilft keine Herz-Mutter! Dies brachte uns auf die lieben Franzosen, die ihren Feld-Tanz- und Fechtboden, ihr Feldtheater und andere Feldplaisirs mehr haben! — Feldbibliotheken ja nicht zu vergessen! — Die guten Herren! Da sie zu sich selbst kein sonderliches Zutrauen fassen können, haben sie Zutrauen zu Festungen! Ich bin für Soldaten von deutschem Schrot und Korn. Im Felde muß man Flinten blitzen sehen, und Soldaten Volks-Lieder singen hören. Ein Marsch, ein Feldgeschrei, das ist Alles, was von Instrumental- und Vocalmusik erlaubt ist. Laßt den Schäfer in's weiche Bett' des Grases sich legen, laßt ihn beiher die Nachtigall aus einem Blüthenbaum schlagen hören! Wir haben vom Stoicismus Handgeld genommen. Wahrlich, die erhabenste philosophische Sekte! Laßt uns mit der königlichen Frau Mutter so umgehen, wie Alexander mit Madam Darius, und ich mit der Babbe, welche zum Leidwesen meiner Mutter über der königlichen Würde die Grütze versalzte! Gute Mannszucht ist Empfehlung zur Huldigung! — Mannszucht ist Strenge! — wo die nicht ist, wie kann da

Güte seyn? Liebe ohne Gerechtigkeit ist ein Unding! — Welche Nation denn wohl die tapferste wäre? — Die russische, sagten meine beiden Jünger! — Leute aus bergigen Orten, fiel ich ein, sie sind allen Elementen ausgesetzt, und wer die aushalten kann, was hat der seines Gleichen zu fürchten? Die Gallier jagten den Römern wegen ihrer Größe Schrecken ein, und man sage was man will, Friedrich Wilhelm hatte mit seinen Potsdammern in der Regel so Recht, als sein Sohn, diese Riesen in alle Welt gehen zu lassen! —

Große Leute sind wie Mauern und Wälle. Zu ersteigen ist Alles! Wie viel brechen aber darüber den Hals, ehe sie oben sind? Ich war von Jugend an sehr für Berge. Große Menschen sind Berge! Befehlshaber dürfen nicht nur nicht groß seyn, sondern hier wird oft die Größe schädlich. Höhere Wesen, wenn sie erscheinen sollten, würden sich in ein mittelmäßiges Menschenkleid einkleiden. Kein großes Genie hat Riesenhöhe! — Starke, ausgewachsene Männer sind die bescheidensten! — Ich wollte mit der güldenen Regel schließen: Ein weiser Mann ist stark und ein vernünftiger Mann ist mächtig an Kräften; allein man wollte noch mehr von der Furcht, dem Hauptfeinde des Soldaten.

Ich hatte geäußert, daß man durchaus retiriren lernen müßte; bei diesem Einzigen müßte man im Kriege an strenge Regeln gebunden seyn. Den Feind zu weit verfolgen, heißt ihn zur Verzweiflung bringen, und dann kehrt sich auch der Feigeste als Held um. Konnte nicht ein so unbekannter Mensch, als Herostrat, den Tempel zu Ephesus anstecken? Mich ärgert, wenn man seinen Namen ausspricht. Das wollt' Er nur.

Ein einziger Strahl, so macht der Flüchtling Halt! ist feuerfest — ist Mauerbrecher! —

Man hat so viel, fing ich an, von der Furcht gesagt, daß gewiß der kleinste Theil richtig seyn kann! Die Deutschen gingen nie zum Rath, nie zum Fest unbewaffnet. Sie schlugen auf ihre Waffen, das hieß Ja! Die Waffen waren ihr Sprachrohr. Dies Alles nicht aus Furcht, sondern um mit den Waffen bekannt zu werden. Ordnung treibt so sehr die Furcht aus, daß ich eben hier den weisen, tiefweisen Grund des Exercirens entdeckte, das ohne diese Rücksicht Kinderspiel wäre! Eben weil es wie Kinderspiel aussieht, wird es auch von allen Kindern, sobald sie Soldaten sehen, nachgemacht! Man muß sich dicht halten, wie Ein Mann, ist eine Folge dieser Regel. Ein takthaltender Marsch ist Beweis einer Phalanx. Der Mensch braucht was Unsichtbares, an das er sich hält, und das ist die Ordnung. Sobald etwas Unregelmäßiges, eine Lücke, sich vorfindet, sieht der Feind, daß sein Gegner nicht mehr für einen Mann steht. Sein Muth wächset — er wagt! Er siegt! Die Furcht siegt öfter, als Grundsätze der Herzhaftigkeit. Die Furcht schützet Königreiche. Sie ist eine Kunst, wodurch wir Andere glauben machen, wir fürchteten uns für nichts. Daher so viele Thrasonen, so viele Donner ohne Blitze! — Enthalte dich von allem Gewissensvorwurf, wenn du wider deine Feinde ausziehst: das ist wahrlich kein Feldpredigertext, sondern ein theures, werthes Wort! Ist's ein Gott, der uns entgegen ist; wir haben eine gerechte Sache. Ist es ein Mensch; wir sind das, was er ist. Was meinen Sie, meine Herren! würde sich Aristander bedenken, die Phalanx über diese Worte in beliebter Kürze und Einfalt von den Gesinnungen eines Helden zu unterhalten? Ich wünschte, er ließe die Predigt drucken! —

Die Furcht ist wahrlich ein größeres Uebel, als das, wofür man sich fürchtet! Was ist es denn, worüber dir die Zähne klappern, als Störche, worüber dir die Sporen zittern, als wollten sie einen Ton angeben? Tritt ihm doch näher; es ist dein Schatten! Die Arzenei ist ärger, als die Krankheit! Junker Gotthard (bei seiner Eheverbindung kann ihm dieser Umstand weder Schaden noch Leides thun,) fürchtete sich in — — in einem Zimmer allein zu schlafen, wo Alexander der Große gemalt war! Es waren doch noch andere Bilder da, sagt' ich ihm, Bruder! die du, im Fall der Noth, zu Hülfe rufen können. Er war getroffen, fuhr Gotthard fort, als wollt' er mit mir sprechen. Immer gerade zu auf mich! Da wandelte mich auf einmal die Vorstellung an: wie leicht kann er lebendig werden! Bruder, hast du ihm denn in's Gesicht gesehen? — Ein preußischer Corporal mit einem Stutzbart, gut getroffen, würde eher zu fürchten seyn. Alexander hat, so wie alle seines Gleichen, etwas von einer Kinderwärterin, von einer Amme, im Gesicht. Bei mir hieß es, in Rücksicht auf meine Herzensgeschichte: die Liebe treibet die Furcht aus. In Wahrheit! ein wahres Wort! Der ist unschuldig, der keine Furcht hat, der ist nicht furchtsam, der gar nichts fürchtet! Die Flamme, welche der Wind anfacht, verfliegt bald! — Wer nach Grundsätzen herzhaft ist, wer nicht schnöden Gewinnstes, oder Zeitungsewigkeit halber, die Waffen ergreift, was kann den stören? Widrige Vorfälle! Sind die nicht überall? Mars und Venus halten es mit Allen. Ist Mars zweifelhaft, so ist Venus wahrlich nicht sicher. Pack schlägt sich, Pack verträgt sich, würde meine Mutter sagen. In allen Sachen Herz zeigen, heißt ein großer Mann seyn. —

Hand in Hand ging ich mit meinen beiden Kriegskameraden! —

Bialograd verglich sich. — Desto besser für mein Auge. Ibrailof ward von den Türken verlassen! Bukarest! — Bukarest! —

Mit welchem Herzen schreib' ich diesen Namen! Einer meiner Jünger starb hier einen schönen Tod vor meinen Augen. Gott! welch einen Blick er mir gab! — Du hast mir den Unterricht herrlich bezahlt. Ein unaussprechliches Honorarium. Kein König kann so lohnen! — So nimmt ein wohlgerathener Sohn Abschied von seinem Vater. Seinem Milchbruder konnt' er noch die Hand reichen; mir nicht. Wir waren zu weit auseinander. Soll ich's sagen? er wollte mir seine Liebe noch sterbend beweisen! Wird mein gebrochenes Auge hierzu Kraft haben? Er warf mir eine Handvoll Blut zu mit einer Art, die gesehen werden muß! Den Abend vorher sprachen wir kein ander Wort, als vom Tode! Er war der Froheste unter uns! Gern hätte ich den hochgebornen Todtengräber hergewünscht, um diese und so manche Sterbensscene zu besichtigen. Lieber Graf! hier ist der Tod ganz ein ander Wesen. Wer ihn nicht anders, als aus der Kammer kennt (und wäre da gleich ein Observatorium angelegt,) weiß hier nicht, daß man stirbt. So wie die große Welt von Provinzial-Flecken, so Tod von Tod. Zwar sind Sie der Meinung, der Heldentod, der Feldtod, wo der Mensch nicht Zeit und Raum hat, sich in Ordnung zu legen, eh' er dahin fährt, sey keiner Observation werth; allein Sie irren, lieber Graf. — Hier ist die große Welt des Todes. — —

Ich will dem Grafen nicht mit Bemerkungen das Licht halten, wahrlich! ich könnte sein Schatzkästlein bereichern! —

Warum aber Obst, eh' es reif ist? Warum durch's Schwert eines Türken? Mir war es, als fielen unser trefflicher Jüngling und der, so ihn schlug! Freund und Feind. Der Türke, der ihm das Leben nahm, wäre werth, bei dem Grabe Christi auf die Wache zu ziehen, wie der Hauptmann unter'm Kreuz. Was haben die Großen, die prädicirten Götter der Erden, mehr als den Bindeschlüssel! Der Löseschlüssel ist ihnen nicht behändiget.

Weint um meinen Edlen, ihr Jungfrauen im Lande! — Leib und Seele hätten um den Vorzug streiten können, wer schöner sey, wären sie nicht so stimmige Freunde gewesen! — Wehe dem Feueranleger! Es muß Aergerniß kommen, doch wehe dem Menschen, durch welchen Aergerniß kommt. Was trug sein Mund für mich, der endlich sank, wie unter einer Last, die ihm zu schwer ward? Blumen waren es nicht, die bald welken; Gesinnungen, die ewig sind, wie er! Ich habe dich verstanden, Edler! dein ganzes Gesicht war leserlich! Du hättest die Handvoll edles Blut nicht verschwenden dürfen. Es fiel auf kein gutes, dir werthes Land. Was kann man sich im Kriege mehr wünschen, als einen edlen Feind? Mich dünkt, dies Ziel hast du erreicht! — Verzeih, Sterbender! daß ich nur ein halbes Auge auf dich verwenden konnte! ich hatte drei Viertel hochnoth für die Feinde! —

Gott! wenn kommt dein Reich? wenn wird Friede auf Erden und den Menschen ein Wohlgefallen? Jeder Irrthum hat seine Schule, sein Auditorium. Keiner kann so übertünchet werden, als die Idee vom Kriege. Wahrlich! ein übertünchtes Grab! Nicht meine Leser würden es mir vergeben, nicht ich selbst, wenn ich mich nicht selbst über diesen Edlen vergessen hätte! —

Bukarest — schrecklicher Name! — war der Ort, wo auch ich den Tod fand! — ich erhielt tödtliche Wunden! — Guter Türke! ich verzeih' dir Alles, auch den Stich, da ich nicht mehr den Arm bewegen konnte, der etwas türkisch war, und den du bleiben lassen können! — Sey glücklich! — Alles gab mein Leben auf. Mein andrer Lehrling starb acht Tage darauf. Sein Sterbelager war vier Schritte von dem meinigen. Für mich eine halbe Welt. Der Arzt verbot mir sogar allen Trost! Wie konnt' ich ihn aber ohne den sterben lassen? Oft wenn er lechzte, wie gern hätt' ich ihm ein Glas Wasser gereicht! Konnt' ich? — Da lag ich noch ärger, als todt. So Etwas, Freunde, wer kann es erzählen? Leset den Homer. Ich bitt' Euch! — Ich kann nicht mehr. — —

So viel sey euch noch unverholen, daß ich den Sterbenden mit dem Prinzen Wilhelm von Braunschweig am meisten aufrichtete, der ein Schwestersohn König Friedrichs war! Auch Er, sagt' ich, starb im Kriege. Eben so wenig unmittelbar. An den Nebenumständen des Krieges starb er, die, so wie die Krankheiten, ärger als der Tod sind. Ich werd' auch als Held auferstehen, sagt' er in einer Nacht. Wie denn anders? antwortete ich, und hatt' eine Thräne in den Augen. Er starb. —

Was konnt' ich mehr verlieren? Meine beiden Freunde! Mich selbst! Ich lag vier Wochen ohne alle Hoffnung! Ist's Sünd' und Schande, in solcher Lage die Lebensschnur selbst abreißen, die ein Arzt mit solchen unaussprechlichen Schmerzen anknüpfen will? Hält die Schnur da, wo sie angeknüpft ist, am längsten, und ein eisern Band da, wo es brach, und durch Feuer und Schlag zusammengeschmiedet war? Keine dieser Fragen stellten in meiner Leidenszeit mich zur Rede. Ich hatte nicht Zeit, im Allgemeinen zu fragen.

Der Civilsterbende wollte durchaus auf dem Schlachtfelde eingescharrt werden. Auch ich mußt' ihm versprechen, eben da den Krieg ausschlafen zu wollen. Sein Testament ist erfüllt, was ihn selbst betraf! Ich zwar wache noch; allein Ein Theil meines Lebens ist auf dem Schlachtfelde bei Bukarest verscharrt! Ich liege in deiner Nachbarschaft, edler Jüngling! — Deine Wünsche sind erfüllt! —

Romanzow, wie er gehört, was vorgefallen, soll höchst zufrieden mit meinem Unterricht gewesen seyn, und soll den Edlen und mir eine Leichenrede gehalten haben, die kürzer und dringender gewesen, als die ungebetene des Organisten in L— bei Minchens Grabe. — Kommt er auf, war der Schluß dieser Leichenrede, ist er Brigadier. Ich war schon seit einiger Zeit Major worden! —

Wahrlich, Freunde! dies war ein Examen trotz dem beim Professor Großvater. Was ist ein Blitz einer Hausmütze durch's Stubenritzchen gegen Kriegsblitze? — Zwar lebt Jeder seines Lebens, zwar stirbt Jeder seines Todes, Jedem ist sein Pfund Leben und sein Pfund Tod zugewogen, wie der hochgeborne Todtengräber sehr einsichtsvoll behauptet; doch glaub' ich, daß Mancher dies Pfund in's Schweißtuch vergraben, und Mancher damit wuchern kann. Der Kriegswucher, was meinen Ew. Hochgeboren, ist er nicht der reichlichste? Er trägt tausendfältig und zwar Leben und Tod. Kaum lebt man, wenn man den Tod nicht in der Nachbarschaft hat. Die weisesten Leute haben von jeher Todesbetrachtungen für Lebensregeln gehalten. Wo ist der Tod bei lebendigem Leibe dem Gesunden, dem Starken so nah, als im Kriege? — Wo kann man ihn mit mehr Leibes- und Seelenkraft denken, als eben hier? Ihr Weisen des Alterthums, und ihr der neuern Zeit, warum habt ihr nicht über Kriegstod geschrieben? — Sie, hochgeborner Todtengräber, warum nicht über den Kriegstod eine Redeübung angestellt? Weil der Krieg eine von den Künsten ist, welche die Menschen gesucht haben, die von Gott aufrichtig gemacht sind! Wahr! allein auch wahr, daß jeder Weise im Privatkreise Alles zum Guten lenkt, so wie Gott der Herr es pro Publico thut! —

Prahle nicht, lieber Reuter! Herz haben, und im Kriege seyn, ist solch ein Unterschied, wie Grundsätze haben und nach Neigungen verfahren — handeln und sich mit einem Gewebe von Empfindungen behelfen! — Jedermann, der ein gutes Gewissen hat, und sich bewußt ist, eins haben zu können, kann von sich sagen: das that ich! —

Auch ich, Freunde! würde es sagen, wenn ich wirklich gethan und nicht blos gelitten hätte. Glaubt nicht, ihr Kleingläubigen, jenen Schreihälsen, jenen Zahnärzten, jenen Nachtwächtern, die nicht aufhören können, Schlachten zu malen, als wären es Thaten!

Der commandirende General allein hat gethan; Alles, was nicht er selbst oder sein Rath ist, leidet! — Mit Vielen kriegen, mit Wenigen zu Rath gehen! Wer kann mir sagen, daß ihn nicht Schauder ergriffen, wenn er zwei Heere auftreten gesehen, und sich mitunter? Ihr, die ihr bis jetzt dafür hieltet, daß es Todesfurcht sey, habt euch, wie mich dünkt, hintergangen, denn auch mich schauderte! Es ist eher Menschenfurcht, Mangel der Lebensart, als Schrecken des Todes! Seht einen Haufen Menschen bei einander, ist es nicht die nämliche Anwandlung? Sie ist so angreifend nicht; vorhanden ist sie. Wenn ich schwach bin, bin ich stark, könnte man hier sagen. Wenn ich allein bin, fürcht' ich mich, falls ich gesund bin, vor Keinem. Junker Gotthard, der sich vor dem Alexander dem Großen im Bilde fürchtet, macht keinen Einwand. Frische und gesunde Leute sind sogar geborne Freidenker! — Ich würde sie Fleisch- und Blutphilosophen heißen. — Frische und gesunde Leute, sag' ich: denn, wenn ich einen Spötter sehe, dessen Körper wie ein zerrissenes Kleid aussieht, weiß ich, daß seine letzten Stunden zu seiner Zeit im Druck erscheinen. Wie kommt's, daß der Mensch, der doch die menschliche Schwäche kennt, sich vor nichts so sehr als Menschen fürchtet? Der Mensch hat keine natürliche Rüstung und Waffen, das, was außer ihm ist, sich vom Halse zu halten. Nicht Element, nicht Thier kann er allein zwingen, und doch ein Kronprinz der Natur. Vereinigt aber steht Alles für einen Mann. Tausend Köpfe, tausend Arme, sind Ein Kopf, Ein Arm! — Ist's Wunder, daß er blaß wird, wenn er den Feind sieht? Zwar befindet er sich auch in guter Gesellschaft; allein die

Furcht sieht immer in's Weite; was nah' ist, ist vor ihren Augen verborgen! Die Furcht hat ein Perspektiv, die Hoffnung ein Vergrößerungsglas. Sonst sind sie Töchter Einer Mutter. Kommt man sich näher, wird man auf einander erbittert. Man schlägt, weil man geschlagen wird. Gehört denn dazu Herz? Der Lärm, der sehr wohlbedächtig erregt wird, läßt die Vernunft zu keinem Gedanken! — Man stirbt, man weiß nicht wie! Ist das ein schwerer Tod? Hunger, Durst, Hitze, Frost sind schwer; die Schlacht ist's nicht, bis auf die Invalidenfurcht, an die kein braver Soldat denkt. Kommt es denn nicht in Anschlag, in Gesellschaft zu sterben?

Bei'm Seetreffen thut's der Wind. Bei Landschlachten sind Berge, Thäler und, außer diesen großen Dingen, oft die unbeträchtlichsten Kleinigkeiten, die wie ein Irrlicht den Feind verführen, daß er einen Schritt rückwärts thut. Dies seinem Volke nur einbilden, dies ihm nur vortaschenspielen, heißt die Schlacht gewinnen.

Der gemeine Soldat muß jung seyn; der Befehlshaber, sagt man, alt! Ich glaub' es selbst. Nur nicht zu jung, nicht zu alt. Ziska commandirte und war blind. Ein Commandeur braucht nichts, als Kopf! Ein Vorurtheil thut hier oft Wunder! Richelieu will zwar einen herzhaften General; allein Richelieu war ein Geistlicher. Wie kommt's, daß kluge Leute so sehr viel auf herzhafte Leute halten, und daß sie untereinander sich nicht sonderlich ausstehen? Sie sehen zu sehr ein, daß man mit dem Verstande eben nicht weit kommen kann, und wollen doch wo den Menschen stark finden! O ihr kluge, liebe, gute Herren! Laßt euch sagen, auch das menschliche Herz ist ein trotzig und verzagt Ding; wer kann es ergründen?

Es ist ein altes Sprüchwort: Wer zum erstenmal nach Rom reiset, suchet den Schalk. Zum zweitenmal findet er ihn. Zum drittenmal bringt er ihn mit.

Ei, wenn ich das auf den Krieg deuten würde! —

Ich hoffe, große Kriege werden abkommen; so wie man dem dreißigjährigen über einige hundert Jahre nicht mehr Glauben beimessen wird. Wozu sind auch Kriege, selbst noch ehe das Reich Gottes kommt, wozu? — So wenig durch Disputationen die Wahrheit ausgemacht wird, so wenig entscheiden Siege. Darf ich rathen? Hohe Herren, denkt mehr, eure Unterthanen zu mehren! So viel liebe Getreue im Lande, so viel Festungen. Die Bevölkerung ist, wie die Gottseligkeit, zu allen Dingen nütze und hat die Verheißung dieses und des zukünftigen Lebens! —

Mit einem Statu morbi kann wohl keinem ein Dienst geschehen, sonst könnt' ich damit aufwarten. Die Herren α, β, γ, von welchen Herr α der Kopfhalter war, würden mir diesen Liebesdienst gern erweisen. Es war kritischen Sammlern kein alltäglicher Fall. Eine Quetschung an der Seite, eine Zerschmetterung des rechten Armknochens! — —

Die unaufhörliche Versicherung der Wundärzte, nie mehr dienen zu können, war mir mehr, als Alles. Diesen Trost hätten die kunsterfahrnen Herren bei sich behalten können, da ich es selbst so sehr fürchtete. —

Der Gedanke, obgleich er sehr natürlich war: was wirst du essen, was trinken, womit dich kleiden? beunruhigte mich keinen Augenblick. Er hat mir wenig Kummer in dieser Welt gemacht. Als Mensch kann Jeder leben, wenn gleich nicht Jeder als Major. —

Romanzow ließ mich bei aller Gelegenheit Proben

seines Wohlwollens empfinden, und das war freilich Oel und Wein in meine Wunden! Der Gedanke, in der Lehre bleiben zu sollen, schlug diesen Aufblick nieder! — Bei dem ersten Anklang der Sterbensglocke, die ich freilich nur in der Einbildung hörte, war ich auch in der Einbildung bei meinem guten Pastor zu L— in Preußen! Mine hatte ihre Ansprüche auf mich geltend gemacht! — Ich fand, daß die Liebe, solch eine Liebe, wie die unsrige, durchaus nur auf gewisse Lebensperioden paßt, und doch ist, nach unserm Weltlauf, so zu lieben wie wir, Tugend, hohe Aufopferung seiner selbst! Weite Ueberwindung der Natur! — Mein Leben war ein lebendiger Tod, und dies ist eben der Zustand des Menschen, wo eine dergleichen Liebe ihr Feuer und Heerd hat. Man kann nicht anders sagen, als daß auch solch eine Liebe ihre schönen Tage habe. Das Böse hat auch sein Gutes, sagte Herr v. G—, und es liegt göttliche Weisheit in diesem Ausspruche. —

So war das Ende meiner kriegerischen Laufbahn. Folge, dacht' ich, dem Wink deines rechten Arm's. Er hat Abschied genommen, nimm du ihn auch! und so mußt' ich denken. Meine Gesundheit war äußerst zurückgesetzt. Du hast, dacht' ich, was du wolltest — ein Paar große Schritte näher zu Minen; allein ich widerlegte mich selbst. Wohlgehen steht vor lange leben im vierten Gebot, und krank seyn ist nicht leben, nicht sterben. Fast ist's ein Mittelding, bei dem Jedem einfallen muß: o daß du kalt oder warm wärest! Es gab eine Zeit, wo ich den Tod schlechthin aufsuchte, und siehe da, ich hatte weder ihn gefunden, noch das Leben behalten. —

Ich erhielt meinen Abschied nicht, sondern einen

Auftrag zu einer wichtigen Reise. „Ich weiß keinem dies Geschäfte zu übertragen, der es so, wie Ihr, betreiben könnte,“ schrieb die Kaiserin, und ihr Wunsch, daß die Veränderung der Luft meine Gesundheit wieder herstellen möchte, war mir das, was jeder Rausch ist. Ich fühlte keinen Schmerz und reisete nach Petersburg, und sodann —

Wie bald ich von meinem Jesuiterräuschchen wieder nüchtern worden, darf ich nicht bemerken! —

Wer meinen Auftrag näher kennen lernen will, dem dient zur Antwort, daß er geheim war, wer wohin? frägt, kann gründlicher beschieden werden. Freund! da, wo man früher, als in Rußland, eine Pfeife im Grünen raucht, früher Spargel ißt, und den Wein aus der ersten Hand hat. Wegen der Manschetten muß ich, um die reine Wahrheit zu sagen, bemerken, daß ich sie nicht länger, wie die hiesigen, gefunden! — Moden ändern sich! —

Ob's nicht gut wäre, kränkliche Leute zu Gesandtschaften, und was ihnen anhängt, zu brauchen? Eine Frage, die nebenher auffällt. Ich richtete treulich und sonder Gefährde aus, wozu ich gesandt war; allein meine Gesundheit hatte durch die Luftveränderung noch mehr gelitten! Ich glaubte schon, ich würde lau zu seyn aufhören, und kalt werden. — Wohl dem, der es wird! Eine so geschwinde Rückreise, als es die Geschäfte wollten, hätte mich wirklich zu Minen gebracht, da kam — mein Freund, und entledigte mich meiner Bürde! So sey es dir wieder, mein Geliebter! wenn du, lebenssatt und müde, suchest, wo du dein Haupt hinlegest. Er konnte sich nur eine einzige Nacht aufhalten, die wir durchwachten! — und wie es doch immer geht, wir dachten nicht an uns, sondern an Andere. Er hatte meine beiden Anbefohlenen sehr genau gekannt! Warum, Freund! nur eine Nacht? Er konnte nicht. Armer Freund! der Schlaf wäre dir gesünder gewesen, als solch eine Todtenwache! — Gehe hin in Frieden! in Frieden!

Jetzt, Freunde! hätt' ich zum Andreas-Orden gesagt: Geh mir aus der Sonne! Der gnädigste Brief der Kaiserin selbst konnte mir in dieser Lage keine frohe Stunde verleihen! —

„Ich entlasse Euch aller Dienste, und, da Ihr durchaus nicht mehr als Major seyn wollt, so bleibt, was Ihr seyd, mit der Versicherung, daß Mir Eure seltene Bescheidenheit zum Wohlgefallen gereichet. — —

Ich wünschte, daß dieser Brief Euch nicht aus dem Wege zu Bädern träfe, wenn sie anders Eurer Gesundheitsverfassung dienlich sind. Ich schenke Euch — — Gern würd' ich es sehen, wenn Ihr in Liefland — —

Wenn Ihr Eures Adels wegen Ansprüche befürchtet, so ertheile ich Euch hiermit den Adel mit allen seinen Vorzügen, und soll Euch das Diplom, so bald Ihr es verlangt —

Lebet so glücklich, als Ihr es verdient, und als es wünschet

Eure gnädige Kaiserin
Catharina."

Wenn solch ein Brief keine frohe Stunde mehr verleihen kann, wie lebensmüde muß man seyn! Gott! was kann solch ein Brief!

Allerdurchlauchtigste! — Nein —

Gute Kaiserin, Mutter eines Staats, der nach einer strengen Vaterregierung Peters des Großen einer

Mutter nöthig hatte, um das zu werden, was er unvermerkt wird — —

Wenn diese Monarchin mit dem Könige von Preußen ein Paar worden: Welt! was meinst du?

* * *

Ich folgte dem Winke, den mir der Gnadenbrief gab, und ging nach Pyrmont. Schon die Reise schlug bei mir an. Wie gar anders ist's doch, reisen müssen, und reisen wollen. Jeder kann diese Erfahrung bei'm ersten besten Spaziergange anstellen! Auch selbst die Gesundheitssorge muß man dabei verlieren, sonst ist schon ein feiner Zwang dabei, den die frische Luft nicht vertragen kann! —

Mit meiner Wiederauflebung meine uninteressirte Leser, die Spaziergänger bei dieser Schrift, aufzuhalten, wäre unverzeihlich. Gern erzählt' ich sie, aber den Kunstrichtern, die von Amtswegen die Sonne auf- und untergehen sehen, und die den grünen Grund im Naturgewande nicht ohne den albernen Gedanken ansehen können: Ey wenn er weiß wäre! O ihr Thoren und träges Herzens, zu glauben alle dem, was in der Natur geschrieben ist! —

Ich blieb den Winter hindurch in Süden, lernte je länger je mehr den kaiserlichen Brief empfinden, bis ich endlich so hergestellt war, als ein Invalide es seyn kann, dessen Körper ein immerwährendes Wetterglas ist. — Eben ein Stich im Arm, der mir den Wunsch abzwingt, daß meine Leser dergleichen Stiche nicht von selbst bemerkt haben möchten! Was geht's meinen Lesern an, daß ich im Felde gewesen? —

Bei meiner Hinreise ging ich durch Königsberg, wie Mine. Ich sahe Keinen, als Postbediente; allein was ich empfand, weiß der, der Herzen und Nieren prüfet! — Ich müßte mich sehr irren, wenn es nicht Se. Spectabilität gewesen, die mir, da ich schon im Postwagen war, so heiter auffielen, als giengen Sie zu Weine! — Kann gewesen seyn; denn bei meiner Rückreise erfuhr ich, daß die Hausmütze Todes verblichen sey — und daß der gute Großvater, da er keinen Blick durch's Ritzchen weiter zu befürchten hatte, gar lustig zu jubiliren angefangen. Alles in Ehren, versteht sich. Jetzt wieder in Königsberg. Ich wiederholte hier meine Studia. — Mein erster Gang war zu Sr. Spectabilität, nach dem signo depositionis. Ich fand den Großvater auf dem Sprunge zu einem Clubb, zu dem er mich mitnahm. Wie man sich doch noch als Großvater ändern kann, wenn man keinen Ritzenblick mehr zu fürchten hat! Er war seiner Bande entledigt und jetzt ungestört so froh, als wenn seine Tochter den nämlichen Tag hätte taufen lassen, als wenn der Täufling ein Söhnlein sey, und noch oben ein nach dem Großvater genannt wäre. Setzen Sie sich an meine grüne Seite, sagte der Professor, (eine preußische Redensart, die zur Rechten bedeutet). Ich setzte mich, und machte an dieser grünen Seite eine Anmerkung, die ich meinen Lesern nicht verschweigen kann. Der gute Großvater war kein Religionsfreund, obgleich die Bibel so wenig, wie Homer, bestäubt war. Selten ist ein Professor Großvater ein Religionsfreund. Woher, Freunde? Weil er das Wahre in seiner Lehre aus Gottes Wort geschöpft hat, und weil er einsiehet, daß, wenn er seine Wissenschaft auf's Volk herabstimmen solle, man nicht anders lehren würde, als Christus, der Professor des ganzen menschlichen Geschlechts.

Zu diesem Weil noch ein Paar: weil alle wahre Philosophie in Zweifel besteht, weil viel Unphilosophisches in die Religion hineingekommen, zu der jeder vernünftige, lautere Christ zu sagen gewohnt ist: „Freund, wie bist du hereinkommen und hast kein hochzeitliches Kleid an?" Solch eines Gastes halber aber die ganze Hochzeitfreude aufzuheben, ist sündlich! O ihr guten Philosophen! macht ihr's wohl wie die Engel, die das Unkraut vom Weizen trennen? Ihr reißt bei'm Jäten Unkraut und Weizen aus, so daß die Erde ohne Hemde nackt und bloß da ist, als wär's Wintertag, wenn der Wind allen Schnee weggetrieben! — Mich friert! —

Was wollt ihr, Hochgelahrte Nichtswisser! von den Concilien und den jetzigen Winkelzwiespalten in der Kirche? Fasset doch in euren eignen Busen! Wie lang' ist's, daß in Deutschland Alles demonstrirt ward? Man hat mir vom großen Wolf als eine sehr wahre Anekdote erzählt, daß, als ihn einer seiner Zuhörer um ein Demonstrationchen angetreten, das er Keinem abzuschlagen gewohnt war, er gleich auch jetzt damit fertig gewesen. Da der Impetrant den Aufsatz bei'm Lichte besah, fand er, daß sein Pythagoras das Gegentheil von seinem erwünschten Satze demonstrirt, oder zu deutsch, sonnenklar gemacht hatte. Da stand der arme Jüngling wie Butter in der Sonne! Der Lehrer nahm ihn bei der Hand. Was mehr? fing er an. Man kann Alles demonstriren. Flugs demonstrirt' er ihm, was zu erweisen war. Man sagt, der Jüngling sey nicht gerechtfertigt in sein Haus gegangen! Ich, wär' ich Jüngling gewesen, ich hätt' es mit der ganzen Philosophie gebrochen. Die Demonstrirzeiten haben, Gott sey gelobt! aufgehört. Jetzt observirt man. Man geht auf die Jagd — — — Pulver und Schrot wird verschossen; selten trifft man. So geht Alles im Zirkel! Lieben Herren, wenn die Glocke zwölf geschlagen, geht's auf Eins, bis es wieder an zwölf kommt — Bald Vernunft, bald Sinne! Die Philosophie ist ein Wortkram! Ich leugne es nicht, daß manches Wort abgebrannt ist, und die wüste Stelle wohl verlohnte, bebaut zu werden. Nur vergeßt nicht, Freunde Großväter, daß ihr keinen Fischzug Petri gehabt, wenn ihr hie und da Altflickereien von Schuldefinitionen angebracht, ob so oder so — Was hab' ich denn, wenn ich weiß, daß geschwind, behend, schnell, nur von leblosen Sachen, z. E. Kugel; rasch, hurtig hingegen von lebendigen gebraucht wird? Ihr legt dem Menschen Daumenschrauben an, und wenn man sich recht umsieht, ist man Tag und Nacht gefahren und immer in die Runde, und auf Einem Fleck geblieben. Schwindlich oben ein.

Unser Großvater, der wahrlich die Bibel gelesen, die dem Homer zur Seite lag, glaubte vigore commissionis kein Wort in der Bibel; allein jedes Wort in den Reisebeschreibungen war ihm heilig! Theater, Poesie mit allen At- und Pertinentien waren ihm unausstehlich; wenn aber die Reisebeschreibung auch noch so poetisch, noch so schön war, so daß man gleich bei'm ersten Blick sahe, die Beschreibung, und nicht die Reise, sey die Hauptsache bei dieser Arbeit; sie war ihm Ja und Amen! Aber, lieber Großvater! — Aber, lieber Major! Mag es bei'm Aber bleiben, und Jeder lebe seines Glaubens! —

Ich kann mich irren; allein mich dünkt, mein Vater besaß das, was die Griechen ἀποφθεγματικὴν βραχυλογίαν καὶ λακωνικὴν nannten. Herr v. G—, der Selige, pflegte, um dem frühen Spargel und der Pfeife im Freien meines Vaters nicht zu nahe zu kommen, zu sagen, er sey aus Lacedämon. Herr v. G— ehrte meines Vaters Wortgriffe. Schade, sagte mein Vater, daß ich nur auf Worte herabgesetzt bin. — Zum Glück auf Volksworte, wie ich zu Gott hoffe. Freund, sagte Herr v. G—, kommen Sie, wenn's Gelegenheit giebt, auf die Bärenjagd! Mein Vater zeigte auf seine Reverende. Jagd, fügt' er hinzu, um kein Wort schuldig zu bleiben, ist nur Thatenspiel, Ballschlag! Zum Worte Funken selbst gehört Stahl und Feuerstein! — Pastor! beschloß Herr v. G— Sie Stahl! ich Kiesel! —

Mein Vater war kein Freund von Sprüchwörtern, von faulen Knechten, von stummen Dienern, wie er zu sagen pflegte, wohl aber von Volkssprüchen. Vox populi, sagte er, vox Dei. Ein Volksspruch ist die Unterlage zur Handlung, behauptete mein Vater. Bei Sprüchwörtern und Sentenzen guckt ein sauber gedrucktes Buch hervor! —

Ehrlicher Großvater! du thust wohl, daß du zu Weine gehest; darf ich dir indessen des Herrn v. G— letzte Stunden empfehlen? Je mehr du Menschen sehen wirst, je mehr wirst du finden, daß es auf eine Definitionsspitze nicht ankommt. Lebe wohl! — Trink auf meine Gesundheit! Schreibst du, so ist dein Buch gewiß in meinem Büchervorrath. Verzeih', daß ich unser Examen auf Muthwillen gezogen, und so Manches, was du für ein Ehrenkleid hieltest, so lange noch die Ritze war! —

Wer wird nicht gern mit zum königlichen Rath kommen mit der off'nen, weit off'nen Stirn, schwarzem

Haar und einem Auge, in dem man ihn im Kleinen — allein doch ganz sieht. Ich überfiel ihn, wie er sagte, und da er keiner Erschütterungen gewohnt war, sondern immer seinen geraden Weg ging, selbst wenn er auf dem Gottesacker weinte — so kostete ihm, wie er mir den folgenden Tag versicherte, dieser Besuch eine Nacht. Niemand war von unserm Kränzchen mehr übrig, als der Prediger, der aber, wie meine Leser es ziemlich deutlich gemerkt haben werden, nur zum Collektsingen und Segensprechen gebraucht werden konnte. Er war verwandt mit dem königlichen Rath, sonst hätt' er nicht Sitz und Stimme erhalten! — Alles todt! Auch der Kreisrichter, wo ich den Königlichen Rath kennen gelernt, und seine Frau, die schon bei meiner Abreise ihr Gehör verloren. Er, eher wie sie, an einer Brustkrankheit, so wie er sich selbst prophezeiht hatte! — Junker Gotthard hatte die Frau Kreisrichterin noch am Leben gefunden, und als gewesener Hausofficier seine Schuldigkeit bei der Durchreise beobachtet. Sie hatte ihn vorgelassen. Schade! auch der Reuter todt! Der königliche Rath versicherte mich, daß dieser Officier so sehr mein Freund gewesen, daß er bei meinem Entschluß, Soldat zu werden, sobald er erschollen, nichts weiter zu tadeln gefunden, als daß ich nicht sein College geworden.

Auch der Professor todt, der eine so vortreffliche Deklamation selbst im gemeinen Leben besaß, daß man seine Stimme eine prosaische Melodie nennen konnte. Der letzte Zank, den er mit unserm Reuter gehabt, war über die Zeitungen, die der Reuter in hohen Ehren hielt; er aber so wenig, daß er sich der verächtlichen Bemerkung bediente: er brauche sie nicht anders, als wenn bei'm Rasiren ein Einschnitt sich etwa zugetragen. Sie wußten nicht, sagte der königliche Rath, daß sie beide in einer Woche in die Zeitung kommen würden! — Ich konnte der kleinsten von diesen Zügen nicht ohne ganz besondere Aufmerksamkeit hören. Alles nahm ich zu Herzen. Wir erinnerten uns so manchen Streits. Der Reuter behauptete, daß nach dem neuen Testament die Zeitungen den ersten Platz verdienten, und daß eben sie die jetzige Welt für Barbarei schützen würden. Setzen Sie den Fall: man schriebe aus —, es hätte sich da ein Gespenst hören und sehen lassen, würde man nicht gleich aus Berlin antworten: kein wahres Wort —? Die Avancements waren indessen unserm Reuter das Hauptstück, die nun freilich weniger Interesse für die Welt haben, als wenn ein Gespenst sich sehen und hören lassen sollte. Ich ließ unverhohlen, daß eben der Zeitungs-Panegyrist Schuld daran wäre, daß ich in russische Dienste gegangen.

Der königliche Rath hatte die abgegangenen Stellen wieder besetzt; indessen hatt' er, um mir die eingebüßte Nacht nicht schuldig zu bleiben, außer dem Stammhalter, dem Prediger, die als ordentliche Mitglieder eingeführten Männer, den Officier, den königlichen Rath, den Professor und noch einen verabschiedeten preußischen Officier gebeten, der als Zöllner versorgt war. Dieser Zöllner und ich sahen uns an, und wie aus einem Munde, Alexander! Darius! Wer hätte das gedacht! —

Es war im ersten Augenblick Alles Du und Du. Da aber Darius hörte, ich wäre Major gewesen, beschied er sich den Augenblick, und ich hatte viel Mühe, ihn wieder an Ort und Stelle zu bringen. Benjamin?

Ja er selbst! — Auch Benjamins Geschichte will ich Extrapost erzählen. Wir verließen Benjamin in einem schrecklichen Zustande.

Mine, die ihm aufgetragen, ihre Reise nach Mitau vorzubereiten, fand ihn selbst reisefertig zur andern Welt und ging von seinem Bette, betrübt bis in den Tod. Benjamin erholte sich zwar; indessen konnt' er in einem halben Jahre zu keiner Fassung kommen. Man gab die Hoffnung auf, daß er je ganz zu sich selbst rückkehren würde. Endlich war er im Stande, die Scene mit seiner Schwester zu verstehen, die ihm aber wegen der so langen Zeit mit vielen Zusätzen und Verstümmelungen beigebracht ward. Meister und Meisterin hatten keine Schuld an ihm. Der alte Herr hatte keine Taube seines Sohns halber versandt und der Meister war so voller Beobachtung der Regel: was dich nicht angeht, davon laß deinen Fürwitz, daß er, um den Dariusschen Ausdruck beizubehalten, seinen Prügel viel zu lieb hatte, um ihn unter die Hunde zu werfen. Vorerst war es auf eine Heirath mit des Meisters einziger Tochter, Christine, angelegt. Es wird doch, sagte der Meister, keine Mißheirath seyn. Da aber Christinchen sich unversehens so sehr verlaufen, wie Darius sagte, daß kein ehrlicher Mann sie aufzusuchen im Stande war, so ließen die betrübten Eltern Benjamin ziehen in Frieden. Bei'm Abschiede, sagte Benjamin, lief es mir eiskalt über'n Rücken. Es waren sehr gute Leute. Benjamin zog nicht eher Nachricht von Minen ein, als bis sie todt war! — Ich aß eben, sagt' er, Brod in frische Milch eingebrockt, da ich die erste sichere Nachricht von ihrem Tode erfuhr, und ich hätte, so hungrig ich war, den Löffel nicht an den Mund bringen können, um wie Vieles! — Auf meiner Wanderschaft, sagt' er, hat mich manch harter Sturm erschreckt, o! wie manche rabenschwarze Nacht hab' ich belcht, und wie oft bin ich ganze Tage gegangen, ohne einen Hüttenrauch zu entdecken! An einen Kirchenthurm war ohnedies nicht zu denken.

Er kam in eine preußische Stadt, wo er dem Commandeur vorgeführt wurde! — Benjamin erschrak gewaltig, da er vom Soldaten hörte, den ihm der Officier so süß vorpfiff! — Es ward ihm indessen Alles überlassen. Eben weil er nicht gezwungen, sondern sich selbst überlassen ward, bot er sich nach vier Wochen von selbst an. Die Meisterin des Orts, wo auf kein Christinchen Rücksicht zu nehmen war, hatte ihn ohne Ursach chicanirt, und nun glaubt' er, sie wieder chicaniren zu müssen. Ich warf den Plunder weg, sagt' er, und ward Soldat! Das Dariusspiel hat viel dazu beigetragen. Benjamin zeigte keine kleine Geschicklichkeit im Schreiben, und da er im ganzen Städtchen privilegirter Briefsteller und Berechner war, so stand er sich so vortrefflich, daß er auf Standeserhöhung dachte, die ihm auch nicht fehlschlug. Er ward namhafter Corporal. Wie war's, wenn es an's Feu'r! ging? fragte ich ihn. Mußte gut seyn! erwiedert' er. Freilich hatt' ich noch keine Flinte, bis auf den Tag, da ich Menschenjäger ward, losgedrückt, und außer einem Taschenpuffer kein Knall- und fallendes Gewehr in meiner Hand gehabt; indessen fand sich Alles nach und nach. Vorerst ward mir dann und wann eins angehangen, und vorzüglich hab' ich meines Fußes halber manchen Spaß gehabt. Kommt's nicht heute, kommt's morgen, dacht' ich, und es kam morgen! — Du pflegtest mir zu sagen, daß in jeder Sache außer dem, was in's Auge fällt, noch etwas Unsichtbares wäre, außer dem, was da ist, noch ein Geist, der webt. Bei'm Soldatenstand ist dergleichen Geist nicht, wohl aber, wie du selbst wissen wirst, so mancher blaue Dunst, den man machen kann. Was fehlt meinem Bein? — Ich unterrichtete bei'm Obristlieutenant die Kinder. Du? meinst du Nein! Jeder Mensch hat im Regiment geglaubt, ich hätte studirt; da hab' ich manchmal gedacht: ich wäre schon so aus der Erbliteratenfamilie! — Der Prediger hielt mich für einen Juristen, der Auditeur für einen Theologen! — Die Herren Gelehrten müssen doch selbst nicht so recht wissen, woran sie sind.

Darius ward auf Werbung vermöge ganz besonderer Empfehlung gesandt, und da er hier Gelegenheit hatte, sich ausnehmend hervorzuthun, vom Könige unmittelbar zum Lieutenant ernannt. Meine Feinde sagen: es sey ein Mißverständniß im Namen vorgefallen — und der König soll sich auf einen Corporal gleiches Namens besonnen haben, der, vor seinen Augen, wie ein Bär im Kriege gethan. Auf einmal erscholl ein Gerücht, daß alle bürgerlichen Officiere, die nicht zu dieser Ehrenstelle während dem Kriege gekommen, in Gnaden entlassen und nach Bewandtniß der Umstände untergebracht werden sollten. Das Glück ging mir nach diesem Unglück bald wieder auf. Anfänglich nur in Gestalt eines halben Mondes; ich hatte nur eine halbe Glückswange. Dieses Halbglück war ein Mädchen, das mir wohlwollte. Es ward meine Frau. Bald darauf erschien der volle Mond. Ich bekam eine Stelle bei der Zoll- und Accisevverwaltung, wo ich außer einer Aergerniß, die mir viel zusetzt, ehrlich und ordentlich lebe! — Zur Aergerniß gab ein ganz besondrer Vorfall Gelegenheit. Benjamins Hauptmann, der nicht so gut schrieb und rechnete, wie Benjamin Darius, ward als sein Subaltern angesetzt. Der arme Mann hatte Feldzüge mitgemacht, und Darius nichts weiter, als Werbdienste gethan. Natürlich, daß dieser wunderliche Wechsel den Herrn Hauptmann schmerzen mußte, und dies um so mehr, da er sich von Adel hielt, woran indessen auch gezweifelt ward. Bruder, fügte er hinzu: es ist ein Literatusadel, den ich mir auch zuzueignen im Stande wäre. Ich konnte mich nicht des Lachens enthalten.

Benjamin unterhielt mich mit dem Für und Wider, den Adel des Herrn Hauptmanns betreffend, länger, als ich selbst wollte. Das Aergste ist, sagt' er, daß unser Hauptmann von Capernaum aus einem guten Hause geheirathet und eben darum sich Anhang zusammengesprengt hat. Alles hausarm; allein desto fester halten die Kletten. Da findet denn sich doch wo ein gnädiger Onkel, der einen Einfluß hat. — So viel kannst du glauben, fuhr Darius fort, ich vergebe mir nichts. Ehre verloren, Alles verloren. Da ich der Sache näher trat, oder eigentlicher, treten mußte, war der anomalisch adliche Hauptmann so wenig ein Subaltern des Darius, daß er blos eine kleinere Stelle besaß. — Meinst du? fragt' er mich.

Allerdings! und die Hitze des Subordinationsfiebers legte sich.

Freilich fürcht' ich, es werde eine Palliativcur seyn. Meine Frau — — geheirathet? Ja! Ein Sohn und eine Tochter. —

Benjamin ließ nicht nach, mir das Versprechen abzufordern, daß ich bei ihm Nachtlager nehmen möchte. — So sieht er doch, fügt' er hinzu, daß auch ein Major bei mir einkehren kann! Da haben wir das Subordinationsrecidiv. Ich lernte eine recht artige gute Frau Lieutenantin oder, wie sie lieber hieß, Inspektorin kennen. (Der Hauptmann war nur Einnehmer.) Sohn und Tochter! Ein Paar liebe Kinder! Ich erschrak, an der Tochter einen entfernten Zug von Minen zu treffen, und da ich ihm nachspürte, fand ich ihn auch am Vater, und was noch mehr war, an der Mutter.

Meine selige, in Gott ruhende Mutter behauptete Stein und Bein, wie sie sprach, daß Mann und Weib ein Leib wären, das heißt, was Aehnliches hätten, sonst, setzte sie hinzu, würden sie sich nicht geheirathet haben. Das ist der Abdruck des Himmels, in dem bekanntlich Ehen geschlossen sind. Ich muß frei bekennen, daß ich diese Bemerkung oft bestätiget gefunden. Mag wohl immer seyn, wenn Neigungen Ehen binden! — Man liebt sich selbst im Andern! — Desto angenehmer war mir der Abend! —

Wir blieben spät in die Nacht zusammen. Die beiden Kleinen, die von Schlaf umfielen, mußten nicht von der Wache. Hab' ich mir nicht, sagte der Herr Inspektor, mehr im Kriegesdienst gefallen lassen? und konnt' ich denn dafür, daß während der Zeit kein Krieg war? Sprach man doch jede Revue vom Marsch! — Wir wollen doch sehen, mein Kind! bemerkte die Frau Inspektorin, wer von den Kindern den Preis erhalten wird, ob unsere, oder des Einnehmers? Ich freute mich, daß Madam es auf diese Probe aussetzte, und sahe wohl ein, daß die Subordinationsstreitigkeit eigentlich bei der Weiberinstanz vorlag! — So nagt doch immer, fing die Frau Inspektorin nach einer kleinen Weile an, Etwas am Mark des Lebens! — Eine gute Frau bis auf die kleine Affektation, hie und da Etwas, das gehen sollte, tanzen zu lassen. Ein Capriolchen nahm sie sich nicht übel. Sie las viel Romane, die alle vortrefflich gebunden waren. Sie kleidete sich sehr mit Geschmack — Ich fand sie im allerliebsten Negligee! Was sie spricht (die Frau Einnehmerin nämlich), sagte die Frau Inspektorin, ist mit welkgewordenen Blumen einer Metapher bekränzt! — Solch ein Kranz! Er ist nur auf wenige Stunden. Im Wasser halten sich die Blumen am schönsten! „Liebe Frau Inspektorin! muß aber kein Springwasser seyn!“ —

Meine Frau, sagte Darius, nicht wahr? geht rund herum; ich steige gleich auf's Dach! Sie stellt's zur Schau aus; ich häng' es geradezu hin, wo es hängen soll. — Mein Kind! sagte sie, bei einer andern Gelegenheit, wie er heirathete (der Hauptmann nämlich), verschwand der letzte Stern von Hoffnung. — Aber, erwiedert' er, der Major sagt — — Mag immer, lieber Herr Major! Weibersehnen entstricken sich eher. —

Ohnfehlbar glaubte sie ihrem Stande durch einen dergleichen Ausdruck nachzuhelfen. Mag wohl literatadlich seyn; natürlich ist er nicht. — Mir wenigstens kann kein Naturstück aufstoßen, wo ich nicht etwas Aehnliches entdecke, Bein von meinem Bein, Fleisch von meinem Fleisch. —

Sie erkundigte sich sehr herzlich nach ihrem Schwiegervater, und wollte von mir eine Beschreibung von einem Literatus, welche sie bis dahin noch nicht von ihrem Manne nach der Tablatur, wie sie's nannte, erküssen können. Ich ließ den Herrmann bei Ehren! Hätte der Hauptmann von Capernaum, pro tempore Acciseeinnehmer, die Abkunft des Inspektors erfahren, Subordination! — wo wärst du geblieben? Wenn mein Mann wider seinen Vater Etwas hat, was geht's mich an? Man sehe doch das gallose Schäfchen! Ernst! Ein gutes Weib! Man lass' ihr doch die welkgewordenen Blumen einer Metapher! — Was thut es denn dem Manne, wenn seine Frau in so etwas Unschuldiges verliebt ist? — Zehnmal versicherte sie mich, wahre Freundschaft daure noch, wenn gleich alle Kronen Urnen geworden! — Und alle Worte Gedanken, wollt' ich schon sagen. — Ihrem Manne machte das Tulpenbeet seiner Frau, in zierlichen Ausdrücken dergestalt, keine geringe Freude, obgleich er selbst bei seiner Weise blieb, geradesweges auf's Dach zu steigen. Freilich mußte das Dach nicht zu hoch seyn — da Benjamin Darius origetenus auf schwachen Füßen stand.

O der wunderbaren Vermischung der Denk- und Handlungsart der Menschen! und doch wieder so allzusammen eins, daß man weiter gehen könnte, als meine Mutter. Nicht bloß Mann und Weib, sondern alle Menschen haben einen gemeinschaftlichen Zug — Alle Etwas vom Vater Adam und Mutter Eva, denen, sie mögen gewesen seyn wie sie wollen, doch Kindespflicht eignet und gebühret.

Amalia war mit dem Krämer ehelich verbunden, und glücklich genug gewesen, fünf Kinder mit ihm zu erzielen. Junker Gotthard hatte sie nicht besucht, worüber sie sich beklagte, ohne daß der Krämer ein Wort darüber verlor! —

Ich erneuerte alle meine alten Bekanntschaften, die

heilige Geiststraße und den Roßgärtschen Kirchhof nicht ausgeschlossen. Die Straße, die zu meiner Zeit bei'm Abzuge des Malers, dessen Quartier wir bezogen, illuminirt war, soll, wie man sagt, nicht aus der Illumination herauskommen. Was die Mütter thaten, thun die Töchter nach ihnen.

Schließlich übergab ich dem Darius und vorzüglich seiner Frau, Minens Grab in L—. Ich that es in Gegenwart ihrer Kinder, und so feierlich, daß Alles weinte, nur der gewesene Herr Lieutenant nicht, dem man in Hinsicht der Thränen nicht so leicht auf's Dach steigen konnte. Sie gab mir das feierliche Versprechen, künftige Woche zum guten Pastor nach L— zu fahren, wo sie schon bekannt war, um ihren Kindern das Grab zu zeigen! Gern wäre sie jetzt gleich mitgekommen; wenn ich es ihr nahe gelegt; ich wollte mir aber durch kein Gewürz ein gesundes natürliches Essen verderben! Auf diesen Ausdruck bringt mich die Frau Inspektorin selbst. Sie sprach von einem Ausdruck, den sie das vor Fäulniß bewahrende Salz nannte. — Wenn die Speisen nur nicht versalzen werden, wie die königliche Frau Mutter es schon drei Tage vor dem königlichen Auftritt zu thun gewohnt war! —

Darius dankte mir, wiewohl insgeheim, (wer mag gern in Gegenwart seiner Frau in die Flucht geschlagen werden) für die schönen Tage, die er bei einem Haare, wie die Dorfjungen, Talken genannt hätte, wenn ich ihn nicht in Zeiten in's Griechische gebracht. Ich habe diesen Kriegen, sagte der Herr Inspektor, viel zu danken. Nimmermehr würd' ich seyn, was ich bin, wenn ich nicht Darius gewesen! Freilich kann wohl aus Darius nichts natürlicher, als Accise-Inspektor werden! Alexander aber und Major! ist da Verhältniß, kunstrichterlicher Leser? Nicht wahr, eine versalzte Frage! —

Ich fand Fronspergers Kayserliches Kriegsrecht beim Darius, und Benjamin versicherte mich, daß ihm das Werkchen viele gute Dienste gethan. Freunde! Darf ich's wiederholen: bei'm Spiel eine ernsthafte Miene gemacht, so ist's Ernst; bei'm Ernst eine komische Miene, so ist's Spiel! Entweder ist Alles Spiel, oder Alles Ernst in der Welt! — Wie man es drauf anlegt! — Und nun, wenn anders meine Leser keine Tücke auf Benjamin haben, wer hätte gedacht, daß diese linke Hand sich so herausarbeiten würde. Ist ihm die Nothtaufe anzusehen? Schneider, oder Literatus, sagte seine liebe selige Mutter. —

Der Major, der uns nach Königsberg brachte, war todt. Schade! Eben da ich sein College war! Der Junker war Lieutenant geworden, Benjamins Amtsbruder, nur mit dem Unterschiede, daß Benjamin ein stehendes, sein College aber ein fließendes Wasser war! Wie weit kann er's nicht noch bringen! — Der fließende Lieutenant, wie er sich darüber freute, daß ich Soldat geworden! Noch lieber hätt' er und der verstorbene Reuter, wirkliches Mitglied des gelehrten Kränzchens (wenn Letzterer nämlich noch gelebt), gesehen, daß ich bei der Cavallerie gestanden! —

Bei'm Abschiede gab ich dem Herrn Inspektor den Brief der Kaiserin, den ich, außer dem königlichen Rath, Keinem gezeigt hatte. Dem Professor Großvater wäre, wie mich dünkt, am wenigsten damit gedient gewesen. Da war Benjamin wieder aus dem Du-Geleise und bat um Verzeihung, so sehr die Subordination beleidiget zu haben. Ich hatte Mühe, ihn in's Du zurück zu bringen. Stell' Dir vor, sagt' er zu seiner Frau, ohne daß ich es verhindern konnte, daß er diesmal zu Dach stieg: unser Gast ist auch geadelt und ein Gutsbesitzer. — Ihr Gesicht — wahrlich etwas zur Schau! — Gut, daß es beim Schluß war! —

Lebe wohl, Königsberg, auf ewig!

Nach L— nach L—.

Ich zog durch einen andern Weg, und obgleich ich nichts that, als mich gierig nach dem heiligen Grabe umsehen, fand es doch mein Auge nicht. Der gute Pastor! Mich ärgern alle die Verzierungen, die man beim guten gemeinen Leben anbringt. Da will man seine vorigen Bekannten rathen lassen, wer man ist! Da läßt die Frau, ohne daß der Herr Gemahl es weiß, zu seinem Geburtstage ein Mahl anrichten. In der Josephsgeschichte selbst, gefällt mir der Zierrath nicht. — Warum nicht gleich: ich bin Joseph, euer Bruder! — Geradezu gab ich mich dem Pastor zu erkennen, wie seinem Bruder, dem königlichen Rath, der es einen Ueberfall nannte, und der darüber um eine Nacht kam, ich weiß nicht wie. Wie es mit Minens Grabe stände, war meine erste Frage, in die sich unser Pastor nicht finden konnte. Ich umarmte ihn, und ohne ihn zur Antwort zu lassen, die er von der Ueberlegung borgen wollte, nahm ich ihn bei der Hand und da waren wir! — Nach der Zeit hat er mich versichert, daß ihm noch selbst auf dem Wege Alles wie ein Traum gewesen! Da, sagt' er, liegt mein Weib, Minens Nachbarin! Es war kurz vor Ostern und schon war Minens Grab so grün! so schön! —

Der Pastor verließ mich, um, wie ich nach der Zeit sahe, von Haupt zu Fuß sich umzukleiden. Ich sah gen Himmel, warf mich auf die Erde, auf die heilige, Minen geweihte Erde! Ich konnte nicht weinen! — Mine! Mine! war Alles, was ich konnte. Ich warf mich mit einer Heftigkeit auf's Grab, die kein Wort aufkommen ließ, die es erdrückt haben würde, wie ein Grausamer einen Wurm, der sich krümmt — und siehe da! so wie ich hinstürzte, fiel das Grab ein! Ein Andrer wäre aufgesprungen; allein ich erschrak darüber so wenig, als ich mich über den kaiserlichen Brief erfreute. Wer kann Etwas in solchen Umständen! Nach einer kleinen Weile war es mir so, als der lebendige Odem aus ihrer Nase, woraus wir ihre Rückkunft in's Leben erprobten! Gott! schrie ich und sah nun ein, daß der Sarg nachgelassen und die Erde ihm gefolgt war, als ob sie mir Platz machte! dachte ich. Ich komme bald! sagt' ich so laut, daß ich's wiederhallen hörte; wo es wiederhallte, weiß ich noch nicht: allein dies Bald im Wiederhall, wie es mich ergriff, das kann ich nicht sagen, nicht denken! Empfinden — kann ich's. In solchen Fällen laßt der Empfindung ihren Werth, ihr Empfindungsstürmer! Noch jetzt hat es mich erschüttert! Bald! Amen! bald! Amen! —

Nach einer Weile fiel es mir wie ein Blitz ein, das Ende meines

ἀνέχου καὶ ἀπέχου

zu machen. Schnell riß ich die letzten Siegel auf und las:

„Du bist ein geborner Edelmann, ich heiße — —.
„Einen einzigen Buchstaben hab' ich im Namen geän-
„dert. Wirfst Du den weg, bist Du was Deine Vor-

„fahren seit undenklichen Jahren gewesen. Mein äl„tester Bruder, der mich verfolgte, ist Schuld an „diesem Allen. Wie wenig ist dieses Alles. „Ein geänderter Buchstab', ein einziger, was will „das sagen? Die Beilage ist die Asche von den „Papieren, die im Brande drauf gingen, der sich „zutrug, da Du krank warest. Sie muß gelten, wenn „Du sie geltend machen willst. Gott segne und be„hüte meinen Bruder und die Seinen für und für! „Auch Dich segne er mit und ohne den Buchstaben ——"

Mehr konnt' ich vorerst nicht lesen und auch meine Leser wissen genug in meinem Lebenslauf. Das Uebrige gehört zum Lebenslauf meines Vaters, wovon der vierte Theil bergauf handelt. Die Beilage Asche hatte die Buchstaben so unleserlich gemacht, daß Alles wie schwarze Kunst aussah.

O Freunde! Die Scene, wie ich beide Adelbriefe zusammennahm und sie auf Minens Grab legte zu ihren Füßen, könnt' ich sie doch mittheilen! Ob sie gemalt im Zimmer sich ausnimmt, weiß ich nicht; aber für's Herz! — Ich kann nicht! — Sie brachte mich zu Thränen, zu sanften, süßen Thränen. Mine war mir Welt, Leben, Alles!

Sieh! Minens Schutzgeist, sieh! der du ihr das Bald so warm wiedergebracht hast, als es das Echo, das Sprachrohr der Geister, dir zubrachte! Sieh diese Treue! Sie war Minens werth! Was sollen mir diese Gnadenbriefe ohne sie? O du lieber, seliger Vater! Dank sey dir, daß du diesen Pomp in Asche verwandelt und sie zur Beilage gemacht hast! Wir sind Staub und Asche!

Der Pastor kam ganz herrlich verzieret, und wollte mich seiner Entfernung halber um Vergebung bitten. Da er aber sahe, was vorging, war er Willens zu bitten, daß ich ihm seinen Ueberfall verzeihen möchte. Herr Major, fing er an (dies hatte er schon von meinem Bedienten ercatechisirt,), das hat nie ein Major gethan, so lange die Welt steht! — So hat er auch keine Mine gehabt, so lange die Welt steht! — erwiedert' ich, nahm ihn wieder bei der Hand, und führte ihn zu dem Grabe seines Lindenweibes. Hanna wollte durchaus, sagt' er, Minens Nachbarin seyn, und wir Alle wollen's seyn. Meine Tochter hat sich dieses von ihrem Manne schriftlich versprechen lassen, und er von ihr! — Hat Mine es doch dem Nathanael vergeben, lieber Major! Sie würden sich gewiß vertragen — gut begehen, hätt' ich bald gesagt! — Freund, antwortete ich, (selbst weiß ich nicht, wie ich dazu kam,) da sind Türk' und Russe Brüder! — O, lieber Herr Major! vom Türkenkriege zu reden! — Freilich hier nicht, aber doch! Ja! Ich drückt' ihm die genommene Hand. Freund! das Grab Ihrer Hanna ohne Linden! — Eine wollt' ich ihr geben, ausgegangen! drei Jahre nach einander gesetzt und ausgegangen! Wie todt geschlagen! Ohne Leben und Odem! Mehr als eine mocht' ich nicht! Warum sollt' ich Ihrer Mine die Sonne entziehen? — Die Linden nehmen sich viel heraus, wenn sie in's Wachsen kommen. Sie sind sehr sonnengeizig, ungerecht gegen Alles, was unter ihnen wächst.

Nach dieser Scene gingen wir in die Kirche. Siehe! ich komme bald; halt was du hast, daß Niemand deine Krone nehme, rief mir jede der vier Gegenden zu,

Osten, Süden, Westen, Norden! Alles war mir so gegenwärtig, als ob es vorginge. Minens Begräbniß, Gretchens Eheverbindung!

Was Gott thut, das ist wohlgethan;
Es bleibt gerecht sein Wille!

und

Drum laß ich ihn nur walten!

Warum denkt man so gern an gehabte frohe Stunden? Wahrlich, weil das Leben so kummervoll ist, und weil wir ihm durch dergleichen Kunstgriffe förderlich und dienstlich seyn wollen. Wahrlich, die überall gütige Natur hilft auch hier, so wie in Allem, unserer Schwachheit aus. Wir erinnern uns froher Tage fast eben so froh, oft froher, als wir es waren, da wir sie lebten. Die Zurückerinnerung an traurige Vorfälle geht von langen zu kurzen Tagen über und wird schwächer.

Alles war uns von Gretchens Hochzeit sichtbarlich: die Verschwindung des Puders von Seiten Nathanaels, das Kleid mit den goldbesponnenen Knöpfen des Amtmanns selbst, womit der Amtmann sich blos ausstaffiren wollte, und das nicht zum Vorschein kam, war uns gegenwärtig.

Der gute Pastor hätte nicht die Frage aufwerfen dürfen: Wie wär' es, wenn wir Gretchen besuchten? Hätt' ich ihr so nahe seyn können, ohne sie von Angesicht zu Angesicht zu sehen? Muß ich denn nicht ihr und ihrem Manne für die treue Pflege danken, die sie Minens Grabe angedeihen ließen? (Die Zeit hatte meinen Schmerz über Minen in Poesie gebracht, wie sie es immer thut, o! so sanft lyrisch!) Bin ich Gretchen denn nicht die Heimführung schuldig? —

Es ward verabredet, zuerst Gretchen und ihren gepuderten Mann, und nach diesem den hochgebornen Todtengräber & Compagnie zu besuchen. Ich habe schon bemerkt, daß ich keine Maskeraden liebe. Warum auch die Mummerei? Da steig' ich lieber den Leuten, wie der Herr Lieutenant, auf's Dach, als daß ich ihnen (auch ein Ausdruck des Herrn Inspektors,) was in's Maul schmieren sollte. — Wie das absticht, der Herr Inspektor und die Frau Inspektorin!

Mein Gott! wie sich Gretchen freute! auch Nathanael! —

Sie küßte mich wieder so herzlich, als wie ich zur Hochzeit kam, und den Justizrath zur Frage: Wenn? brachte. Der arme Mann mußte jetzt viel dieser Eifersucht halber ausstehen! — Jetzt war er so weit vom Wenn, daß er selbst gern darüber lachen mochte. Er hatte sich ungemein auf die Politik gelegt, und wollte durchaus die Karte herbeiholen, da sich der Herr Schwiegervater an den Türkenkrieg erinnerte. Dan gute Nathanael war immer mit marschirt, hatte immer mit gekriegt und mit gesiegt. Er war, so wie sein Schwiegervater, wohlbedächtig russisch, obgleich sonst jeder Mensch eine Neigung hat, sich des Unterdrückten anzunehmen. Ist's Wunder? Es ging ja gegen die Türken! Die Anlage zur Politik, welche der Prediger bei Gelegenheit der verlornen Schildwache zeigte, hatte freilich noch nicht ihren Geist aufgegeben; indessen übertraf Nathanael seinen Schwiegervater in der Politik bei weitem. Gretchen war dagegen so unpolitisch, daß sie recht geflissentlich diesem Blutvergießen auswich. Ein politisches Weib ist wahrlich das Unausstehlichste unter Allem aus der siebenten Bitte. Fast sollten sie das Wort

Krieg nicht auszusprechen, nicht über ihr Herz zu bringen vermögen. Ein Anderes, ging's um die schöne Helena! oder wenn sich ein Paar um das blaue Augenpaar der Huldgöttin der Stadt schlügen! In solchen schönen Fällen erlaub' ich ihnen auch ein Wort über Krieg und Kriegsgeschrei zu sprechen! —

Gretchen, du hast den besten Theil erwählt, das soll nicht von dir und deinen Töchtern genommen werden ewiglich! Wie du in Reisekleidern ausgingst, liebenswürdiges Geschöpf, und mit verweinten Augen zurückkamst! — Gott lohne dich mit seinem reichlichen Segen! — Sein Antlitz heb' Er auf dich, und sey dir gnädig!

Es war ein gutartiger, allerliebster Frühlingstag. Wir kamen früh an und frühstückten auf einem Haufen. Mir kommt das Frühstück als die natürlichste Mahlzeit vor, das sich auch die englische, die natürlichste Nation, nicht nehmen läßt. Guten Morgen, lieber Engländer! —

Ich setzte mich in's Gras, und die fünf Kleinen (so viel hatte Nathanael aufzuzeigen,) um mich her. Dies brachte mir ein Vergißmeinnicht, jenes nahm mir den Hut ab; die beiden kleinsten Mädchen ergötzten sich an den blanken Knöpfen meiner Uniform! —

Der gute Prediger sahe diese Gruppe und sagte: „Simon Johanna, hast du mich lieb?" Weide meine Lämmer! Ich hielt diesen Spruch an, und auch noch schallt er mir in's Herz: „Weide meine Lämmer!" —

Leopold, willst du in's Grüne?

Eben wollt' ich bitten.

Komm!

Ohne Strohhut?

Versteht sich —

Gretchen sowohl, als Nathanael behaupteten, der Dritte von oben hätte viel Aehnlichkeit von mir! Ich fand es nicht. Vater und Mutter hatten ihn am liebsten. Schade, daß er nicht Alexander hieß, sagten die Aeltern, der Aelteste hieß so! Das erste Kind war eine Tochter und hieß Mine! — Wie ich dies liebe Mädchen an mein Herz gedrückt! Es war es, das mir Vergißmeinnicht brachte! Ich ließ mir von Gretchen das Ende ihrer Mutter erzählen, wo sehr starke Stellen darin vorkommen. Ich will meine Leser, denen ohnehin eine Todesfahrt bevorsteht, mit den nähern Umständen nicht aufhalten. — Sie starb sehr heiter. Ihr Tod war kein Lindentod. Wer nicht von dieser ihrer Krankheit gewußt hätte, würde sie in Wahrheit aus den letzten vier Wochen ihres Lebens nicht ersehen haben. Ihre Einbildungskraft war wieder eingezäunt. Ihr Auge hatte jene Wildheit nicht mehr; — es strahlte nicht, es schien nur. — In ihren Segnungen paarte sie mich noch mit Gretchen; das heißt: sie segnete mich so inbrünstig als sie, obgleich Nathanael und seine Kinder hiebei nicht zu kurz kamen. Auf den Enkel Alexander legte sie beide Hände, auf jedes andere ihrer Kinder nur eine. — Was sie froh war, sagte Gretchen, Minen zu sehen! — Gehe ein zu deines Herrn Freude!

Kaum hatte Gretchen diese für mich so rührende Geschichte vollendet, so marschirte Nathanael schon wieder zum Türkenkriege, und wollte ich wohl oder übel, ich mußte erzählen. — Gretchen bestellte während des Türkenkrieges ein natürlich schönes Mahl. Bei Tische war der Justizrath nicht von Bukarest zu bringen, bis ihn endlich Gretchen wie einen Türken schlug. Die kleine, liebe Russin! Sie vergoß über meine zwei liebe Kriegscameraden bittere Thränen! und mehr, als die Geschichte dieser jungen Helden, wollte sie nicht. Der Prinz 'Wilhelm von Braunschweig war ihr zu vornehm, um an ihm Theil zu nehmen.

Rechten und Fechten, fing die Lose an, und zeigte mit Fingern auf Nathanael. Er gleich fertig: brummen, verstummen! und zeigte auf Gretchen! Ich gab dem Justizrath einen Blick, als wollt' ich sagen: ich bitte, meine Mutter ruhen zu lassen in Frieden!

Was Gretchen wohl ansteht, gebührt eben einem so puderreichen Manne nicht. Nathanael fühlte, daß er zu weit gegangen, und ward so still, daß ich ihn selbst mitleidsvoll durch eine Türkengeschichte aufmunterte. Wer kann immer fechten; ich fing also zu rechten an. „Ich will mich selbst richten," schrieb Nathanael an seinen Schwiegervater, „und den Krieg Rechtens mit mir selbst anfangen." Ein schön Stück Arbeit! Nathanael hatte redlich Wort gehalten. Nie sprach er ein Urtel über Andere aus. Sich selbst hielt er in Ordnung. Vielleicht fiel er eben darum auf's Politische. Durch eine Schadenfreude über die Türken konnt' er freilich keinen Schaden thun. — Wenn er ja noch mit einer Beurtheilung sich hören ließ, so war es wider die Gesetze selbst. Wider die Türken und wider die Gesetze sollte wahrlich jedem Christenmenschen ein Wort zu seiner Zeit erlaubt seyn.

Die Gesetze, sagte der Justizrath, scheeren alle Menschen über einen Kamm! Ohnfehlbar dacht' er an's Promemoria. Wenigstens fiel es uns Allen ein, obgleich wir es nicht sagten. Der Gerechte und Ungerechte wird nach einer Form behandelt, und ein gelehrter Jurist ist der, welcher aus einer Tasche nimmt, und es in die andere legt; aus der Ausgabe in die Hauptcasse! — Und unsere Philosophen, sagt' ich, was thun sie mehr? Wenn es köstlich gewesen, schlagen sie die Zinsen zum Capital. Und dann, fuhr der Prediger fort, geben sie es an einen unsichern Ort. Und dann, beschloß der Justizrath, holt der Teufel Alles.

Der gute Nathanael erschrak selbst über den Teufel, da er ihn citirt hatte, so wie über's Brummen und Verstummen! Er hatte in diesen Tagen ein klein Capitälchen verloren, das er vielleicht auch, wie die Philosophen, von Zinsen gesammelt! Solch Geld soll überhaupt nicht viel Segen haben.

Warum Scheltwort wider die Gesetze? sagte der Prediger. Ihr Herren habt ein gewisses Phlegma, das Ihr Diensteifer nennt. Alles nur so nach dem es scheint, nichts, nach dem es ist.

Ihr Bruder! fing ich an —

Ist nicht phlegmatisch von Natur —

Ein wahrer Menschentreffer.

Mag! allein das beste Auge wird müde! —

Ich. Und furchtsam, wenn es ein paarmal fehlgeschossen.

Justizrath. Man hat so viel Mühe, sich selbst zu treffen, und hat sich doch immer vor der Nase!

Prediger. Aber nicht vor den Augen.

Ich. Vielleicht trifft man sich mehr, als es scheint. — Man publicirt uns das Urtel nicht. Es bleibt uneröffnet. Jeder Schelm weiß, daß er's ist, der kleine schielende Revisor so gut, wie ein Anderer. — Die Justizform in England —

Justizr. Freilich die beste! Die lieben Dicasteria.

Laßt den Nachbar über den Nachbaren urtheilen; so wie bei uns Soldat über Soldat, Unterofficier über Unterofficier, Officier über Officier! Wenn nur das Desertionsedikt nicht wäre! — Dicasteria sind gemeinhin Hospitäler, wo viel geredet und wenig gethan wird! — Kommt einmal ein großer Kopf herein, stößt er ihn sich wund. Das edle Geschöpf Gottes hatte nicht Raum in dieser Herberge!

Sollte man wohl nach diesen Datis glauben, der Justizrath habe keinen Dienstverstand? — Die Herren Rechtsgelehrten lernen die Gesetze; allein selten den Menschen. Es giebt Leidenschaften, die Jeder billiget, weil sie mit ihm selbst stimmig sind. Wer zürnt über den Zorn, wenn der Eifer über eine Beleidigung kommt, die in's Allgemeine geht? Ein dergleichen Eiferer heißt ein Patriot! — Trifft der Eifer einen Lehrer, der ein falscher Münzer ist, der Worte für Sachen verkauft, Schiffszwiebacke für Manna ausgiebt, oder auch einen solchen, der seinem moralischen Vortrage durch seinen Lebenswandel widerspricht, dann ist dieser Eifer ein Eifer für des Herrn Haus. Bei dieser Gelegenheit, da wir dem, was in's Allgemeine schlägt, Gerechtigkeit widerfahren ließen, fing der Prediger an: Es ist so eine Sache mit dem lieben Allgemeinen! Wir wollen nur Thatsachen, die auf's Allgemeine gehen. Je allgemeiner die Benennung ist, womit man uns belegt, je weniger will man sich so benennen lassen. Mensch! kann zur Probe dienen. Ein allgemeiner Geist zieht in seinem Privathause gemeinhin den Kürzern.

Nathanael versicherte, und auch dies war wahrlich nicht der kleinste Beweis von seinem Dienstverstande, daß er in seiner langen Praxi nie gefunden, daß ein gutdenkender Mann auf einen Dieb böse gewesen, wenn er das Seinige wieder erhalten. Wir Menschen, denk' ich, sehen es zu sehr ein, daß wir Alle gleiche Rechte in der Welt haben, und danken Gott, wenn wir nur bei solchen Gelegenheiten ungeschlagen davon kommen.

Der Prediger, der noch kein Wort von seiner Sünde wider den heiligen Geist gesagt, vielmehr seinem Herrn Schwiegersohn, weil er Justizrath war, obgleich ein in Gnaden verabschiedeter, die Vorhand gelassen, holte jetzt Alles ein, schlug Zinsen zum Capital, und bemerkte jedes Wort, das er in der zweiten Ausgabe dazu und davon gethan. Er sprengte, da es Nathanael ihm zu lang machte, über'n Zaun, und der Schwiegersohn mußte ihm das Wort abtreten, obgleich er Justizrath war. Man kann sich um den Hals reden, — auch um den Gedanken! — Der gute Prediger fing nicht zu seiner besten Stunde an. Gretchen kam, und ich ließ den Justizrath (Gelehrsamkeit gegen Gelehrsamkeit) bei der Frage: „ob auch Jemand mit der linken Hand schwören, und ob, wenn er falsch geschworen, ihm die Finger abgehauen werden könnten?" und den Pastor bei der Antwort: „daß er sehnlichst wünschte, einen Sünder wider den heiligen Geist seiner zweiten Ausgabe in Kupfer vorstechen zu lassen." Mögen sie rechten und fechten!

Gretchen und ich gingen spazieren; ein Sohn und ein Töchterchen mit uns. Eins für mich, eins für Sie! sagte die gute Hausmutter. Wer Gretchen mit ihren Kindern sahe, und nicht Lust bekam zu heirathen, hatte kein Gefühl von Unschuld. Sie zeigte mir dort eine neue Anlage zum Spaziergang, hier ein vortreffliches Grasstück. — Den Acker rahden und der Gegend zur Ader lassen, wie Gretchen es nannte, oder einen Graben ziehen, überließ sie dem Herrn Gemahl; — Sie nannte das Milchdepartement ihr beschiedenes Theil, und nöthigte mich in ein allerliebstes Büdchen, ihren Thron, wie sie sagte. Allerliebst! So schön sitzt kein Monarch, als Gretchen in ihrer Milchbude. Hier ward oft frische Milch gegessen, und die schönste Wiese, die das Gütchen vermochte, lag vor'm Auge. —

Wer fehlt mir, Freund, als Mine? sagte Gretchen und weinte so sanft, als man in einer Milchbude weinen muß. Sie beklagte sehr, keine Freundin in ihrer Gegend zu haben. Allein ich habe einen lieben, sehr lieben Mann! fügte sie hinzu. Wer hätte das dem Nathanael, dem Justizrath, ansehen sollen? Wenn's geregnet hat, sagte sie, wie schön ist es hier! und gab mir die Hand. Das gute Gretchen! Warum nicht alle Kinder? fragt' ich Gretchen. Gern möcht' ich mich mit diesen Kleinen in's Gras setzen! „Ich wollte mehr mit Ihnen allein seyn!" Wahr ist's, drei kleine Kinder zusammen ist wie eine große Gesellschaft. Gretchen hatte keine andere Gesellschaft, als ihre Kinder. Zuweilen kam der Graf, und sie waren noch öfter bei ihm. Gretchen war nicht ganz für diesen Geruch des Todes zum Tode. Die Sache genau genommen, ist auch der Geruch des Lebens zum Leben, Leib und Seele gesünder. Eine Person von ihrem Herzen konnte nicht anders, als tödtlich gerührt vom Grafen heimfahren. Nathanael ließ sie vorzüglich, wenn sie gesegnet war, nicht zum Grafen. Alles gut! sagte Gretchen, das hiesige Leben ist doch auch nicht zu verachten, und es ist Pflicht, zu genießen und Trost zu hoffen. Was fehlt uns denn in dieser Milchbude?

Die Milch, Gretchen.
Wollen Sie? —
Ich lächelte: Nein!

Der siebenmal sieben liebe Graf! — Ist denn nicht mein Stubenornat besser, hatte er jüngst zu Gretchen gesagt, als wenn ich meine Zimmer mit geilen Bildern behangen hätte, deren jedes Feuer streut, wodurch so viele junge liebe Herzen in Brand gerathen? Viele lügen, sagt' ich, weil die Wahrheit was Gewöhnliches ist! Der Graf ist nicht besonders, weil er es seyn will, sondern weil er einen Lebensconcurs gemacht hat. — Ich wußte wohl, mit wem ich sprach; Gretchen hatte auf's Haar gelernt, was ein Concurs sey.

Ich habe einen sehr lieben, lieben Mann, wiederholte Gretchen von freien Stücken. Der Concurs kann ihr unmöglich hiezu Gelegenheit gegeben haben. Mein Mann liebt mich, fuhr sie fort, und seine Kinder, ist gerecht gegen Jedermann, und verlangt vom Glücke keinen Dreier mehr, als es ihm zugewendet. — Wir verloren ein kleines Capitälchen und zweimal haben wir in der Lotterie gewonnen, so daß sich Alles ziemlich heben wird.

Es ward Gretchen zu kalt. Sie zeigte bei aller Gelegenheit eine schwache Brust. Wenn nur die Lindenkrankheit ihrer Mutter ihr nicht den Stoff zur Hektik eingepflanzt! — Schonen Sie sich, Gretchen; hören Sie? schonen Sie sich! — Ein großer Theil meiner Leser vereinigt seine Bitte mit der meinigen: Schonen Sie sich! —

Ich wendete mich zum Wege, auf dem wir gekommen waren; allein Gretchen zog mich seitwärts, um mir einen Gang zu zeigen, der nach einem meiner Vornamen hieß. Auch einen Minchenberg gab es, wo wir uns wenige Augenblicke niedersetzten. — Daß wir doch nicht Geister sehen können! sagte Gretchen. Der Graf glaubt zwar drei Seelen bei ihrem Aufflug mit einem Blick erhascht zu haben. — Im Fluge, Gretchen, trügt das Gesicht am meisten. — Zum Collationiren, sagte sie, gehört Original und Copie! Liebes Gretchen, erwiederte ich, reden Sie doch wie eine wahre Justizräthin. —

Wir kamen zurück und fanden den Herrn Schwiegervater und Sohn noch in gelehrten Streitigkeiten. Der Justizrath sprach über die Frage: „ob Jemand mit der Todesstrafe zu belegen, der einen Missethäter eine halbe Stunde vor des Todesurtels Vollstreckung ermordet?" und der gute Prediger: „ob es nicht billig, daß der Verleger den Titelbogen für voll bezahle, wenn gleich nur ein Blatt beschrieben sey." Ist's doch der Titel! —

Was meinen meine Leser von einem Sünder wider den heiligen Geist in Kupfer? Sollte nicht eine Silhouette mehr anzurathen seyn? —

Keinen stärkeren Beweis konnte wohl Nathanael ablegen, nicht mehr eifersüchtig zu seyn, als eben den, daß er sein liebes treues Weib mir anvertraute. Hat der Herr Major Alles gesehen? Ja, lieber Nathanael, Alles! Tausend Dank für Gang und Berg! Ich will Gleiches mit Gleichem vergelten, wenn mir Gott an Ort und Stelle hilft! Gretchen war mir lieb als Gretchen, und lieb ist sie mir als Frau Nathanael. —

Herr Major, sagte Nathanael, sie ist Minens Schülerin!

Wer kann wohl glauben, daß es nicht drei Minuten dauerte, da wir von Gretchens Milchbüdchen bis Bukarest waren!

Diesmal waren Gretchens Brüder meine Retter. Sind sie noch, fragte ich, in Poesie-Compagnie? Vier Augen sehen mehr als zwei, sagte Gretchen und lächelte. Wie Sie doch so gütig sind, fiel der Prediger ein, sich selbst an diese Maskopie zu erinnern! Denken Sie noch daran, wie ich Ihnen meine Abhandlung zum erstenmal anvertraute? Sollt' ich nicht? erwiedert' ich und lenkte wieder auf die beiden Compagnons ein, wovon einer in Curland Hofmeister war, der andere in dem nämlichen Ehrenamt in Preußen stand! — Der Prediger empfahl mir den Curländer, wenn er wo mit v. E—s in Collision käme! — Ich antwortete mit einem Handdruck. —

Den folgenden Tag reiseten wir zum Grafen. Ich wünschte, daß Gretchen mit käme; allein ich bat sie, nicht mitzukommen, da ich wußte, daß der Geruch des Lebens zum Leben ihr lieber war. — Ich glaube je länger je mehr, weil sie die Folge der mütterlichen Lindenkrankheit selbst fühlte, und nicht fühlen wollte. Das liebe Gretchen! — Sie kam von selbst, die gute Grete. Wir fuhren alle viere! — —

Der Graf freu'te sich über alle Maaßen. Ein Sterbender allein hätt' ihn mehr erfreuen können. Man schrieb mir aus Königsberg, Sie wären da, sagte der Graf, und ich wäre fast in die Verlegenheit gekommen, Sie zu bitten, Ihren alten Freund nicht zu vergessen. — Desto besser, daß Sie ohne das gekommen sind.

Meinen Lesern ist es bekannt, wie viel der Graf von Künftigkeiten zu bestimmen gewohnt war. Es fiel ihm mancher Umstand wie aus dem Aermel. Wer wird denn wohl im dreißigsten oder vierzigsten Jahre wissen wollen, ob er es bis siebenzig oder achtzig bringen, oder eher sterben werde? Und wem ist überhaupt damit gedient, da Vorhänge aufzuziehen, wo die Hand der Vorsicht sie wohlbedächtig angebracht hat? Warum soll man die Kunst lernen, fast immer die Zeit und Stunde zu wissen, wenn es mit den Patienten aus seyn werde? Gut, keinen medicinischen Tod zu sterben; indessen würd' ich es eben so ungern sehen, wenn ich wüßte: ich sterbe und ein Anderer observirt mich! — Wer läßt sich gern observiren? Eben darum trifft der Maler am besten, der die Gestalt stielt! — Die Welt ist ein Garten im Norden, wie der Graf sagt, wo wenig reif wird. So wir das wissen, selig sind wir, wenn wir darnach thun! — Wie kommt das, daß ich Gretchen unvermerkt in Rücksicht ihres Geruchs beitrat? Ich weiß keine andere Ursache, als weil ich auch vierzig Jahre trage. Der Graf schien es selbst zu merken, daß ich den Antheil an seinen Anstalten nicht nahm, den ich vor diesem genommen. Diesmal, sagt' er sehr fein, werden Sie nicht in — krank werden! Weil ich es bin, erwiedert' ich, und, wie mich dünkt, war meine Antwort eben so richtig als seine Frage. Sie haben ein größeres Sterbehaus gesehen, Herr Major, sagt' er, als das meinige! Der Justizrath und der Prediger waren froh, um vielleicht Manches noch vom Türkenkriege zu hören, worüber ich, wie sie wähnten, den Grafen nicht abschlägig bescheiden würde; allein sie kamen wieder von Bukarest zurück, ohne mehr zu wissen. Ohnmöglich kann den lieben Herren solch eine schnelle Reise gut thun! Der Graf hielt sich blos über die Frage auf: Ob man wohl im Felde, ohne seiner Pflicht etwas abzukürzen, observiren könnte? — Ich hatte ihn schon **überzeugt**, daß es viel Gelegenheit zu Observationen im Felde gebe, und ihm eine ganz neue Aussicht eröffnet. —

Der **Inspektor** und **seine Frau**. — Sie waren zum Prediger nach L— gekommen, und von L— zum Grafen, ob sie es sich gleich erst die künftige Woche zu thun vorgesetzet. Ich war Major und von Adel, und freilich hätte die Subordination gelitten, wenn Benjamin, wie er sich ausdrückte, ermangelt hätte —— Wie machst du es mit deiner Stelle? Er hatte den Einnehmer damit belehnt, lieber Major! erwiederte die Frau Inspektorin für den Herrn Inspektor. Das heißt wohl sein Amt an den Nagel hängen. Noch dasselbe Gesicht zur Schau, das die Frau Inspektorin bei'm Gutsbesitzer und Edelmann aufschlug! — Er selbst auch noch die nämliche Subordination. Bei ihm wirkte der Edelmann, bei seiner Frau der Gutsbesitzer! — Er war aus Curland, sie aus Preußen. Bei diesen Schaugesichtern war es kein Wunder, daß die Sache weiter ging und an den Grafen kam, dem die Nachricht eben so, wie der Frau Inspektorin, auffiel. Ihnen, lieber Graf! der Sie täglich sterben? — Gretchen allein war wie vorhin! — Der Justizrath räusperte sich ein wenig, da er zum ersten Mal mit dem adelichen Major, dem Erbherrn auf — sprach. — Dem Prediger war nichts anzumerken. — Der Graf, den der Türkenkrieg blos des Observationsstübchens halber interessirt hatte, wovon ich ihm einige Winke gegeben, nahm an meinem Adel so viel Antheil, daß die Observation jetzt auf meiner Seite war. Mein Gott! wie kann doch Jemand, der täglich stirbt, an dergleichen Kleinigkeiten Theil nehmen! Vorurtheile, gegen die doch der Mann, der sich vom Haufen unterscheidet, angehen soll, können die auch solch einen Mann — so beherrschen? — Es ging mir nahe, diese Bühne aufgezogen zu sehen! — Sein erster Blick that gleich zehn Fragen an mich, und so lieb es mir war, den Herrn Inspektor noch zu sehen, so war ich doch im ersten Augenblick nahe daran zu wünschen, daß er lieber mit seiner Hausehre bei'm Herrn Hauptmann geblieben, als uns gestört hätte. —

Der Graf wollte die Lebensläufe aller meiner Ahnen. Lieber Graf! ich weiß sie selbst noch nicht, und suche noch hie und da Lücken auszufüllen. Zeit bringt Rosen! Wenn Sie Geduld haben, die Jedem Noth ist, und Gott Ihnen das Leben fristet, so sollen Sie im dritten Theil meinen Vater und im vierten meinen Großvater von oben ab sehen! Gleich ein Unterschied zwischen mir und der andern Gesellschaft. Lieber, warum das? warum die weißen Federbüsche, und die Wappen und die gräfliche Krone? Der gute Pastor in L— sagte, auf den Punkt versteht der Graf keine Brüderschaft. Da ist das Krönchen leicht gebrochen. Der Graf kannte meine Familie — sollt' er nicht? — und Nichts war ihm im Wege, als meine Mutter, die doch bürgerlichen Standes gewesen. Sie ist todt, lieber Graf! Freilich hebt der Tod viel, es ist nur der Ahnentafel und der Stiftsfähigkeit wegen. Ich versicherte die gräfliche Krone, weder an eine Ahnentafel zu denken, noch auf Stiftsfähigkeit je Anspruch zu machen; allein er drückte mir die Hand mit einem sehr bedeutenden: Kommt Zeit, kommt Rath! — Da Gretchen Alles sahe, was vorging, schien sie selbst einen Subordinationszug ein=

führen zu wollen, den ich aber sogleich bei der Thür abwies. — Die Frau Inspektorin fand vollkommen ihre Rechnung. Sobald sie bemerkte, daß es hier auf Paar und Unpaar ankam, ging sie bei sich selbst zu Rathe, ob und in wie weit ihr der Rang über Gretchen zustände? Sie übertrug dem Herrn Inspektor hiebei Sitz und Stimme; da sie aber zu ihrem Leidwesen erfahren mußte, daß ihm der Fall zu wichtig sey, nahm sie ihres Herrn Gemahls Verfahrungsart an, stieg Gretchen zu Dache, und drängte sich der lieben Unschuldigen vor, die indessen bei dem allerersten Blick des Vordrangs so nachgebend war, daß die Frau Darius nur ein sehr kleines Dach zu steigen hatte. —

Der Graf hatte die ganze Gesellschaft elektrisirt. Alles war geschlagen, bis auf Gretchen, ihren Vater und mich. Elektricität ist ein Naturblatt, auf dem Viel steht, pflegte mein Vater zu sagen. Wenn wir den Altar kennten, von dem diese glühende Kohle, dieser göttliche Funke genommen ist, wären wir weiter! —

In der Naturlehre, lieber Vater! Wenn du aber hier in dieser geschlagenen Gesellschaft gewesen, was für ein Feld zu moralischen Anmerkungen wäre dir da offen gewesen! Wie doch dem Menschen der Zwang so eigen werden kann! Ein kleiner Schlag, und Alles gerade wie auf Draht gezogen!

Gretchen gewann bei meiner Standeserhöhung am meisten; denn der Todtengeruch war sehr zum Geruch des Lebens zum Leben übergegangen. —

Der Graf bat es sich zur Freundschaft aus, sobald ich mich mit meiner Familie in Verkehr gesetzt haben würde, ihm über diesen und jenen Punkt, wo seine Familienkenntnisse nicht zureichten, Auskunft zu rtheilen. Dieser und jener Punkt waren Federbusch, Wappen und dergleichen Dinge mehr! — Hie und da eine Anekdote von dem und dem in der Familie! Das war Alles? Wie ich sage, keinen Tritt weiter. Ist's möglich, ein Mann, der einen Mann ohne Wappen zum Lebens-, alle Sterbende zu Sterbens-Brüdern und Schwestern annahm? — Was Anders, wenn's Leute thäten, die dem hiesigen Leben den Eid der Treue geleistet. —

Ich konnte das Andenken an jene Grabschrift nicht abwehren:

Hier liegt der lebendig Todte!

Bei diesen Umständen hätten Sie die Blätter, die von der Reise zum Grafen handeln, nicht überschlagen dürfen, meine gnädige Frau! Zwar nahm ich mir die Freiheit, bei Gelegenheit der Sterbensumstände unserer guten Hanna, diese Reise eine Todesfahrt zu nennen; allein, geruhen Ew. Gnaden die Fräulein Schwester zu fragen, der es gestern, als Vestalin, auf dem Balle recht gut stand, ob nicht diese Blätter unbedenklich mitgenommen werden können?

Hier oder dort waren die letzten Worte, die ich mit dem Grafen bei'm Abschiede wechselte, da ich ihn bei'm Geruch des Todes besuchte! — Wer hätte geglaubt, daß das Hier eintreffen sollte, und zwar ein recht eigentliches Hier, voll Geruch des Lebens. Wie sich die Luft erfrischt hatte, bloß weil ich Edelmann war! — Da wir im heiligen römischen Reiche meines Adels halber waren, kamen wir, ich weiß nicht wie, auf Karl den V., der sich bei lebendigem Leibe begraben ließ, um zu sehen, wie es ihm lassen würde. Ich glaube, sagt' ich, diese Probe hat sein Ende befördert. Ich nicht! erwiederte der Graf, der alle Vierteljahre eine Nacht in seinem Sarge schlief; Karl der V. starb aus Reue und Leid seiner niedergelegten Kronen halber! Und ohne ein Comma zu machen, war der Graf bei der Frage: ob mein Adel älter wäre, als Kaiser Karl V. glorreichen Andenkens, der, eh' er 1558 starb, sich Probe begraben ließ? Das ich nicht wüßte, erwiedert' ich.

Wenn doch, dacht' ich, was Sterbendes vorhanden gewesen, um den Grafen wieder einzulenken — wenn noch Eins eingeläutet würde!

Jetzt Abschied auf ewig, so wie ich ihn auf ewig vom heiligen Grabe in dieser gelobten Gegend nehmen werde. Dort, lieber Graf, dort! —

Laßt mich, lieben Leser, Abschied nehmen! Ich bitte, laßt! Gesundheittrinken ist, wie ihr wißt, ein Sinnbild des Lebens, Abschiednehmen ein Sinnbild des Todes. War es Wunder, daß der Graf bei'm Abschiede wieder in seinen ihm eignen Ton fiel? Darum soll ich böse werden, weil es Nacht und Tag in der Welt ist? Vielleicht schmeckt Alles süß, was schlecht bekommt. Zucker schleimt, sagt mein Hauptarzt. Vielleicht schmeckt Alles widerlich, was uns eigentlich wohlbehagt! Zwischen Schein und Seyn, wie der Drosselpastor ganz Recht hat, welch eine Kluft! Weil wider dieses Uebel die China nicht hilft, darum bist du böse? Giebt es nicht Hausmittel, warum China? Können denn nicht außer der Hauptstraße viele Nebenwege seyn? Sind überhaupt Uebel in der Welt? Ist es nicht Alles, je nachdem man Alles stellt? Genau genommen, sind bei allen Dingen die nämlichen Ingredienzien. Mütterlich hat die Natur für uns gesorgt.

Wahrlich, mütterlich! — Die Hoffnung ist was Geistiges, was Unsichtbares. Sie ist Geist vom Geist. Sie ist selbst ein Geist, der uns lehret, weise zu leben und froh zu sterben. Siehe! wenn der Körper stirbt, fängt ihr Leben in Gott an. — Man nehme dem Genuß die Vorstellung, die Weise, Alles, was man gern hat, sich weit vorzüglicher zu denken, als es da ist, Allem ein poetisches Kleid umzuhängen! — Was ist denn der Genuß? Er ist nicht Aufhebens werth! — —

Dies war unsere Unterredung bei'm Scheiden. Hätte mir der Graf nicht mit den Worten die Hand gedrückt: Die bewußten Nachrichten! wahrlich, ich hätte glauben müssen, es wären zwei Grafen. — Was meint ihr? dem Allem unerachtet, ein weiß Federbüschchen kann man ihm verzeihen! — Der Herr Inspektor sowohl, als die Frau Inspektorin, schienen über unsere letzte Unterredung sehr erbaut. Sie sahen die Kronen Urnen werden, und die Urnen wieder Kronen. Gretchen und den lieben Ihrigen war nichts neu. — Minchens Verwandte in Mitau vermied der Graf so sorgfältig, daß kein Zweifel übrig ist, er sey der Wohlthäter. — Doch ein hochgeborner lieber Mann! Nicht wahr? Das übel angebrachte weiße Federbüschchen thut wenig oder gar nichts zur Sache. Wir Menschen incliniren so zu zwei Principien, daß es mich nicht wundert, wenn man ein gutes und böses Wesen angenommen, die auf dem Weltthron Sitz und Stimme haben. Freilich, wenn man erwägt, daß eines das andere herunterstoßen müßte: so sieht man wohl, daß die Vernunft hiebei Anstöße findet; wo kann aber auch die Vernunft durch, ohne daß sie sich den Kopf stößt? — Eine große Maschine! sagt man von einem ungewöhnlich großen Menschen. Warum Maschine? Könnte man diesen Ausdruck nicht weit eher von der Vernunft brauchen, wenn sie gleich übrigens recht fein aussieht, und sich so rein gewaschen, wie möglich? — —

Bei der rechtlichen Abstellung der beiden Principien kann man freilich dem Ausspruch der Vernunft Nichts entgegen stellen; indessen haben wir doch Einen, Gott dem Herrn untergeordneten, Bösen noch bis jetzt in unsern Glaubensbüchern, worüber meine Mutter singt:

Für den Teufel uns bewahre! —

Extrapost! — In L— leutschändete ich ein wenig mit Gretchen über die Frau Inspektorin, doch so, daß diese Krone und Urne es in hoher Person anhören können. Gretchen versicherte, den Grafen von dieser Seite zwar vermuthet, noch nie aber so in Lebensgröße gekannt zu haben. — Wer hat nicht, liebes Gretchen, sein weißes Federbüschchen? Die Frau Inspektorin so gut, wie der Graf, sagte Gretchen. Und der Herr Inspektor? fragte sie. Der steigt zu Dach, erwiedert' ich. Ganz böse ist der Teufel selbst nicht! Weiß Gott, ob er sich nicht noch einmal erholt, wie mancher Baum, der, wenn er ganz weggehauen ist, frisch an der Wurzel ausschlägt. —

Ich ermahnte den Inspektor, seinen Vater ja nicht zu vernachlässigen, wenn gleich Hermann keine Taube nach ihm ausgesandt. Die Frau Inspektorin, die hiebei den Klingklang vom Literatus vermißte, bereicherte meine Aufmunterung mit ein Paar schönen Redensarten, womit sie das Herz des Herrn Gemahls, wie sie sagte, zur Sanftmuth bethauen wollte. Wenn wir am schönen Abend, fing sie an, Hand in Hand dahinschlendern, und der Mond sich in meinen

Thränen bespiegelt, wenn ich an so manche heilige Schauer zurückdenke, die ich in — — bei'm Grafen empfand, da er Abschied nahm — wenn — Sie wollte fortfahren; allein Darius fiel ihr in's Wenn. Man seh' doch! sagt' er, auch du bemühest dich, mein Kerbholz zu vergrößern und den Major aufzuwiegeln? Noch blieb Madam in ihrer Fassung. Leute von gewissem Stande, fuhr sie fort, sollten sich durch Zuthätigkeit gegen ihre Verwandten auszeichnen. Ein Ast, der den andern überwachsen will, setzt sich der Gefahr aus, daß der Bube ihn bricht, oder der Gärtner ihn wegschneidet. — Bei den meisten Menschen sind die Farben nicht recht angebracht, roth die Augen, schwarz die Zähne! — (Ihre Augen und Zähne waren, die Wahrheit zu sagen, ohne Tadel.) Jetzt stieg der Herr Inspektor der Frau Inspektorin wirklich zu Dache, und sie, die sich bei dieser Gelegenheit durch Sanftmuth auszeichnen sollen, überwuchs ihren Gemahl so zusehends, daß man sie nicht wieder kannte. Ein Sonntagskleid wird am Ende ein Alltagskleid. Anstatt daß sie ihren Mann sanft, wie der Zephyr die Rosen, küssen sollen, machte sie ein Geschrei, als wenn die Hühner auffliegen wollen. Wahrlich, die Farben waren auch nicht recht angebracht! Roth die Augen, schwarz die Zähne. Der Inspektor, wie behutsam er vom Dache stieg! Er bewies sich als einen wahren Darius, der auf der Werbung Lieutenant geworden, und war, wie er sich ausdrückte, in die Pfanne gehauen. Er versprach, seinen Vater nicht zu verlassen, und ich bot mich als Mittler an, welches von Beiden, vorzüglich von der Frau Inspektorin, dankbarlich aufgenommen ward. —

Was machen Sie da, Gretchen? Ich kann mit dem Tuche nicht zurecht kommen. — Ich hatte Gretchen die Art gewiesen, wie sich das schöne Geschlecht in Rußland ein Tuch um den Kopf bindet. Allerliebst, sagte Gretchen. Ich wette, sie geht noch alle Morgen so, bis auf den heutigen Tag!

Ueber die Sprache der Frau Inspektorin sagte mir Gretchen so was Treffendes, daß ich es durchaus meinen Lesern mittheilen muß. Ein großer Unterschied, wenn der Himmel begießt, und wenn es die Hand des Gärtners thut! Die Blumen wissen gut, wo es herkommt!

Ich übergab Minens Grab, segnete die ganze gelobte Gegend und schied. —

Ich werd' es nicht mehr wiedersehen, sagt' ich zu Gretchen, und zeigt' auf's Grab, nachdem die Ceremonie vorbei war. — Die Frau Inspektorin hatte wie ein Kind geweint, und kein Gedanke war ihr angewandelt, ihren Rang mit dem Rang einer Justizräthin in die Schale zu legen. —

Am jüngsten Tage, sagte Gretchen; wenn die ganze Erde, setzte die Frau Inspektorin hinzu, nur ein Grab ist! — Der Pastor umarmte mich und bückte sich tief. — Der Inspektor sah auf sein lahmes Bein, als wollt' er sagen, dies Dach ist mir zu hoch. —

* * *

Der Drosselpastor war nicht mehr in —. Ich wollte mein Pfand einlösen, und mich ihm aufdringen; allein er war weit weggezogen, und sein Nachfolger hielt keine Leichenpredigten nach Art des vorigen. Er war seiner Esausstelle angemessen, und ein gewaltiger Drosselfänger. —

Meine Absicht war, so schleunig als möglich nach meiner Heimath zu gehen, das heißt, nach Liefland auf das Gut, so die Kaiserin mir verehret. Ich hatte meinen Rechtsfreund nach Mitau citirt, um da mit ihm Alles fein zu berichtigen. Mitau, nach Junker Gotthards Meinung, die Hauptstadt der Welt, nahm ich aus, sonst wollt' ich Curland ansehen, wie eine Herberge, wo man durch's Fenster sieht, ob das zerbrochene Rad nicht wieder im Stande ist. War denn Lot nicht todt, Abrahams Verwandter? Und Junker Gotthard? den hatt' ich fein säuberlich gleichfalls nach Mitau beschieden, um sich hier zu rechter früher Tageszeit einzufinden! — Die Gräber der Aeltern machen keine Gegend zur gelobten. Wenn ich gelegnere Zeit habe, dacht' ich. — Ihre Seelen, die in Abrahams Schooß von den Engeln getragen sind, werden mir immer wie gegenwärtig vor Augen schweben! —

Gotthard fand ich nicht. — Der Rechtsfreund, der wohl wußte, was eine Citation war, hatte die Tagefahrt eingehalten; ein junger Mann mit einer unbefangenen Stirn. Meine Leser würden ihm ihre Rechtssachen ohne Bedenken übertragen. Ich gab ihm eine Quittung für sich, seine Erben und Erbnehmer, wegen meiner wohlbesorgten Erbschaftsangelegenheit. Was es mir angenehm ist, eine Quittung zu geben und eine zu nehmen! — Das ist der Abschied in Rechtsgeschäften.

Eben wollt' ich den — —, der die russischen Angelegenheiten in Mitau betreibt, besuchen, da er selbst zu mir kam und mir ein Cabinetsschreiben übergab.

Es enthielt einen Auftrag, den ich öffentlich bekannt machen könnte, wenn ich wollte. Warum sollt' ich? Dieser Auftrag erforderte eine Reise in's Land, die ich unverzüglich antrat. Ich wollte meinem lieben Gotthard von Liefland aus Vorwürfe machen und ihm die Kosten zur Last legen, mich eben dort zu besuchen, und so wollt' ich aus meiner Heimath mein Versprechen erfüllen, das ich der Frau Inspektorin in Rücksicht ihres Herrn Schwiegervaters gethan. Jetzt änderten sich diese Vorsätze, und ich hatte so wenig Ursache, die Hoffnung aufzugeben, Gotthard, den alten Herrn und wer weiß wen mehr zu sprechen, daß ich ihnen vielmehr entgegen reisete.

Ich hatte das Glück gehabt, dem Geschenke der Kaiserin durch den Ankauf eines kleinen benachbarten Guts eine so beträchtliche Verbesserung zuzuwenden, daß, nach den Beschreibungen meines dortigen Geschäftsträgers, mich ein nicht völlig unangenehmer Aufenthalt erwartete. In dieser Rücksicht war mir der kaiserliche Auftrag im Wege, in vielem andern Betracht aber unaussprechlich willkommen. —

Ich ging ohne Anstand von Mitau nach —, und sollte nach dem mir vorgezeichneten Reiseplan in — Nacht halten. Meine Sache war es nie, den Herrn des Guts zu überfallen, wo die öffentlichen Anstalten für Dach und Fach gesorgt hatten, so sehr solch ein Ueberfall auch Sitte in Curland ist. Ich ward bei einem Amtmann eingebracht, der nach vielen Complimenten meinen Schein ansahe und mein Seyn abfragen wollte. Natürlich erfuhr der Ehrenmann nur so viel, als nöthig war. Wie ich aber so wenig neugierig seyn konnte, zu fragen, wer seine hochwohlgeborne

Herrschaft wäre, weiß ich noch bis diesen Augenblick selbst nicht. Mein Vater war ein Fremdling in Curland, und ich war so wenig zu Wurstreisen, zu Krippenritten angeführt, daß ich, wie er, in Curland gleichfalls nicht zu Hause gehörte. Auch selbst jetzt hätt' ich, wie ich schon bemerkt, nur einen Durchzug gehalten, wenn nicht der Auftrag mich auf andere Gedanken gebracht. So viel nahm sich mein lieber Herr Amtmann die Erlaubniß, gleich zu bemerken, daß die einzige Baronesse Tochter seiner hochwohlgebornen Herrschaft morgen priesterlich verlobt werden sollte. — Da ich daran keinen Antheil nahm, vielmehr sehr zufrieden war, dieses Haus in seiner hochzeitlichen Freude nicht gestört zu haben: so verschwand mein lieber Herr Amtmann und kam mit einem Livreebedienten zurück, der sich noch die eben angelegten Manschetten und Halsbinde zurecht zog. Beide stimmten gegen einander ein Duett von Bitte an, von Sr. Hochwohlgebornen ein Nachtlager anzunehmen. Diese Art hätte mich ohne Nachfrage darauf bringen können, wo ich war. Soll ich es meinen Lesern noch besonders anzeigen, daß Herr v. W— hier sein Feuer und Heerd hat? Ha, dacht' ich, nun weiß ich, warum mein guter Gotthard sich nicht in Mitau eingefunden. Er hat ein liebes Weib genommen, darum konnt' er nicht kommen, und freute mich, daß Fräulein Tinchen — (so ward sie seit einiger Zeit genannt, weil ein Lorchen in dieser Gegend kein gutes Lorchen war. Lorchen v. W— hatte gar viele Namen, die der Herr Vater ihr bloß aus Höflichkeit beilegen lassen.) — also Tinchen und Junker Gotthard ein Herz und eine Seele worden! Freilich hätt' ich auf dies Duett eine Antwort auf Noten setzen sollen; allein sobald ich wußte, wo ich war, und mir Gotthards Verlobung mit dem lieben Tinchen dachte, war ich unverzüglich im Hofe. Ich wußte, wo ich die Ehre hatte zu seyn. Mein Herr Wirth und die lieben Seinigen wußten nur, daß ihr Gast ein Major sey. —

Ich kann sehr kurz seyn, wenn ich meinen Lesern die Gesellschaft präsentire, in die ich sie führe.

Den Herrn v. W— und die liebenswürdige Frau v. W— kennen sie. Fräulein Tinchen sind wir auch im Hofe des seligen Herrn von G— inne geworden. Sie hatte einen Bruder, der Mücken mordete. Fräulein Tinchen ließ sich Blut von Mücken abziehen und wünschte wohl zu bekommen. — Daß der ein und dreißigste Julius, an welchem Benedictus der Erste, der sechste römische Pabst, nicht minder Ignatius Lojola, im 65sten Jahre gestorben, in dieser Familie denkwürdig waren, gehört so füglich nicht hieher, und kann es, wie mich dünkt, meinen Lesern sehr gleichgültig seyn, daß der verstorbene Junker Casimir v. W— am nämlichen ein und dreißigsten Julius die ersten Zahnsprossen erhalten und acht Tage drauf Todes verblichen. Auch zweifle ich, daß meine Leser, die nicht selbst etwa wo einen Beinbruch erlitten, den Umstand so innigst beherzigen werden, daß der Mutter Bruder des Herrn v. W— gleichfalls am ein und dreißigsten Julius ein Bein gebrochen. Wer wird sich aber nicht freuen, daß ich ihn daran erinnere, wie Fräulein Tinchen den 18ten April (eben heute, da ich dieses schreibe,) geboren ist, am Tage, da Alexander Magnus gestorben und Diogenes aus Sinope, der Alexander unter den Philosophen! —

Kurz, ehe ich im Hofe war, befragte mich der Livreebediente, der jetzt mit Manschetten und Halsbinde völlig in Ordnung war, nach einer tiefen Bitte, es nicht auf die Rechnung strafbarer Neugierde zu schreiben: ob ich wirklich als Major gestanden, oder nur meinen Abschied als Major erhalten? Nach der Zeit erfuhr ich, daß dieser Umstand, so klein er auch scheinen dürfte, in der Etikette des Herrn v. W— einen beträchtlichen Unterschied machte. — Er lief mit der Antwort voraus, und Herr v. W— empfing mich, einen Fuß über die letzte Stufe zum Hause gesetzt. Hätt' ich es weiter gebracht, würd' er den andern Fuß gefälligst nachgezogen haben; wär' ich nicht wirklich Major gewesen, würd' auch der eine Fuß diese Vorbeugung nicht gemacht gemacht haben. —

Ich freute mich wahrlich, den guten Herrn v. W— so fern von allen Waldhörnern zu sehen! Man sahe ihm eine gewisse Zufriedenheit an, die nicht von ungefähr entstanden, sondern durch eine fröhliche Begebenheit veranlasset war. Herr v. W— war nicht gewohnt, sich ungewöhnlich zu freuen. — Heute aber hatte sein wohlseliger Herr Großvater ein vortreffliches Geschenk von des Herzogs Durchlauchten erhalten, das noch bei der Familie aufbewahrt wurde, und in einem Portrait des Herzogs, in Gold gefaßt, bestand. Morgen war der frohe Tag, da eben dieser selige Herr Großvater, ruhmwürdigen Andenkens, sich mit der seligen Frau Großmutter ehelich verbunden. — So sehr die gute Frau v. W— die Arten und Unarten ihres theuern Herrn Gemahls mit Stillschweigen zu übergehen pflegte, war sie doch, da ihr Herr v. W— eröffnete, wie seine Tochter an dem nämlichen Tage verlobt werden sollte, in's alte Volkslied ausgebrochen:

Als der Großvater die Großmutter nahm,
War der Großvater der Bräutigam! —

worüber der Herr Gemahl gewiß aus der Melodie des damaligen Freudenfestes gekommen wäre, wenn er nicht so melodiefest gewesen. Er war eigentlich nur Melodie! — — —

Eben wie Herr v. W— den einen Fuß (ich lasse ungesagt, ob es der rechte oder der linke gewesen) nach mir ausgesetzet, war dieses herzogliche, in Gold gefaßte Geschenk, welches, wie Herr v. W— sich ausdrückte, als eine Sonne dieses Tages geleuchtet, untergegangen, und in's Freudennaturaliencabinet, wie Frau v. W— es auch in einer frohen Stunde genannt, gelegt, so daß ich auch diese Gnadengabe nicht zu Gesicht bekommen. Wer wird, fragte Herr v. G—, am Pfingsttage singen: Vom Himmel hoch, da komm' ich her; und zu Weihnachten: Wer recht die Pfingsten feiern will. Der heilige Abend des Verlobungsfestes war eingetreten und den brachte Herr v. W— als Brautvater mir so sichtbarlich entgegen, daß ich mich nicht entbrechen konnte, zu sagen: Man könnte aus dem Untergange der heutigen Sonne sehen, was für ein schöner Tag uns morgen erwarte! Seine Kleidung ganz fröhlich und guter Dinge. Herr v. G— sagte dem guten Herrn v. W— bei einem seiner Halbstfeste: Bruder, du bist wie ein Damenbret gekleidet! Guter, lieber G—, heute hättest du den Brautvater sehen sollen! —

Ich ward in's Gastzimmer gebracht, wo ich die Hand der Frau v. W— nicht verkannte. Wie natürlich schön! — Da Herr v. W— kein Wort an Junker Gotthard dachte, den ich doch so gewiß als zwei Mal zwei vier den Tag vor seiner Verlobung in — erwarten konnte, ging ich auch von meiner Regel ab. Zwar stieg ich nicht, wie der Herr Inspektor Darius, zu Dach; allein es war mir nie möglich, auch in gutem Sinn mich unter die Bäume im Garten zu verstecken, und mir Schürzen von Feigenblättern zuzuschneiden. Jetzt vergalt ich Gleiches mit Gleichem, that so zurückhaltend, wie Herr v. W— es war. So gern ich also vom guten Junker Gotthard und vom Fräulein Tinchen ein lebendiges Wort gesprochen; so zwang ich mich doch, dem Herrn v. W— gefälligst nachzugeben, der mich unterrichtete, warum ohne weiße Strümpfe kein Gallakleid stünde. Das that freilich mehr noth, als von meinem guten Gotthard reden zu hören. Bei'm weißen Strumpf, sagte Herr v. W—, ist der Fuß dicker, bei'm schwarzen schrumpft er vor Ihren sichtlichen Augen ein. So wie bei'm langen Bart, fuhr er fort, das Auge immer trübe und klein ist, dagegen wie heiter, wenn der Bart abgenommen worden. Er stand bei dem Worte: abnehmen, lange an, ohnfehlbar um dem Barte nicht zu viel zu thun! Abnehmen ist ein so wohlgewähltes Wort, daß kein königlicher Bart dagegen etwas sagen könnte! — Daß mich Herr v. W— nicht kannte, war das größte Feigenblatt, so ich bei meinem Wiedervergeltungsrecht anwendbar fand! — Von einem Manne, der nie gegenwärtig ist, sondern hin oder zurückdenkt, wie kann man erwarten, daß er den Retter seiner Tochter, dem er bei der Abreise mit steifem Arm zu umarmen die Ehre erwies, da er vor ihm stand, kennen sollte? Ich fand ihn in Allem wieder, das griesgrämische Gesicht nicht ausgenommen, auf das ich mich sehr lebhaft besann. Daß Sie nur ja nicht glauben, mein Herr Major, daß ich täglich in weißen

Strümpfen gehe! — Alle Einerleiheit beschwert, Wechsel erleichtert, sagte mir ein gewisser Pastor — (mein Vater) ein gelehrter Mann, der aber, wie die meisten Gelehrten, zu wenig Welt hatte; und wer hat sie hier zu Lande? Man hat hier Curland; allein nicht Welt! —

Wenn immer Tag wäre und immer Nacht, so wollt' ich lieber kein Mensch seyn! — Freude und Traurigkeit! Sommer und Winter, das ist das menschliche Leben! Heute König, morgen todt! — Wer geht denn immer mit einem Hemde? damit ich mich dieses Worts mit Ihrer Erlaubniß bediene. Wer wechselt denn nicht im Sommer täglich? Zwar, fuhr er fort, und zog sich eine Viertelelle länger, als vorhin, liegt freilich etwas Erhabenes, etwas Großes in einem gewissen Einerlei; allein das ist nicht für Jedermann! So ist Gott der Herr immer derselbe! Und was meinen der Herr Major von der schwarzen Farbe? Sie ist römisch kaiserlich! — Man nenne mir aber nach ihr eine einzige Farbe, die Stich hält! — Gottes Alltagszimmer, wie oft verändert es sich! — Ich meine diese Erde! Alle Augenblicke andere Mobilien! Freilich in seinem Hauptschlosse, im Himmel, wird sich Alles nach ihm richten. — —

Der Herr Major werden verzeihen, fuhr Herr v. W— fort, daß ich Sie mit meinen Lieblingsideen unterhalte! — — —

Nach einigen ausgewechselten Complimenten, wobei ich die morgende Tagesfreude des Herrn v. W— sich lichterloh vermehren sah, konnt' ich mich nicht länger halten, nach dem Bräutigam der Fräulein Tochter zu fragen und ein Stück von meiner Feigenblattschürze einzureißen. Wissen Sie ihn hier? erwiederte der Brautvater. Ich sollte denken, antwortete ich. Sie kennen unsere Curländer noch nicht, wie ich sehe. Die Herren wissen von keinem heiligen Abend und von keinem Fastnachttag. Brautnacht ist die Losung! — In dieser Beschreibung verkannte ich meinen guten Gotthard so wenig, daß ich ihn vielmehr augendeutlich vor mir sah, obgleich er noch nicht da war. — Ich hatte gar keine Neigung, die Braut zu sehen; und welch' eine Mannsperson sieht eine Braut gern? Herr v. W— und ich waren aus der wohldekorirten Gaststube in ein Zimmer gegangen, wo er mir eine allerliebste Aussicht zeigen wollte, und da kamen Mutter und Tochter, die uns noch im andern Zimmer glaubten. Man sah es ihnen an, daß sie uns hier nicht vermutheten. Tinchen in einem weißen leichten Gewande, wo sie beinah' wie ein Leibnitzsches Körperchen aussah! — Hätt' ich's nicht gewußt, ich hätte sie nicht wieder gekannt! — Sie mich aber auf den ersten Blick. Die Mutter war fast unverändert. Sie aber fand mich sehr verändert, wie sie sagte. Wer hatte nun Recht? Tinchen und ich sahen einander, und die Fassung schien uns Beide im Stich zu lassen. Obgleich noch mehr da waren, kam es uns doch so vor, als wären wir unter vier Augen. Im Augenblick verloren wir den Faden! Ich fand ihn zwar wieder in der andern Sekunde; Tinchen aber schien ihn nicht fassen zu können. — Was fehlt der Braut? sagte Herr v. W—. Etwa der Bräutigam? Kennst Du denn nicht Deinen Gast? Tinchens Retter, erwiederte Frau v. W—. Herr Major! Herr v. W—. O des frohen Tages! sagte der gütige Wirth, und bald darauf: Sind Sie denn wirklich Major? Wirklich, Herr v. W—. Da ich schon aus dem Rufe in Rücksicht meines Auftrags bekannt worden, und hiernächst dem Herolde meine Wirklichkeit versichert; so war die Frage fremd. Nebenher, was meinen meine Leser, ziemlich unhöflich! Ich begrüßte die gute Frau v. W— mit so vieler Achtung, als Empfindung; nahm Tinchen bei der Hand, die sie sehr nachlässig weggeworfen, und wollt' ihr zum heutigen heiligen Abend und morgenden Verlobungstage Glück wünschen, da ich bemerkte, daß Mutter und Tochter einen geheimen Kummer hatten, der tiefer lag, als Herr v. W— ihn kurz zuvor anzugeben für gut fand! — War doch Tinchen fast so außer sich, als wie sie in's Wasser gefallen, und als Louischen: Rett! Rett! rief. O wie gern hätt' ich das arme Mädchen wieder aus diesem Wasser der Anfechtung gezogen, wenn es in meinen Kräften gewesen wäre! — Endlich erholte sie sich wieder, und Herr v. W— konnte nicht vor dem Bitten um Vergebung Luft und Kraft schöpfen. Für's Erste, daß er mich verkannt, sodann daß seine Frau so unvorbereitet erschien, hienächst daß die Braut sich so wie in's Wasser gefallen aufgeführt. An die Frage: Ob ich denn auch wirklich Major wäre? dacht' er nicht, obgleich er billig dieser Frage wegen die erste Bitte um Vergebung anbringen sollen. Was hast denn Du getroffen? fragte mich Junker Gotthard, da ich mit meiner Jagdprobe so schlecht in seinen Augen bestand. Dies edle Geschöpf, war meine Antwort, die ein Blick auf Tinchen geleitete. Diese unschuldige Frage und Antwort fiel mir jetzt so sehr auf, daß ich nahe war, laut daran zu denken! Nicht wahr, Sie hätten Tinchen nicht gekannt, Herr Major? fragte mich die gute Mutter. Nein, erwiedert' ich sehr auf=

richtig. Und woran würd' es gelegen haben, an Bild oder Rahmen? An beiden, sagte ich, gnädige Frau. Tinchen war nicht gegenwärtig. — Herr v. W— hatte sich auf eine ganz kurze Zeit beurlaubt, und die liebe Frau v. W— entdeckte mir, daß Tinchen schon von lang her Etwas in ihrem Herzen getragen; in ihrem Gewissen, fügte sie hinzu, wahrlich nicht. Sie ist so, so unschuldig, als wie sie in's Wasser fiel, wie sie Ihnen den Abschiedskuß gab. Tinchen, fuhr sie fort, konnte anfänglich nicht aufhören, Ihr Lob zu verkündigen, und die Geschichte mit Minen, wie viel Ehre haben Sie damit eingelegt! — Seit einiger Zeit hat Tinchen Sie und Alles vergessen, mich dünkt, auch sich selbst! — Sie ist still! — tief — was weiß ich, wie sie ist, was weiß ich, was sie ist! —

Natürlich!

Nicht ganz! —

Sie liebt ihre Mutter, die sie verläßt. —

Die sie aber im Auge behält, wenn gleich nicht an der Hand!

Gnädigste! die Hand ist bei einer zärtlichen Liebe die Hauptsache! Unter Mutter und Tochter unentbehrlich! —

Sie kann es mit so manchem Lebensvorfall aufnehmen; ihre Entfernung ist's nicht. —

Ihr Bräutigam ist rauh! allein bieder und gut!

Fast sollt' ich's auch glauben! —

Gewiß, Gnädige, gewiß! und solch ein Mann ist behäglicher, als einer, der vorerst kriecht, und nachher sein Weib verläßt, wie es hier zu Lande zu meiner Zeit Sitte war — und noch ist. —

Desto glücklicher diese Wahl!

Nicht Raupe, nicht Schmetterling ist für ein Herz wie Tinchen. — Gnädige Frau! — ich kenn' es. —

Kaum in aller seiner Feinheit! Man weiß, wie junge Leute sind; allein er hätte wenigstens bedenken sollen, was Tinchen zu ertragen vermag, und was ihr zu schwer ist! — Jugendliebe — —

Nichts als Jugend-, Helden- und Eulenspiegelstreiche! — Trinchen und Amalchen thun nichts zur Sache! Jagd ist die Losung! —

Da kam der Herr v. W—, der da anfing, wo er's gelassen hatte, mit einer Bitte um Vergebung! — Er nahm Antheil an unserer Unterredung, und obgleich er wider seinen Eidam allerdings so manche Bedenklichkeit hatte; so war er doch der Meinung, daß Güte des Herzens und Biedersinn über eine gewisse Zärtlichkeit gingen, woran in Curland bloß darum so viel Mißwachs wäre, weil die Höflichkeit nicht betrieben würde, die zu allen Dingen nütze sey! — Glücks genug, wenn man heut zu Tage einen Mann ohne Schulden findet, der zu seiner Zeit ein Mahl zu Ehren anrichten kann; einen Mann ohne Eigensinn, der Arten begreifen will; einen Mann, der Verstand hat und Arten zu fassen versteht! — Wieder eine Bitte um Vergebung, und warum? Weil ich Sie so lange von meinem künftigen Schwiegersohn unterhalten habe! Er ist mein Freund! —

Desto besser! sagte Frau v. W—. Sie bleiben doch morgen? fügte sie hinzu.

Ich bleibe. —

Herr v. W— kleidete sein Gesuch, daß ich morgen noch bleiben möchte, in ein so feines Compliment, daß es zugleich für seine Gemahlin und mich Weisung enthielt, weil wir die Sache so kurz und gut berichtiget. — Man hat's, sagt' er, wiewohl bei einer andern Gelegenheit, für ein Geld! — Warum sollte man nicht ein wenig Gewürz dran legen?

Es hebt.

Macht aber Hitze!

Nach dem das Gewürz ist! —

Wir gingen zu Tische, und Tinchen war sehr heiter. Vater und Mutter schienen ausnehmend mit ihr zufrieden. Was mir vorzüglich auffiel, war die gütige Art, mit der sie sich gegen mich benahm! — Sie erinnerte sich an die geringste Kleinigkeit, die zu der Zeit, da ich nach Königsberg ging, vorgefallen war. Herr v. W— hatte Mühe, uns von einander zu bringen, und wenn wir anstanden, mündlich zu sprechen, waren unsere Augen in einer immerwährenden Unterhaltung; ich rettete Tinchen, und sie dankte mir! — Tinchen richtete den Sallat an, und ich nahm mir die Erlaubniß, sie an das examen rigorosum zu erinnern, das sie in — — überstand. Mir kam es vor, daß des strengsten Augeninnersten und Händegewichts unerachtet, womit Tinchen sonst begabt war, dieses Mal die Sallat-Ingredienzien nicht nach richtigem Maaß und Gewicht gemischt wurden. Zu viel Salz! — zu wenig Essig! —

Die Deutschen, Herr Major! hielten auf ehrliche Geburt: alle ihre höheren Titel laufen auf geboren heraus. —

Ehrenvest, Hochedel und Wohledel, Gestreng, sind noch mehr originaldeutsche Titel, als das liebe Geboren! —

— Erlauben der Herr Major, sagte Herr v. W—. Der Franzos sagt Monsieur; wie geht's aber mit dem

Geboren? Ich glaube, in Frankreich kennt selten der Sohn den Vater! —

Sie haben Etwas, die Franzosen, in der Sprache und in Allem, was man ihnen nicht nehmen kann; nur das Geboren nicht! — Wie dreist ist ein Franzose bei aller seiner Sprachfeinheit! — Ein dummdreister Mund und ein liebliches Wort! — Man sehe nur, wie die Franzosen ihren mes Dames begegnen! Sie verstehen, in Feinheit grob zu seyn. Sie gehen, als wenn sie einen guten Freund auf der Schulter balancirten, oder wie der letzte Taschenspieler, der eine Pfeife auf der Nase tanzen ließ. Zur Höflichkeit, zur Festlichkeit, gehört auch ein Körper, der Etwas auf sich nehmen kann. Ein gewisser Wuchs ist schon an sich festlich, und wenn sich ein Zwerg bückt, ist das höflich? — Da fällt mir immer der Bericht ein, den ein General dem verstorbenen Könige von Preußen über Paris erstattete: Alles Ausschuß, allergnädigster Herr! Kein Hofcavalier, der Sieben mißt! — Was ich den Franzosen nicht gönne, ist das Wort Servante. Das deutsche Dienerin ist nicht hin, nicht her; und Magd! Pfui über's Kopftuch! Wir hielten über diese Materie ein Gespräch, an dem ich, wie der Inhalt es zeigen wird, wenig Antheil nahm. Ich sah lieber Tinchen im Wasser, als daß ich das Fest der Deutschen wiederholte.

Der Franzose ist auswendig gelernt; der Deutsche nimmt sich, wie er sich findet; der erste Blick ist immer der beste, das sieht man bei'm Billard.

Was geben die Franzosen, wenn sie einen zu Gaste nöthigen? Die letztbeklatschte Comödie zu lesen, oder die heutige Zeitung; eine Limonade oben ein! — Sie sind geselliger als die Deutschen; allein ihre Geselligkeit schränkt sich auf's Reden ein. Ist's Wunder, daß in ihren Worten mehr Geschmack, als bei uns ist? Wenn's aber auf Thaten ankommt, heraus! ihr Herren! wenn ihr Herz habt! Mir gefällt jener Deutsche, der, wie alle seine Landsleute, nie allein trank. Wenn dieser Biedermann Keinen hatte, mit dem er Gläser anstoßen konnte, nahm er sein Stammbuch und leerte Seite vor Seite auf's Wohl seiner Freunde sein Glas! — Daß es Dir wohlbekomme, ehrlicher Deutscher!

Der Engländer vergräbt Alles in sich; zuweilen gräbt er's auf, um diesem oder jenem Todten den Ring vom Finger zu ziehen. Man sieht aber fast immer noch am Ringe ein Stück vom Finger! —

Noch eine sehr feine Bemerkung, die Herr v. W— machte, ihm zum immerwährenden Andenken.

Man sagt: mein Röschen. Niemand mein Nelkchen! meine Lilie! meine Hyacinthe! Da sieht man doch, daß jedes Ding sein Hochwohl- und Hochedelgeboren hat, wenn man es nur nimmt, wie es zu nehmen ist! —

Möchten Sie doch, liebes Tinchen, glücklich in Ihrer Ehe seyn! Wer Sie nicht auf Händen trägt, verdient keine Hand zu haben! — Junker Gotthard hat zwei Hände. —

Wir standen von der Tafel auf. Ich sprach mit Tinchen; allein ohne daß sie und ich an ihren morgenden Verlobungstag dachten! —

Wie kam das? Um Vieles hätt' ich sie nicht daran erinnern können.

Herr v. W— hatte die Gewohnheit, alle Abende mit seinen Leuten eine Betstunde zu halten. Es war, wie er's nannte, ein schuldiger Gottesdienst! Die Frau v. W— sagte mir diese Gewohnheit mit einer so herzlichen Art, daß ich diese Abendstunde um Vieles nicht verlieren wollte. Herr v. W— legte es, da die Betglocke geschlagen, so geflissentlich an, mich eben so gern hinaus zu complimentiren, als ich bleiben wollte. Endlich kam es zum Wortwechsel. Warum wollen Sie sich incommodiren? fing er an, als ob das Gebet eine Beschwerde wäre, als ob es dem Herrn v. W— anginge. Ich ließ nicht nach und fand, daß Herr v. W— durch's Gebet mit dem lieben Gott complimentirte, und offenbar bewies, daß er das Gespräch nicht angehört, welches zwischen meinem Vater und dem Herrn v. G— bei der Ankunft in — in dem Hause des Herrn v. G— vorfiel.

Wir gingen in das Betzimmer, wo auch, wenn das Wetter zu schlecht war, um in die Kirche zu fahren, eine Predigt gelesen ward, und Tinchen nahm mit einer Unschuld, die über Alles ging, ein in schwarz Corduan gebundenes Buch, und las ein Gebet mit einer solchen Herzlichkeit, daß es mir durch die Seele ging! — War es mir doch, als wenn sie Gott sähe! Meine, in Andacht trunkene, Seele fand in Tinchens Herzen, Mund und Händen das ganze Ideal einer erhörten Beterin!

„Du weißt, was uns bevorsteht, und wir wissen, daß du unser Vater bist! Vater, in deine Hände befehlen wir unsern Geist! — Dein Geist, lieber Vater, gibt Zeugniß unserm Geist, daß wir deine Kinder sind! — Geister sind so all' zusammen verwandt, und unsere Leiber hast du durch deinen lieben Sohn an Kindesstatt angenommen. Ganz sind wir dein!"

Noch eine Stelle! —

„Lehre du uns mit deiner Welt zufrieden seyn, die du gemacht hast sehr gut. Laß uns nie vergessen, daß es an uns liegt, wenn sie uns nicht sehr gut ist! Wenn sie uns nicht sehr gut vorkommt! — Dein Wille geschehe!“

Hier brach sich ein Thränchen, das Tine so lange zurückgehalten, hervor. Man hört' es an ihrer Stimme. Sehen konnt' es Keiner; so weit ließ Tinchen es nicht! — Wie rührend! — Jedes von uns hatt' eine Thräne im Auge. Herr v. W— allein ausgenommen, der nur nach vorgeschriebenen Noten weinte.

„Dein Wille geschehe!“ Hundert Mal möcht' ich diese Worte hersetzen, vielleicht träf' Eine meiner Leserinnen Tinchens Ton! — „Dein Wille geschehe!“ —

Herr v. G— der Aeltere soll gesagt haben, den Willen hat sich der liebe Gott vorbehalten, vom Verstand hat er uns ein gutes Stück abgebrochen, und als er das sagte, brach er sich Brod ab, welches er, wie wir wissen, ungern schnitt! —

Mein Vater ist dagegen der unvorgreiflichen Meinung gewesen, daß dem Menschen viel Willen anheim gestellt wäre, den Verstand aber hätte sich Gott der Herr vorbehalten.

Endlich haben sie sich auf den Satz vereinigt, daß der Verstand eine herrliche Gabe Gottes sey, wenn nur nicht der Unverstand seine Lobrede übernehme! —

Liebhaber, hast Du je Deine Geliebte beten gehört und gesehen? Lieber Gotthard! wie hättest Du hier Alles, Alles vergessen, was nicht Deine Tine ist, wenn Du sie gesehen und gehört hättest! Wer verdenkt dem Gottfried seine Liebe zur in Gott andächtigen Jungfer? —

Jener Arme, der einen reichen Mann um Geld ansprach, erwiederte, da ihn der Reiche fragte: Gegen was für Sicherheit? — Ingrossation auf den Himmel! — Der Reiche gab ihm nichts, weil auf diese Güter schon zu viel intabulirt wäre, wie der Reiche glaubte. —

Das Gebet, Freunde! ist wahrlich eine gerichtliche Verschreibung auf die unsichtbare Welt! —

Dein Wille geschehe, sagte Tinchen und die letzten Worte: —

„Dann liegen wir in unserm Grabe und schlafen unbekümmert den süßen Schlaf des Todes, und ein Bote des Herrn geht mit einem: Gesegnet seyst du dem Herrn, vorüber, bis wir eingehen zum ewigen himmlischen Reiche, das bereitet ist denen, die Gott lieben!“ —

Wir schieden sehr still von einander! — Die versammelte Gemeinde näherte sich (Alles in gewissen Tempo's) zu den Knieen des Herrn v. W—; die Frau v. W— wünschte bloß eine gute Nacht. Das Fräulein Tinchen sahen die Leute so an, als dachten sie, schön gebetet! — Niemand rührte sie an, als wäre sie ein Engel Gottes, den Niemand tasten kann! —

Was meinen der Herr Major, sagte Herr v. W— zu mir, das Forte piano und pianissimo weiß meine Tochter zu halten. O des Erzcomplimentisten, mit seinem Forte piano und pianissimo. —

Ich konnte die Nacht kein Auge schließen. War es Wunder?

Tinchen, wie ihre Mutter des andern Tages versicherte, hatte eine noch ärgere Nacht gehabt! Die

Nacht vor der Verlobung, ist sie nicht wirklich, wie meine Mutter bei Gelegenheit ihres Romans, den sie mit meinem Vater gespielt, sie nennet, eine arme Sündernacht? —

In welcher Nacht ich lag so hart,
mit Finsterniß umfangen. —

Ich weiß nicht, was mir war! Schlafen konnt' ich nicht, gewacht hab' ich auch nicht! —

Der Verlobungstag erschien, an welchem der Herr Großvater des Herrn v. W— mit der Frau Großmutter sich ehelich verbunden, und ward mit einer Feierlichkeit eingeläutet, die ihres gleichen nicht hatte. Daß Herr v. W— mit einem dicken Fuß wegen der frisch angelegten weißseidenen Strümpfe paradirte, bedarf keiner Anmerkung.

Ich sahe zeitig aus meinem Fenster, das ich öffnete. Wahrlich, ich betete, so voll war ich! Bei aufgestoßenem Fenster versteht sich. Ich weiß nicht, ob meinen Lesern noch das Vaterunser beiwohnt, da mein Vater und ich im Hofe des Herrn v. G— ausgeschlafen hatten. Wir sahen zum Fenster hinaus, und da ich Abschied in diesem so seligen Hofe von ihm nahm, (es war das letzte Mal, daß ich meinen Vater sahe!) stieß Er ein Fenster mit einer Heftigkeit auf, die mir noch auffällt. „Mein Vater! mein Vater! Wagen Israels und seine Reiter!“ —

Ist sie es? Sie ist's! Ich sahe durch mein Fenster Tinen an einem Teiche mit einem Mädchen herumgehen, und immer in den Teich sehen. Sollte sie, dacht' ich, da ihr Herr Aeltervater mit der Frau Aeltermutter sich ehelich verbunden, und auch sie Gottharden auf ewig die Hand zu geben in dem Herrn entschlossen ist, sollte sie da das Andenken des Wasserfalls feierlich begehen? Und gleich unterdrückt' ich diesen stolzen Gedanken! — Wir thaten, als sähen wir uns Beide nicht, und doch sahen wir uns Beide! — und wünschten es, daß wir uns sähen! —

Sie verschwand! —

Eine feierliche Stille im ganzen Hause! Mehr als ein Pianissimo!

Bald hätt' ich zu bemerken vergessen, daß Herr v. W— mir des Abends das Geleite gegeben und des Morgens früh nach meinem Wohlseyn sich erkundigen lassen. — Frühstück ward Jedem in sein Zimmer gebracht, und es kann Zehn gewesen seyn, da Herr v. W— zu mir kam in vollem Staat und mir die Visite gab. Es ward mir auf den Ermel geheftet, daß ich sie ihm wiedergeben müßte; das that ich, und nun war bis zum Verlobungsmittag Alles nach Ortsgebrauch berichtiget! —

Man gab mir zu verstehen, ob ich nicht Lust und Liebe hätte, das Verlobungszimmer anzusehen. — Ich hatte nicht Lust und Liebe! — Da ich indessen merkte, daß diese Anregung höheren Ortes sich herschrieb, ging ich und fand ein Zimmer, wo ein Sopha stand, carmoisinroth beschlagen, darüber Großvater und Großmutter so unaufgeräumt gemalt, daß es mir vorkam, als wäre dies gute Paar unwillig, daß man sie aus dem Schlafe störe. —

Man öffnete zwei Flügelthüren, und ich fand eine solche allerliebste Uebereinkunft, daß es schien, als freuten sich die Zimmer, daß sie einander sähen. Man sah es recht, daß eins in's andre kam! Wenn eine Saite angeschlagen wird, tönt die andere, falls die Instrumente gleich gestimmt sind. Ueberall fand ich die liebe, liebe Frau v. W—.

Schwerlich, dacht' ich, wird es Junker Gotthard so empfinden, als ich! —

Es war Alles bereitet, und Niemand fehlte, als der Bräutigam. Freilich bei der Verlobung ein wichtiges Stück! Da rasselte ein Wagen! und da lief Alles, was nur von Domestiken laufen konnte, auf den Posten. Herr v. W— war nicht Willens, seines Schwiegersohns halber die letzte Stufe der Treppe zu beschreiten, um den Ankömmling entgegen zu nehmen; denn vorerst war er der Schwiegersohn, sodann verstand er nicht, was heiliger Abend war, und selbst an seinem Ehrentage hatt' er viel zu lange auf sich warten lassen.

Wo sind denn die Damen? schrie Herr v. W—, der in seine Rolle gesehen hatte. Sie hatten sich noch nicht sehen lassen, außer daß ich Tinchen am Wasser erblickte. —

So erschrak Louise nicht über den unzeitigen Flintenschuß, als ich, da ich hörte, Tinchen wäre wie todt. — Ich hörte das Wie nicht, und doch hat ein dergleichen Wie eine große Bedeutung! — Herr v. W— wollte nicht aus der Rolle weichen, und das war ihm in den Jahren nicht zu verdenken! Er hatte zu viel zu behalten, um sich völlig auf sein Gedächtniß verlassen zu können! — Todt! Herr v. W— Todt? Was hilft der Bräutigam, wenn die Braut fehlt? Dieser Gedanke muß ihm, wie ich vermuthe, einen Stoß gegeben haben. Er war wirklich aus dem Concept, und ging zu seiner Tochter, die, wie es bald darauf hieß, immer schlechter würde. Soll denn, sagte Herr v. W—, da er aus Tinens Zimmer kam, aus dem Tag der Freude ein Tag des Trauerns werden? Alles lief durch einander! Die Mutter hört' ich rufen: meine Tochter! meine Tochter! so kläglich, als die Rett's und die Hi-er's von Louisen, schallten sie mir, und o! was ist in solchen Fällen der Wohlstand? Das Schrecklichste, was ich weiß! Wird Gotthard, der eben gekommen, es nicht so machen, wie ehemals, und eher die Flinte abzuschießen bereit seyn, als seiner Kranken die Hand zu reichen?

Nach einem langwierigen, unverständlichen Mischmasch, kam Alles an Ort und Stelle. Der Herr Bräutigam hatte sich entschuldigen lassen. Sein Fürsprecher war Junker Peter, der Mückentodtdrücker, Tinchens Bruder, der mit feurigen Ross' und Wagen angekommen war. Man hört' es den Pferden an, daß sie bei einem Bräutigam im Dienst sind, sagte Herr v. W—, und that sehr zufrieden, daß der Herr Schwiegersohn in Rücksicht der Pferde die Etikette als Bräutigam nicht verfehlet; was aber ihn selbst betraf, o! das war ihm zu unerträglich, als daß er über diese curische Denkart seinen Unwillen nicht äußern sollen. Die Stimme ist Jacobs, die Hände Esaus, sagte der gute Herr v. W—, ohne zu bedenken, daß er dem Jacob, den er mit den flecken Bräutigams-Pferden verglich, eben keine sonderliche Ehre erwies. Wie doch Alles in der Welt durch Mißverständnisse geschlängelt wird! Ich weiß nicht, ob meine Leser sich noch an den sonst unbeträchtlichen Umstand des vermeintlichen Todes des D. Saft erinnern, welchen meine betrübte Sündenfalls-Krankheit im vierzehnten Jahre veranlaßte, und was für Kreuzwege gingen nicht aus dieser meiner Krankheit aus, bis sie all' zusammen in den zweiten Discant meines Vaters zusammentrafen:

Gott eilet mit den Seinen,
Läßt sie nicht lange weinen!

Du wirst Dich so vergessen, sagte Frau v. W— zu ihrem gedrückten Manne, der wahrlich seine Jacobsstimme eingebüßt hatte, daß Du Deinen Gast aus dem Gesicht zu verlieren im Begriffe stehest! — Gleich ein Platzregen von Bitten um Vergebung, und doch hinter diesen wieder Glossen über Curland und Semgallen, die mein Vater nicht unhöflicher machen können! Freilich war es arg, daß die Sonne am großväterlichen Verlobungstage so unverrichteter Arbeit untergehen sollte, und ohne daß sie ein Enkelpaar begrüßt hatte! — Ein Trost fiel mir ein, der noch am heilsamsten anschlug! Wer Thorheit mit Klugheit verbessern will, gebe ja das ganze Geschäft auf. Thorheit muß Thorheit heilen! Gleich und gleich! — Großväterlicher Hochzeitstag, sagen Sie? Ja doch, Hochzeitstag! erwiederte Herr v. W—, der, unter uns gesagt, sein unhöfliches Doch ersparen können, dessen ich mich nicht gewärtig war. Indessen ging es nicht mich, sondern seine unbedachtsamen Voraltern an, die zwar den Hochzeits= nicht aber den Verlobungstag in die Archive von — gelegt und in die Familienakten verzeichnet hatten, welches Herr v. W— bei dieser Gelegenheit sehr empfindlich rügte. — Nun nahm ich mir die Erlaubniß zu bemerken: Ihr Herr Vater hat auch einen Hochzeitstag gehabt? Freilich, erwiederte Herr v. W—, allein wie schön wär' Alles zu stehen gekommen, wenn an diesem Tage — Das Beilager, griff ich ein, und an jenem die Verlobung gehalten wäre? Darf ich aber Ihren selbsteigenen Hochzeitstag, weil doch die Verlobungstage in der Familie in Etwas vernachlässiget zu seyn scheinen, wenigstens nicht ahnenreich sind, darf ich — Herr v. W— merkte auf und begriff, wo ich hinaus wollte; er schien sich zu fassen, obschon er nicht umhin konnte, dem Worte Beilager einen Brandmark zu geben, und, wie er sagte, mich höchlich zu bitten, zur Ehre der Deutschen dies Wort bis auf's Blut zu verfolgen; welches ich ihm, um seinen patriotischen Absichten nicht den Weg zu vertreten, versprach! — —

Tinchen genas, und die Familie versammelte sich zu einem zwar etwas spätern, allein desto einträglicheren Mittagsmahl, aus welchem indessen zwei Schüsseln, nach Anordnung des Herrn v. W—, ungegessen abgetragen werden mußten, weil, wie er sagte, sie origetenus Verlobungsgerichte wären. Die eine war, dünkt mich, Kälbermilch. Herr von W—, um nicht die Regeln der Lebensart zu übertreten (er verzieh mir den harten Beilagerausdruck), verbiß seine Bitterkeit. Die Frauenzimmer schienen so zufrieden, daß selbst von Tinchens Krankheit nicht viel gesprochen wurde. Ein Wasserfall, sagte sie, da ich mich darnach erkundigte. Wenn man einmal auf'm Trocknen ist, was ist mehr? So schien sie mir auch wirklich! — Frisch, wie nach dem kalten Bade. Und die Mutter? Auch sie brauchte so wenig, wie Louischen, meinen Hut voll Wasser. Die Zufriedenheit ihrer so liebenswürdigen Tochter hatte sie hinreichend getröstet! —

Von Tinchens Bruder, vom Mückenhelden, bin ich noch die Beschreibung schuldig. Dieser junge Mann war auf eine so höfliche Art von seinem Herrn Vater erzogen, daß Nichts darüber ging. Wen er lieb hat, den züchtigt er, scheint mir noch immer die Hauptregel der Erziehung zu seyn. Ich weiß, daß man es heut zu Tage darauf anlegt, durch gute Worte gute Plätze zu suchen. Wenn's nur ohne Nagelbohrer gehen wird!

Meine liebe selige Mutter schrieb meine Krankheit im vierzehnten Jahre auf die Rechnung des betrübten Sündenfalls. — —

Extrapost! Die Festlichkeit und Höflichkeit, welche unser theurer Herr v. W— so brüderlich zu vereinigen wußte, floß, die reine Wahrhe't zu sagen, aus der Quelle des Stolzes! — Hierin folgte der Herr Sohn dem Vater buchstäblich, und da es ihm nicht verborgen bleiben konnte, daß eben die Höflichkeit das Wort Melchisedech war, welches seinem Herrn Vater rings umher, in einem solchen Lande, wie Curland, übel ausgelegt ward; so machte er sich noch eine gewisse Heuchelei eigen, die weit unartiger hervorschoß, als wenn sie bloß aus der Wurzel der Fest- und Höflichkeit entsprossen wäre! — In seines Vaters Hause war er höflich und festlich, und zwar gegen seinen Vater; ungezogen curisch in aller Rücksicht, sobald er in's Freie kam. Alles von dieser Verfahrungsart konnte dem Vater unmöglich verborgen bleiben; indessen schrieb er dies flugs der großen Kunst zu, sich in die Zeit zu schicken. Ueberhaupt glaubte der Herr Vater einen wohleingeschlagenen Sohn in Junker Petern vorzeigen zu können, und hatte nie Etwas dagegen, wenn es dem jungen Herrn einfiel, seinen Vergnügungen Thür und Thor zu öffnen. Die gute Mutter, die kein doppeltes Gesicht ausstehen konnte, weil das Gesicht das Patent des Herzens, des Gemüths ist, hörte nicht auf einzulenken; allein da war der Herr Sohn, so wie es die Zeit mitbrachte, oft höflich, wie gegen seinen Vater, oft rauh und curisch, wie mit seinen Brüdern!

Was ich einen sich immer gleichen Charakter liebe! Und wahrlich, zu diesem Gleichlaut den Menschen zu bringen, kann nicht schwer halten, wenn man ihn von der Bahn der Ausdrücke, der Worte, zu Handlungen, zu Thaten, von dem Wege der Empfindungen auf den Weg der Grundsätze und der Regeln leitet! Wer kann das zu oft sagen! Wahrlich, es wäre gut, den Menschen von allen Neigungen abzuhalten, die sich nicht aus der Naturschule herschreiben! — Man lasse das Kind, wie Herr v. G—, der Selige, der Meinung war, essen, wenn es hungert, man lass' es zu Bette gehen, wenn es schläfert! — Man überlass' es sich in solchen Dingen so sehr, daß man jedes Gängelband verabscheue! — Es hat gute Wege. Wenn der Finger verbrannt ist, wird man das Licht scheuen, und wenn sich das Kind den Kopf gestoßen, wird es dem Fall ausweichen. — Die Erziehung geht nicht diesen, sondern einen ganz andern Weg. Man sehe doch, wie Gott den Menschen zu erziehen sich bemüht, da der Mensch sich in die Unnatur stürzte und in seinem Blute lag. —

Neigungen, Angewohnheiten schränken die Macht der vernünftigen Bewegungsgründe, der Grundsätze ein, und überhaupt, was machet uns unglücklich in der Welt? Wahrlich nicht der Mangel der Sache. Der Mensch kann sich ohn' Alles behelfen. Selbst ohne die Hoffnungen der andern Welt kann man Gutes thun. Der Appetit, Freunde! die Neigung zu Etwas, das entweder gar nicht da ist, oder schwer erhalten werden kann, macht uns unglücklich! — Mensch, du bist ein geborner Diogenes! Lerne dich selbst kennen!

Ob und in wie weit der Mückenheld diese Lection verdient habe, die ich ihm gelesen, sey meinen Lesern zu beurtheilen überlassen!

Jetzt zur Geschichte, und damit ich meinen Lesern doppelt einbringe, was sie bei dieser Nutzanwendung eingebüßt, so sey mir gleich mit der Anzeige anzufangen erlaubt, daß Junker Gotthard nicht Tinens Bräutigam war. Wie das möglich ist? und wie ich denn auf Trinchen und Amalchen in meiner Unterredung mit der lieben Frau v. W— fallen können? Wohlgesprochen! Aber ich frage wieder: Wie man glauben können, daß D. Saft todt sey? Und ob nicht Jedes der Meinung seyn müssen, Junker Gotthard wäre der Bräutigam? Wer anderer Meinung ist, blättre das griesgrämische Gesicht des Herrn v. W— auf, da er die heißesten Wünsche seinem Schwiegersohne bei der akademischen Wanderschaft auf den Weg gab, daß der große Gott ihn auf seiner Reise begleiten, seine Studia zu seiner Ehre und des Vaterlandes Nutzen segnen, und ihn zu seiner Zeit in die Arme seiner kleinen Braut gesund zurückbringen wolle! — Und das war nur ein Theil, der kleinste, von seiner Schwiegervaterempfindung. —

Junker Gotthard war's nicht? Warum nicht? Daran wird weniger liegen, als an der Frage: Wer es denn sonst gewesen? Ich will versuchen, beide Antworten unter einen Hut zu bringen.

Junker Gotthard hatte in Göttingen und Königsberg so wenig Aufmunterung zur heiligen Ehe gefunden, daß ihm vielmehr seine Trine je länger, je schmucker vorkam, und was ihm den Rest gab, kann wohl die Art gewesen seyn, wie Tine v. W— ihm bei seiner ersten Aufwartung begegnete! — Herr v. W— mit offnen Armen. Frau v. W— reicht' ihm die Hand. Tinchen benahm sich dabei so, als wenn sie nur zum Zusehen da wäre! — Erbarmung, dies Mittelstück der Liebe, wenn Erbarmung rechter Art ist, sieht auf's Unglück, nicht auf die Person; und die Liebe? Sagt Ihr, die Ihr geliebt habt, hat nicht jede Liebe einen Götzen, den sie anbetet? Idol, oder Ideal, ist hier nicht weit auseinander. Alexander bringt das Bild seiner Mine auf die Welt, und Mine das Bild Alexanders. Die Sinnen bringen nur auf Etwas, das schon da ist. Sie decken nur den Tisch, um die fertigen Schüsseln aufzutragen, und noch jetzt, wenn gleich die Eheangelegenheiten ihre sieben magern Jahre angetreten, giebt's doch noch Adams- und Evasehen! — —

Junker Gotthard empfand, daß er gekommen, gesehen und nicht gesiegt hatte, und ging gerechtfertigt in sein Haus! — Er sahe ein, daß hier keine Aussicht für ihn wäre, wenn er mit gutem Gewissen verfahren sollte, und es kostete ihm wenig Mühe umzusatteln, um aus seiner Sprache ein Wort anzubringen. Ich glaube, daß er nie mit dem ernsten Gedanken zu Tinchen gekommen, seine alten Rechte geltend zu machen, und da er fand, daß das Wasser im Teiche Bethesda sichtbarlich nicht für ihn, sondern für einen Andern bewegt ward, hoffte er, nach der Liebe, daß, wenn ihm ja nach der Eheklause eine Sehnsucht anwandeln sollte, ihm sein Kämmerchen nicht fehlschlagen würde. —

Tinchen und Gotthard fanden bei diesem Auftritte vollkommen ihre Rechnung; nur Tinchens Vater und Mutter waren nicht sonderlich erbaut, welches Gotthards mindester Kummer war. — Ein Glück für Junker Gotthard war es (denn sonst würd' ihn Herr v. W— mit Höflichkeit verfolgt haben,) daß er bei dieser Gelegenheit alle Regeln der Höflichkeit gegen den Herrn Schwiegervater übertreten. Kein Wunder, daß er diesen Ehrenmann, der mit seiner Tochter nicht verlegen war, in Harnisch jagte, und daß die fehlgeschlagene Hoffnung dem Herrn v. W— keine Minute verdarb! — Fast hätte man glauben sollen, Tinchen und Gotthard hätten sich aus bloßer Liebe verlassen, so schien es, da sie sich einander los waren. Tinchen legte indessen ein Jahr nach dem andern zurück, und was noch mehr ist, so war sie so sehr in sich gekehrt, daß die Aeltern ihrethalben fürchteten. Es kann sich auch wohl ein D. Saft mit einem Heirathsrecipe obenein gemeldet haben, worauf um so mehr Rücksicht genommen ward, als ein Lorchen, wie schon erwähnt worden, in der Gegend sich so herabgesetzt, daß sogar Tinchen nicht mehr Lorchen genannt wurde. In dieser Lage ward Tinchen von einem reichen Junker gesehen, der nicht aus dem Lande gekommen war. Aug' auf, oder Beutel, sagte Herr v. W—, und interessirte sich fast gröblich für diese Heirath. Herr v. W— bewies, daß, wenn gleich die Höflichkeit zu allen Dingen nütze wäre, das Geld ihr nur etwas Weniges nachgebe, und da er Festlichkeit mit der Höflichkeit paarte, wie sie denn sich gegen einander wirklich verhalten, wie Mann und Weib, so war es sehr natürlich, daß er das Vermögen des reichen Junkers in eine der Sache gemäße Erwägung zog. Tinchens Freier unterstützte den Mükkenhelden mit Vermögen zu allerlei Vergnügungen, und dieser ihn mit Empfehlungen im väterlichen Hause. So hoben sich die Brüche, und selbst die gute Frau v. W— war, wie wir gehört haben, eben nicht wider diese Heirath. —

Tinchen allein sahe die Sache von einer ganz andern Seite an. Sie wollte nicht fremdes Feuer auf einen Altar bringen, der einem unbekannten Liebhaber geweihet war, und eben in dieser Rücksicht fielen ihr tausend Dinge an ihrem Liebhaber auf, die andere Leute nicht bemerkten. Selbst ihre feine Mutter nicht. Die Liebe entschuldigt, die Abneigung tadelt Alles — und wahrlich, Tinchen hatte nicht Ursache, bei dieser Tadelsucht sich anzustrengen. Tinchens Werber, Herr v. K—, damit ich den ersten Buchstaben gebe, hatte sich nicht bloß auf eine schmucke Trine eingeschränkt, sondern auf jedem seiner Dörfer und Vorwerke war eine dergleichen schmucke Person, die er begnadigte, (ein lettischer Ausdruck, den ich nur sehr unkräftig verdolmetschet habe). Der Mückenheld war in Absicht dreier dieser Trinchens in Compagnie getreten, wo aller Schade auf Herrn v. K—, der Vortheil aber zu wenigstens gleichen Theilen ging; juristisch Löwengesellschaft genannt. v. K— war ein Verschwender, und geizig — er liebte und haßte auf eine so uncivile, ungesittete Art, daß freilich bei der Verbindung mit Tinchen keine sehr glückliche Ehe abzusehen war. — Was solche Leute ekelhaft sind! — Ich trinke darum ungern Punsch, weil er, wie Herr v. E— und Herr v. K—, sich widerspricht. Indessen ward Tinchen endlich eingeschläfert, im Schlafe aufgesprengt, und da hatte sie den Kopf nach vorn genickt, wie alle gute Leute, wenn sie schlafen, nach vorn den Kopf zu neigen pflegen. Dies Nicken hieß bei'm Herrn v. W— um so mehr Ja, als, nach seinen Regeln der Höflichkeit, er keinem Mädchen nur ein deutliches Ja! auszubrechen gestattete; höchstens konnte sie es verlieren. Eben darum hätte er das Trauungsformular, trotz dem zweigliedrigen Segen, gern reformirt, wenn es in seiner Macht gewesen wäre. Die gute Mutter empfand desto mehr, daß Kopfnicken und deutlich Ja sagen verschieden wären. Sie sah ihre Tochter so oft ganz Gott ergeben vor dem Altare dienen, wo freilich nur das Fest des unbekannten Liebhabers gefeiert wurde; indessen ist die Liebe der Einbildung die gefährlichste! —

Kind! fing sie an, und Tinchen erwiederte: Mutter!

Liebes Kind!

Liebe Mutter!

Einzige Tochter!

Einzige Mutter! —

Das war Alles, was verhandelt ward. Du hast gewollt! Ja, liebe Mutter! Ungern? Ja, liebe Mutter! Gott wird helfen! Tinchen blickte gen Himmel! — Ihre Mutter führte sie auf so manche Höflichkeitsscene, durch welche sie sich durchdrängen müssen, auf die Abneigung, die sie für Alles, was sich biegt, gehabt und noch hätte, und dann unterbrach diese Lieben der Mückenheld, oder sein Herr Vater, und Tine empfand die Unannehmlichkeit in ihrem ganzen Umfange, von diesem des Herrn v. K— halber geliebkoset, und von jenem aufgefordert zu werden! — Alle Zudringlichkeit ist, bei Gemüthern, die selbst zu wissen glauben, was zu thun ist, unausstehlich, es kleide sich diese Zudringlichkeit schwarz oder weiß. —

Herr v. K—, der wohl wußte, daß Geld bei ihm die Losung sey, bot seiner Braut auf eine recht curische

Art ein Geschenk in baarem Gelde an, um nach ihrem weltberühmten Geschmack, wie er sagte, selbst davon Gebrauch zu machen. Wer kann das so, wie Sie, setzte der galante Herr v. K— dazu! — Weltbekannt, erwiederte Tinchen, — kehrte den rothen Netzbeutel zurück und fügte auf eine Art hinzu: Wir sind Beide nicht aus Curland gewesen! daß Herr v. K— selbst es verstand. Das muß doch eine sehr deutliche Art gewesen seyn! — Herr v. W—, der höfliche Herr v. W—, wußte selbst diese Geschenkmanier zu Gunsten des Herrn v. K— auszulegen, obgleich Geschenke in Geld so was Widerstehliches an sich haben, daß kein guter, edler Mensch sie mit offenen Augen nehmen kann. Geschenke machen die Weisen blind! — Herr v. W— hatte dem Junker v. K— den Hochzeitstag seines Herrn Großvaters verziehen; wie sollt' er ihm ein Geschenk in Geld übel deuten? Geld war des Junkers v. K— Losung.

Geschenke in Gelde, heißen Geschenke in originali, fing Herr v. W— an. Präsente, in Sachen bestestehend, heißen Geschenke in authentischer Copie. Alle Originale sind hart, oft widerlich, gestrichen und mit Fähnchen versehen. Eine vidimirte Copie wird gemeinhin schön geschrieben, fällt weicher in's Auge. Original ist indessen Original und bleibt Original.

Tinchen war endlich wirklich entschlossen, Ja in den Augen von ganz Curland und Semgallen zu nicken, bis sie den Tag vor meiner Ankunft solche Beklemmungen erhielt, daß ihre Mutter ihrethalben besorgt war. Ihr Vater hielt es für ein Capitel aus der Weiberpolitik, und klatschte, daß sie ihre Rolle so schön spielte.

— Auf Schauspiele hätte sich doch Herr v. W— besser verstehen sollen! —

Auf diese Rechnung gehörten die herzlichen Worte: „Dein Wille geschehe!“ und das Pianissimo bei'm Schluß:

„Dann liegen wir in unserm Grabe, und schlafen unbekümmert den süßen Schlaf des Todes, und ein Bote des Herrn geht mit einem: Gesegnet seyst du dem Herrn, vorüber!“ —

Meine Ankunft war ihr so etwas Wunderbares, daß sie völlig aus dem Zusammenhang kam. Sie extemporirte. Wer denkt bei'm Extemporiren viel an das, was vorhergeht, und was nachfolgt? Wer glaubt nicht Wunder, wenn er liebt? Und bald hätt' ich gefragt: Wo geschehen in diesen wundergeizigen Zeiten anders Wunder, als in der Liebe? Im alten Bunde versandte Gott Engel; jetzt macht er gute Menschen zu Commissarien! Kommen Sie mir doch wie ein Engel, sagt' ich zu meinem J———s, da er mich zum letzten Mal heimsuchte, und wahrlich! Du warst mir ein Engel, guter J———s!

Da die Bräutigamspferde ansprengten, fiel Tinchen in Ohnmacht. — Warum? Als ob man bei einer Ohnmacht warum fragen könnte? Des Morgens, wie wir Alle wissen, war sie gesund und heil an's Wasser gegangen. —

Die Bräutigamspferde brachten nur den Junker Peter, unbepackt mit Entschuldigungen, die freilich, wenn gleich sie noch so schwer gewesen, an einem solchen Tage unbefriedigend geblieben wären. War es denn nicht der Verlobungstag des Herrn Großvaters

Hochwohlgeboruen? Konnte denn aber Peter nicht wenigstens vorgeben, Herr v. K— wäre sterbenskrank geworden, und dem D. Saft einen Brief an die Braut übertragen? Junker Peter schien nicht undeutl'ch zu verstehen zu geben, daß der Ton bei'm Präsent in originali viel zu dieser Führung beigetragen. Den folgenden Morgen kam ein Brief vom Herrn v. K—, worin er alle Unterhandlungen unterbrach. Herr von W— gab mir in der ersten Hitze diesen Brief zu lesen. Gewiß würd' er's nicht gethan haben, wär' es nicht in der ersten Hitze gewesen. Herr v. K— hatte seinem Freunde keinen unhöflichen Blick von seinem Vater zuziehen wollen, der aber mit 300 Thaler Alb. herausrücken sollte! —

Man bat mich, zu bleiben: ich blieb. Der Ton schien überhaupt in diesem Hause zu Hause zu gehören. Ueberhaupt gehört er zum Weiberdepartement. Fast würd' ich behaupten, daß alle Declamation Weiberwerk sey. —

Lieschen war bis jetzt Tinchens Vertraute geblieben, und da ich mich ihrer so lebhaft und oft erinnerte, ward sie herbei geholt. Sie war an einen Amtmann verheirathet. Sie hatte keine Kinder. — Frau Louischen kam und freute sich so, mich zu sehen, daß Nichts drüber ging. Sie fand, daß ich alt geworden, und daß mein Arm schwerlich ein Fräulein Lorchen mehr aus dem Wasser holen würde. Ein Fräulein Tinchen noch weniger, setzte sie hinzu. Frau v. W— und ihre Tochter fanden der keines. — Die Frau Amtmannin besuchte mich öfters auf meinem Zimmer, wenn ich allein war, und unser einziger Text war Tinchen. In der Nutzanwendung kam Herr v. K—

vor, und da ward er behandelt, wie man die Sünder in der Nutzanwendung zu behandeln pflegt. —

Noch vier schöne Tage lebte ich in —, und da sich meine Commission nicht länger verschieben ließ, ging ich mit dem Versprechen ab, nach geendigtem Geschäfte wieder zu kommen. —

Bei'm Abschiede wieder der Ton! Wie ich den Ton liebe, und alles Kopfnicken hasse, wenn der Kopf gleich nach vorn fällt! — Nur bei'm Tode nicht. Herr v. G— starb nach vorn! Nur bei'm Schlaf nicht; denn er ist des Todes leiblicher Bruder.

Junker Peter hatte sich gegen mich ziemlich fremd benommen, und ich bezahlte ihn mit gleicher Münze; indessen muß ihm der Abschied, den Tine und ich nahmen, aufgefallen seyn, ohne daß eben der Ton, der freilich ein zu gutherziges Kapitel für ihn war, dazu Etwas beigetragen haben kann. Wenn? fragte Tine. O, wie anders, als Nathanael, da er sein Gretchen sehen wollte! — Auch die liebe Mutter dieses edlen Geschöpfs fragte: Wenn? Herr v. W— konnte sich nicht aus dem Strudel herausarbeiten. Oft kam er in die Complimente, die er seinem Schwiegersohne zugedacht hatte, und die er für Nichts und wider Nichts gelernt — und nun verlernen mußte! — Wie er dann abbrach, wenn er auf einmal merkte, es sey ein Wort des Schwiegervaters zum Sohne! — Wer sieht nicht gern schwimmen, wenn ein Kunstverständiger im Wasser ist?

Die Frau Amtmannin konnte nicht umhin, mich weit dringender, als das ganze Haus, zu bitten, wieder zu kommen. Aber, liebe Frau Amtmannin, mein Arm ist nicht mehr in den Umständen, Lorchen aus dem Wasser zu ziehen! — Kommen Sie doch, Herr Major! —

Ob Herr v. K— durch seine abschlägige Antwort die Absicht gehabt, Tinchen weichherziger zu machen, das Präsent in originali anzunehmen, um das Lämmchen anzugewöhnen, aus seiner Hand zu essen, oder ob er ihren Vater zu einer andern Eheverschreibung auffordern wollen, oder ob er sich, was weiß ich, in der Gegend, wo man ihn mit Tinchens Sprödigkeit aufzuziehen anfing, wieder in Credit zu bringen gedacht, oder ob er es seinem Herrn Schwager bloß zu Gunsten gethan, um seinen Herrn Vater bei dieser erwünschten Angelegenheit des Hauses, so geschmeidig im Geben zu machen, als der Herr Sohn es im Reden war, das sind kitzliche Fragen, die ich meiner Aeltermutter überlassen würde, wenn sie noch am Leben wäre.

Junker Peter, ohne einen Auftrag selbst vom Vater zu haben, reisete von selbst wieder, wo er gekommen, und erzählte dem Herrn v. K— was er gesehen und gehöret, und was er zu glauben Ursache hätte; erhielt auch sogleich von ihm Macht und Gewalt, sobald ich wieder einträfe, mich zur Rede zu stellen, wie ich zu der Dreistigkeit käme, in einem Hause mich aufzudrängen, wo er Regent wäre? —

Mein politischer Auftrag ging so von Statten, als noch kein Geschäft mir je von Statten gegangen! Den Türkenkrieg nicht ausgenommen! Ich kam, fand Tinen so, wie ich sie gelassen; ihre Mutter desgleichen. Ihr Vater hatte etwas Rückhaltendes angenommen, obgleich er nicht verfehlte, in Absicht der Treppe mich so zu empfangen, als zuvor!

Warum Nebenumstände, da ein einziger Alles entscheidet? Bis jetzt hatte ich an Tine nicht anders als an ein liebes, gutes Mädchen gedacht. Den Abend, als ich zurück kam, ging ich weiter. Was war es, was mich weiter brachte? Ein Ungefähr? O ihr Kleingläubigen! Ich ehre jedes Ungefähr als göttlichen Fingerzeig. Es ist Etwas, das eine unsichtbare, im Stillen wirkende Hand thut, und was sie thut, ist wohlgethan! Was ist's denn hier? Ich kam in mein Zimmer, und da war's wie eine Stimme, die zu mir sprach: Mine! Schnell lief ich zu ihren Papieren und fand die Stelle! — Groß geschrieben:

„Nun meine feierlichste Bitte, mein Beschwur! Ich bitte Dich vor Gott und nach Gott! Ich beschwöre Dich bei Allem, was heilig ist, im Himmel und auf Erden, und nach diesem hohen Schwur bei meinem letzten, letzten Seufzer, bei meinem letzten Todesstoß, bei meinem letzten warmen Hauch — Dich zu seiner Zeit ehelich zu verbinden. Gott segne Dein Weib und die Kinder, die er Dir schenken wird!" —

Wie mir dabei war, weiß Gott! Ich konnte kein Wort mehr lesen. Schnell legt' ich mich nieder, um keine Zeit zu versäumen. Als ob ich nicht schon zum Voraus wußte, ich würde nach dieser Stelle keine Stunde schlafen. Ich schlief wirklich keine Stunde, und doch hatte ich ausgeschlafen! Mein Entschluß war, Alles dem Ungefähr zu überlassen, mich nicht um Tinen zu bewerben; allein ihrer Hand auch nicht auszuweichen. Daß mir Tine schon zuvor nicht gleichgültig gewesen, leugne ich nicht; mich aber so gegen sie zu benehmen, war das Werk dieses Abends, welches der in mir wirkte, der Wollen und Vollbringen gibt, nach seinem Wohlgefallen.

Ein Traum? wird der gelehrte Kunstrichter fragen, und wenn er bitter ist, bemerken, daß dies ein Hauptstück eines regelmäßigen Trauerspiels sey! Mein Vater sagte an einem dunkeln Tage: Wenn ja Arzeneien genommen werden sollen, ist's gleich viel, was für welche. Auf die Art, wie? auf den Glauben kommt's an. „Solch einen Glauben," konnte man wohl hinzufügen, „hab' ich in Israel nicht funden." —

Mehr als einmal hat mich eine dergleichen Stimme eines Unsichtbaren aufgefordert. Noch nie hat es mich gereuet, diesen Seelenappetit befriediget zu haben.

Wie ich Minen und das Haus ihrer Aeltern gefunden, wissen meine Leser schon, und eben diese Aufnahme machte mich empfänglich, das Wort Mine zu fassen! — Ich ging mit Minen in den Garten, und eben an der Stelle, wo sie am Wasser herumirrte, fragte ich sie, was sie zum Wechsel zwischen dem Herrn v. K— und mir sagen würde? Daß es kein Wechsel ist. Wie so? Fragen Sie das? Mit einer Art, daß ich Alles wußte. Ich nahm ihre Hand, und sie legte ihr Gesicht auf meine Schulter. Wir weinten Beide. —

Gott ist die Liebe! Ist es denn Schande, zu lieben? Alles, was nur diesen süßen Namen führt und mit ihm in Verbindung ist, stammt von ihm, ist seines Geschlechts! Gott ist die Liebe! —

„Jenes korinthische Mädchen zog Striche um den Schatten ihres schlafenden Liebhabers, in denen sie sein Bild sahe! Ihre Einbildung füllte mit einem wohlgerüttelten und überfließenden Maaß diesen Schattenumriß aus." — So ging es mir mit Ihnen, nur daß meine Einbildungskraft auch alle die Striche zog. — Liebe Tine! —

Was man auch immer von Silhouetten sagen mag, ersonen, die man kennt und liebt, sollte man nicht .alen! Da hat die Einbildung zu viel Muße! Bei einer Silhouette arbeitet sie mit, sie füllt die Striche aus, bringt Colorit an. — Um unsere Lieben der geehrten Nachwelt zurückzulassen, ist ein Gemälde nöthig!

Wir waren so Eins am Wasser, daß Alles Er und Sie, Sie und Er war. Warum wir uns nicht duzten, weiß ich bis diesen Augenblick nicht. —

Ihre Mutter?

Weiß Alles. —

Gott Lob!

An Herrn v. W— dacht' ich nicht. —

Ich sprach die gute Mutter, die keinen Schatten von Bedenklichkeit fand; allein sie wünschte, daß ich mich an ihren Mann, oder, wie sie sagte, an Herrn v. W— wenden möchte. —

Ich that's, und merkte, daß er sich herzlich freute, eine Gelegenheit zu haben, von seiner Complimenten-Sammlung Gebrauch zu machen. Nachdem ich aber Alles sichtete, fand sich unendlich mehr Spreu als Körner, und was noch Korn war, lief auf die wohlhergebrachte Landesmanier heraus, daß man ein Vierteljahr seiner Geliebten die Aufwartung machen, und nach so mancherlei Beiurteln endlich die Definitivsentenz abwarten müsse. Hiezu kam, daß Herr v. K—; doch, warum soll ich all' die Umwege bemerken? In diesem Schattenriß kann Jeder die Striche machen, ohne den

Herrn v. K— gekannt zu haben. Da darf man nur den Menschen kennen, und dies Zutrauen hab' ich zur Zeitwelt, und weit, weit zuversichtlicher zur Nachwelt. —

Wer will nicht das haben, wonach er einen Andern ringen sieht? Wer hätte nicht ein Landgut, ein Haus gern, wenn es eben verkauft ist? Geht auf die erste beste Auction, um Euch hievon zu überzeugen! —

Das Schlimmste bei dem gegenwärtigen Falle war, daß Herr v. W— fest entschlossen war, wenn Herr v. K— nur irgend ernstlich wollte, auch zu wollen. Seine Meinung war, es zu machen, wie meine Großmutter, da mein Vater nach meiner Mutter ging. Herr v. W— wollte seine Tochter auf keine Weise einem Major geben, dessen Vater Pastor in Curland gewesen; er mochte nun in seiner Jugend Alexander gespielt haben, oder nicht! — Man muß, sagte Herr v. W—, freilich nicht Fleisch und Blut Männern von Verdienst vorziehen; allein Ehre und Geburt sind die Wurzeln alles Guten! O des verfehlten Wurzelmannes! Wie kam dieser Blätterliebhaber selbst auf's Wort Wurzel, das nur dem Herrn v. G— zustand, den ich bei dieser Gelegenheit vermißte? Ich hatte freilich mein Auskommen; allein Junker v. K— war reich. —

Das korinthische Mädchen, Tine, wäre nun wohl bereit gewesen, mit ihrem Liebling zu ziehen, wie und wo er's verlangt; allein wer wollte das Licht mit dem Finger auslöschen, wenn Putzscheeren vorhanden? Wer wollt' es ausblasen und Gestank zurücklassen? sagte Herr v. W— bei einer andern Gelegenheit, und hatte nicht Unrecht, obgleich, wenn es eine reine schöne Wachskerze ist, der angebliche Gestank Geruch heißen könnte. Wer weiß überhaupt, wie dies zum Geruch und jenes zum Gestank gekommen? Zwar mußte Petrus sein Schwert einstecken, fuhr Herr v. W— bei dieser andern Gelegenheit fort, allein dem Adel gebührt es, sich zu gürten, wenn sich der Unadel etwas herausnehmen will. Ein Edelmann ist ein verstärkter Mann, er präsentirt sich und seine Vorfahren. Wer hätte wohl solchen Till und Kümmel vom festlich höflichen Herrn v. W— erwartet? —

Da kam Junker Peter, im Harnisch, gejagt! Ja wohl gejagt, mit Entschlüssen, die nicht Fleisch, nicht Fisch waren. Er schnitzelte am Rahmen, noch eh' das Bild angefangen war. Stolz, daß er seinen Herrn Vater Hochwohlgeboren gesattelt fand, verzog er seinen Mund, als wollt' er Hohn sprechen, und empfing mich so unartig, daß ich, weil er Tinens Bruder war, nichts Anders thun konnte, als ihn großmüthig übersehen! — Zum Mückenfänger war ich nie aufgelegt. War ich dazu zu kräftig, oder zu gut, das weiß ich nicht. Ich gab auf alle seine Reden, die er entweder vor sich, oder gegen Andere richtete, kein Wort. Da aber dies Mückchen eben hiedurch dreister ward, und sich gerad' an meine Stirn klebte, sah ich mich gedrungen, es wegzuscheuchen. Unfehlbar hatte unser Held einige Romane gelesen, wo der Zweikampf in einer Kinderlehre abgehandelt wird! — Ihr lieben Herren! Wenn ihr den Menschen da bessern wollt, so habt ihr eben nicht das rechte End' ergriffen. Vorwärts, ihr Herren! zu allen Seiten stehe oder falle, was da will! Unser Mückenheld erwartete eine Catechismusantwort, und sah mich über Hals und Kopf blank. Was wollen Sie, junger Mensch? Ihre Schwester? Die werd' ich nicht nehmen, wenn Tine nicht selbst will, und wenn Tinens Aeltern nicht wollen, Vater und Mutter. Was haben Sie für Rechte auf Ihre Schwester, so lange Ihre Aeltern leben, und so lange Tine selbst denken und handeln kann? Unser Held steckte sein Schwert so nothdürftig in die Scheide, daß er den Namen v. K— stammelte und sich eben nicht in der besten Ordnung zurückzog. — Wie er sahe, daß auch ich nachließ, fing er seine Vorbehalte an. — Wollen Sie mehr, als ich versprochen? erwiederte ich. Haben Sie denn versprochen, meine Schwester dem Herrn v. K—, dem sie eignet, ungestört zu lassen?

Nein.

Aber sie gehörte ihm.

Hat er sie nicht aufgegeben?

Hat er sie nicht wiedergenommen?

Da sie nicht mehr frei war. —

Herr v. K— that, oder war wirklich unerträglich verliebt. Er bereute seine Uebereilungen, wie es hieß, und schrieb und sandte Boten ohne Ende. Herr v. W—, der schon an sich entschlossen war, dem Herrn v. K— zu verzeihen und, außer dem Versöhnungsfest, noch auf so Mancherlei rechnete, was diese Anwerbung begünstigte, ging ihm mit zuvorkommender Huld entgegen. Zu allem diesem wissen wir die Beweggründe.

Der Vater Pastor!

Lieber Mann, der Sohn Major!

Aber, liebe Frau, bei'm Adel gilt der Vater immer mehr, als der Sohn.

Will denn Tine den Vater?

Wenn sie aber auch Sohn, Vater, Großvater und so weiter in der Person des Sohnes heirathen kann?

Dann ist's Blutschande!

Herr v. W— ward über die Blutschande böse, und fieng pathetisch an: Ein anderes ist ein Siegel mit dem Lindwurm am Taschenmesser, ein anderes ein wohlhergebrachtes Wappen; ein anderes die feinsten Spitzen, ein anderes Judenkanten; ein anderes Prinzmetall, ein anderes ächtes gediegenes Gold; ein anderes ein Kratzfuß, ein anderes eine Verbeugung. Wer wird sich denn die Finger verbrennen, wenn man kein Kind mehr ist? —

Allgemach legte sich dieser Ahneneifer, an welchem Junker Peter vielen Antheil hatte! — Der Mückenheld hatte mich blank gesehen, und so mochte er seinen Schwager, wohl aus mehr als einer Ursach, nicht sehen! —

Die Frau v. W— nahm Gelegenheit, ihrem Gemahl an's Herz zu legen, was sie gehört, daß ich nämlich von gutem alten Adel wäre, und Tinchen also auch Vater, Großvater, Aelter-Vater, und so weiter, in mir vereinigt heirathen würde. Warum, fuhr sie fort, ihm Luft und Athem abschneiden, ehe man noch die Grenzen seines Seyns kennt? Der Schein betrügt —

Er stammt von Melchisedech. —

Der war ein König und Priester! — —

Warum diese Ahnentafelunterredung, die das Alltägliche enthält? Sie hatte indessen die Folge, die ich meinen Lesern schuldig bin.

Frau v. W— nahm mich bei der Hand, und zwar so, daß diese Art mir Bürge wurde: Es sey wie es sey, Sie sind Tinens, und Tine ist die Ihre! — Sie wußte nicht, wie sie es recht anfangen sollte, und fieng endlich, nachdem sie mich lange bei der Hand gehalten, allein, wie mich dünkt, viel zu entfernt, an: Der Schleier der Bescheidenheit giebt jedem Gesichte, jeder Tugend einen größern Werth!

Ja, Gnädige! der Belag ist Tine! —

Da war sie wieder weiter zurück, wie zuvor. Sie nahm mich auf's Neue bei der Hand, und ohne daß sie blitzte, mein Schlag!

Gnädige! Sie wollen was sagen — Fragen! erwiederte sie.

Die Liebe, das Einzige, was die Natur uns noch zurückgelassen, sollte freilich über alle Kunst hinaus seyn — bei einem Haar wäre sie wieder vom Wege gekommen. — Wer ist aber heut zu Tage natürlich? Mein Mann? Sie kennen ihn! — Könnten Sie sich so viel von Ihrer Denkart auf einen Augenblick abmüßigen, und ihm in der Nähe zeigen, was so Viele von weiten gesehen? Jedes Auge trägt nicht gleich weit. Sind Sie ein Edelmann? —

Eine Ehrle ist der andern werth. Um wie Vieles hätt' ich das Vergnügen nicht gegeben, erst Tinen zu heirathen und ihr sodann zu beweisen, daß sie von dieser Seite keine Ungezogenheit vom adlichen Pöbel zu fürchten hätte.

Das Wort: ein Gewisser, könnt' ich selbst von meinem Eidam nicht leiden, um wie Vieles! fuhr Frau v. W. fort.

Das traf! Frau v. W— hatte Recht. Ein Gewisser, so vortrefflich das Wort gewiß sonst ist, welch ein erniedrigendes Wort! Ein Gewisser heißt, Einer, der wegen seiner Existenz besorgt zu seyn Ursache hat, und eine Tafel aushängen muß: hier wird Seife gesotten! Es ist ein in einem kleinen Zir=

kel bloß Bekannter, ein Kleinstädter, der will, und nicht kann! Fast scheint es, daß es mit dem Menschen nicht auf's Gewisse angelegt ist — Liebe gnädige Frau! Ich will Alles thun, um mich aus dem Gewissen in's Ungewisse zu setzen! Der vorliegende Fall ist von der Art, daß ich's kann. Ich wollte der Frau v. W— zeigen; allein wie doch die Weiber sind, das Siegel war ihr genug! — Sie gieng zu ihrem Mann, der aber bei der ganzen Erzählung, das Siegel mit eingerechnet, so ungewiß als möglich blieb. Tine war mir so werth, daß ich selbst Gelegenheit nahm, dem Herrn v. W— zu zeigen, wovon seine Gemahlin nur das Siegel gesehen, und da er weniger erfahren in Familienregistern, als der Hochgeborne Todtengräber, war; so konnt' ich ihm zwar von meinem uralten Adel nicht so überzeugende Beweise geben; indessen sah er eben darum die Sache größer, als sie war! — Er fand in der Dunkelheit so etwas Festliches, daß er den Pastor drüber vergaß. Er sah über die Hütte hinweg, und heftete sein Auge an die Kirchenmauern. Die rechte Saite in seiner Seele war getroffen. Die Glücksumstände des Herrn v. K— konnten mir nicht den Weg vertreten, da ich ihn vom Geschenk der Kaiserin und dem dazu gekommenen glücklichen Kauf unterrichtete! — —

Alle Geschenke erniedrigen, nur Geschenke der Großen nicht; da gilt ein Band mehr, als man glauben sollte. Wie doch alle Leidenschaften Nachbarskinder sind! — Stolz und Furcht sind außer der Nachbarschaft verwandt. Herr v. W— fürchtete den Junker v. K— und seinen leibeigenen Sohn, der es mit Junker v. K— hielt. Sie wissen, fing er an, und suchte Kraft zum

Athemholen! — wie es in Curland geht! Die Wahrheit zu sagen, ich bin froh, daß eins von meinen Kindern aus diesem Waldhornstaat, aus diesem Dulande, erlöset wird! — Wer ist hier für ein Paar Pistolen sicher? Jeder, der Herz hat, erwiedert' ich. Nicht immer! Herr Major! Es giebt unter den Krippenrittern Leute, die ihr Leben keinen Pfeifenkopf werth halten. Was haben sie denn in dieser Welt zu gewinnen und zu verlieren? und wenn Herr v. K— es dazu anlegt; so ist mein Haus belagert, und ich mit Mann und Maus verloren. Junker von K— hat Geld, das will in Curland viel sagen. Freilich, wer's Glück hat, führt die Braut heim. Der verstorbene Herr v. G— hatte sie weit von sich entfernt. Sie kamen! Er begegnete ihnen nicht wie Hochwohlgebornen Brüdern, sondern wie bettelnden Schneidergesellen! — Den Pferden und Waffenträgern dieser Donquischotten noch übler. Einer unter diesen Krippenrittern nahm das Ding unrecht und forderte den Schlüssel zum Gastzimmer, und, weil sich der Gerechte auch seines Viehes erbarmet, zum Stall. Hier ist der Schlüssel, sagte Herr v. G-- und zeigte auf den Degen. Freilich hätte er, hier sind sie, sagen sollen, da zwei Schlüssel gefordert worden, einer zum Stall und einer zum Gastzimmer, und alsdann hätte er auf die Pistolen weisen können, die verheirathet sind und die man nicht anders als Paarweise hat — Mag! — Sein Haus ist von dieser Zeit an von der egyptischen Plage der curischen Heuschrecken verschont blieben. Das nenn' ich aber tolldreist. Zwar hab' ich es, beschloß Herr von W—, mit meiner Höflichkeit so weit nicht gebracht; indessen kann ich auch nicht bittre Klagen führen!

Ich versicherte ihn, daß dieses mein geringster Kummer wäre, und er schien wirklich die Meinung von mir zu fassen, daß mir nicht leicht das Haar zu Berge stünde! —

Sie versprechen, sagte er, mein Herr Major! bei Allem, was Gott geben, die Seele denken, das Herz wollen, der Mund sprechen, die Hand greifen kann, meine Tochter zu lieben, bis der Tod sie scheidet? Ich verspreche! — Wohlan! so will ich den Verlobungstag festsetzen, an dem ich mich mit meiner Frau verlobte! —

Nach dieser Feierlichkeit fiel ihm, das sah ich, mein Vater ein; allein konnt' er nach diesem festlichen Auftritt von diesem Einfall Gebrauch machen?

Wenn ich nicht durchaus mir vorgesetzt, nicht in den alten Geschmack von Gefechten zu fallen, sondern der reinen klaren Liebe getreu zu bleiben; so könnte ich wirklich mit einigen Vorfällen aufwarten, die Niemandem als dem Herrn v. W— schwer fielen! — Gotthard! wer sollte das denken, legte alle diese Neckereien bei, und Alles war wie abgeschnitten oder abgehauen! — Gotthard? Er ganz allein! Ein Tauber hält sich Vögel und freut sich, daß sie springen, wenn gleich er sie nicht singen hört, und Gotthard war im Stande, in Curland solche Strahlen zu sprühen, daß Alles wie vom Blitze gerührt stand. —

Gotthard, den mein Brief nicht getroffen, hatte durch viel Mühe erfahren, daß ich in — wäre, und flog in meine Arme. Entzückt über Alles, was vorging, versichert' er mich auf Ehre, daß er Tinen mir aufrichtig gönne! und nur dann, fügt' er hinzu, wäre keine Schlacke unterm Golde, wenn ich mit meiner Frau in Curland bliebe! — Was sich Gotthard freute!

— Aus lichterloher Freude war er gegen den Herrn v. W— höflich, der ihm wegen der Befehdungen seine Noth klagte, worauf er ihm seinen kräftigsten Beistand versprach. „Bruder?" Ich! erwiedert' er, da gehen Viele auf der Heerstraße, Andere über Stock und Stiel, Viele durch Blumenbeete, Andere über Felsen, durch Dornen und Disteln. — Nicht auf den Weg, Bruder, sondern auf's Ziel kommt's an.

Bruder!

Was ich dir sage!

Junker Gotthard lösete diese Räthsel, und es ergab sich, daß er seine Helfershelfer hatte, die er besoldete, um andere Helfershelfer abzuhalten. Wer hier Geld hat, Bruder! fügt' er hinzu, ist schußsicher! Er hält sich seine Leibwache, und Trotz dem geboten, der sich erfrecht, ihm zu nahe zu kommen und nicht drei Schritt vom Leibe zu bleiben. Jetzt macht mich nichts wild! — Herr v. W —, der zum Theil von diesen Haustruppen unterrichtet war, nahm dieses Anerbieten mit vielen Complimenten an, das ich aber kurz und gut abschlug.

Bruder! fuhr Gotthard fort, die Kerls, so dich anfallen wollen, sind keine Türken, sind keines Tropfens Christenblut werth. Solchen Lumps auszuweichen, ist Ehre.

Herr v. W— trat dieser Behauptung bei; ich nicht völlig. Es sey indessen, daß Herr v. W— mit Junker Gotthard eine geheime Allianz geschlossen, oder daß seine Anwesenheit im Hause schon die gegenseitige streitführende Macht durch Furcht in die Flucht geschlagen; genug, wir waren so ruhig wie möglich. —

Der Mückenheld selbst, da Junker Gotthard mit

ihm allein gesprochen, und ihm vielleicht eine Bürgschaft wegen der nächst zu bezahlenden Schuld, und etwa eine schmucke Trine zugesagt, hatte andere Saiten aufgezogen, und so waren wir dahin gediehen, daß wirklich in der folgenden Woche das Verlobungsfest, ohne zu fürchtende Belagerung, gefeiert werden konnte! —

Junker Gotthard wich nicht von dannen, und war mir ein so angenehmer, lieber Gast, daß Tine selbst so viel Vergnügen in seinem Umgange fand, als sie zuvor Mißwillen geäußert hatte.

Ich weiß nicht, wie mir der einige Ausdruck Busenfreund entfuhr, den mir Herr v. W— entsetzlich übel nahm.

Das Wort Busenfreud, fing Herr v. W— an, ist das zweideutigste, was man brauchen kann, so bald man zur heiligen Ehe schreitet. Ist man Junggesell, wo ist ein besseres zu Freund, als Busen! —

Junker Gotthard umarmte mich brennend, und zeigte mir, wie man auch bei der größten Rauhigkeit bieder und gut seyn könne. — Kein großer Mann, sagte er zum Herrn v. W—, hat sich in sein Hauptwerk allein verliebt. (Es war eine Anmerkung seines lieben seligen Vaters, die er aber besonders lenkte; ohnfehlbar dacht' er an seine schmucke Trine.) Er sucht ein Nebenwerk und findet es. Er sieht die Beklommenheit, die Eingeschränktheit seines Hauptwerks ein, und will der schwachen Menschheit durch Abänderung aushelfen! Kein Mann, der sich von andern unterscheidet, ist daher groß in seiner Hauptkunst. Im Nebenwerk bringt er's oft weiter — welches auf die Rechnung des Freiheitstriebes gehört, der überall ausschlägt und schöne Zweige zeigt.

Bruder! sagt' ich ihm, von Anbeginn ist es so nicht gewesen! — Vortrefflich, fiel Herr v. W—ein, bis auf das Wort: Bruder, das ihm, wie er sagte, zu kahl, zu entblättert da stünde! — Wenn nur nicht unsaftig; erwiedert' ich. Gern hätt' es Herr v. W— gesehen, wenn Gotthard und ich das Du gestrichen; allein das ging nicht, und da ich den Herrn v. W— versicherte, daß nur Gotthard und Darius meine Du's wären, die ich in der Welt hätte, und daß ich selbst meine beiden Kriegscameraden, die bei Bukarest im Herrn ruhen, nicht Du genannt; so begab er sich. Froh legt' er unsere Hände in einander und sprach: Was Gott zusammenfügt, soll der Mensch nicht scheiden! — Und nun nahm er mich allein. Gelt, fing er an, zum Eherath würd' ich den Herrn v. G— nicht vorschlagen? Und ich nicht nehmen, war meine Antwort.

Er. Sie lieben Tinen!

Ich. Herzlich!

Er. Einzig?

Ich. Bis in den Tod.

Griechen und Römer, fing er zu uns Beiden an (im Wiederhall des Festes der Deutschen), wo ist jene edle Einfalt, die, wenn gleich sie geradezu ging und mit Gott und mit Menschen gleich sprach, doch so viel Feinheit anbrachte, daß man kein Du merkte, so wie es noch in keiner wohlgesetzten Poesie zu merken ist! Ist wohl eine neuere Sprache ohne Erbsünde? Was lästert ihr Nachbaren über unser Hoch- und Wohlgeboren, Hochedelgeboren und Hochedlen, da doch auch ihr: Ew. Majestät wird erlauben, Ew. Excellenz denkt zu gerecht, sprecht? Wie man da von hinten kommt! Wie ein Politikus! Wo ist eine Sprache, die nicht dergleichen Flecken oder Runzeln, oder des etwas hätte? — (Mir fiel das Wort Monsieur aus dem Garten Eden des seligen v. G— ein.) Utinam viveret! —

Ich nahm das Wort und bemerkte, daß die Deutschen Ew. Durchlauchten, Hochgeboren, Hochwohlgeboren, Hochgelahrten, Hochbenamten, Hochweisen, Gestrengen, vielleicht als eine Satyre über die andern Sprachen auf- und angenommen! Wie! fiel mir Herr v. W— ein, so würden Sie auch mich nicht für einen höflichen Mann gelten lassen, sondern für einen Swift über die Höflichkeit halten? Ich bückte mich so, daß Herr v. W— völlig mit mir ausgesöhnt ward, und da er nicht lange darauf anfing:

Lieber Major; Ihre Meinung, als wäre die deutsche Sprache eine Satyre über andere Sprachen, stieß mir so auf; so erschrak er selbst über den harten Ausdruck: stieß mir auf, daß Herr v. W— sich selbst aufstieß. — Es hob sich Credit und Debet und wir waren eins. —

Die Verlobung kam dem Herrn v. W— sehr hoch zu stehen. Umstände verändern die Sache. Ein anderes übers Evangelium, ein anderes über die Epistel! — Wir sahen ihn so oft allein und mit sich selbst zu Rathe gehen, wobei wir, die Wahrheit zu sagen, nichts an Rath verloren! —

Unausstehlich würd' es meinen Lesern seyn, wenn ich Ihnen die ganze Procession dieses Verlobungsfestes erzählen sollte. Nur ungesuchte Züge, wie sie fallen!

Gern wollte Herr v. W—, daß ich auf Knien Ja sagen sollte. Es war ihm so etwas Ritterliches, so etwas Altadeliches drin. Da ich ihm indessen das Ungewöhnliche zu Gemüth führte, so mancher Mißdeutungen erwähnte, welche hierdurch zum Vorschein kommen würden, ließ er mich auf den Füßen, nachdem er von mir das Versprechen abgenommen, meiner Prinzessin diese schuldige Ehre inter privatos parietes zu erweisen.

Bei so viel Natur, die bei der Verlobung herrschte, in so weit sie zum Departement der Frau v. W— gehörte, stach die Unnatur des Herrn v. W— so ab, daß man keine Abstufung sah, sondern hier gleich und eben ging, und dort auf dem Sprunge war! — —

Unter andern war Herr v. W— so parfümirt, daß Jeder einen Schlagfluß befürchten mußte, der ihm zu nahe kam. Zwar duftete er jederzeit; noch nie aber so, wie heute. — Kurz vor der Ceremonie hatt' er sich so wohlriechend gemacht. —

Junker Gotthard konnte nicht umhin, darüber ein Wort zu verlieren, allein Herr v. W— führte ihn an Stell' und Ort, indem er ihn belehrte, daß Christus der Herr selbst für wohlriechendes Wasser gewesen, indem er sich von einer Dame mit eau de Lavande besprengen lassen —

Die Verlobung fing mit einer Red' an, die Herr v. W— übernahm; indessen schloß er dabei, wie bei der Redeübung am Fest der Deutschen, zu kurz. Sein Allerseits nach Stand und Würden Hochwohlgeborne Versammlung verlor keine Sylbe, und eine Thräne, die ihm allemal zu Diensten stand, wenn ihm ein Wort versagte, bewegte mich so, als ob er zum erstenmal geweint hätte. Wir sagten, ohne daß wir gefragt wurden, Ja, und küßten einander so herzlich, daß Jeder glaubte, der uns ansahe, er hätte nichts von der Rede verloren. Da Herr v. W— selbst nicht aus und ein gewußt, und darüber, wie mir vorkam, verlegen schien, so ließ er's geschehen, daß Alles über und über ging, und eben dies über und über, wie schön war es! — Wie der Lenz ist die Verlobung! Das Beilager ist ein schöner Sommertag; dieses die Sonne im Glanz, jene Aurora!

Tine warf sich ihrer Mutter in die Arme, und bat um ihren Segen. Herr v. W— lenkte diesen zu natürlichen Armwurf so künstlich ein, daß die Frisur dabei nicht litte. — Bei solchen Vorfällen, bemerkte er, muß man schon zuweilen fünfe gerade gehen lassen! —

Bei Tafel bemerkte Herr v. W—, daß man durchaus etwas auf dem Teller liegen lassen müsse. Bin ich beim Vornehmern wie ich, sagt er, lass' ich das Beste zurück, um zu zeigen, daß auch das Schlechteste für mich das Beste ist! — Selbst in meinem Hause mach' ich meiner Frau dies Compliment, welches auch diesmal beobachtet ward! —

Mein lieber Gotthard blieb noch acht Tage bei uns und reisete mit der Versicherung ab, so lang er lebe unser Freund zu seyn! — Herr v. W—, der ihn bis dahin als einen Commandanten angesehen, nahm ihn beim Abschiede allein. Ohnfehlbar gaben sie sich die Parole; wenigstens konnte man dies aus den Worten schließen, womit Junker Gotthard aufbrach: Es ist besser, sein Roß an des Feindes Zaun binden, als daß der Feind es an unsern Baum anstricket! Gute Nachbarschaft, erwiederte Herr v. W—, ist die beste Mauer; und ich: Muth der leichteste Harnisch! Peter und Gotthard sprachen wieder geheim. Bald hätt' ich vergessen zu bemerken, daß sich Peter bei dem über und über an meinem Verlobungstage artig genug nahm! —

Ich blieb noch drei Tage in —. Tine und ich waren so seelenfroh, daß Alles, was uns sah, Theil dran nahm! — Die Liebe ist wahrlich die Sonne des Lebens. Durch sie leben und sind wir! Du bist nicht werth, daß dich die Sonne der Liebe bescheint, ist eine Injurie, welche die größte ist, die je ausgesprochen worden! — Sinai's Fluch ist dagegen Segen! —

Meine Uebernahme in — ward von einem Tage zum andern ausgesetzt. Herr v. W— bat aus Höflichkeit, meine Tine und ihre Mutter herzlich! — herzlich! meiner Tine Leibwort! —

Es war die höchste Zeit, daß ich nach — — ging. Manche kleine Einrichtung wartete auf mein Auge. Tine sah selbst die Nothwendigkeit meines Hingangs, und doch ließ sie mich ungern hingehen. Ich hatte die geringste Kleinigkeit mit ihr überlegt. Die Liebe macht Alles wichtig, was die Liebenden betrifft — Außerhalb ihrer Gränze ist eine Krone des Aufhebens nicht werth! — Da sollte ein Sopha, dort ein Nähtischchen, hier ein Schränkchen seyn — da eine blaue, und wieder da eine rothe Tapete, zu stehen kommen!

Nur an die Schlafkammer ward nicht gedacht. Die bleibt immer dem Geschmack des Bräutigams und der Schwiegermutter anheim gestellt. Nachdem nun Alles und Jedes bis auf die letzten vier blinkenden Nägel, die meine Mutter, da sie am Kupferstiche eines Eierreformators angebracht wurden, für Sterne hielt, verabredet war, kam die Frage zur Erörterung: ob ich Morgens oder Nachmittags reisen sollte? — Was darüber für und wider verhandelt ward, ist unausſprechlich. Wahrlich, die Andacht und die Liebe ſieht Alles für Sterne an; wenn gleich ſechs für einen Vierding zu haben ſind. Ich ließ nur fallen, daß, wenn ich früh in mein Land zöge, ich ſchwerlich mehr als zwei ganzer Tage zur Reiſe nöthig haben würde. Herr von W— glaubte, ſo frühe nicht mit Allem fertig werden zu können, was doch der Wohlſtand bei dieſer Gelegenheit mit ſich brächte. Der Fall war eigen. — Endlich kamen die Präliminarien in Richtigkeit: früh des Morgens. So ſehr ich darauf drang, daß Niemand ſich ſehen laſſen möchte, ſo war doch Herr v. W— der Meinung, daß dieſes auf keine Weiſe Styli werden könnte. Um indeſſen eine Finte anzubringen, ließ er mich halb und halb in Ungewißheit. Er wollte dadurch der Sache einen Anſtrich von Unerwartung und einen deſto größern Werth beilegen. — Ich war um vier Uhr Morgens in Reiſekleidern, und eben, da ich mich durch den Saal ſchleichen wollte, kam mir Herr v. W— entgegen, der, wie ein wachſamer Chef, eine Viertelſtunde vor der beſtimmten Zeit auf dem Platze witterte. — Meine Schuld iſt es nicht, fing er an. — Und was konnt' ich wohl bei dieſen Umſtänden anders, als Compliment über Compliment machen? — Tinchen kam am letzten, nicht weil ſie am ſpätſten aufgeſtanden war, ſondern weil ihr Vater es ihr vorgezeichnet. Auch bei der zärtlichſten, herzlichſten Liebe muß der Wohlſtand nicht aus den Augen geſetzt werden, ſagte Herr von W—, da er ihr ihre Rolle übergab. O dieſer Morgen! — Was iſt Alles im menſchlichen Leben, wenn man es nur zu nehmen verſtehet! Niemand, ſelbſt Herr v. W— nicht, war völlig in pontificalibus (wie er's nannte). Der Morgen, bemerkt' er, muß anzusehen seyn. Diese edle Nachlässigkeit, die jedes Blatt zeigt, eh' es ausgeschlafen hat, wie schön! — Mag wohl seyn, weil der Mensch wirklich nicht da ist, um auf Draht gezogen zu werden, wär' es selbst durch Arbeit. — Wie es Alles dahinschlenderte! — Die Milch, noch von keiner Sonne getroffen. Alles so frisch! — Tine kam zu mir, sobald in ihrer Rolle der lange Monolog zu Ende war, und gab mir, obgleich es nicht vorgeschrieben stand, die Hand, die ich in die meinige einschloß. — Ein Handkuß würde die Sonne verdorben haben. Da kam ihre Mutter und legte sich auf meine Schulter. Selbst Junker Peter, dem der Morgen am meisten anzusehen war, fragte zweimal, wenn er mich wieder sehen würde? Solch eine Morgengruppe, ich kann sie nicht malen! — Tine verlangte auf's Genaueste zu wissen, wo ich jeden Mittag essen und jede Nacht schlafen würde. —

Alles trank Caffee, bis auf mich. Ich blieb bei Milch, die mir verordnet war. Herr v. W— würde mich ohne diese Rücksichten nicht vom Caffee losgelassen haben. Er versicherte, daß der Caffee so etwas Festliches hätte, daß selbst seine Farbe, wenn die Milch oder die Wäsche, wie er's nannte, gut wäre, gewiß keinen geringen Rang verdiene. Eines seiner Hauptstaatskleider war caffeebraun, doch so, daß die gute Milch durchschien. Warum sind Bäder so nutzbar? Warum ein Frühstück so wohlschmeckend? Weil wir mit dem Morgenkleide den Menschen angezogen und den Staat nicht begrüßt haben, dessen Sclavereiuniform unser Feierkleid ist. —

Versucht es einmal, ihr, die ihr so etwas zu versuchen versteht, des Morgens Abschied zu nehmen! Ist's nicht rührender, wenn ein blühender junger Mensch stirbt, als wenn dies Loos einen Greis trifft?

Herr v. W. hatte sich auf einige Augenblicke entfernt, unfehlbar auf die letzte Oelung zu studiren, und da waren wir, Tine und ich, mit einem so herzlichen Kuß zusammen, daß kein Wort Platz fand; es wäre erstickt. Herr von W— blieb wieder, wie Absolon, an einer Eiche hangen, nur mit dem Unterschiede, daß ich ihm zeitig zu Hülfe kam, und sein langes Haar losriß. — Junker Peter wollte darüber spötteln; allein weder seine Schwester, noch ich, gaben einen Blick, geschweige ein Wort darauf.

Je weniger Saiten bei einem Instrument, je weniger Luxus! Mit diesem Plan kam ich nach —, wo Alles meine Erwartung übertraf. Hier, dacht' ich, wirst du Ruhe athmen, und wie Fabritius Rüben ernten! Weisheit cum omni causa ist so kurz und gut, daß jeder Mensch sie fassen kann, wenn er will. In den meisten Fällen hat sie aber zwei Aeste, von denen ihr einer inoculirt ist. — Gott wird uns in's Paradies helfen, wo das Einäugen verboten ist. — Das Wort: Stille! Stille! hat schon so etwas von Silberglockenton. Diese Glocke lautet zum Himmel. Ruhe ist hart gegen Stille. — Alles ist in uns, Alles thun wir aus uns, und je nachdem wir Sonnen-, oder bloße Jupiters-Trabanten sind, je nachdem machen wir's um uns helle oder dunkel. — Was will man mehr, als sich? — Das ist Eigenliebe, die Gott wohlgefällig ist. Sie ist die Liebe im ganzen Umfange; denn wahrlich, der Nächste kommt dabei nicht im mindesten zu kurz. —

Ich richtete Alles nach dem mit Tine verabredeten Risse ein, wovon ich ihr auf der Stelle getreuen schriftlichen Bericht erstattete. Viel Anlage zum Garten; Bäume und Wasser, das die Bäume unvermerkt belauschte. Wie ich über dies Alles fröhlich und guter Dinge ward! Da stellt' ich mir so lebhaft vor, was da noch Alles werden sollte; und das ist immer schöner, als was schon da ist. —

Zwei meiner Nachbaren waren Leute, mit denen es der Mühe verlohnte umzugehen. In Rücksicht der Andern, die mich begrüßten, war mein Entschluß gefaßt, daß es beim Begrüßen verbleiben sollte. Einer von den Auserwählten behauptete, noch nie ein Glas Wein allein getrunken zu haben. Ich weiß nicht, ob man ein besseres Zeugniß eines guten Herzens für sich haben kann. Der andere Auserwählte stritt sich mit einem der bloß Grußnachbaren wegen der schlechten Zeiten. Die Klagen über die schlechten Zeiten sind so alt, wie die Zeit, sagte der Auserwählte, und der Grußnachbar fand, daß dies nicht klappte, und sah es sogar als einen Anstoß an. Es wurde nun zwar Alles auf eine Art beigelegt, daß Niemand darüber aus der Welt ging; wer sollte aber denken, daß der Grußnachbar bei einer Sache etwas Befremdendes finden sollte, die bekannt, wie ein Kind im Hause ist? — Der Koch wird vom Geruche satt, sagte der Auserwählte in der Stille zu mir. Schicket euch in die Zeit, erwiedert' ich, denn es ist böse Zeit. Der Auserwählte hatte diesem händelsuchenden Grußfreunde ein Anlehn, wie Rechtens, abgeschlagen, und dies war die Ursache, daß er ihm so unzeitig auf's Wort merkte.

Den ersten Platz, den ich in meinem Hause aussuchte, war eine Altarstelle für Tinen, ein Betkämmerlein, eine Zelle für diese Beterin! — — und von dieser

Einrichtung ging ich zu der andern über. In dieser Kapelle sollte Minens Bild hängen! —

Einige meiner Leserinnen werden ganz unfehlbar die Anmerkung in ihrem guten Herzen haben aufkeimen lassen, wie ich über der zweiten Ehe die erste so bald und so tief vergessen können? Freilich dachte weder Tine noch ich, von der Zeit, da wir öffentlich eins waren, laut an Minen; allein in unserm Herzen ward ihr kein Schritt von der Grenze entzogen. Ich liebte Minen in Tinen! — Das menschliche Herz ist ein wunderliches Ding. Warum vermieden wir den Namen Mine? War es, weil Tine befürchtete, ihre Vorgängerin im Amte würd' ihr Abbruch thun? War es, weil ich befürchtete, daß Tine dieses befürchten könnte, oder was war es?

Oft weiß der Menschenkenner, der Menschentreffer, ganz pünktlich, was der Andere denkt, und läßt ihn dabei, ohne im Allergeringsten etwas dagegen zu haben; sobald dieser Andere aber seine Gedanken in Worte auswechselt, weg ist die Fassung! Ich vergaß über Minen nicht meine Tine, und über Tinen nicht Minen. Sie waren mir eins. Wunderbar! Freilich wunderbar! Was ist aber die Liebe? (Das Natürlichste, was in der Welt ist) Was ist sie worden? Wenn sie köstlich gewesen, was ist sie anders, als Schwärmerei. Wir sind so weit gediehen, daß diese Schwärmerei allerliebst steht? Nicht wahr? Allerliebst!

Die erste Nacht, die ich in — schlief, war's mir doch, als sprach' ein Engel mit Minen über meine Verbindung. Nicht wollt' er Einspruch thun, sondern über Dinge sprechen, die kommen sollten. Da kamen Rück- und Hin- und Seitensichten zum Vorschein.

Mine trat mich so feierlich ab, daß ich drüber Thränen vergoß; — und endlich wurden unsere beiden Geister, Tinens und der meinige, zusammengegeben. Es soll eine Himmelehe werden, sprach ein Erzengel. — Eine Himmelehe!

Herr v. W— war ein solcher Tagewähler, daß jeder Tag, wie wir wissen, seine eigene Plage, oder seine eigene Freude hatte. So ward der Hochzeittag nach der Anlage des Verlobungstages bestimmt. — Sehr natürlich!

Wer etwas fassen will, sieht es zuerst im Ganzen, und wählt, sobald es zum Zergliedern kommt, nicht die größern hervorragenden, sondern die etwas versteckteren Stellen. — So mit dem Menschen. Die guten Herren, die ihn so beschrieben, wie er aus des Modeschneiders, Modefriseurs Händen kam, recht als ging er zum Ball, haben ihn wenig getroffen. Sie treffen den Puder und die Kleiderfalten. Wir sind dieselben, wenn wir in Gallakleidern sind, oder im Schlafrock. — Sagt aufrichtig, haben wir nicht höchst selten den Menschen im Buche gesehen? Einen Theatermenschen, schön geschmückt, als ging er zur Bühne, als wollt' er sich zeigen, als wollt' er populo esse spectaculo! Den Menschen mit einer gewissen Lebensart so vorzuschieben, als ein Bild am optischen Kasten — o, dergleichen Menschen ohne End' und Ziel! — Jede Bibliothek hat Vorsetzbilder von Menschen dieser Art die schwere Menge. Die meisten Menschenmaler bilden ihn, in so fern er repräsentirt. — Eben darum, wie froh ist man, wenn ein Autor nur so thut, als wählte er die kleinern ungesuchtern Stellen, als rief' er: Adam, wo bist du? — als riss' er ihm die Feigenblattsschürze ab. —

Ob ich bei dieser Tafel in's Schwarze getroffen, mögen die beurtheilen, die es wollen, wenn sie können.

Herr v. W— bestand darauf, ohne daß er nöthig hatte darauf zu bestehen, weil ihm Niemand widersprach, — Herrmann sollte zur Hochzeit gebeten werden; — und dies war die Tonangabe, daß Tine und ich wieder von Minen sprachen. Das pythagorische Stillschweigen war größtentheils gehoben, und Mine ward nicht mehr so, wie vorhin, geflissentlich vermieden.

Herrmann ward einige Tage zuvor geholt, und ich fand ihn, so wie ich ihn gelassen! Sein Auge zeigte indessen eine gewisse Schaam über seine begangene Sünden, eine gewisse Buße. Dem Büßenden muß man nicht mehr auflegen, als er sich selbst aufgelegt hat. Da er sahe, wie gut ich ihn aufnahm, so kam er zwar mehr in sein voriges Geleise; indessen blieb etwas im Auge, das man ein Cainszeichen nennen konnte! O, dergleichen haben Viele!

Herr v. W—, der ihn zum Adjutanten so nöthig hatte, gab ihm die erforderliche Instruction, und hiebei fiel eine Geschichte mit dem Staatsringe vor, die nicht possirlicher seyn konnte. Herr v. W— wollte dem Herrmann diesen Ring vorstrahlen.

Schön! schrie Herrmann, indem Herr v. W— die einem solchen Ringe zustehenden Ueberzüge und Bemäntelungen abzog. — Tine (die dabei stand und schon wußte, wie winterlich der Ring bezogen war) ganz nach ihrer Art: Herr Herrmann, es kommen noch zwei Futterale! — Mir fielen diese zwei Futterale, auf welche Herrmann bei seinem Schön nicht gerechnet hatte, so auf, daß ich laut lachen mußte; allein Herr v. W— schien zu glauben, daß Herrmann der Sache nicht zuviel gethan, und schon im Geist Etwas beklatscht hätte, so wie man einem Schauspieler oft das Opfer bringt, sobald er kommt, und ehe er noch den Mund geöffnet.

Herrmann hatte einsehen gelernt, daß die Liebe zum Leben die ergiebigste Quelle sey, Complimente zu schöpfen. — Einem Sterbenden würde er gesagt haben: Er sehe aus, wie ein Hochzeiter! Wer dem Kinde sagt, es sähe für seine Jahre weit älter aus, und dem Manne, er sähe weit jünger aus, verbindet sich Beide gar höchlich. Beides ist dem Lebensdurst zuzuschreiben; das Wort Lebenshunger kann man nur im Hospital brauchen. —

Herrmann versicherte, daß ich mich verjüngt hätte, und da ich ihn versicherte, daß ich vom Gegentheil überzeugt wäre, so blieb er nicht nur bei seiner Meinung, sondern wußte sie so trefflich zu beschönigen, daß Tine ihm beizutreten Willens schien. Herr v. W— brachte die Sache in's Reine, und bemerkte, daß der Mensch erst in die Höhe, dann in die Dicke wüchse und im dreißigsten Jahre mündig würde. Dies ist das Jahr, da Jeder redet, wenn gleich Mancher noch schweigen sollte. —

Herr v. W— hielt eine lange Unterredung vor der Hochzeit wegen der Kleidung mit mir, und da er wohl von selbst einsahe, daß ich meiner Uniform nicht untreu werden könnte, so bemerkte er, daß die Einförmigkeit in der Kleidung zwar was Gesetztes (ganz gehorsamster Diener!) anzeige; allein es wäre nichts Fröhliches, nichts Aufmunterndes, nichts Schönes dabei. — Immerhin!

Mit den lieben Schönleuten! Ich liebe sie nicht, sie mögen Schöndenker, Schönschreiber, Schönfärber seyn. —

Tine hatte sich ganz russisch gekleidet. Sie trug, wie sie sagte, meine Uniform. Ich zeigte ihr, wie Gretchen, die russische Art, beim Negligée ein Tuch um den Kopf zu binden. — Stchy, ein russisches Originalgericht, kam oft auf die Tafel. Herr v. W— fand es den Umständen angemessen, da ich russischer Major wäre. Kiengis (Pelzschuhe) verehrt' ich meiner Braut, und sie zeigte solch eine Freude darüber, daß sie solche stehenden Fußes anzog. Sie schien sie anbehalten zu wollen. Für den Winter, fing ich an, liebe Tine! Für den Winter? sagte Tine. Ja, liebe Tine!

Herr v. W—, der auch diese und andere russische Trachten meinethalber großmüthigst gestattet hatte, gab seiner Tochter den Wink, daß, da nun bald der tabelnoi prasznick einfiele, sie auf ihren Brautschmuck denken sollte. So sehr ich auch Gretchens Hochzeit empfahl, so fand ich doch kein Gehör, und gab gern nach. —

Mit den lieben Ehepakten! Ich habe sie nie recht ausstehen können; indessen war ich ihnen eben so wenig, als dem Brautschmuck, entgegen. Nachdem sie unterschrieben und besiegelt waren, bat ich eine Abänderung, welche darin bestand, daß ich meiner künftigen Frau Gemahlin die Herrschaft abtreten wollte, in bester Form Rechtens! Zwar, fuhr ich fort, nennt Doctor Martin Luther dergleichen Männer verba anomala; allein den Herrn Doctor Martin Luther in Ehren, ich trat die Herrschaft ab, und wenn ich mir ja was ausbitte, ist's, daß es nicht zu merklich sey! Ich sprach im Ernst!

Tine kam nicht aus dem Lachen. Sie warf sich in meinen Arm, als ob sie mir gern huldigte. Herr von W— und sein Waffenträger nahmen diesen Verzicht so hoch, daß sie es für das feinste Compliment erklärten, das ich meiner Braut hätte machen können. Indessen hielt Herr v. W— nach gepflogenem Rath es doch für's Beste, daß diese Abtretung nicht in Schriften verfaßt würde. Ein ehrlicher Mann hält Wort! Tine, hab' ich Wort gehalten? Ich schreibe Ja oder Nein! was du willst. Schreib Ja und Nein. Da steht's.

Zur Hochzeit hatte Herr v. W— noch einen Adjutanten gebeten. Ein Gesellschafter für Herrmann, ein Märtyrer der deutschen Sprache. Dieser Ehrenmann hatte als Privatsecretair gedient, und sein Unglück gemacht, weil er durchaus nicht Herr Capitain, sondern Hauptmann schreiben wollen. Wahrlich! darum verdient' er zur Hochzeit gebeten zu werden!

Diese Märtyrer-Geschichte brachte den Herrn von W— geradesweges auf das Wort Herr, womit er so ganz wegen der zwei erren nicht zufrieden schien; da ich ihm aber erwiederte: daß ein deutscher Herr und französischer Monsieur zwei sehr unterschiedene Leute wären, so gab er nach. Ein deutscher Herr ist ein Herr mit einem Zähnezusammenbiß. —

Mein guter Gotthard brachte einen Hochzeitgast mit, auf den Niemand gerechnet hatte; er commandirte sein Corps, und war ein so toller Hund, wie er ihn nannte, daß nichts drüber war. — Stolz, barsch. — Zum Glück bekam dieser Barsche einen Auftrag, und konnte nicht bleiben, so daß seine Gastrolle eben nicht stark war. — Vielleicht dien' ich vielen meiner Leser, die solch ein curisches Original in meinem Buche gesucht und nicht gefunden. Der Commandeur ließ schießen, wenn es donnerte, nicht um die Dünste zu zertheilen. Ein Herr begrüßt den andern, sagt' er.

Den lieben Gott hat er förmlich zu Gevatter gebeten. Der Pastor Loci mußt' ihm einen Insinuationsschein ausstellen, und den lieben Gott wirklich als Taufzeugen aufführen.

Seinen Hund machte er zum Wacker! Die Bauren mußten den Hut vor ihm abziehen. —

Bei der Taufe seiner Kinder mußte der Pastor fragen: Wollen Ew. Hochwohlgebornen getaufet werden? und beim Abendmahl: Befehlen Ew. Hochwohlgebornen auch vom andern? Seine Beichte fing an: Ich von Gottes Gnaden, Erbherr auf — — — diesen Augenblick vor Gott allein, nicht aber vor dem Pastor, ein armer Sünder! —

Ich glaube, meine Leser werden es gerne sehen, daß dieser tolle Curländer abgerufen worden. Wie Oel und Wasser paßt' er zu uns Allen, am wenigsten aber zum armen Herrn v. W—, der wohl lieber ein Waldhorn vor den Willen genommen hätte, wenn ihm die Wahl wäre überlassen worden.

Bruder! wie kommst du zu dem Menschen? — Es sind deren Etliche unter meinem Regiment; der ehrlichste Kerl, den du denken kannst! — Den lieben Gott zu Gevatter zu bitten? Sieh, Bruder! Er hat nicht viel, und will sich doch zeigen! — Der Herr Gevatter verzehrte einen Wildbraten, zwei Bouteillen Franzwein und eine Ungarisch, gab uns Allen die Hand, und zog seine Straße, fröhlich, wie es schien. Starke, gesunde Kinder! sagte er zu mir: Ich: Eine glückliche Reise!

Gottlob, daß ich in Liefland wohne! So etwas war mir in Curland noch nicht vorgekommen, obgleich kein Zug unrichtig, nicht einmal verstellt ist. — Alles wie es war! Herr v. W— kannte ihn, wie er sagte, par renommée, bemerkte indessen, daß er dergleichen Schlag Menschen vor den Tod nicht ausstehen könnte! Ich auch nicht so ganz, sagte Junker Gotthard. Was muß man aber nicht, um Frieden zu haben? Nur daß ich ihn mitgebracht, hält dir den Herrn v. K— und seine Spießgesellen zehn Meilen vom Leibe. — — Wie kann ihm aber, fragt' ich, der Pastor einen Empfangschein geben? Ei müssen! Bruder! du glaubst nicht, wie viel Pastors es giebt, die sich hier mit dem Edelmann messen wollen. Solch ein Empfangschein schadet ihnen nicht!

Herr v. W— war gezwungen, dem Junker Gotthard für dieses Meteor den verbundensten Dank zu sagen; indessen dankt' er ihm noch weit mehr dafür, daß er die Hochzeit von diesem feuerspeienden Drachen auch wieder befreiet hätte. Er ist nüchtern so unausstehlich nicht, als wenn er was im Kröndchen hat, sagte Junker Gotthard, und hätten Sie ihn durchaus nicht länger haben wollen, ich würd' ihn schon zum Aufbruch gebracht haben, ohne daß er abgerufen wäre. Einigen gelingt's in Curland, ohne dergleichen Helfershelfern, sich die Landplagen der Krippenritter vom Halse zu halten; indessen hat sich mein Vater doch fünfmal schießen müssen — und Ihnen, Herr v. W—, kostet es gewiß manches Compliment. — Ich liebe nicht, mich herum zu schießen; warum sollt' ich's, so lang' ich so abkommen kann? Dieser Gottes-Gevatter ist arm, hat eine mäßige Pension von mir und von meinen Brüdern meines Gleichen, die sich nicht schießen mögen. Ein alter Edelmann ist er, und sein Vermögen hat er mit guten Kerls aufgegessen und aufgetrunken. —

Den Tag vor der Hochzeit war ein erschreckliches Regenwetter. Man konnte sagen, die Fenster des Himmels thäten sich auf. Dies brachte dem Herrn v. W— keine kleine Sorge zuwege. Er hatte durchaus schönes Wetter auf die Hochzeit invitirt, und mancherlei Vergnügungen gar darnach eingerichtet. Die ganze Nacht an keinen Stern, der Aufklärung verkündigte, zu denken! Den Morgen klärte es sich auf, und wir hatten einen so heitern, einen so schönen Tag, daß Herr v. W— diesen Umstand zum heutigen Feste verzeichnete. Er war es werth, daß er zum Protokoll genommen ward. —

Unter vielen Ceremonien nur einige:

Die Trauung war in eine Rede eingeschaltet, welche der Pastor der Gegend über die Worte hielt:

Befiel dem Herrn deine Wege und hoff' auf ihn, er wird's wohl machen!

zu reden aus dem fünften Vers des sieben und dreißigsten Psalms Königs und Propheten Davids.

Wahrlich kein Gedanke, der auch nur eine Pflanzengröße übertraf; indessen traf so mancher mein Herz. —

Meine Tine gab mir mitten unter der Rede bei einer Stelle, die ihr auffiel, die Hand, und obgleich ihr Herr Vater diesen Vorfall so übel vermerkte, daß er uns gern aus einander geschlagen hätte; so blieb es doch bei diesem Hand in Hand, bis wir sie von Trauungs wegen aus einander nahmen, damit sie der Herr Pastor zusammenlegen, und: Was Gott zusammenfügt, soll der Mensch nicht scheiden, darüber sagen konnte. —

Wie solch eine Kleinigkeit, zum wahren Beweise, daß die Natur über die Kunst geht, bis in's Innerste dringt! —

Nach der Trauung warf sich Tine in meine Arme. Dein! sagte sie, ohne daß wir ein Du verabredet hatten, und von Stund an war es du und du, dem Herrn von W— nicht zur kleinen Aergerniß, der dieses auch unter Eheleuten nicht so leicht erlaubte. — Wir brachten ihm anderswo ein, was hier drauf ging.

Keine von allen diesen Ceremonien rührte mich mehr, als die Wallfahrt, die der Herr v. W— in Begleitung unserer und einiger ausgesuchten Hochzeitgäste, wozu auch Herrmann und der Herr Hauptmann gehörten, anstellte.

Er allein mit einem Theeschälchen in der Hand, das mit grünen Blättern bedeckt war. Es ward so feierlich getragen, und die ganze Ceremonie sah fast so aus, als wie meine Mutter und ich den Eierheiligen verewigten. —

In der Opferschaale lagen zwei Pomeranzenkörner, die er mit einer großen Feierlichkeit zur Hand nahm und in zwei dazu schon gemachte Töpfe setzte. — Seyd fruchtbar, sagt' er, und mehret euch! Jedem, meiner Tine sowohl, als mir, ward ein Glas Wasser gegeben, womit wir diese eingeackerte Pomeranzenkörner begossen. — Gott, sagte er, gebe das Gedeihen! — Er hatte überhaupt die Gewohnheit, die Körner von Pomeranzen und Citronen, die er zu Papst, Cardinal, Bischof und Punsch an festlichen Tagen verbraucht hatte, zum Andenken des festlichen Tages zu pflanzen. So hatte seine ganze curische Orangerie festliche Geburtstage. Er glaubte der Frucht dadurch ein Andenken zu stiften und ihr eine Art von Erkenntlichkeit zu beweisen. Mein Vater dachte in Absicht der Pomeranzen- und Citronenkörner anders. Dafür war er ein Kernmann, Herr v. W— aber ein Blättermann. —

Bei Tafel war Herr v. W— der gefälligste Wirth, den man sich nur denken kann.

Er fing eine Unterredung an, oder brach sie schnell ab, je nachdem es Zeit und Gelegenheit wollten.

Den guten Pastor, der heute Alles wohlgemacht hatte, brachte er in die Enge, indem Herr v. W— den undeutschen Anfang des Vater Unsers auf die Rechnung der Höflichkeit schrieb. Das Substantivum sollte überhaupt vor dem Adjectivo zu stehen kommen. —

Eine Unterredung fiel mir sehr auf, die Herr von W— so recht aus dem Innersten seines Herzens geschöpft zu haben anschien. Grobe Leute, sagt' er, sind glücklicher, als die Höflichen. Für Grobe fürchtet sich Jedermann. Man freuet sich, wenn sie ein Lächeln wo leuchten lassen. — Ich habe Leute gekannt, die sich durch Grobheit als Gelehrte, als Herzhafte, als — — Alles was man will, in's Geschrei gebracht. Indessen ist erspartes Geld, fügte Herr v. W— wohlbedächtig hinzu, besser, als erworbenes, und kommt ein harter Stein zum andern, so steht der hinterste im Genitivo. Die selige Mutter meines Herrn Schwiegersohns würde gesagt haben: zwei harte Steine mahlen selten reine.

Unser Jupiter, unser Gottes-Gevatter, hätte sich, wie mich dünkt, bloß bei dieser Unterredung erholt, alles Andere wären Schaubrote für ihn gewesen, bei denen er nun freilich weit dreister, wie David, zu Werke gegangen. Selbst aber diese Dreistigkeit, würde sie nicht Allen, die zu Tische saßen, unerträglich gewesen seyn? Der geschickteste Mann, sagte Junker Peter, um grob und fein zu seyn, bei den besten Kohlen und recht gesunden Funken: fehlt ihm Wind, das heißt, eine gewisse Art — Gefälligkeit, Gelindigkeit — er wird in der Geburt ersticken. — Gewünscht hätt' ich, daß den Junker Peter ein Maler gesehen hätte, wie seine Herzhaftigkeit in der Geburt erstickte, da der Commandeur an ihn kam, um ihm die Hand zu reichen, die er uns Allen beim Abschiede reichte. Jupiter ließ es dabei nicht, sondern drohte ihm mit den Vorderfingern der rechten Hand. Im Spaß, versteht sich. Wie fuhr aber Junker Peter im Ernst zusammen!

Meine Leser werden ohne meinen Fingerzeig bemerken, daß ich dem Herrn v. W— bei der Tafel das Heft in Händen ließ. Sein Refrain war, daß Festlichkeit die Freude leite und führe auf ebner Bahn, so wie sie auch die Betrübniß in Schranken setze! Wahrlich, ein theures werthes Wort!

Ich hatte mit Tinen Herzensangelegenheiten, die über Alles gingen. Wir sprachen von unserer Trauung, von der wir alle Beide nicht sonderlich erbaut waren. Ich freue mich, sagt' ich, liebe Tine, daß sie pompreicher und weniger herzlich ablief, als Gretchens. — Schwerlich würd' ich sie sonst ausgehalten haben.

Tine hatte, wie sie sagte, eine Bitte über alle Bitten an mich — und diese war, daß ich sie nicht mehr Albertine sondern Mine nennen sollte! — O Tine! das ist mehr als die ganze Trauung. Es war mit mir geschehen! — Diese Firmelung brachte mein ganzes Herz aus seiner Fassung. Mine! sagt' ich, und drückte sie an öffentlicher Tafel so fest an mein Herz, daß Herr v. W— aufschrie, und mitten in der Höflichkeit sich hart verging. Er faßte sich, und hätte eben so laut um Vergebung gebeten, als er aufgeschrieen, wenn ich die Sache weiter treiben wollen. — Sie selbst, als ob sie nun nichts weiter nach der priesterlichen Einsegnung zu fürchten hätte, sprach ohn' Ende von Minen. Nun war die Zunge völlig gelöst. Einmal hatte Tine sie gesehen. — Ich habe sie gemalt, setzte sie hinzu. Auswendig weiß ich sie. Du sollst ihr Bild sehen! — Ueber der Rüstkammer von ihren Sachen, die du ihr zum Andenken aufbewahrest, soll es hängen! —

Heiß' ich Mine?

Du heißest Mine! —

Junker Gotthard, dem die Geschichte von meiner seligen Mine nicht verborgen geblieben, und der diesen mir ewig süßen Namen jetzt nennen hörte, warf sich, so wie er da ein Hochzeitsgast war, zur Rache wider v. E— auf, die er aber wohlbedächtig durch seinen Jupiter üben lassen wollte. —

Friede! sagt' ich ihm, Bruder! Ich höre, fuhr er leise fort, und hielt die Serviette vor, als ob er die Frage mit der Serviette verhängen wollte; ihr dutzet euch?

Mine lächelte und Junker Gotthard konnte nicht umhin, ihr über'm Tisch die Hand zu reichen, und ein Glas Wein drüber umzustürzen. — Nicht das Glas, sondern die Handgabe, war ein Greuel in den Augen des Herrn v. W— der aber nicht einmal aufschrie wie oben, da ich Minen an mein Herz nahm. — Wie gütig! —

Ich darf es wohl nicht bemerken, daß, außer dem wohlgemachten Pastor, wenig Leute da waren, die einen Begriff vom Zusammenhange in Gesellschaft hatten. — Herr v. G— der Selige! was meinen meine Leser, war er nicht geboren, in eine Gesellschaft Geist und Ordnung zu bringen, — und selbst Waldhörnern den Cammerton beizulegen? Ich wette, Jupiter wäre unter seinem Vorsitz ein angenehmer Gesellschafter worden, und behaupte, daß in der Conversation, da wir auf seinem Gute waren, so viel Einheit, so viel Stimmung liege, daß es ein Concert heißen könnte, wenn der Kunstrichter es so erlauben will.

Wahrheiten, die Jeder sieht und hört, wer kann sie aushalten? Es regnet, es hat geregnet, es wird regnen! — Wer einen Garten anlegt, muß für Schatten sorgen. Wagen gewinnt, wagen verliert. Wenn ich gehe, komm' ich weiter. Solcher Augenscheinlichkeiten drängten sich in schwerer Menge zum Vorschein; wer kann aber daran Theil nehmen? Wer über Einfälle der nämlichen Art lachen? Ist's Wunder, daß sich unsere Redner geflissentlich bemühen, den gemeinsten Hut nach der Mode zu stutzen? So wasserklar waren auch die Hochzeit-Tischreden, und das Gedicht, welches Minens gewesener Informator zusammengewürfelt hatte. Das Gedicht lief allen an Wasserklarheit den Rang ab. Ein Reim nahm die Erklärung des andern über sich. — Wie Herr und Knecht war Einer gegen den Andern. —

Ein alter Edelmann unterschied sich durch den Brauch, nach Noten zu gähnen, und hielt dabei ordentlich Melodie. Anfänglich fiel uns diese Musiknei=

gung auf; indessen nahm Herr v. W— in eigner Person seine Vertheidigung über, und Herrmann, der nur auf dies Commando gewartet hatte, behauptete, daß das Gähnen die Erfindung der Cadanzen wäre, die doch heut zu Tage so trefflich beklatscht würden. Man bewunderte sogar die Euphonie unseres Gähnenden. Versteht sich, daß er sich desto öfter sehen und hören ließ. — Herr v. W— hätte seinen zu freigebigen Beifall, sobald unser Edelmann es zur förmlichen Tafelmusik anlegte, gar zu gern widerrufen; wie konnte sich aber Herr v. W— widersprechen? Freilich war er sonst die leibhafte Catachresis, eine Figur in der andern. Er war ein Trauerfröhlicher. Diese Figur ließ sich indessen nicht bei dem vorliegenden Fall anbringen.

Auf der Hochzeit zu Cana in Galiläa gebrach es an Wein; hier gebrach es an mehr! An Etwas, das kein Wein geben kann; wenn gleich tausendmal jenes paulinische Recept: Trinke ein wenig Weins, deines schwachen Magens halber, in Ausübung gebracht wird.

Darf ich noch bemerken, daß es bei der Mahlzeit, in so weit es überhaupt das Departement der Martha betraf, das sich Herr v. W— in hoher Person zugeeignet, nicht fehlte an irgend einem Guten? — Wohl aber war von Allem etwas drüber; ein Compliment stach überall durch! — Ist das nicht etwas drüber?

Der Cadanzgähner brachte, wiewohl in unmaßgeblichen Vorschlag, Hamburger Pulver zum Desert; indessen fand er keinen Beifall. Herr v. W— selbst meinte, das würde heißen: Zum Bußtage gratuliren. —

Unter einem Märtyrer stellt man sich einen thätigen, hervorragenden Mann vor, der einen Kopf zu viel hat, oder der einen Kopf größer wie der Haufe ist. Was aber den unsrigen betrifft, so war er so leidend wie möglich. Wo studirt, Herr Hauptmann?

In Königsberg.

Auch ein Collegium über den deutschen Styl?

Bei'm Professor — — gehört.

Das dacht' ich wohl! bei'm Professor, Feldherr anstatt General.

Ein Märtyrer also vom Hörensagen.

Beide, Herrmann und unser Hauptmann, saßen an einem kleinen Tische, der an unsere Tafel gränzte. Ich hätte sie zur Tafel gezogen, auch meine Mine hätt' es, wenn es auf uns angekommen wäre.

Wegen einer aus dem Alter genommenen und auf curischen Grund und Boden verpflanzten Geschichte wäre der Herr Pastor, der sonst Alles wohlmachte, bei einem Haar übel angekommen. Auf die schriftliche Anfrage, wie viel jährlich für einen einzigen Junker? hätte ein Hofmeister, nach der Erzählung des Herrn Pastors, **hundert Thaler Alb.** gefordert. Wir werden nicht Handelsleute, erwiederte der Edelmann, dafür halt' ich meinem Sohne Zeitlebens zwei deutsche Bediente, und da hat er Verstand und Dienst obenein. Facit, erwiederte der Hofmeister, drei Schlingel! — Dies unschickliche Wort, welches eben, weil ein Junker mit darin begriffen war, desto härter auffiel, brachte Alles in Bewegung, obgleich es nicht auf die Rechnung des Pastors, sondern des Hofmeisters gehörte. Wenn nicht Herrmann die Sache in's Geleise gebracht, wer weiß, ob nicht selbst der Cadanzmacher aus der Weise gekommen wäre. Richtig, sagte Herrmann, und der Cavalier beschloß: Eins zu drei thut vier. Schriftlich oder mündlich? fragt' ein Anderer. Schriftlich, erwiederte der Pastor; der Hofmeister war noch zur Zeit in Preußen. Das war dem Schlingel zu rathen. Ich dächte, der Pastor hätte die Geschichte weglassen, und der Märtyrer hätte Capitain, statt Hauptmann schreiben sollen! —

Noch hatte der gute Herr v. W— **zwei** Reden auf dem Herzen.

Die Begleitungsrede in's Schlafgemach und die Strohkranzrede! Und wo war bei so vieler Verwirrung Zeit, auf diese Arbeiten zu denken — und sie anzuordnen? —

Solche zehn Reden, wenn sie auch alle zehn so geglückt wären, als die bei'm Schlafengehen verunglückte, waren nicht den Segen werth, den unsere gute Mutter auf ihre Tochter legte. Sie verließ uns mit dem Leichentext meiner Mutter: **Selig sind die reines Herzens sind, denn sie werden Gott schauen!** —

Mehr, dünkt mich, war nicht nöthig anzuführen, als daß diese Schlaftrunksrede verunglückt sey, um zugleich zu bemerken, daß Herr v. W— sie selbst übernommen!

Die Strohkranzrede ausgenommen, fiel nichts vor unserer Heimführung vor, was bemerkungswürdig gewesen wäre.

Ob nun Herr v. W— wieder befürchtet, daß er seinen Mund an einen Stein stoßen würde, oder ob er in Erwägung gezogen, daß eine Strohkranzrede sich für keinen Vater schickt, wenn gleich dieser Vater zum Complimentiren oder zum Redehalten (das ist sich wohl nicht viel aus dem Wege) geboren ist, weiß ich nicht. Dieses Geschäft war indessen einem jungen Edelmann übertragen, dem der Herrmann soufflirte! —

Zu Herrmann's Ehre ein Wort: er weinte ungesehen, da ich mit Minen zu Bette ging — ungesehen! —

Und warum war die Frau v. G— nicht bei der Hochzeit?

Ich bat die gute Seele der Frau v. W—, außer dem Gewöhnlichen, noch ein Wort des Vertrauens an sie zu senden, ihres Seligen und Bruder Gotthards wegen. Warum kam sie dieses Worts des Vertrauens unerachtet nicht? Weil mein adliches Blut durch das poetische Blut meiner Mutter Schaden gelitten, und weil meines Vaters Adel dadurch, daß er die Kanzel bestiegen, einen unauslöschlichen Fettfleck erhalten. — Junker Gotthard! Deine Mutter, warum? — — Wäre sie meine Mutter nicht, würd' ich mir die Freiheit nehmen, zu sagen: Warum? — Guter Junge!

Herr v. W— und Frau v. W— geleiteten uns bis zu unserer Heimath. Besonders, daß keine Thräne bei allen diesen Abschieden vorfiel. Junker Peter blieb zu Hause; er hatte sich zu einem Abschiede vorbereitet, der zu lang war, um nur herzlich zu scheinen!

Ohne Umstände, Peter!

Darf ich —

Sie sind der Bruder meines Weibes, wollen Sie auch mein Bruder seyn?

Ernst?

Wahrer!

Können Sie vergeben? —

Was denn?

Vergessen ist mehr, als vergeben! Bruder! —

Junker Gotthard gab meinem Weibe und mir die Hände. Jedes von uns erhielt eine. Wir küßten ihn Beide. Desto besser! sagt' er. Gott lass' es Euch wohlgehen! Meine Trine wird mir die ersten vierzehn Tage kein Leckerbissen seyn, da ich euch gesehen!

Er gab uns sein Ehrenwort, uns alle Jahr' einmal zu besuchen. Sind Jagden in — —? — Versteht sich! — Lebt wohl!

Auch du, guter Gotthard! ich liebe dich herzlich!

Ich halte, was ich versprochen, sagte Gotthard zum Bruder Peter, der sich verbindlichst verbeugte. — Noch wollte Peter mit Gotthard̃en in der Stille sprechen. Es bleibt! schrie ihm Gotthard zu. —

Ehemann also! der Mann eines Weibes, das mich liebt, und das ich wieder liebe! — Komm, liebes Weib! Tine! Mine genannt, komm! schreib selbst, — damit meine Leser wissen, was an dir ist. —

Was soll ich schreiben?

Von der Zeit an, da ich in's Wasser fiel, bis diesen Augenblick. —

Ich liebte meinen Mann von dem Augenblick, da die Nett's und die Wo's vorfielen, ohne daß ich wußte, was Liebe sey. Meine Liebe äußerte sich durch meinen Hang, von ihm ohne Aufhören zu reden. Alle meine Kinderfragen auf die Manier, wie: Sehen Sie doch, Gnädige! wie hoch der Baum ist; der Babylonische Thurm war wohl weit höher? —

Meine liebe Mutter ward nicht müde, mir Mutterantworten zu geben. Ich weiß den Tag noch, da ich nicht mehr über ihn kinderfragte, und von dieser Zeit an verwandelte er sich in ein Ideal, das mit mir ging und kam, und aß und trank, das mich zuweilen froh machte, wenn ich glaubte, ich könnte sein werden, und zuweilen betrübte, wenn es mir einfiel: und wenn dies Ideal ein ander Ideal hätte? Dies Ideal verdrängte meinen Alexander, und doch war es mein Alexander, als wenn er gesessen hätte. —

Minens Andenken war mir nicht im mindesten im Wege. Nie kam der Gedanke in meine Seele: Ihr Tod ist dein Leben. Ihr Alexander war nicht der meinige. Der ihrige war da; der meinige war ein Seelenalexander! — Es war Alles, ich weiß nicht wie. Ich hätte einen Andern, der diesem Bilde nicht ähnlich war, heirathen können; allein aus blindem Gehorsam gegen meine Eltern. Ein dergleichen Isaaks-Opfertag erschien, und ein Engel brachte mir den zu, den ich liebe und lieben werde bis in den Tod! Wenn ich jetzt an meine Hirngespinstperiode zurückdenke, kommt es mir vor, ein Mädchen, das über funfzehn ist, könne nur zweierlei, entweder ein solch Ideal haben, oder — sich lieben lassen und sich verlieben, wie das arme Lorchen, derentwegen ich diesen meinen Namen in Tine verwandelte, der jetzt in Mine verändert ist. — Es thut mir recht leid um den Namen Lorchen, den ich verlor; Tine hab ich gern verloren.

Es ist eine ganz andere Liebe vor, und eine ganz andere nach der Hochzeit. Bei dieser ist mehr Seyn, bei jener mehr Schein, wie der Drosselpastor sich erklären würde, den mein Alexander bei seinem Heimzuge nicht gesprochen hat. — Was mir das leid thut!

Von dem Augenblick, da ich den Namen Mine erhielt und ich meinen Alexander du nannte, trat die Vesper ein, das

Nach der Hochzeit — —

Ich bin ein so glückliches Weib, als man es in einer Welt seyn kann, die ein Sonnabend ist, und auf die der Sonntag folgt. Meine selige Mutter (das Schwieger kann ich nicht schreiben, es ist nicht kalt, nicht warm,) war nicht allein ein Sonnabend. Alles in der Welt ist es! Alles! Unsre Liebe selbst, das Vollständigste, was ich kenne, ein Sonnabend! — Wollt ihr mehr von unserm Eheleben?

Was ich mir nur merken lasse, thut mein Alexander. Fast aber sollte ich denken, seiner Herrschaftsabtretung unerachtet, würd' er nicht thun, was ich will. Wie kann auch ein Weib wollen? —

Unsere Trauungseinsegnung wäre freilich anders ausgefallen, wenn sie der Pastor aus L— übernommen. Wie sie mir aber noch lebhaft sind die Worte (alle Fragen haben was Feierliches für mich): Wollen Sie mit diesem Manne ziehen, Glück und Unglück mit ihm theilen, und sich nicht eher von ihm trennen, als bis ein, Gott gebe! seliger Tod Sie scheidet? — Mein Vater hatte mir Ja vorpräludirt; allein mein Herz hielt so wenig Melodie, daß ich laut Ja sagte, und so laut, so herzlich sag' ich es noch jetzo, bis der Tod uns scheidet. Ja, Ja! Amen! Amen! Hörst du, Alexander? Ja!

Mein Mann kann mir keinen größern Beweis von seiner Liebe geben, als daß er mir eine Aehnlichkeit mit Minen zuschreibt. Zwar hab' ich sie nur ein einziges Mal in ihrem kummervollen Leben zu sehen das Glück gehabt, so wie auch vor diesem die frömmsten Leute nicht alle Tage Engel sahen; allein auch dies

Eine Mal macht sie mir auf ewig wie gegenwärtig. Da steht sie! Auch dort werd' ich sie gleich kennen. —

Sie hängt in unserm Hause nicht bloß über den Kleinigkeiten, die sich mein Mann zum Andenken erkohren; überall hängt sie in Oel, in Pastell und Silhouetten ohn' Ende. — Sie lebt und schwebt mir vor Augen. Dank, lieber Schutzgeist! daß du sie mir präsentirt hast, da ich mich auf die Paar Züge nicht besinnen konnte! — Jetzt darf ich dich nicht mehr beschweren. —

Mein Alexander ist sehr geradezu. — Meine Mutter liebt ihn, wie eine Mutter ihren Sohn. Mein Bruder fängt sich so sehr nach ihm zu bilden an, als es einem äußerst verdorbenen Menschen nur immer möglich ist. — Mein Vater selbst ist mit diesem Geradezu so zufrieden, als ich es nie gedacht habe. Aeußerst zufrieden mit meinem Manne, behauptete er jüngst, daß ein gewisses edles Geradezu die allerfeinste Höflichkeit wäre. Auf's Einkleiden kommt's an, setzte er hinzu, und eben das Einkleiden scheint meines Alexanders Sache eben nicht zu seyn. Mein Vater fängt mehr an über die Höflichkeit und Festlichkeit zu spekuliren, als sie zu üben. Ganz wird er diesen Schmuck nicht ablegen; und warum sollt' er? Mein Mann steigt nicht zu Dache. Sein Geradezu ist ein edles Geradezu.

Die Liebe ist kühn und schüchtern im Großen und im Kleinen. — Mein Vater will nicht leiden, daß ich meinem Alexander unter's Kinn greife. — Warum nicht, lieber Vater? Ein Eheweib darf nichts Entehrendes finden, als ein Schelmstück, und da sey Gott vor! — — Wahrlich, eine gewisse unzeitige Schaam hat unser Geschlecht, unter dem Vorwande es zu heben, so heruntergebracht, daß die Wenigsten wissen, was sie thun.

Dem guten Vater fällt oft was auf die Nerven, was Andere keinen Augenblick anhält. —

Ehrenthalber, sagt mein Mann, ist der un-unausstehlichste Ausdruck, den ich kenne; und bei'm Kratzfuß des alten Herrn pflegt er zu sagen: Warum verstellst du deine Geberde? —

Der alte Herr ist, so oft er kommt, ein mir sehr lieber Gast! Was mir das leid thut, daß er am Hochzeittage am kleinen Tische saß! So oft er kommt, muß er mir: Ich hab' mein' Sach' Gott heimgestellt ꝛc. spielen, und da sing' ich es denn so herzlich, daß ich ihn noch jedesmal weinen gesehen! Auch ich weine. Es ist ein Regenlied.

Mein Mann beschuldigt mich, daß ich zu spitzig bin. Noch hab' ich Keinem, als mir selbst, mit einer Nadel Schaden gethan! Wie Alexander da lacht! Sollt' ich wieder wo zu nadelspitz gewesen seyn? — Für's Lachen eine Klage!

Mir ist äußerst schwül zu Muthe, wenn ich die Zimmer kehren und aufputzen lasse! Freilich sagt mein Mann kein Wort darüber; allein wenn sein Blick diese neine Thaten bestreicht, ist mir's so, als sage er Etwas. Seine Schreibstube wird fast gar nicht geläutert. Weiß der Himmel, es ist wenig Staub drin, aller der Bücher unerachtet, von denen sich manche recht nach Staub zu sehnen scheinen, — wie Er selbst sagt.

Ehegestern sah er sehr steif an einen Ort und war so tief in Gedanken, als man in keinen Schlaf sinken kann. Da hab' ich dich gesehen, sagte Alexander, wie du einst alt und wohlbetagt seyn wirst! — Recht so! Sobald die Mienen, wenn man so sagen soll, ohne steife Wüste zusammenfallen, sieht man alle die Ansätze zu Runzeln, die man einst haben wird, wenn keine Ermunterung, keine Aufraffung diese Linien, diese Falten mehr zu verlöschen im Stande ist.

Mein Mann ißt stark, lauter natürliche Speisen, trinkt wenig Wein; allein immer aus der Quelle! — Ich lege vor — er gießt ein! — Alles, was bei Tische nur gebrauet und angerichtet werden kann, wird öffentlich gebrauet und angerichtet. Er macht Punsch und Bischof, ich Sallat — oft ein Ragout aus freier Faust. — Man gewinnt viel, sagt mein Mann, wenn man was werden sieht! Ich glaube selbst! Was muß es dem lieben Gott nicht angenehm gewesen seyn, so Alles entstehen zu sehen! — Ich will schon gern nicht nach den Sternen sehen können, aber Gras und Bäume wachsen, möcht' ich gern sehen! — Wer kann es beschleichen! —

Noch einen Beweis der zärtlichsten Liebe meines Alexanders! Mein Leopold hat viele Züge von mir. Er küßt mich in ihm! O! das sind Küsse, sagt er selbst, wenn man sein Weib in seinem Sohne küssen kann! Sage noch einmal, das sind Küsse! Ich fühle jeden, den du deinem Sohne giebst! —

Wie sehr hab' ich mich gescheut, einen Vorfall anzuzeigen, welcher der wichtigste meines Lebens ist, kein Wunder, daß ich ihn bis auf die letzt gespart!

Ich bin die Mutter nur von einem einzigen Sohne, Alexander Leopold genannt. Er heißt im gemeinen Leben Leopold, weil mein Mann da Alexander heißt. Dies waren meine ersten und letzten Wochen. —

Nach einem der vergnügtesten Jahre empfand ich alle Bitterkeiten des Ehestandes, und den Fluch, der auf unsre Allmutter Eva gelegt ward: Du sollst mit Schmerzen Kinder gebähren. — Verzeiht den Seufzer, den ich tief hole! — und diese Thränen, die auf dieses Blatt fallen. — Mein Mann konnte die Scene nicht aushalten. Er ging davon, da er sie nur anfangen sahe. In meiner Sterbensnoth ging er nicht davon! — Nun bin ich allein! — Vielleicht dreister! Es kam bei der Geburt meines Einzigen auf die Frag' an, ob das Kind oder ich geopfert werden sollte. Mein Mann sollte entscheiden; der Arzt und die Hebamme setzten es darauf aus. Mein Gott, was für Vorfällen kann der Mensch ausgesetzt werden? Führ' uns nicht in Versuchung, sondern erlöse uns von allem Uebel! Gott, unser Vater — Ich kann nicht weiter. —

Nach einem sehr harten Kampfe blieben zwar Mutter und Kind, ich und Leopold, leben; allein weh mir! — Ich kann nicht mehr Mutter werden! —

* * *

Ich habe geendiget in dieser Welt! — Ich bin in ein Kloster eingegangen. Als Kloster, in ein sehr glückliches! Mein Mann liebt mich wie seine Freundin. Mein Leopold, der Lohn meines Kampfes, ist der beste Junge, der in der ganzen Welt ist. — Was will ich mehr?

Einen guten Kampf hab' ich
auf der Welt gekämpfet —
— — — — — —
— — — — — —

daß ich meinen Lebenslauf
seliglich vollendet,
und mein' arme Seel' hinauf
Gott dem Herrn gesendet. —

* * *

Daß ich meiner seligen Mutter nicht völlig im Gesang gleich komme, ergiebt sich, dünkt mich, aus meiner Erzählung. Wenn ich aber in meiner Lage ein Lied anstimme, wo mein Mann, seinem Vater gleich, im zweiten Diskant einfällt, wie wohl ist mir! —

Ich bin der Welt im eigentlichsten Sinn abgestorben! und finde in der Hoffnung der künftigen Welt so viel Trost, daß es wohl der Mühe lohnt, hier nicht ganz glücklich zu seyn! — Ich wollte um wie Vieles nicht mein Theil in diesem Leben haben, um wie Vieles nicht! — Wie du willst, Herr, wie du willst, schick' es mit mir! — Wahrlich, wir sind zur Hoffnung geboren. Mit dem Genuß will es nicht recht fort. — Ich weiß nicht, ich kann keinen Menschen so recht ausstehen, der es sich geflissentlich angelegen seyn läßt, zu genießen, dem man es anmerkt, daß es ihm so recht schmeckt! —

Man sagt, daß es die Wehemutter bei meiner Niederkunft versehen haben soll. Ich verzeih' es ihr herzlich — herzlich. — Gott tröste sie! Sie ist nach der Zeit öfters tiefsinnig. — Mein Mann und ich, das weiß Gott! haben nichts dazu beigetragen, daß sie tiefsinnig worden. Gott tröste sie und Alle, die dies lesen, bei ihren Leiden mit dem Troste des bessern Lebens, das Gott geben wird denen, die ihn lieben!

Tine genannt Mine.

Damit ich dich ablöse. Mine ist eine Dichterin. Hier ist eine Probe von ihr, die sie nicht lange nach unserer Heirath lieferte. Man wird noch immer das Fräulein Lorchen drin finden, das spitzige Mädchen! obgleich sie es nicht haben will, und öffentlich behauptet, sie hätte noch keinem Andern, als sich selbst, mit der Nadel Schaden gethan. Aus Lorchen ist Tine, und aus Tinen ist Mine worden! — Dies ist die letzte Verwandlung, bis der Tod sie und mich verwandeln wird, und das Sterbliche anziehen wird die Unsterblichkeit. — Wär' es doch auf Einen Tag, auf Eine Stunde! —

* * *

Komm, mein Geliebter, hier an's Camin, damit ich den Unterschied desto mehr empfinde, in deinem warmen Arm zu seyn und mich am Caminfeuer zu wärmen. Welch ein Abstand zwischen Feuer und Feuer! gemein und Opferbrand! Deine Hand, deine beiden Hände, in Allem schlägt ein Schlag der Liebe, und wenn du deine Hand in meine legst, ist's so, als würden unsere Nerven in einander gestrickt, unsere Adern zusammengebunden! Wir sind eins! Wie fremde es klingt, Er und Sie! Mine und Alexander! du und ich! Zwei Du's sind wir, zwei Ich's. Außer dir ist nichts, und außer mir ist nichts! —

Welch ein Schauder! Noch einer! Was seh' ich! Sieh, Geliebter, an die Fensterscheibe, vor deinen sichtlichen Augen, malt sich ein Vergißmeinnicht! Sieh! Sieh! im Zuge M und A! Fühlst du es so, wie ich?

Mine war's, der Engel Mine! der es malt! Mine, die mich an dich in der Welt abtrat, die dich im Himmel wieder fordern wird. Das war nicht die Hand der Natur, die diese Züge heraufspielte. Dieses M und A im weißen Damast! Genäht ist's nicht. — Da ist kein Stich zu kennen! — Wie schön, himmlisch schön! wo auch kein Stich zu kennen ist! — O Geliebter, verzeih diesen Seufzer! Wenn ich dich im Himmel zu verlieren denke, wie ist mir! der Himmel und Verlust! — Wen willst du wählen? wen? O der zwei Sieen! Sie, oder mich? Mich oder Sie? — Mine, die immer ein Engel war, oder Mine, die Fleisch und Bein hatte, und die werden wird, was Mine immer war! Engel Mine! Ist's möglich, schreib's bei hellem Mondschein an's Fenster, wenn mich ein Herzbeben ergreift, das mir das Naheseyn eines Geistes verkündigt. Du oder ich? — Verzeih, Himmlische! diese Erdenfrage! Großmüthige, verzeih! — Du bist mein Geliebter! — du bleibst mein Geliebter! — Mine, die Göttliche, wie sie mich dir läßt! — Komm in meinen Arm, komm an's Caminfeuer! Wird sind Ein Herz und Eine Seele, wir sind Eins für Himmel und Erde! — Höre, wie das Feuer im Camin in Jubel ausbricht! Das ist kein gemeines Geprassel! — Und auch jene sanftere Stimme, wie harmonisch! — Kohlen vom Heiligthum geben dem stummen Wasser Leben und Sprache. So kocht kein schlechtes Wasser, wie dies da, das sich mit dem Geprassel des Caminbrandes in Melodie setzt, — das sich vordrängt, um gehört zu werden. Alles spricht: Du und Ich! Wir beide Du's, wir beide Ich's! Großmüthiger Engel Mine! — Un=

ausſprechliche Himmliſche! — Wenn ich ein Engel werde, wie du es immer warſt, will ich dir danken! —

* * *

Line, genannt Mine, iſt äußerſt fromm! — Sie betet alle Abend., ſo wie ſie es in ihres Vaters Hauſe zu thun gewohnt war. — Selbſt hat ſie Gebete aufgeſetzt, die, wenn gleich ſie auch nicht Bild und Ueberſchrift: Volksgebete, verdienen, doch von einem Herzen zeigen, in dem Gott ſein Werk angefangen hat. Er woll' es in ihr durch ſeinen heiligen Geiſt beſtätigen und vollführen bis zu ſeinem Tage. Amen! Ich will das

Gebet für den Sonnabend

herſetzen.

Dieſer Tag, in Parentheſi, iſt meines Weibes Liebling, ſo wie es der Tag meiner Mutter war; allein aus verſchiedenen Urſachen. Mit mir, ſagt mein liebes Weib, iſt's Sonnabend! — Gute Seele! — Unſere Wege ſind nicht Gottes Wege. Unſere Gedanken ſind nicht Gottes Gedanken. So hoch der Himmel über der Erde, ſo ſind auch Gottes Wege höher, denn unſere Wege, und Gottes Gedanken höher, denn unſere Gedanken.

Am Sonnabend.

Gottlob! wieder eine Woche! Wie ſie war, und nun nicht mehr iſt! Ich glaube, es wiſſen viele Leute nicht, wenn ſie ſterben, daß ſie gelebt haben. O ſelige Kürze der Zeit, einziger lebendiger Troſt, bei allen Leiden dieſer Welt! die eben deretwegen zeitlich und leicht ſind, und doch ſchaffen ſie eine ewige und über alle Maaßen wichtige Herrlichkeit, uns, die wir nicht sehen auf das Sichtbare, sondern auf das Unsichtbare, nicht auf den Leib, sondern auf die Seele, nicht auf die Welt, sondern auf Gott, den Anfänger und Vollender, den Höchsten, so wie der Menschen Geist vielleicht der niedrigste ist. — — Es geht mit der Zeit so, wie mit Allem, was gut ist. Wir schätzen es nicht eher, als bis wir es nicht mehr haben! — Nichts ist weniger habhaft zu werden, als die Zeit. Ich stelle mir vor, sie verwandelt sich in Ewigkeit, so wie wir in Engel. Wer kann Alles begreifen, wie es zugeht! Ich fürchte mich nicht, wenn diese Woche auftritt und mich einst vor jenem Richterstuhl zur Rechenschaft fordert, wo wir Alle werden offenbar werden, an diesem Sonnabend der Welt! Wer kann aber, Richter der Welt, wer kann vor dir bestehen, du Herzenskündiger, du Gedankenkenner? Barmherzigkeit komme über mich, und über Alle, die sich bemühen, Barmherzigkeit zu üben und Gutes zu thun, und in guten Werken zu trachten nach dem ewigen Leben!

Die Zeit vergeht; allein gute Thaten pflanzen sich fort, und ihre Geschlechter dauern bis zum Ende der Tage. — Jede gute That hat mehr als Einen Sohn, hat viel Erben; und diese Kinder haben wieder Kinder. — Wer wollte nicht gut seyn, um ein Vater, eine Mutter von so guten lieben Kindern zu werden, die sich selbst erziehen? —

Der Schluß der Woche kann der Anfang zur Besserung seyn. Ich gelobe, und will's halten, mein Fleisch und Blut niederzuschlagen, wenn der Eigendünkel mir einbilden will, ich wäre besser, als ein Anderer; wenn die Härte mir in's Ohr zischt: Verdient es auch der Arme? will ich antworten: Bei Gott gilt der gute Wille; was würde sonst aus uns Allen werden? So will ich leben, damit ich einst froh sterben kann. Wann werd' ich? Das weiß Gott, der Herr des Lebens! Wohl mir, daß er nicht ein Gott der Todten, sondern der Lebendigen ist! Wohl mir, daß er mir den Trieb zum Leben so tief eingepflanzt hat! Je älter wir werden, je mehr Lust zum Leben wandelt uns an. Diesen Trieb zum Leben sollt' ich haben, und doch sterblich seyn? Nein, wahrlich! wahrlich! Ich glaub' es, nimmermehr werd' ich sterben, es wird nur so scheinen, als stürb' ich! — Der liebe Gott würde sich geirrt haben, wenn er den Lebensplan in den Menschen gelegt hätte, falls der Mensch ihn auszuführen außer Stande wäre. Gott begeht keinen Irrthum! Ist der Tod nicht Ende? Wie glücklich, daß wir sterben! Erwachen wir nicht, nach einer Nacht voll Schlaf, frisch zu einem schönen Morgen? Die Nacht ist ein Bild des Todes; der Morgen ein Bild der Wiedergeburt, die uns Allen bevorsteht. — Herr, lehre du mich bedenken, daß ich sterben muß, lehr' es mich in jeder Dämmerung, lehr' es mich am Sonnabend vor allen Dingen! Mach' es mit mir, wie du willst — und ist der Sonnabend meines Lebens vorhanden, helf' mir Gott, der helfen kann, wenn alle menschliche Hülfe verzweifelt! — Wenn kein Trunk mehr unsre gedorrten Lippen labt, erquick' uns der Trost der Unsterblichkeit. Wenn die Unsrigen unsern Segen fordern, und wir segnen wollen und nicht mehr können, vollende das Werk, Abba, lieber Vater! du hast mehr als Einen Segen. Laß unsre Lieben bedenken, daß wir sie Alle wiederfinden werden an einem schönen Sonntage, mit Feierkleidern angethan! — Halleluja! — **Vollbracht!** sey unser letztes Wort, **Gnade!** unser letzter Seufzer.

Da denk' ich eben an die, so eben jetzt, da ich um ein sanftes, seliges Ende bete, wenn mein Stündlein vorhanden ist, ihr Haupt zum Tode zurecht legen! Möchte doch ihr Sterbekissen ihnen leicht seyn! — so wie uns Allen einst die Erde! Wir sind ja Alle aus deinem Hause, lieber Vater! Kinder der Todesangst unsres sterbenden Bruders, unsrer entschlafenden Schwester. Laß den guten Geist, der sie in dieser Welt leitete, ihre Seele geleiten zu den Wohnungen der Gerechten! — Sie sterben an einem schönen Tage! Erbarm' dich ihrer und unsrer Aller! — Kürze die Noth eines Jeden, die er auch seinem Vertrautesten nicht entdeckt, der Mann nicht seinem Weibe! — Erhöre jeden Wunsch, wenn es auch dein Wunsch ist! Amen! In deine Hände befehl' ich meinen Geist! Amen! —

* * *

Ich habe die Gewohnheit beibehalten, daß sie alle Abend in Gegenwart der Leute betet, und auch ein Lied nach dem Gebete anstimmt, das wir Alle singen. Ihr gebührt die Wahl, und ich habe oft die Freude, durch diesen oder jenen Gedanken eines Liedes herzinniglich überrascht und selig erquickt zu werden. — Würde sich meine selige Mutter über eine solche Tochter nicht freuen, wenn gleich sie nicht aus dem Stamme Levi ist, und ich nicht Superintendent worden! Aus dem Liede sehe ich, wie mein liebes Weib gestimmt ist.

Gestern Abend sangen wir:

Warum sollt' ich mich denn grämen?

Gott! wie sang sie den Vers:

Kann uns denn der Tod wohl tödten?
Nein! er reißt
meinen Geist
aus viel tausend Nöthen;
schließt das Thor der schweren Leiden, — —
und macht Bahn
himmelan!
zu dem Sitz der Freuden.

Heute singen wir ein Loblied, das seh' ich ihr an; alle Sonnabend einen Sterbegesang, das weiß ich schon! Meiner seligen Mine Regenlied: Ich hab' mein' Sach' Gott heimgestellt, ist auch ihr Seelenlied. — Ich wünschte, daß manche edle Seele von meinen Leserinnen den Herrmann spielen und mein Weib singen hören könnte. — O des guten Weibes! —

Unserm Leopold hab' ich in diesem Buche sein Kind- und Pflichttheil berichtiget! Ich hab' ihn bei'm Publico eingeschrieben; mehr gebührt ihm nicht. So viel indessen zur Nachricht, daß er ein lieber, lieber Jung' ist, der seinen Lebenslauf zu seiner Zeit schon ohne seines Vaters Beihülfe schreiben wird. — Es hat gute Wege mit ihm; Fähigkeiten seltener Art! —

Junker Gotthard besucht uns alle Jahre, so wie er uns sein Wort gegeben. Noch ist er nicht Ehemann. — Seine Jagdliebhaberei nimmt täglich zu. — Sein Herz ist untadelhaft. Man mag sagen, was man will, er ist doch immer das beste Wild in allen seinen schönen Wäldern.

Seine Mutter kann es sich noch nicht vorstellen, daß ich die Tochter eines benachbarten Edelmanns geheirathet, und freuet sich herzlich, daß nicht die Sonne in Curland diesen unerhörten Fall bescheine. — Käm' es auf sie an, sie würde unsre Ehe noch bis diesen Augenblick ungültig erklären. — Sie zählt zehn Ahnen mehr, als nach Sethi Calvisii Berechnung (der doch auch sein Exempel zu rechnen wußte) die Welt gestanden. O der stifts- und turnierfähigen Frauen! — Doch, warum von ihr Auskunft, da mir noch Jemand weit näher ist? —

Der alte Herr hat jetzt seine Freistatt bei'm Herrn v. W—. Seine dürftigen Umstände erforderten Beihülfe, und wer wird sich nicht freuen, daß Herrmann, der nach dem betrübten Sündenfall den Apfelbaum aus seinem Garten rottete und der tugendbelobten Jungfer Dene einen Scheidebrief ertheilte, nicht Noth leidet? Herr v. W— konnte aber auch sich selbst nicht besser rathen, als auf diese Weise.

Herrmann ging nach Minens Tode krumm und gebückt, und meine Mutter fand sich verpflichtet, ihm Nahrung und Kleider zuzuwenden. Diese Sorgfalt versprach sie, so lange sie lebte, für ihn zu haben. Sie hielt mehr, als sie versprochen, und noch nach ihrem Tode empfand er ihre milde kalte Hand. In die Stelle ihrer Gutherzigkeit trat das Legat der Frau v. —b—; indessen war Herrmann noch nicht völlig aus aller Leibesnoth, aus welcher ihn Herr v. W— völlig setzte. Der Herr Inspektor fand sich auch mit hundert Thalern preuß. ein, die Herrmann zum Bratenrock verwendete. Indessen hat Darius so wenig Lust, seinen Vater, als der Vater, den Herrn Inspektor zu sehen. Diese Pension von hundert Thalern preuß. will Darius jährlich fortsetzen.

Man sagt, Schulmeister werden darum so sehr alt, weil sie immer mit jungen Leuten umgehen. Diesen Kunstgriff haben viele Alte, um sich zu verjüngen, wie die Adler. — Freude steckt an. Man darf hier nicht bloß auf die Ausdünstung Rücksicht nehmen, auf die es vielleicht bei dem Kebsweibe des Königs David angesehen war. — Herrmann hatte nun wohl schon längstens das Schulhandwerk aufgegeben; indessen hatte er ein Temperament, das hier mehr galt, als der Umgang mit der Jugend.

Wenn er zur Treppe hinuntergeworfen wird, sagte Herr v. G— der Selige, kommt er zuverlässig, seinen Hut zu holen. — —

Hast du, lieber Leser, je Einen observirt, der dem Andern zu Gefallen lacht oder weint? Beides ist häßlich! Unendlich lieber aber will ich, Jemandem zu Gefallen, weinen, als lachen sehen. Wie ekel, wenn man Jemandem zu Gefallen freundlich thut! — Herrmann war ein dergleichen Klag- und Freudenweib. Er giebt, wie Herr v. G— der Selige sagte, wie ein Teich, nasse und trockene Nutzung.

Der Stolz ist zweierlei, innerlich und äußerlich. Leibes- und Seelenstolz. So kann man stolz seyn auf seine Nase, Augen, Ohren, auf's Zifferblatt; allein auch auf's Werk selbst, auf die Seele. Dieser innerliche Stolz, wenn er übel angebracht ist, heißt Aufgeblasenheit. Dies war Herrmanns Fehler, den er bei'm Herrn v. W— abzulegen schwerlich Gelegenheit finden wird. Von seinem Schnupftuche hängt ein großer Theil aus der Tasche. Er schmückt sich gern mit einem lateinischen Wörtchen, welches wie ein Schönfleckchen absticht. —

Herr v. G— selbst indessen, wenn er noch lebte, würde dem Herrmann, dieses Schönfleckchens und des herausragenden Schnupftuchs unerachtet, das Zeugniß der Besserung in sehr vielen Stücken nicht versagen. — Wir wollen uns nur der stillverweinten Thräne zurückerinnern, da Ich mit Minen zu Bette ging! — —

Seine Einfälle freilich hat er noch nicht gelassen; wer läßt aber auch Busensünden so leicht? Sie sind Parderflecken. —

Herr v. G— der Selige nannte seinen Witz des Satans Engel, der ihn mit Fäusten schlüge, und wahrlich mit Recht! Seine Einfälle? Sind sie denn Einfälle? Kaum! Es sind Gipsabgüsse von Witz.

War es Wunder, daß Herrmann wieder zu Kräften kam, da ihm Herr v. W— mit Rath und That so höflich beistand? Der Tremulant ward zwar noch zuweilen gezogen; indessen ließ von Zeit zu Zeit der Trompetenzug sich hören.

Lang' hungern, ist nicht Brod sparen, sagte Junker Gotthard, der gute Junge. Er hatte eine gewisse Antipathie wider den Herrmann von seinem Vater geerbt. — Jüngst sah er mich an, und liebäugelte mir auf Rechnung meines Schwiegervaters und seines Wasserträgers zu. Das Wetter, sagt' er, kennt man am Winde. Als Herrmann von seinen ausgestandenen Unglücksfällen anfing, macht' ihn Gotthard mit der Bemerkung still: was ein guter Haken werden will, krümmt sich in Zeiten. — Herrmann erzählte eine Beleidigung, die ihm ohne sein Verschulden zugefügt worden. — Da hielten Sie wohl ein Schnupftuch vor, und sagten: Mir blutet die Nase? fragte Junker Gotthard.

Herrmann hatte die Art, wenn ihn Jemand seines Gleichen was fragte, nicht zu antworten, sondern recht, als fürchtete er etwas, anstatt der Antwort wieder zu fragen: Wie so? Er begegnete der Frage durch eine andere Frage, und so wie kluge Leute, wenn sie nach gothischer Weise examinirt werden, die schwere Pflicht zu antworten sehr weislich auf den Frager schieben; so macht' es auch Herrmann, und eben hierdurch gewann er Zeit, erhielt sich bei Ehren, und suchte sich, wie alle Leute seiner Art, zu präserviren. —

Dem Junker Gotthard, der doch wahrlich nicht seines Gleichen war, begegnete Herrmann auf gleiche Weise; indessen gewöhnte er ihm sein: wie so? auf eine so auffallende Art ab, daß Herrmann sich bei jeder Frage verscheute, wenn gleich sie nicht: wie so? war.

Das ist so platt, daß es keine Nase hat, sagte Herrmann zum Herrn v. W— über einen Ausdruck des Junkers Gotthard; allein er fand keinen Beistand, vielmehr ward er auch vom Herrn von W— auf eine Art angelassen, daß, um seinen gewöhnlichen Ausdruck beizubehalten, ihm die Ohren klangen. Da verdienen Sie eine Nase, erwiederte Herr v. W— und freute sich, daß bei seinem Scheltwort wenigstens ein Wohllaut, wie er dafür hielt, anzubringen gewesen. — Wohllaut, Herr v. W—?

Die Gewohnheit, die Herrmann, seit so lange ich ihn kenne, hatte, seine Weste mit Nadeln zu bestecken, daß sie wie mit goldenem Rundschnur besetzt aussah, hat ihm Herr v. W— glücklich abgewöhnt. — Versteht sich, mit Höflichkeit.

Vor Kurzem nahm mein Schwiegervater bei Gelegenheit der Nase, die Sache des Junkers Gotthard; jetzt rettete er Herrmanns Ehre, als Gotthard ihm den Schneider vorrückte. Federschneider wollen Sie sagen, fiel ihm Herr v. W— ein. Freilich hätte Gotthard bedenken sollen, daß Herrmann ein Häusling des Herrn v. W— ist. Gotthard war gewohnt, dem Herrn v. W— nachzugeben. Es blieb bei'm Federschneider. Viele nannten den Herrmann Secretair, und man ließ sie, ohne daß sie zurechtgeholfen wurden, dabei.

Um die Zeit, wenn der Inspektor seinem Vater das Jahrgeld sendet, ist Herrmann so tief in Gedanken, daß Herr v. W— alle Mühe hat, ihn zu zerstreuen. — Er könne sich, sagt Herr v. W—, vor Unruhe nicht bergen. — Wie das kommen mag! Wenn es nur nicht mit Herrmann zum Ende geht! sagte Herr v. W—, da er mich zum letzten Mal besuchte. — Jetzt fängt er an, so tief in Gedanken zu fallen, wenn wenn er nur Etwas anlegt, das von dieser Pension gekauft worden! Den Bratenrock zieht er gar nicht mehr an. Gott sey seiner Seele gnädig! —

Der Schwager Peter hat ein Weib genommen, darum kann er nicht kommen, sagt Junker Gotthard, das heißt: Der gute Junker Peter hat die Herrschaft in seinem Hause nicht abgetreten; allein er ist so wenig Herr, daß seine Frau sogar den Stab Wehe über ihn führt. — Herr v. K— nahm ihn in Anspruch, und forderte alles Geld, das er ihm geschenket, oder mit ihm gemeinschaftlich reichmännisch durchgebracht hatte. Es war nur, schreibt ihm Herr v. K—, auf die Hand gegeben. v. K—, der ehemals ein Verschwender war, ist jetzt in einen solchen Geizsumpf gefallen, daß er sich entsetzlich besudelt. — Jeder Redliche im Lande flieht ihn. Wer hat aber nicht seinen Anhang in Curland, der auch mit v. K– 's vor den Willen nimmt. Junker Peter konnte sich in der Noth, da er vom v. K–– in Anspruch genommen ward, und bei dieser Gelegenheit so Mancherlei und Manches an's Licht brach, nicht anders, als durch ein Eheverbündniß, helfen. Wie oft decken Ehen der Sünden Menge! Fast immer sind sie heut' zu Tage Sündendiener. —

v. E— hat eine sehr liebenswürdige Frau, und von ihr drei Söhne, die dem Bilde ihrer Mutter ähnlich sind. Ich hab' ihn seit der Zeit nicht gesehen, da er in Königsberg König eines Freudenmahls war. Warum bracht' ich die Nacht, da Herr v. E— mit Extrapost von Königsberg ging, schlaflos zu? Seine Zuschrift, nachdem er von meiner Ankunft in Curland Nachricht eingezogen, will ich so wenig mittheilen, als meine Antwort. Wir wissen Alle, daß er Franzos und Curländer war, daß er kriechen und sich ein Paar Zoll höher heben konnte, als er gewachsen war. Ob seine Frau ihn nicht wenigstens auf Eins einschränken, und entweder zum Curländer oder zum Franzosen bringen wird? muß die Zeit lehren. Wie es zugegangen, weiß ich nicht; allein v. E— hat den v. K— gefordert. Wie gewöhnlich, haben sie sich nichts gethan. Da hat Jeder seinen heißhungrigen Jupiter, und dergleichen Gevatter wetzen die Scharten aus. —

Diesen Augenblick erhalt' ich vom Herrn v. W— die Nachricht, daß Herrmann in wirklichen Wahnsinn gefallen. Welch ein Unterschied gegen eine Lindenkrankheit! — Die Höflichkeit des Herrn v. W—

erlaubt es nicht, ihn von sich zu entfernen. Und auf der andern Seite, bemerkt er, bin ich äußerst mit ihm geplagt. — Sich selbst kann Herrmann nicht überlassen werden.

Sein Sohn hat ihm dieses Jahr hundert und funfzig Thaler gesandt. Ob ihm diese Erhöhung völlig den Kopf verrückt, oder die Bitte, die Benjamin der Zulage beigefügt, ihn in Preußen zu besuchen, weiß Herr v. W— nicht.

Die Frau Inspektorin sey in gesegneten Umständen, und trüge ein so großes Verlangen (schreibt Darius) ihren Schwiegervater zu sehen, daß er auf das Dringendste bitten müßte — Müßte, das glaub' ich selbst! Einen andern Vater würde dies entzückt haben, und Herrmann — —

Ist todt! — Ein Brief von meiner lieben Mutter. — Drei Tage vor seinem Ende ist er vernünftig gewesen. In den Anfällen der Raserei hat er sehr laut Benjamin gerufen; Mine aber so hohl, als dürft' er nicht. Inspektor! Inspektor! jetzt könnt' es dir leid thun, daß du deinen Vater nicht noch gesprochen hast! Gute Wochen deiner Frau! Eben meld' ich ihm den väterlichen Tod. In der Beilage dieses Briefes erfolgten 350 Reichsthaler preuß., die Herrmann unerbrochen weggelegt hat. Unerbrochen! Das Ehrenkleid, das er von der Pension des ersten Jahres berichtiget, ist ihm mit in's Grab gegeben, auf sein ausdrückliches Verlangen. Ich will es anziehen, hat er gesagt, wenn ich Minen sehe! —

Roth wird seinetwegen kein Tag im Calender des Herrn v. W— gefärbt werden, dafür steh' ich; so wie ich weiß, daß er seinen Tod herzlicher, als den Tod so vieler andern Rothgefärbten bedauern wird!

Junker Gotthard soll Bräutigam seyn! Das wäre viel! — Alles, was ich sonst noch auf meinem Herzen und Gewissen habe, in die Nutzanwendung! —

Schluß! —

Endlich! wird ein großer Theil meiner wohlmeinenden Leser, wie ich wünsche und hoffe, sagen, und diesem Endlichsagen setz' ich aus dem Innersten meines Herzens Gott Lob! entgegen. — Gott Lob! —

Also hätten wir in den gegenwärtigen drei Theilen abgehandelt, ob kürzlich, weiß ich nicht, einfältig aber gewiß, meinen Lebenslauf, bis auf eine sächsische Frist vor der Messe, nebst drei Beilagen, A. B. C., denen ich am Thor ein vielleicht zu stolzes Prognosticon gestellet habe. Nichts ist wahrer, als jene Bemerkung: nulla tam odiosa narratio, quam sui ipsius laus, welches Junker Gotthard sehr schön: Eigenlob stinkt, verdolmetschen würde. Darius würd' es noch handgreiflicher geben. Damit also nur ja Niemand auf den unrichtigen Gedanken falle, als hätt' ich mir selbst dieses Monument errichtet; so sey es mir erlaubt, zu bemerken, daß solches bloß der lettischen Muse, dem Organisten in L— und dem guten Gottfried zu Ehren pranget, und daß der vierte und fünfte Theil mehr durch meine Feder, als durch meinen Kopf gehen werde. Qui bene distinguit, bene docet.

Dank dir, Deutschland, an das meines Schwiegervaters Hochwohlgebornen tausend Empfehlungen mitgehen, daß du mir nicht manum de tabula, die Hand vom Schreibtisch! zugerufen. Schuldig bin ich noch (da ich dieses Werk mit einer Hand verglichen, ob rechte oder linke? hab' ich wohlbedächtig unbestimmt gelassen) den Goldfinger und Ohrfinger. Getreulich und sonder Gefährde hab' ich die drei ersten oder die Schwurfinger dargereicht, den Daumen oder den Kopf der Hand, den Zeige- und Mittelfinger. — Zu Abtragung meiner Schuld nur eine kurze Frist.

Frist! —

Ich weiß so gut, wie Nathanael, versprechen macht Schuld, und wer mehr verspricht, als er zu halten im Stande ist, kann zur Ersetzung des Schadens ex L. Aquilia angehalten werden. Schaden? Vortheil soll Euch mein Anstand zuziehen, und landübliche Zinsen tragen. Es fehlen nur noch einige Nachrichten, meines Vaters Jugend und meines Großvaters Alter betreffend, um allen respektive Frag- und Verwunderungszeichen zu entgehen. Ein Kind, wenn es sich die Finger verbrannt, pflegt das Licht zu scheuen, obgleich mein Leopold es noch lange erst versuchen würde, ob die Finger mit der Zeit nicht stärker als das Licht seyn würden. —

Kurze.

Ich habe nicht nöthig zu fragen: Meinst du, daß diese Gebeine wieder lebendig werden? Es liegt Alles bis auf einen Hauch da! — Es ringt nach Leben. —

Da seht, meine Ehrlichkeit! — Hätt' ich denn nicht meiner Länge, wo nicht eine ganze Elle, so doch ein Viertel, und da ich Soldat gewesen, ein Paar Zoll zusetzen und behaupten können, daß mich ein anderes gelehrtes Werk abhielte? Ich habe aber nie auf den Zehen in diesem Buche gestanden, oder mich durch einen hohen Absatz vergrößert. Warum sollt' ich's? Warum sollt' ich sagen, daß mich eine andere gelehrte Arbeit beschäftige, und daß ich zweien Herren diene? Bloß bin ich im Dienst der Wissenschaften, und diese meine hochgebietende Herren sind so geneigt, wie Gott der Herr, ihren Dienst einzurichten. Wir dienen nicht Gott, sondern uns, und so geht's auch mir mit den Wissenschaften.

Ich glaube nicht, daß ein Speisemeister vom andern und dritten Theile zu sagen Ursache gefunden: Jedermann giebt zuerst den guten Wein, und wenn die Gäste trunken sind, den geringen. Dies sey die Bürgschaft, die ich bei meinen Lesern in bester Rechtsform wegen der Fortsetzung einlege, und sollte hie und da ein Speisemeister diese Klage wider mich rechtlich führen zu können des Dafürhaltens seyn; so wisse er, daß ich nicht Jedermann bin, und daß ich in Wahrheit es nicht zum Betrinken angelegt. Freiheit ist meine Losung bei Tisch, als Schriftsteller — überall. — Ein Jesuiterräuschchen hat bei den trüben Tagen des Lebens nichts zu sagen. — Zwar hab' ich mich bemühet, allen einschläfernden Erweiterungen auszuweichen. Was ist aber ganz vollendet? Alles, was vollendet ist, ist dem Menschen nicht auf seinen Leib, oder eigentlich auf seine Seele gemacht. Selbst ihr Unsterblichen, du, Newton, und du, Copernikus! wißt ihr denn auch gewiß, daß Alles so ist, wie es euch in einer glücklichen Nacht träumte? — Das rechte Wort zu allen Empfindungen. — Könnt' ihr sagen, es ist vollendet? Ihr, die ihr selbst nicht vollendet, sondern nur Numero sieben seyd. Maulwürfe, können die vollenden? Homer und Milton, Vater und Sohn; was meint ihr? — Ach Gott! du allein, Unbegreiflicher, du allein bist vollständig, vollkommen. Alle Erfindungen, so hoch man auch kommt, lehren nur den Menschen, wie weit er noch vom Ziel sey. Die Hauptmenschen in der Welt verdienen nur den Namen Propheten. Sie sagen, was künftig seyn wird.

Es würde die vires haereditatis übersteigen heißen, wenn sich irgend ein Mensch einbilden wollte etwas zu schreiben, wovon er behaupten könnt', es wäre so ganz da, wie er! Ein Andres Schöpfer, ein Andres Geschöpfe! Niemand kann sagen: er sahe an, Alles, was er gemacht hatte, und siehe da, es war Alles sehr gut.

Ein Fragment ist mir aus diesem Gesichtspunkt ein angenehmes Wort. Es ist ein Menschenwerk. Der Mensch selbst kommt sich in dieser Welt nur als ein Fragment vor, so ganz er gleich da ist. Heil ihm, daß er eben von diesem Ganzen schließen kann, daß er selbst sich in allen Rücksichten begreifen, von allen Zipfeln einst fassen werde, in der Fortsetzung seines Lebens, — in der andern Welt! —

Das, was meinem Herzen von meinem Leben am meisten aufgefallen, hab' ich mitgetheilt — und was die Zukunft betrifft — Was kann mir künftig (bei'm

Licht die Sache genommen) viel mehr begegnen, als der Tod? — und da hoff' ich zu dem, der in mir angefangen hat das gute Werk, er werde es durch seinen heiligen Geist in mir bestätigen und vollführen, bis an diesen meinen jüngsten Tag, auf dieser Welt und in der neuen. — Ein doppelter jüngster Tag! — Sollten sich Umstände ereignen — wer weiß die Geschichte seines morgenden Tages, die eines Protokolls werth wären? — so trag' ich es hiermit meinem bei'm Publico als Autor eingeschriebenen Sohne Alexander Leopold auf, getreulich Alles zu geben, wie er es empfangen hat. — Gott segne dich, lieber Leopold! und deine Mutter für und für! Amen! —

Schone mich nicht, mein Sohn, ziehe vielmehr den Vorhang auf, wenn ich mich vor dem Publico geflissentlich in einem andern Lichte darstellte! Schreibe getrost; schone nicht: So war mein Vater nicht, so war er! —

Was soll ich von meinem Buche sagen? Wahrlich, es ist nicht ein olympischer Lauf nach einem Zeitungslob! — Ein unverwelktes Erbe war mein Ziel, zu trachten in guten Werken nach dem ewigen Leben, meine Hoffnung! —

Ich schrieb den Menschen, oder bemühte mich, ihn zu schreiben. Jeder hat noch ein Aestchen aus dem Paradiese mitgebracht, und Jeder hat etwas vom Apfel gegessen! — Die Menschen sind alle auf einen Fuß. Man darf sie nur aus dem gehörigen Gesichtspunkte nehmen, so sind sie als Einer, als Adam. Madam Eva war ja auch in ihm, in seiner Ribbe. Solch ein Gesichtspunkt ist vorhanden; ob ich ihn getroffen, sey dem wachhabenden Officier, dem mit einem Achselbande zu Pferde, zu Fuß, von der Leibgarde, von der Garde der Gelehrten-Republik, anheim gegeben! — Mit den Thorschreibern hab' ich mich, wie erwecklich zu lesen, in dem Buche selbst ein Langes und Breites abgegeben. —

Freilich ist zwischen Wächtern und Richtern ein Unterschied. Wie wenige verdienen aber den ehrwürdigen Namen Richter? Ein Richteramt ist ein schweres Amt. Nathanael wählte das beste Theil, da er's niederlegte, und wie wenig giebt's Nathanaels und solche kunstrichterliche Justizräthe, wie er! Kleine schielende Revisionsknaben die Menge! — Die Herren α, β, γ möcht' ich auch ungern darüber sprechen lassen.

Wer in den Charakteren nicht Präcision findet, kann jeden in Person kennen lernen, bis auf die, welche in diesem Buche selig entschlafen sind, und wer meiner Großmutter nachspottet, und mit gerümpfter Nase die Frage aufwirft: wie vielmal Amen in diesem Buche vorkommt? wisse, daß ich ein Liebhaber dieses Wortes bin. Ich liebe nicht Flittern, nicht Schminke, trage keinen Regenschirm, keinen Herrmannschen Glanzkittel. Eine Jahreszeit ist mir so, wie die andere. Alles, was aus Naturhänden kommt, ist Gottes Gabe! Geschmack? Ja freilich hat nicht Jeder Lust zu lauter Milch und Kuchen, und zum Stück vom zarten guten Kalbe, diesem Verlornensohnsbraten, obgleich Abraham himmlische Herrschaften damit bewirthete. — —

Wer nicht zuweilen Himmel und Erde in Eins gefühlt hat, Seel' und Leib in einer Person; — wer nicht Muth gehabt, im dicken Walde die heiligen Schauer, aus seinem Grabe herausgestiegen, zu empfinden, und die Stimme der menschenfeindlichen Eiche verstanden: aus mir wird einst dein Sarg geschnitten! muß freilich ganze Bogen dieses Buchs unausstehlich finden. Wer aber dieses Gefühl kennt, das sich nicht untersteht, einen Ausdruck zu wagen, damit ihn nicht ein Bote Gottes ungewählt fände, mit dem geh' ich zusammen. Hebt sich dein Herz, wird dein Busen entzündet, komm in Charlottens Laube, und wo du sonst willst, hier ist meine Hand! —

Ein Mensch, der zu empfinden weiß, daß er nicht mehr brauche, als zu leben, daß alle Reichthümer Schätze sind, die Motten und Rost fressen, und wornach die Diebe graben, um sie zu stehlen, erhält eine gewisse edle Art, ein wahres Geniegefühl, das allen hoch- und hochwohlgebornen Zwang verschmäht, sich entsattelt, und den Reuter verachtet, der sich ihm aufbürden will. Das ist ein Genie! —

Muttermähler der Sinnlichkeit und Schönpflästerchen sind so unterschieden, als ein unschuldiges, frommes Mädchen und eine Nonne.

Wir verehren nicht gemeine Dinge und versündigen uns oft schwer an ihnen. Was selten ist, gefällt. — Man haßt den, der im Kleinen betrügt. Thut er's im Großen, so finden wir so viel nicht auszusetzen. Das Spiel verlohnt das Licht nicht! — Große Diebe laufen, kleine hängen. Der Beobachter wendet sich nur an kleine Züge, und überläßt gern die Hauptstücke Andern, bloß weil sie mehr in's Auge fallen. Das Gemüth, das Herz schlägt im Winkel an seine Brust, wie der Zöllner, es will durchaus nicht gesehen seyn; allein Jeder hat auch seinen Pharisäer bei sich, der geflissentlich bemüht ist, sich vorzudrängen, wenn man den Menschen malen will.

— Gern, gern verzeih' ich Allen, die mich trüglich behandelt, mit Lügen und mit falschem Gedicht, durch notas selectas und variorum. Scire leges, non est verba earum tenere, sed vim et potestatem.

Der, der aller Welt Richter ist und recht richtet, der das rechte Recht spricht, das sich schlafen gelegt hat, weiß den innersten Gedanken meiner Seele und den Rath meines Herzens. Er weiß, wie ich ringe, die Menschen, die sich von ihm entfernet, zu ihm zu sammeln, und wie ich getrost ohne Menschenfurcht gerufen: Trachtet am ersten nach dem Reiche Gottes, und nach seiner Gerechtigkeit; so wird euch das Andere Alles zufallen. Vor ihm ist all' mein Begier, mein Seufzen ist ihm nicht verborgen, meine Thränen nicht, für Jerusalem: ach! wenn es bedächte zu dieser seiner Zeit, was zu seinem Frieden dienet, aber noch ist es vor seinen Augen verborgen, und mein Gebet: Dein Reich komme — — das Alles weiß der Herzenskündiger!

Und doch hielten Viele mein Buch, weil ich mit Zöllnern zu Tische saß, für einen Verführer des Volks. — Ihr, die ihr nur auf's Sichtbare seht, und nicht auf's Unsichtbare, obgleich das Sichtbare zeitlich ist, und das Unsichtbare ewig! O ihr, Gottes Augendiener, die ihr Splitter im Nächstenauge seht, und euren Balken nicht bemerket, was meint ihr wohl von Tugend und Religion, die ich entweiht haben soll? Werdet wie die Kinder, das ist die göttliche Lehre, deren Geist mich trieb, und ihr Pharisäer, die ihr nicht seyd wie andere Leute, Räuber, Abgötter, oder dieses Buch, dieser im Winkel stehende Zöllner, die ihr zwier in der Woche fastet, und gebet dem Armen von Allem, was ihr habt, und die ihr dies Alles gerade vor dem Altar laut sagt, glaubt ihr gerechtfertiget in euer Haus zu gehen? — Glaubt ihr, daß der Paukenschall allein gen Himmel reiche, und daß euer Oden-Wirbel dem ein süßer Geruch sey, der menschlich zu Menschen sprach, und Allem, was groß ist, Einfalt beilegte? Was schlecht und recht ist, ist ihm angenehm; nicht das Hohe, das sich bäumt und schwillt, nachdem es respective sich bäumen oder schwellen kann.

Ich will euch nicht namentlich darstellen, euch, die ihr Gottes Finger verkanntet, die ihr Steine wider mein Buch aufhobet, und ein Gesicht dabei schnittet, als thätet ihr Gott einen Dienst daran. Unser Herr und Meister schalt nicht wieder, da er gescholten ward, dräute nicht, da er litte, sondern stellte es dem heim, der da recht richtet; indessen konnt' er nicht umhin, eine Geißel in die Hand zu nehmen und die Käufer und Verkäufer aus dem Tempel zu treiben, und das seyd ihr! Ihr, die ihr Gott zu lieben vorgebt, den ihr nicht sehet, und euren Bruder nicht liebt, den ihr sehet. Ihr, die ihr einen Menschen, schnöden Gewinnstes, gallsüchtigen Neides halber, verfolgt, der die Lebensläufe in aufsteigender Linie schreibt, und am Sonntage Aehren ißt, wenn ihn hungert, auch, wenn ihm Gelegenheit gegeben würde, einen jeden Esel aus dem Brunnen ziehen würde am Sabbath — was hab' ich euch gethan? Hab' ich je einen Pharisäer und einen Sadducäer namentlich genannt? Hab' ich nicht vom Laster geredet, wenn ich den Lasterhaften meinte? Mit dem einzigen Voltaire hab' ich namentlich ein Gespötte getrieben, und ich versichr' es Euch auf Ehre, daß es mir leid thut, obgleich er gewiß den ersten Theil meines Lebenslaufs nicht gelesen hat, und also unmöglich daran gestorben seyn kann. —

Fragt meine Eltern, Vater und Mutter, die all' in der Erde liegen und schlafen, ob ich sie nicht geliebt habe bis in den Tod; fragt' dies Buch; wenn gleich es die Wahrheit geschrieben, hat es darum nicht Vater und Mutter geehrt? — Wahrlich, des vierten Gebots halber wird es ihm wohlgehen, und es wird lange leben auf Erden, und selbst, wenn es gekreuziget würde, wird es auferstehen.

Entweder die Religion muß Alles tingiren, oder es ist gar keine. Ist denn Gott nicht überall? Und glaubt ihr Leutbetrüger, Gott sey wie ein Mensch, den ihr mit einem Gesichte voll Ergebenheit, wenn gleich das Herz fern von ihm ist, hinter's Licht führen könnt? Mit gutem Herzen zu sagen: Es ist kein Gott — aus Tyrus und Sydon seyn, ist besser, als Gott heucheln, wie des Hiobs Freunde! — —

Willst du erlauben, lieber Herr α, daß ich dich ganz deutlich ins' Gesicht frage: Verstehst du auch, was du liesest? Wenn meine Mutter nicht eine Originalchristin ist, möcht' ich sagen, giebt's kein Christenthum!

B i b l i s c h e W o r t e u n d W e n d u n g e n. Ist denn die Bibel nicht werth, daß man ihr nachspricht? Fehlt es ihr wo an Lebensart, daß man sie nicht in Gesellschaft nehmen darf? Und die wohlgemeinte lutherische Uebersetzung, kommt sie nicht von Herzen und geht sie nicht zu Herzen? Wir haben schon anders den Grundtext, und wer steht uns dafür, daß man Luthers Bibelübersetzung in der christlichen hochdeutschen Gemeine nicht verbietet; wird sie aber darum das

Kindliche verlieren? Und haben nicht selbst einige dieser neuen Uebersetzer Luthers Stern und Kern, wie meine Mutter sagen würde, im Segen benutzet? Von einigen Stellen sollte man fast glauben, Christus, der Herr, würde solch Deutsch geredet haben, wenn er diese Sprache bei seiner Amtswanderschaft auf Erden gefunden.

Ist die Bibelsprache zu erhaben? zu heilig? Sollen wir denn nicht heilig seyn, wie Gott der Herr? und sind wir nicht seine Kinder? Nimmt denn Gott der Herr es übel, wenn wir in Liebe und Einfalt uns ihm auf den Schooß setzen? Kann ich mit ihm umgehen wie die lieben Kinder mit ihrem lieben Vater, warum denn die affektirte Ehrerbietung gegen ein in schwarz Corduan gebundenes Buch mit goldnem Schnitt? Wo ist ein, selbst der Natur mehr nahekommendes Werk, das so sehr unter Menschen von allerlei Art bekannt ist? Kennen denn Alle den Homer, welche die Bibel kennen? Und wo ist mehr wohlthätige Volksphilosophie, kindlich größere Natur, als in der Bibel? Prüft doch die Leute näher, welche die Bibel, und eigentlich nicht sie, sondern das Kleid der Bibel, wie Schaubrote, wie Religion, behandeln. Der Mann da mit der frommen Miene besitzt sieben Hufen Nabotsacker, und jene Betschwester hat jedwedes Mitglied ihres Hofstaats mit einer Narbe beehrt, welche freilich eine heilige Wunde zurückgelassen; indessen war es doch Wunde, und ist doch Narbe. Sie wirft Jedem, was ihr zu nahe kommt, mit der Bibel an den Kopf, der sie nachher das Blut abwäscht und der sie mit einem Kuß abbittet. Judas, verräthst du des Menschen Sohn mit einem Kuß? —

Was macht die Ungnädige? fragt' ich jüngst, und der ehrwürdige Beichtvater antwortete: Sie geht herum nach 1 Petri 5. v. 8. Und diesen silberhärigen Greis, diesen Mann Gottes, sollt' ich seines 1 Petri 5. v. 8. wegen ansehn, wie Cain seinen Bruder Abel? weil er nicht, wie seine Amtsbrüder, am Wort und an der Lehre hält, weil er nicht mit jedem von und jedem und Abgötterei treibet, das in der Bibel steht? An ihren Früchten sollt ihr sie erkennen! Du sollst nicht andre Götter haben neben mir, spricht der Herr, und aus diesem Herrn ist unser Vater worden, nach dem Unterricht des, der gekommen ist, zu suchen und selig zu machen, was durch Uebel-Verstand verloren war. Ich habe nichts dagegen, wenn Nathanael sich in den Pandekten den Titel de verborum significationibus bekannt macht; was ist aber Bild und Ueberschrift, wenn Barren da sind?

Mein Name? Was thut denn der zur Sache? Muß man durchaus in Kupfer gestochen seyn, wenn man ein Autor ist? Und muß der Herr Kunstrichter, um sein Müthchen zu kühlen, noch den von Angesicht zu Angesicht kennen, den er mit Lob oder Tadel mißhandeln will? Du sollst keine Person ansehen noch Geschenke nehmen! Geschenke machen selbst die Weisen blind und verkehren die Sachen der Gerechten. Was recht ist, dem sollst du nachjagen. Kannst du denn nicht loben, Elender, als in's Gesicht? Der Name? Bin ich denn anders, seitdem ich Alexander war und russischer Major ward? seitdem mir mein Vater mit dem einen Buchstab ein Geschenk machte, und da ich dies Geschenk noch nicht hatte? Alles auf Worte, auf Buchstaben! Kommt's denn in dieser Welt auf etwas mehr, als Grundsätze an? Giebt's nicht eine unsichtbare Kirche, für welche ich allemal viel

Achtung gehabt? Freunde? — Auch euch nenn' ich so, die ihr mir flucht und nachschmäht — es giebt sichtbare und unsichtbare Kirche, streitende, und, Heil mir! triumphirende Kirche! — — —

Seht! ich hab' es dazu nicht angelegt, daß diese Schrift per honore di lettera aufgenommen werde! —

Nur Drei wissen meinen Namen, und Einer ist's, an den ich dieses Buch geschrieben habe! — Eine lange Epistel! Den andern Beiden hab' ich meinen Namen ins' Ohr gesagt, Einem in's rechte, Einem in's linke. Was das angenehm ist, so manchen Schuster hinter dem Vorhange zu hören, der über seinen Leisten hinwegurtheilt, und den ein Schneider verbessert, und mit dem ein Hutmacher das Garaus macht, da der Dummkopf sich sogar bis an den Kopf gewagt — Hut, wollt' ich sagen! Bei'm Leisten, Meister! bei'm Leisten! —

Ich trinke lieber mit meiner lieben Mine und meinem Leopold frische Milch, als daß ich einem literarischen Reisenden zu Anekdoten und zu einer Sünde mehr wider den heiligen Geist Gelegenheit geben sollte! —

Christus der Herr verbot seinen Jüngern alles Studiren: Es wird euch zu der Zeit schon Alles gegeben werden! Dies ist eine Regel, die mit goldnen Buchstaben angezeichnet zu werden verdiente, über alle Bibliotheken in der Welt! — Ueber alle Autor-Tische! —

Es ist sehr natürlich, daß man sich wundern werde, wie ich selbst nicht an Stell' und Ort bekannt worden, und bis jetzt allen feurigen Pfeilen der Bösewichter, auch der im Dunkeln schleichenden Anekdotensucht, so ritterlich entgangen.

Obgleich ich nun eben nicht nöthig hätte, eine Polemik, ehe mir dazu Gelegenheit gegeben wird, diesem thetischen Werke anzuhängen, und eher zu antworten, als ich so naseweise gefragt worden; so hab' ich lieber so viel Anstoßsteine, als ich nur sehen konnte, wegzuräumen, als sie im Wege zu lassen mir in dem Herrn vorgesetzet.

Wisse also, Opponens doctissime! daß Mitau zwar nur sieben Meilen von Riga liegt; allein diese sieben Meilen sind in Absicht der Sitten und Gebräuche nicht sieben, sondern siebenzig mal sieben. Es ist zwischen beiden Städten eine so große Kluft befestiget, daß die da wollten, konnten nicht. — Wer liest in Curland? Wahrlich wenig sind, die diesen schmalen Weg finden. — Herr v. G— ist todt! — Also hätt' ich mir Curland mit leichter Mühe vom Halse geschafft.

An Ort und Stelle hab' ich dreien braven Leuten, wie oben bereits gesagt worden (der Organist in L— würde sagen, dreien getreuen Nachbaren und desgleichen) das Geheimniß entdecken müssen. Die guten Herren lasen, und schon bei'm dritten Blatte des ersten Theils waren sie mir so zu Dache, wie der Inspektor es nur immer seyn konnte. Das sind Sie ja mit Leib und Seele! Nun ja doch! Ich bin's! Allein für Jeden nicht! — Was braucht ein Vierter und Fünfter den Ringschlüssel zu tragen, und warum soll ich jedem Gecken erlauben, in meinem Hause gemächlich zu thun? Kann ich denn nicht auch, wie Herr v. G— der Selige, auf meinen Degen schlagen, wenn der Krippenritter nach dem Schlüssel zum Gastzimmer und Stall frägt?

Behalt' es bei dir! du mir liebes Triumvirat! bei dir! und wenn der — — mit dem rothen Bart, der immer Wasser auf seine Mühle sucht, seine Nase in euren theuren Rath (denn guter Rath ist theuer!) steckt, schlagt dem Bengel, der mir schon so oft gallenbittere Stunden gemacht, auf seine unbedeutende, herausgegohrne Nase, damit er das Stecken in anderer Leute Händel aufgebe und seine eigene Haustafel lerne, wo Rechenmeister, nur er nicht, wie am Pasquin, mit dürren Worten gelesen haben: Land- und Leutebetrüger! O du Mückensauger! Cameelverschlucker! Lederdieb, um ein Paar Pantoffeln zu fertigen, das du dem Bettler giebst, wenn er nämlich eine Rohrdommelstimme hat und in allen Straßen singen kann:

Es ist das Heil uns kommen her! —

Ich kenne dich — — mit deinen Klauen kenn' ich dich, Raubvogel! und könnt' ich diese Klauen einem klugen Physiognomisten in copia vidimata senden, er würde ex ungue nicht leonem, sondern — — kennen, und sie zur Warnungsanzeige drucken lassen, Allen, die Gottes Finger und Menschenfinger kennen. — Du, ein ärgrer falscher Zeuge, als Johann Peter Beifuß und Martin Jacob Kegler, nur du! bist mein Alexander Schmidt, der dem ehrlichen Petrus viel Herzeleid zufügte und seinen Werken und Worten oft widerstand! — Gott vergelte dir nicht nach deinen Werken, sondern schenke, wenn's möglich ist, dir schwarzes Haar im Bart, und statt der Nebucadnezarnägel menschliche — wenn es seinem heiligen und allezeit guten Willen nicht zuwider ist. —

Gott weiß am besten, mit welchem schweren beklommenen Herzen ich dieses Buch geschrieben! Menschentreffer werden es ohne Wegweiser finden, und ich sollte noch obenein mir von diesem oder jenem Weibe, wenn ich in erlaubter Entfernung am Caminfeuer stehe und mich wärme, in's Gesicht sagen lassen: warest du nicht Einer? — — — —

Deine Sprache verräth dich! Ich mag nicht klätschern am Caminfeuer, Rede stehen und Gecken das Verständniß öffnen, daß sie die Schrift verstehen. Hören sie Mosen und die Propheten nicht, so werden sie nicht glauben, wenn einer von den Todten auferstünde und das Reich Gottes predigte, welches nicht bestehet in Essen und Trinken, sondern in Liebe und Freude im heiligen Geist! — Kann wohl auch der Geduldigste die so boshafte Art, womit man Köpfen begegnet, ertragen? Kann er, wenn sein Name in allen Landen bekannt ist, einem Melchisedechs-Spottworte in seinem Lebenszirkel ausweichen? Gern seh' ich Wahrheit sich mit Kritik herausfordern; allein nicht pöbelhaft balgen! —

Ein Burschenvivat oder Pereat ist nicht für mich. Ich verbitte Beides! Und wer kann Beidem entgehen, wenn man weiß, wo ich des Abends Licht brenne? Wenn nun auch jetzt ein verzogener ungenannter Bube, der auf der Landstraße die Vorbeigehenden mit Schneeballen wirft, die er all' in seiner Hand gedrückt und gedrängt hat, eins auf mich abfeuert, laßt ihn doch, diesen Prophetenknaben, ohn' ihm die Ruthe zu geben! Er ist zu petulant, um von ihm sagen zu können: Der Herr hat's ihm geheißen! Ist's doch auf der Landstraße, wo man mich auch nicht kennt. Ich sollte! — Nein! Das Bübchen wird seinen Schulmeister schon finden und das Birkenreis, wär' es auch ein Revisor!

Was willst denn du mit den kleinen Steinen? Könntest du sie schleudern wie David, und wär' eine Goliath-Stirn dir zu Diensten, so wär's eine Sache! — David hob anders seine kleinen Steine, wie du; und All' ihr! die ihr voll Wuth das Straßenpflaster zerstört und Steine nahmet, mich steinreich pöbelhaft zu überfallen, steinigt! Wißt, ich seh' den Himmel offen, und einen, der meinen Geist aufnimmt! — Grabt mir Gruben! Ich singe mit meiner Mutter:

Wenn wir geschlafen haben,
wird uns erwecken Gott —

Und mit meinem Vater aus seinem Lieblingsliede, wo er zuerst den zweiten Diskant anstimmte!

So ging's den lieben Alten! —

Ich werde nicht sterben, sondern leben bleiben — — —

Nur dann, wenn das Wasser gerädert wird, wenn man es aufhält, macht's ein Geschrei. Was thu' ich Euch?

Roman?

Und wenn es denn einer wäre! Freilich bekam es dem guten Bischof Heliodorus nicht sonderlich, daß er in seiner Jugend einen Roman geschrieben, der noch, unter dem Namen Aethiopica, wenn nicht blühet, so doch vorhanden ist. — Seine Herren Amtsbrüder sahen, daß sich junge Leute diesen Roman kauften, und verlangten, daß der Bischof entweder diesen Roman öffentlich wie einen Sodomiten verbrennen, oder seine Mütze abnehmen sollte. Der Schriftsteller ließ die Mütze fahren. — Gott sey gelobt! Ein Bischofthum hab' ich nicht zu verlieren, und wer es genau nimmt, wird finden, daß Alles in der Welt Roman sey. Hat je ein großer Herr das gemeine Leben, so wie es da gemein ist, gesehen? Wer kennt die Stadt, den Berg, das Thal aus der Beschreibung, wenn er an Stell' und Ort kommt? Curtius hat es nur ein klein wenig zu grob gemacht; welch ein Geschichtschreiber indessen hat ihn nicht in der Schule übersetzt? Man behauptete zu seiner Zeit: Philipp III., König von Spanien, sey Autor des Don Quixote, und Cervantes habe nur Hebammendienste verrichtet und den Druck besorgt. — Wäre mein Buch also ein Roman, warum sollt' ich es zurückhalten? Was Philipp III., Könige von Spanien, anstand, kann sich ja wohl ein Major mit einem abgeänderten Buchstaben im Namen gefallen lassen!

Seht ihr aber, ihr Romanhelden! seht ihr nicht in meinem Buche das gemeine Leben? Ist der Geist wahr, wie er denn wahr und wahrhaftig ist, was kümmert euch der Leib? Ein König von England sagte über einen Betrunkenen, der sich Freiheiten gegen ihn herausnahm, die den Uebrigen, die zu Tische saßen, nicht wohlgefielen: Laßt ihn! ein Betrunkener ist mein College! Wer geizig ist, um zur rechten Zeit drauf gehen zu lassen, kann der geizig heißen? und wer seine Zinsen verzehrt, ohne den Hauptstuhl anzugreifen, ist das ein Verschwender? Wo Holz gehauen wird, fallen Spähne! Sparpfennige sind wie gute Feueranstalten, um gleich zu löschen, wenn es brennt! —

Ich fühl' es, Freunde! Ich hab' einen guten Kampf gekämpfet, ich habe den Lauf vollendet, forthin ist mir beigelegt die Krone der Gerechtigkeit, nicht allein aber mir, sondern Allen, welche die Erscheinung, welche den Advent des Reichs Gottes lieb haben! — — Komm', du schöne Freudenkrone! —

Der zeitlichen Ehr' will ich gern entbehren! — Du woll'st mir nur die ewige gewähren, und wenn ich mir noch etwas zur Gefälligkeit erbitten darf, zeichnet mein Buch nicht durch Falten; könnt ihr nicht ohne Merkmal finden, wo ihr geblieben, nehmt Denkzettel! Solltet ihr euch aber auch nicht ohne die behelfen können? Ich habe keinen Sand auf das Manuscript gestreut, es ist durchweg durch die Sonne getrocknet! Und solltet ihr nicht ohne Zeichen lesen können?

Gott grüß' Euch! lieben Leser und Leserinnen! und lass' es Euch nie mangeln an irgend einem Gute, das heißt: Er lass' es Euch selbst erkennen, wie wenig der Mensch braucht, um Alles zu haben! — —

Wenn ich zum vierten und fünften Theil schreite, sehen wir uns wieder. Ist's gleich nicht so nahe, sehen wir uns doch. — Da kommt's nur auf's Aug' an. So wie ich meinen Tod wünsche, so plötzlich nehm' ich Abschied. Lebt wohl! —

Geschrieben zu — l —

von Tr — — *)

*) Daß dies die Anfangsbuchstaben meines Namens sind, bekräftige ich hiermit mit Ja und Amen! —

Aus! Alles aus! Amen! Amen! Auf ewig lebt wohl, lieben Leser. Mein Leopold ist hin! — Sanft und selig ehegestern, den sechs und zwanzigsten März, des Abends um sieben Uhr. — — Bis heute konnt' ich kein Wort, und heute, was werd' ich können? Wenig oder gar nichts! Wie ruhig Pold starb! — Es war ein lieber, lieber Junge, einen Himmelszug um die Augen, welcher laut lehrte, Pold sey nicht von dieser Welt, sondern von jener! Faß dich, armes liebes Weib! Wir werden Alle sterben! Gott gebe, sanft und selig, wie Pold uns vorstarb! Kinder, die den Eltern gar nicht ähnlich sind, sind Gottes Bild, gehören ihm; Pold glich weder meinem Weibe, noch mir. Er ruhe wohl! wohl! —

— —

Geschrieben den neun und zwanzigsten, eben da es sieben schlägt. Polds Sterbestunde!

Mein Pold ist beerdiget und ich bin gefaßter, als den neun und zwanzigsten um sieben Uhr Abends. Ich hoffe, daß ich Kraft haben werde, etwas von ihm zu schreiben. Nur eine Handvoll! — Ich hab' ihn in dieses Historienbuch einschreiben lassen; laßt mich, lieben Leser, laßt mich ihn ausstreichen! Mit ihm ist mein Stamm hin. Er war uns ein sehr theurer Sohn, ihr wißt wie! Daß er wie Clodius Albinus zur Welt gekommen, hab' ich gleich zu Anfange dieses Werks gesagt. — Seine Geburt machte ihn aber zum Einzigen, zum Einzigmöglichen. Das arme Weib! Ich wählte die Mutter; Gott ließ mir den Isaak und sie zugleich. Gott! Er lieh mir den Isaak! Vollbracht! — Herr, wie du willst, dein Wille geschehe! —

Ihr gutherzig Nachsüchtigen! ihr Edelgestrenge, die ihr im Herzen darüber aufwallet, daß ich nach Minen der ersten, Minen die zweite lieben konnte, habt ihr denn Minens Testament vergessen, — den Beschwur vor und nach Gott, und das: So wahr dir mein Andenken lieb ist? Eben geht mir eine Stelle auf in Minens Testament. — Da ist sie:

Wenn dir ein Sohn stirbt, — schreckliche Ahnung! — sey er mein in der andern Welt! Ich will mich mit ihm verbinden und deine himmlische Schwiegertochter werden, da kommen dir dann, und deinem künftigen Weibe entgegen, ich, meine Mutter, dein Sohn, und lehren dich in der Stadt Gottes die Häuser kennen. Halleluјah! Halleluјah! Amen! —

Erfüllt! Aber, Mine, ich habe nur den Einzigen, kann nur einen Einzigen haben! Nimm ihn hin! Gott, dein Wille ist geschehen! —

Ich habe geendiget! Mein schriftlicher Lebenslauf ist zum Ende! Auch ich bin es; ich bin auch zu Ende! Mein Weib zu Ende! Alles! Amen! Amen!

Ich kann nicht weiter, — so gern ich meinem Leopold parentirte. Es ist spät! — Spät oder früh! Ich schlafe keine Minute diese Nacht!

Des Abends um eilf —

Da ich heute den Tag, des Morgens um sechs Uhr, lese, was ich ehegestern, des Abends um eilf Uhr, geschrieben, find' ich schon der Parentation Anfang. Der liebe Junge! so gern wollt' er in's Buch! Komm herein, du Gesegneter des Herrn, warum stehest du draußen? Deine Wünsche sollen erfüllt werden; die meinen bleiben unerfüllt. Ich wollte, daß du meinen Lebenslauf ergänzen, und wenn zwischen jetzt und meiner Sterbstunde sich noch ein Fall ereignete, der werth wäre, in einem Postscript aufbewahrt zu werden, daß du ihn verzeichnen möchtest. Ich trug dir eine Durchsicht auf, so wie du sie vor deinem Gewissen zu verantworten gedächtest. — Du bist vollendet! Du bist bei Minen! — Da ruft deine Mutter, deren Schmerz lange stumm war, so, daß dies Ansichhalten meine Seele betrübte: „Süßer Mondstrahl! Kommst du von Minen, kommst du von Pold? O bringe mich, bringe mich zu meinen Lieben! — Hinauf, hinauf leuchte mich, wenn diese Augen brechen. Dort oben, wo Ruhe ist!" — —

Wie bald ist's mit unsern Vergnügungen geschehen! Schnell, wie der Schnee auf der Straße, schmelzen sie weg und ihre Stätte ist nicht mehr! — Diese Welt ist erster Wurf! Man sieht den Meister; allein es bedarf Ausarbeitung. Dies sind allgemein verlautbarte Klagen, die, nachdem das Blut aufschlägt, oder wieder fällt, angestellt werden. Es giebt ein besonderes Licht, wenn die Nacht sich mit dem fernen Sternenlicht kreuzt. Das ist das treue Bild unseres Wissens, unseres Weissagens und unserer Hoffnung, welches die göttlichen Cabinetsbriefe, geschrieben auf Gottes allergnädigsten Specialbefehl, durch Männer, getrieben vom heiligen Geist, uns ertheilen. Dies ist das Sehen durch einen Spiegel in einen dunkeln Ort. — Das Regale der Vernunft ist zu zweifeln; der geoffenbarten Kinderlehre zu glauben. Gott helfe meiner Schwachheit! Amen! —

Pold war nicht kindisch, sondern kindlich. Ein

Paar Worte, bei denen meine Mutter einen himmelweiten Unterschied fand.

Es war ein lieber, sehr lieber Junge. Weiß und roth, Lilien und Rosen! Oft in Gedanken! Was hast du kleiner Mensch zu denken? Statt einer Antwort, lächelt er.

Homer und Milton und all' ihr Menschenleser! — ihr seyd alle zu früh gestorben, denn ihr habt keine Fibel geschrieben! Wie sehr ich dies Werk bei meinem Pold vermißt, ist unaussprechlich. Welch ein großer Geist wird einst die Kindlein zu sich kommen lassen und sie nicht zu klein finden, denn ihrer ist das Reich Gottes! — In solche Schulen zu gehen, würde so viel heißen, als eine Promenade in's Paradies machen. Jetzt haben sich auch hier Staatsgrundsätze eingeschlichen, und jedes Kind wird jetzt schon an eine Kette gelegt, als ein beißiger Hund.

Mensch, ist denn dies das Reich Gottes? Wahrlich! ich sage euch, wenn ihr nicht werdet, wie die Kinder, werdet ihr nicht in das Reich Gottes eingehen! —

Etwas von Aehnlichkeit haben die Kinder auch von unmittelbaren Eltern. Dieser Aehnlichkeitsflecken ist oft sehr versteckt. Mein Vater fand ihn sehr öfters in den Nägeln an den Fingern. — Die Probe dürfte meistentheils richtig seyn. — — —

Gott Lob! daß ich Polden nicht in's Treibhaus gebracht! Was hätt' es ihm geholfen, wenn er zu decliniren und zu conjugiren gewußt? Er ist zeitig reif worden, sagt meine Mine! Er wird es werden, meine Liebe!

Gedankenwerk ist Fachwerk — Bildung der Vernunft ist eigentliche Erziehung und Seelenbeschäftigung. Mein Vater halte die Gewohnheit, über den: Kyrie eleyson! auszurufen, der nicht griechisch verstand.

Warum, lieber Vater? Er gab, so klein ich war, alle Tage ein griechisch Wort zur Parole aus.

Warum, lieber Vater? Wenn Plato nichts anders als griechisch weiß, kann mein Pold kein Wort mit ihm wechseln. Gewiß wird er nicht bei'm Griechischen geblieben seyn! — Mein Vater sagte, die hebräische Sprache sey die metaphysische, die deutsche die philosophische im allgemeinen Sinn; die französische die witzige, die englische die dichterische! Die englische die Genie-, die französische die Geschmacks-Sprache! —

Ich überließ Polden, wo ich nur wußt' und konnte, der Natur und entfernte ihn so wenig von den Kindern gemeiner Leute, daß ich ihn vielmehr in ihre Art kleidete. Sein Anzug war nur durch innern Werth, auf den kein Kind sieht, unterschieden. — Warum wie ein Holländer, wie ein Engländer, wenn man in Liefland wohnt?

Heraus, schrie Pold einmal, da mein Schwiegervater kam, und alle Jungens traten in's Gewehr.

Wie hoch dies Herr v. W— aufnahm, kann ich nicht aussprechen! —

Seine Mutter hatte ihm unfehlbar gelehrt, den Bohnen nachzuhelfen, und sie von den allerersten Blättern, die so bald gelb werden, zu befreien; das war sein Leben! — Meine Frau nannte dies, den Bohnen die Kinderschuhe ausziehen. — Meine beiden Minen mochten so gern der Natur einen Liebesdienst erweisen und ihr hülfliche Hand leisten. — Sie konnten nicht einmal eine Pflanze leiden sehen. — —

Besonders! Pold selbst pflanzte nicht, durchaus nicht. Warum das, Pold? „Es könnte ja ausgehen!" Guter Junge! du bist nicht ausgegangen. —

Ein Kind muß in seinem irdischen Vater den himmlischen Vater kennen lernen; in seiner Mutter seine künftige Geliebte, in andern Menschen sich selbst. — Die Mutter hatte unserm Pold kein: das Walt, kein: aller Augen gelehrt; so wie er mit mir sprach, betete er auch. —

Er war sehr geneigt, für sich zu seyn. — Oft hab' ich ihn laut redend mit sich selbst gefunden. Alle fleißige Beter sind Selbstsprecher! Hat dir der liebe Gott schon einen guten Morgen gewünscht? hieß an einem schönen Frühlingsmorgen: Hast du schon die Sonne scheinen gesehn? — Der liebe Kleine sprach des Morgens und des Abends vor Tisch und nach Tisch so einfältig rührend mit dem lieben Gott, als ein liebes Kind mit dem lieben Vater. —

Einen guten Mittag, da er noch jünger war, trat er hin nach Tisch und sprach: Ich danke dir, lieder Gott, für die schöne Kräutersuppe und den Braten und den Kuchen! Kuchen nicht! Gestern hatten wir Kuchen, und gestern hab' ich auch dafür gedankt! —

Die Mutter wollte haben, daß er die Hände unter die Decke bei'm Schlafen legen sollte; allein er schlief nie anders, als die Hände frei und über der Decke.

An's Händefalten war er schwer zu bringen! Er hatte einen Gefangenen an Händen geschlossen gesehen. Sind wir denn des lieben Gottes Gefangene, sagt' er, daß ich die Hände schließen soll? Wir sollen beten und arbeiten, sagt' ihm die Mutter, drum zeigen wir dem lieben Gott die Hände. Das gute Weib hatte diese Erklärung freilich nicht selbst erfunden. Sie war für Polden beruhigend; er faltete die Hände. — Im Schweiß deines Angesichts sollst du dein Brod essen, ist das beste Recept für alle Krankheiten. —

Wie ich noch ein kleines Mädchen war, sagte der Kleine bei einer Erzählung, und meinte die Zeit, da er noch im langen Rocke gegangen. —

Die Mutter ließ ihn nur acht Stunden schlafen. So lange soll er schlafen, bis er acht Jahr ist, und nach der Zeit sieben Stunden. Sie hat Recht, daß man eben sowohl zu viel essen, als zu viel schlafen kann.

Einen Tag kam ich vom Felde, und Pold hatte das Bild der seligen Mine mit den ersten Blumen so bekränzet, wie eine Braut, sagte der Kleine, und sprang herum. —

Die Geselligkeit ist nicht die Folge einer aufgeklärten Vernunft. Je klüger der Mensch, je weniger theilnehmend, je weniger gesellig ist er. Je mehr Cultur, je kleiner der Wirkungskreis! Es scheint, ein vernünftiger Mensch bilde sich ein, er sey so stark an Leibeskräften, als an Verstandesvermögen, und brauche keiner Gesellen!

Das Schwerste ist, den Kindern einen Eindruck von Gott machen, ohne ihnen Gott zeigen zu können. Mit Gott in Gemeinschaft treten, ohne ihn zu sehen, ist schwer, und doch stehen wir uns selbst im Licht, wenn wir gewisse Begriffe nicht in der Jugend gründen, und allmählig einen Damm von dieser zur künftigen Welt schütten, die unsichtbar ist, wie Gott der Herr. —

Meine selige Mutter hielt viel auf eine Lade. Jedes im Hause hatte seine Lade. Ich auch die meinige. Mein Vater lachte darüber. Sie hatte dabei die Bundeslade in Gedanken. Schon das Wort war ihr heilig. Pold mußte nichts verschließen. Was hat denn Gott der Herr verschlossen, das wir brauchen? —

Mein Vater pflegte zu sagen: Es wären fünf Wünschperioden bei'm Menschen:

Erstlich, Beinkleider.

Zweitens, Taschenuhr.

Drittens, Mädchen.

Viertens, Vermögen.

Fünftens, Landgut! — Die fünfte Zahl, setzt' er hinzu, ist bei dem Menschen nicht zu verachten, es ist die Körperzahl. —

Meine liebe Mine, der das Meiste auf diesem Blatte zugehört, will noch etwas mehr angefügt haben. Gern, liebes Weib!

Wie er klein war, sagte sie, ließ ich ihn so lange

schreien, bis er aufhörte, ohn' ihn zu herzen und zu küssen. Nie hat er in einer Wiege gelegen.

Da ging ich mit ihm spazieren nach dem Berge, wo die Bäume so stehen, als stiegen sie den Berg hinauf. Es war ein schöner Abend! Pold sagte: wie die Engel auf Jacobs Leiter!

Pold aß nicht süße Früchte; saure waren für ihn!

Da sah er einen Ast an dem Birnbaum geknickt, und nahm sein Strumpfband und band ihn an.

Liebes Weib! Wem kann das Alles behagen?

Nur noch, wie er starb.

Meinethalben! Herzlich gern!

Ich (mein liebes Weib nämlich) erzählte ihm viel von der seligen Mine, an die ich ihm, wie an eine Verwandtin unseres Hauses, eine Empfehlung gab.

Du wirst sie dort finden — sie wird dich aufsuchen. Auch sagt' ich ihm, daß er keinen Bruder, keine Schwester mehr haben würde! Warum, liebe Mutter? Unser Nachbar und seine Frau haben sieben Söhne. Wir keinen, mein Kind! wenn du todt bist, keinen! Sag' es Minen in meinem Namen, keinen! „Auch in Vaters Namen? fragte Pold. — Ich stand an über diese Frage. Ja! erwiedert' ich, auch in Vaters Namen! Hab' ich zu viel gesagt? Nein! liebes Weib, auch in meinem Namen! — Meine Mutter hatte nur mich! — Gott Lob! daß sie dich behielt! sagt und schreibt Mine.

* * *

Mine wollte, daß ich Polden nach preußischer Manier begraben lassen sollte; allein ich that's nicht, sondern ließ ihn einen Morgen bei Sonnenaufgang begraben. Ich begleitete ihn mit einem meiner Freunde, den ich an diesen Ort bestimmt hatte. Sie weiß, wo er ruht, und noch heute hat sie Mutterthränen auf sein Grab geweint. — Weine nicht, Mine! — Weine nicht! —

Gott, was ist das Leben? —

Eben eine Antwort von unserer Mutter und ihrem Gemahl. Sehr verschiedenen Inhalts.

Zwar auch er scheint den Fall zu Herzen zu nehmen, der ihm so viel Gelegenheiten zu Freudenfesten genommen. Da er ihm aber doch ein Trauerfest verleihet, scheint er sich zu finden. Complimente machen kalt. Man löst sich ganz in Worten auf, und in abgemessenen Verstummungen. Wer es zu Worten bringt, ist getröstet, so wie ich es jetzo unendlich mehr bin, als zuvor. — — Ein Complimentist ist ein Klugred=

ner! — Meine liebe Mutter, Gott, was hat sie gelitten! Das Wort Sohn! gilt sonst nicht um die Hälfte so viel bei der Großmutter, als der Mutter. Die Großmutter rechnet auf seinen Schutz nicht. — Pold aber war das einzige Großkind, und seine Großmutter war die Frau v. W—. Soll ich aufhören, Großmutter zu seyn? schreibt sie und ringt die Hände; schriftlich ringt sie die Hände. Es ist ihrethalben zu fürchten. — Isaak! der Eineinzige! — Ei du frommer und getreuer Knecht, schreibt die gewesene Großmutter, du bist über wenig treu gewesen, ich will dich über viel setzen! Diese Worte, so anstößig sie wegen des Knechts scheinen, beruhigten mich doch auf eine unbeschreibliche Art; ich fand sie so treffend. — Bei'm Trost muß man jede Gelegenheit benutzen, die ohnedem immer wie eine Sybille ihre Waare ausbietet. Wer nicht zugreift, verliert die Hälfte davon und muß die andere Hälfte doppelt bezahlen.

Da der Mensch immer leidet, so hat auch Gott der Herr dafür gesorgt, daß er auf trostergiebigem Boden wandelt. — Der Trost hält Stich, wenn man alle zerstreute Züge in einen Brennpunkt zu vereinigen sucht. Er ist wie die Schönheit, die häßlich wird, sobald man sie zergliedert. Das dressirteste Pferd stolpert unter einem schlechten Reuter, und auch den härtesten Stein weiß der Künstler so weich darzustellen, so warm zu machen, daß man glaubt, es sey Blut in ihm. —

Liebe Mutter! liebes Weib! faßt euch! wir werden zu ihm kommen! — Seht nicht auf die Person, sondern auf die Sache, und dann blickt Euch um! Geht's anders in der Welt? Sind wir die Einzigen, die einen Pold verloren haben? —

Bei'm Sonnenlicht besehen, was hat die ganze weite Welt, so lange der Mensch noch nicht auf seine eigene Hand lebt? Ohne durch's Schlüsselloch Entdeckungen zu machen, fragt den besternten Hofmann, wenn er des Tages Last und Hitze getragen, und gekrümmt nach Hause kommt, ob Alles Gold sey, was man für Gold ausgiebt? Der Würgengel geht keine Thür vorbei. Er hat den Auftrag, sich überall an der Erstgeburt, am Mark des Lebens zu halten. — Vielleicht ist es noch am besten, den Exorcismus gebrauchen, den allgemeinen Klagen und allen Uebeln des Lebens durch eine Tollkühnheit widerstehen, den lieben Gott zu Gevatter bitten und Krippenreiten. Als ob die Speculation etwas Anderes wäre, als ein Gevatterstand, den man dem lieben Gott ansinnet! — Wahrlich ein Krippenritt! —

L. 3. Inst. quibus **ex caus.** manum. non lic. **saepe de** facultatibus **suis amplius**, quam in his **est, sperant** homines! — Laßt sie doch, die armen Menschen, wenn sie sich durch Selbstbetrug weiter bringen können; — ob so, oder anders! —

Ehemals wirkte das Bewußtseyn der Mühseligkeiten dieses Lebens den Entschluß, der Welt zu entsagen, welcher noch bis jetzt in einer Kirche, wiewohl nur in den meisten Fällen pro forma, Stich gehalten; bei mir wirkt' er das Gegentheil. Nachdem ich mich anders bedacht, fand ich mein Zoar, meine Bücherstube, der Lage nicht angemessen, in die ich versetzt war. Giebt es denn nur Zoars und Sodoms und Gomorra's in der Welt? — So wie die Welt jetzt ist, was meint ihr? scheint sie uns nicht noch am allererträglichsten, wenn wir näher auf sie zugehen, und durch Wandel ohne Krümme ihr ein Beispiel zeigen, nachzufolgen unsern Fußstapfen?

Studium, wenn es Trost des Lebens seyn soll, kann nicht in einem platonischen optischen Kasten, oder in einer bessern Melodie auf den nämlichen alten Text bestehen. Und ist die Speculation etwas Anderes? Laßt euch doch nicht durch den Schall bethören! Der Text ist immer derselbe. Die Stoiker ließen sich, ihrer Philosophie unbeschadet, zu Weltgeschäften brauchen.

Christus war nur vierzig Tage und vierzig Nächte in einer Wüste, und nie wagte sich der Satan an den Heiligen, als eben hier! Fleisch und Blut ist in der Einsamkeit so laut, als es die Thorheit in der Welt ist. — Wer kann mit Speculation und wer mit Weisheit zu Ende kommen? Mit Geschäften aber kommt man zum Ende. Und welch eine Freude, zum Ende zu kommen! Wer sich selbst Arbeiten auflegt, dispensirt sich auch selbst, färbt, eh' man sich's versieht, einen ganzen Monat roth im Calender, und hat alle Augenblick' einen Heiligen, dem er nicht die Messe abschlagen kann.

Geschäften ist bei dem Uebergewicht des Menschen zur Trägheit nichts besser, als ein Muß! — Wenn es schon auf Kunst angesehen ist, warum soll man nicht zu diesem kunstreichen Muß greifen? Wenn die Dienstjahre nur nicht länger, als sechs Jahre, dauren. Jacob diente sieben, und sein Lohn war eine Lea. — Wie man schläft, wenn man was beendiget hat, ist unaussprechlich! Man ruht, man stirbt, man auferstehet, wie neugeboren! Dem Pastor schmeckt's am Sonntag am besten, dem Junker am Ernteschluß, und dem Kaufmann am Posttage. —

Ich überlegte Alles mit meinem Weibe, und sie fand es wie ich. Was findet dies Mariengesicht nicht so?

Sehet! wir gehen hinauf gen Jerusalem, sagten wir einander, und ich entschloß mich, noch einmal mich in Geschäfte einzulassen, wozu ich mich so wenig gedrängt hatte, daß vielmehr die dringendsten Anträge mich zuerst auf den Gedanken brachten. Diese Stelle ist sechsjährig, sie ist wohlthätig für Andere, und ohne alle andere Einkünfte, als Diäten, zu denen ich noch einmal so viel legen muß, um in — — zu leben, wo Alles kostbar ist. —

Mein Weib, wünscht' ich, möchte einen Victualienzettel beilegen. Warum aber Beilage D., zu der ich mich nicht verbindlich gemacht? So muß man geschäftig seyn, wenn uns Geschäfte zerstreuen und hülfliche Hand leisten sollen! Wenn diese Capitulationsjahre geendiget sind, bin ich gegen funfzig, und wer drüber geschäftig ist, glaubt nicht, was Herr v. G— herzlich mitsingen wollte, und nicht mehr konnte; was meine selige Mine mir noch zu guter letzt schrieb:

Nach diesem Elend
ist uns bereit
dort ein Leben in Ewigkeit! —

Ein Versuch! werden viele meiner Leser sagen, und mein lieber ——s desgleichen. Freilich ein Versuch! allein ein mißlungener Proceß in der Chymie brachte das Porcellain an's Tageslicht, welches zwar zerbrechlich ist, indessen doch schön aussieht. Das

Berliner hat eine schönere Malerei, als Porcellain anderer Orte! —

Ein Baum ohne Zweige, ohne Kinder und Erben, schießt in die Höhe! Das will und werd' ich nicht. Mein Muth ist nicht zum Himmelstürmen und das Sechsjahrziel, wie bald verlaufen! Schon jetzt freu' ich mich auf die gütige, milde Ausspannung aus dem Jahr der Standesrücksichten und gewisser Etiketten, ohne die kein Amt ist, und die mir schon seit der kurzen Zeit, da ich eingespannt bin, so drückend sind! — Bei Geschäften, falls sie köstlich gewesen, ist Alles eine authonianische Chrie, wenn's noch so unpedantisch aussieht. — Auch wenn ich von dem Legat der Amazonin, der Frau v. —b—, Gebrauch gemacht, und Mantel, Rock und Kragen angelegt, wär' ich ohne authonianische Chrie abgekommen?

* * *

Jener Heide hörte: Dein Sohn ist todt, da er den Göttern opferte und räucherte; ich nicht also! —

Meine Stunde ist kommen, um von meinen Lesern, vielleicht auf ewig, vielleicht auf sechs Jahre, Abschied zu nehmen. Wer hätte das denken sollen, da ich über die Worte: Kurze Frist, commentirte. Natürlich bringt mich dieses, nach einem Endlich, noch auf ein letztes Endlich!

Ich weiß, was für eine herrliche Sache es ist, den Schlußstein des ganzen Gewölbes zu entdecken, und bei dieser Gelegenheit sich zu überzeugen, daß die Säulenbogen nicht nur schön, sondern auch sicher sind! Weisheit, Stärke und Schönheit an einem dergleichen

Schwibbogen finden, ist so was Erwünschtes, als etwas in dieser Welt, wo so selten der Schlußstein zu sehen ist, nur seyn kann! Ist's aber meine Schuld? — Dacht' ich, Zoar je zu verlassen? Legt' ich es je zu einem Buchstaben so oder anders, mehr oder weniger, in meinem Namen an, um diese Namensveränderung mit mir sterben zu lassen? Kinderlos! bei einem so lieben, edlen Weibe! — Und was soll mir der Lebenslauf meiner Vorfahren in aufsteigender Linie, da keine absteigende vorhanden ist? — So hat es dem Herrn über Leben und Tod gefallen, und er allein weiß es, ob ich noch mein Wort erfüllen, und die beiden fast fertig daliegenden Theile übersehen und ergänzen werde! In meinen Amtsjahren gewiß nicht. Was da Alles auf's Wort merkt! — Gewiß nicht! in den sechs Dienstjahren. —

Verzeiht, lieben Leser! diesen Umschlag, den ich zu machen gezwungen bin.

Sehet, ich gehe hinauf!

So wie ich einen Jeden, wes Standes, Alters und Ehren er ist, hiermit feierlichst ersuche, nichts zu diesem Werke hinzuzuthun, und, unter dem Schein des Rechts, meinen Vater und Großvater durch magische Künste zu citiren; so sey es mir auch erlaubt, zu bitten, nichts von diesen drei Theilen abthun zu dürfen, und das Bild und die projektirte Ueberschrift zum ewigen Andenken so zu lassen, wie Beides da ist! —

Hiermit lebet wohl!

Nach geendigtem Buche, lieber — — es! noch Etwas hinzufügen, heißet: Die Einheit verletzen und der göttlichen Natur eines Buchs zu nahe kommen. Ich bin kein Freund, wenn schon letzte Worte da sind, noch mehr letzte Worte und allerletzte letzte Worte beizufügen. Meinethalben! Ein Paar Züge können freilich nicht helfen, nicht schaden.

Herr v. G— war für's Einfache: Mein Vater hatte für Eins auch eine wahre Achtung; wäre er sonst ein Monarchenfreund gewesen? Im Skelet, sagt' er, scheinen Mann und Weib einerlei. Je näher man der Natur tritt, je mehr überzeugt man sich, daß der liebe Gott Alles vortrefflich rubricirt hat. Sein Häusbuch der Welt hat weniger Artikel, als man glauben sollte. Drei Ingredienzien konnte mein Vater leiden, nicht aber mehr. Verträgt sich doch 'Oel und Essig. — Die neunte Zahl war meines Vaters Liebling. Drei mal drei ist neun.

Eisen war ihm in vielen Rücksichten besser als Gold! — Gold ist Wahn und Zufall, Eisen ist Wahrheit und wirklicher Werth. —

Nur neulich erinnerte mich mein Schwiegervater, daß er wegen des Abschiednehmens mit meinem Vater ein Herz und eine Seele gewesen. So ganz nicht! Etwas kann seyn. —

Mein Vater haßte armselige Allgemeinheiten. Wer Abschied nimmt, singt die Melodie des Todes; Mancher pfeift sie! —

Herr v. W— nannte einen kurzen Abschied, der, wie mich dünkt, der beste ist, den man nehmen kann, einen Schlagfluß; einen feierlichen Abschied, die Hektik, die sich in die Zeit zu schicken versteht.

Wer ohne Abschied aus der Gesellschaft scheidet, oder, wie man sich ausdrückt, sich unsichtbar macht, hat sich, wie mein Vater sagt, selbst umgebracht. —

Mein Vater war kein Tagwähner, Tagfärber! Auf Tagezeiten hielt er sehr! So hab' ich ihn nie des Morgens lachen gesehen! Den Sommer hielt er für den Gelehrten weniger zur Arbeit tauglich, als den Winter. So verkehrt ist die liebe Gelehrsamkeit! Man sagt, Milton, abschon er blind gewesen, soll im Winter bessere Verse gemacht haben. —

Mein Vater war ernsthaft, hager und hielt sich gerade. Ein gewisses Nachdenken, das wie Schwermuth aussahe (so sieht das Nachdenken gemeinhin aus, vielleicht weil wir zu sehr wissen, daß wir nicht weit damit kommen), war in seinem ganzen Gesichte verbreitet. Er war sonst heiter und guter Dinge. Selten griff ihn Etwas an. — Die Augen hatten ein besonderes Feuer. — Die Lerche singt im Fluge, so auch ächte Dichter. Der Philosoph steht. Oft, wenn er spazieren ging, blieb er stehen, die linke Hand auf seinen großen weißen Stock gelegt, und mit der rechten sich aufgestützt.

Da sehen die meisten Leute diese Welt als eine Spielgesellschaft an, wo die Klugen nichts weiter thun, als Parthien machen. Einigen scheint sie, wie ein Schauspiel, wo sich der Zuschauer, bloß weil er seinen Platz bezahlt hat, über Andre zu lachen berechtiget hält. Der Weltpatriot sieht dies Leben als Zeit und Gelegenheit zu ernsthaften Dingen an, wenigstens hält er sich verpflichtet, Vorsätze hierzu zu fassen. Gott segne seine Studia.

Mein Vater stritt, ohne eben darauf auszugehen, Recht zu behalten. Jeder wird seines Glaubens leben, war sein Glaube. Meine Mutter pflegte zu sagen, er sey von der streitenden, nicht aber von der triumphirenden Kirche.

Ich möchte wetten, er hätte gern einen Ring getragen, wenn er nicht Pastor gewesen. Herr v. G— seliger gewiß nicht, um wie viel nicht. —

Mein Vater setzte nichts in's Spiel, was er lieb hatte. Meine Mutter glaubte, man könne seine Zuneigung zu allem Leblosen nicht anders an den Tag legen, als wenn man es an einen Ehrenort setzte. Selbst war sie für Gewölbe, bis mein Vater sie davon, wie vom Kreuzschlage, abrachte. Mein Vater brauchte Alles, was er lieb hatte. Durch's Aufbewahren, bemerkt' er, zerbricht Alles leichter. Peinlichkeit schadet überall. Wenn man mit der Dose im Umgange ist, wird sie zuletzt ganz dreist mit uns, und so bekannt, daß sich keines vor einander scheut, weder ich noch sie. Ist es nicht thöricht, sich Knoten in's Schnupftuch machen, um sich an dies und das zu erinnern?

Was er doch über die Theilung von Polen gesagt haben würde, wenn er sie erlebt hätte?

Gern, lieber Freund! — — hätt' ich gewünscht, Sie hätten meinen Vater, wenn nicht gekannt, so doch einmal gesehen. Er gehörte unter die sichtbaren und unsichtbaren Geschöpfe, und war in allen Rücksichten ein verehrungswürdiger Mann.

Männer seiner Art sieht man gern. Eine doppelte Persönlichkeit am Kern und Schaale, Körper und Geist! —

Es giebt Leute, an denen es auffällt, daß sie den Leib nur wie einen Schlafrock umgeworfen. — Er hängt so, wie ein Dieb am Galgen. — Meinem Vater war der Leib auf die Seele gemacht, so wie man vom

Kleide sagt: Es ist auf den Leib gemacht. Es war ihm Maaß genommen. Ein feiner Anzug! — Keine steife Leinwand, Alles so locker und ädellose und doch anprobirt! Wie auf den Leib gegossen. Oft ging er für die Seele. Es giebt wirklich Seelenbewegung, wobei man ordentlich fühlt, daß der Leib keinen Antheil hat. Den Magen nannt' er die Wurzel des Thieres; das Gehirn die Wurzel der Seele.

Zu orthodox? Er war freilich den Grundsätzen seiner Kirche treu; allein wahrlich, er würde den kindlichen Communionshunger des Johann Jacob Rousseau, welcher auch in meinem Buche Todes verblichen, gestillt haben. — Meine Mutter, die eine Schutzpatronin der leidigen Erbsünde war, hätt' ihn zwar ohne Gnad' und Barmherzigkeit vom Tisch des Herrn gewiesen und wider seinen Zutritt in bester Rechtsform protestirt; allein mein Vater nicht. Wahrlich, wahrlich! ich sag' es euch, er hätt' ihm diesen Tisch gedeckt und einem so hungrigen und durstigen Manne das Brod gebrochen und diesen Kelch gegeben. Ihm, der Brüder und Schwestern suchte, und so viel Seelenmordbrenner und Gewissensvergifter fand, daß er zuletzt meinem vierschrötigen Freunde Hume nichts Gutes ansahe, und ein solch wunderlicher Seelen- und Leibes-Physiognomist ward, daß sich Gott erbarm'! Nie kann ich es vergessen, was mein Vater, der mit dem Apostel Johann Jacob nur nach meiner Zeit näher bekannt worden, meiner Mutter (aus dem Einhornschen Geschlecht) bei Gelegenheit, daß sie den Stab über den Herrn v. G— brach, dessen er sich in seiner Abwesenheit immer ritterlich annahm, zurief: Preußen! Holland! Toleranz hin, Toleranz her! Ein

Anderes ist Toleranz aus Commercium-Absicht, ein Anderes von Gotteswegen. Ein Anderes Holland, ein Anderes (er nannte ein Land). — Glaub' mir, mein Kind! wer würd' in Holland und — dem Herrn Christo die Communion versagen, wenn er da wäre? Die Narren! ohne zu bedenken, daß er sie in der Nacht, da er verrathen ward, eingesetzet hat. Nenne mir ein Land, liebe orthodoxe Seele, wo man ihn nicht kreuzigen würde? Wo er nicht noch in manchem seiner Jünger (Rousseau und —) gekreuziget wird? Lieber Rousseau! Ich habe dich meinem Schwiegervater empfohlen, und er feiert deinen Sterbetag, obgleich du nicht von Adel bist. — Mehr vermag ich nicht. Meine Mutter hätte dir kein Monument in der Speisekammer errichtet! Ob mein Vater zum Eugen im Prunkzimmer zur rechten Hand unterm Spiegel gesagt: Weiche diesem! weiß ich nicht. Wenn ich erwäge, daß du, wie alle edle Menschen, nicht hattest, wo du dein Haupt hinlegtest, und da dich dürstete, dir nichts gegeben ward, als Essig und Galle, so fällt mir der Spruch ein: Was ihr gethan habt einem meiner geringsten Brüder, das habt ihr mir gethan! —

Geburt, sagte mein Vater, klebt an bis in's Grab. Wahrlich, er hatte Recht! Die wahre Religion ist die, in der man geboren und erzogen ist. Erziehung ist ein Stück von Geburt; Seelengeburt! Seht selbst Gelehrte, wenn sie von schlechtem Herkommen sind, wie sie sich nach ihres Geburtsgleichen sehnen! — Sie finden, daß der gemeine Mann eben so klug ist, wie der Hofmann, nur daß ihm der Ausdruck fehlt, zu dem ihn doch zuweilen ein Gläschen über'n Durst bringt, und dann ist dieser Ausdruck immer treffender und wärmer, als der Ausdruck des Hofpapageien. Gelehrte von geringer Abkunft wollen nicht Engelassen, sondern Menschen seyn. Thun sie ja, als wüßten sie auch, wie es bei Hofe zugeht, so steht's ihnen gewaltig übel. — Selten ist Geschmack in ihrer Kleidung, am wenigsten bei Perücke und Schuhen. Ein Schweinbraten kommt bei einer wirklichen Hofschüssel zu stehen. — Etwas Wohlfeiles in ihrem Ausdruck, und dann zuweilen ein Schwung, daß man frägt: Wo sind sie geblieben? Sie nehmen sich des gemeinen Mannes an, und wollen es nicht seyn.

Ich weiß nicht, ob es meinen Lesern nicht aufgefallen, wie sehr mein Vater, von je an, Zeichen einer guten Geburt schimmern lassen. Er hatte wahrlich eine sehr feine Lebensart. Ein gewisses Selbstgefühl war ihm eigen, bei einer edlen Mittheilung auch immer ein gewisser Rückhalt, der Leuten von Stande eigen ist! — Aus diesem Gesichtspunkte wird man Manches so nach und nach auflösen, was in seinem Charakter sich zu widersprechen anscheint, und sich nicht widerspricht. Nie wand sich das Licht in einem schwarzen Chaos, eh' es herausspritzte. Es spritzte nicht, es floß. — Er schrie nicht, er sprach, und es ward. Sein Ausdruck war nie gemein, allein auch nie schwer. Er war kein Tongeber, allein auch kein Tonnehmer. — Die Italiener bitten auf's Casino zu Gast. Sie wollen's zu gut in ihrem Hause machen, und lassen es lieber gar bleiben. Der ist geborgen, der schon bei ihnen im Saal ist. Licht ohne Ende. Allein auf der Treppe stößt man sich den Kopf.

Vielleicht hätten wir, ohne menschliche Seele, Anlage zu Hausthieren, sagte mein Vater; und dann wieder: kaum!

Meine Mutter hatte die beliebte Pastor-Erklärungs-Wendung: Als wollte er sagen. — Wenn er Pastorin in — gewesen, fiel mein Vater ein. Die Commentatores empfehlen, was jetzt getragen wird. Sie machen aus einem Kopf- ein Kniestück und flicken ein Stück Leinwand an, das sie nach Gutdünken bemalen. — Schade um den alten guten Rahmen, aus dem sie den Kopf gehoben! Meinst du? Jammer und Schade um das Bild! Ein junger hohnsprechender Pastor, der von — kam, ließ sich aus: Er würde eine Vorsündfluths-Weltgeschichte schreiben und der Bibel Vorfluth schaffen. Mein Vater vermied so sehr als möglich, mit ihm zusammen zu seyn. Noch ist das Werk nicht heraus. —

Mein Vater war nie verlegen über seine Predigten. Im gemeinen Leben schien er rednerisch; es war aber bloß ein lebensartiger Ausdruck. Die Redekunst macht seichte Köpfe, pflegte er zu sagen, und wenn einige seiner vernünftig milchlautern Collegen sich unter einander beschwerten, daß sie nichts mehr zu predigen wüßten, und daß sie sich ausgepredigt hätten, versicherten; so konnt' er dies eben so wenig begreifen, als daß irgend Jemandem die Zeit lang werden könne. Oft nahm er eine Blume, einen Ast aus der Sonntags-lection, Evangelium oder Epistel, oft ging er sie ohne meiner Mutter: Als wollt' er sagen, nach ihrer ganzen Länge durch. Kopf- blieb Kopf- — Kniestück, Kniestück! —

Wenn Christus, sagte meine Mutter, eine Bibel vom Himmel gebracht, wie doch die gewesen wäre!

Darstellung, sagte mein Vater, ist der nächste Weg zum Menschen. Wer durch die Speculationsthür kommt, ist ein Miethling! —

Die Feierlichkeit, mit der mein Vater Alles that, war so sehr von der Festlichkeit des Herrn v. W— unterschieden, daß ich behaupten kann, bei Einem war der Leib, bei dem Andern die Seele im Sonntagsgewand.

Meine Leser! (oder soll ich mich bloß zu dir, mein guter — —es! wenden?) werden dieses Sonntagskleid oft gefunden haben; nie aber mehr, als wie er: Licht! rief. — Das Papier glühte so feierlich, sagte meine Mutter, als wenn einst Gott den Bogen Papier des Himmels am Licht anzünden wird.

Meine Mutter konnte ihm seine Kopfunterlage im Bette nicht hoch genug machen! Es war ein Berg aus lauter Matratzen. — Herr v. G— hatte fast nichts unter'm Kopf. —

Salbey, ein Kraut, woraus die Alten viel machten, ward, meinem Vater zu Gunsten, an die meisten Schüsseln gelegt, die meine Mutter anrichtete. —

Er schöpft die Natur so von oben, sagte meine Mutter, wie ich den Milchrahm; obgleich sie auch naturfinderisch war.

„Gleich das erste Jahr nach unserer Hochzeit ging ich mit ihm spazieren, wir sahen eine Eiche, die am Zaun stand. Sieh nur, sagte er, sie sieht auf den Zaun, dessen Kinder und Kindeskinder sie beleben wird."

Von abgerissenen Blumen, die im Zimmer ihr

Leben aufgaben, war er kein Liebhaber. — Man riecht den Todesschweiß, sagt' er, und ihre Verwesung!

Meine Mutter konnte nicht vergessen, daß er die Frösche einst Dorfmusicanten genannt.

Wie die Blumen und Bäume da schlafen, sagt' er einen schönen Abend zu mir (Alles aus dem Munde meiner Mutter), da uns der Mond herausgelockt hatte. Sieh! einige Blätter legen die Füße zusammen, andere legen sich ganz zu. Alles anders, als wenn es wacht! Zweige beugen sich, als wenn du in dem Stuhl eingeschlafen bist. Wie schön Alles eingeschlummert ist! Gute Nacht! lieber Mond. —

Was meines Vaters theosophischen Ausdruck betrifft, so hat uns Herr v. G— der Selige, auf so manche Spuren gebracht, die meinem Vater zur Phyllobolie dienen können. Wasser ist Mutter, Feuer Vater! sagt' er. — — —

Ueber die Liebe sprach er gern und gewaltiglich. Sie hat, versichert' er, wenn er menschlich darüber sprach, die Adjectiva erfunden. Kam er auf die Epistel am Sonntage Quinquagesimä: Erste Corinther das dreizehnte Capitel; so wußt' ich nicht, wo ich war, sagte meine Mutter, und ob er mit Menschen- oder Engelzungen redete.

Meine Mutter hatte diese Liebessprache so zu Herzen genommen, daß auch sie in die Liebe verliebt war, wie die Priesterwittwe mit den funfzig Thalern Alb. sich ausdrückt. Wahrlich! die Liebe ist ein Hauch Gottes, ein elektrischer Funken, ein Geheimniß, so gemein sie da aussieht. — Es gehört Kraft und Macht dazu, zu lieben, und geliebt zu werden. — Auch meine Mutter hatte Flügel der Morgenröthe, welche das Lied:

Was willt du armes Leben, niederdrückten. Sie sprach, wie mein Vater, gewaltiglich über die Liebe.

Die Epistel am Sonntage Quinquagesimä hebt sich an:

> Wenn ich mit Menschen- und mit Engelzungen redete und hätte der Liebe nicht, so wär' ich ein tönend Erz oder eine klingende Schelle,

und schließt:

> Nun aber bleibt Glaube! Hoffnung! Liebe! diese drei: Die Liebe ist die größte unter ihnen. —

Am ein und zwanzigsten Sonntage nach Trinitatis ging mein Vater, nach meiner Mutter Meinung, wie ein geistlicher Ritter gestiefelt und gespornt auf die Kanzel. — Herr v. G— Seliger hatte bemerket, am Sonntage Quinquagesimä — wie ein Goldmacher. — Liebe ist die Firmekung der Seele, sagte mein Vater u. s. w.

Die heilige Eins meines Vaters ist uns bekannt, und seine heilige Drei desgleichen.

Man muß Gott, sagt' er, nicht verkörpern und den Menschen nicht vergöttern. Statt Leib und Seele, sagte er oft: Meine Physik und Metaphysik, und diese Ausdrücke sind noch in der dortigen Gegend gäng und gäbe bis auf den heutigen Tag.

Der Geiz sieht auf die Folge der Sache. Wenn Andere spazieren fahren, denkt er, sie werden wieder zu Hause kommen, und dann sind sie eben so klug, als ich, der ich zu Hause geblieben. Ich könnte, denkt er, wenn ich wollte, auch traktiren, und giebt Keinem Salz und Brod.

Mein Vater pflegte sehr artig die Christen aus diesem Gesichtspunkte des Geizes zu beschuldigen, die nur bloß bei ihrem Gutseyn (doch wer ist das, als Gott?), bei ihrem Bestreben gut zu seyn, auf die andre Welt sehen. — Er war kein Feind dieses Lebens, obgleich er mit einer seligen Fassung starb, und wirklich auch in der Hoffnung selig war eines künftigen Lebens.

Er ging mit der Sonne unter, wie ich schon gemeldet habe. —

Er starb, sich vollständig bewußt, und nur in einer Stunde, in der er viel griechisch redete, schien die Einbildungskraft der Vernunft das Uebergewicht abgewonnen zu haben. Es währte indessen nicht lange, und Alles war wieder an Stell' und Ort.

Er dachte an mich mit herzlichem väterlichen Segen.

Meine Mutter fragt' ihn, ob es ihm leid thäte, daß ich Alexander hieße? Er lächelte. Gern, wie sie schreibt, hätte sie ihn wegen seines Vaterlandes und nach einer schweren Menge ihr unauflöslicher Dinge gefragt, wenn sie, wie sie anmerkt, Herz gehabt. Er sah so himmlisch aus, daß meine Liebe sich in Achtung verwandelte, schreibt sie. Liebe frägt, fuhr sie fort; Achtung merkt auf. Mein Vater starb mit den Worten: N i m m m e i n e n G e i s t a u f! — Er verstummte nicht, schreibt meine Mutter, dieser treue Lehrer! Er blieb nicht im Worte. Der Geist vertrat ihn und half seiner Schwachheit aus. Man hörte ganz vernehmlich: N i m m m e i n e n G e i s t a u f!

Sobald er kalt war, sang sie das Pfingstlied:

Nun bitten wir den heiligen Geist
Um den rechten Glauben allermeist,

Daß er uns behüte! an unserm Ende,
Wenn wir heimfahren aus diesem Elende!
Kyrie Eleyson!

* * *

Auch dies ist vollendet. Ein kleines Stück aus dem vierten Theil! — Weit weniger, als ein Fragment!

Daß ich schon in Jerusalem bin, wo ich hinaufging, will ich noch kürzlich bemerken. Ich will ausdauern, aber wahrlich Niemandem rathen, in's Geschäftskloster zu gehen, um sich zu zerstreuen. — Lieber J———es, laß dich nicht gelüsten!

Ein ehrbarer römischer Rathsherr ließ sich auf's Grab schreiben: Hier liegt Similis, ein alter Mann, der doch nur sieben Jahre gelebt hat. Sieben Jahre lebte er in Similis Höfchen — das Andere von seinem Leben gehörte nicht ihm! — —

Sechs Jahre, weniger fünf Monat! Gott wird helfen! Amen! —

Eben hat Mine mir wieder ein Pröbchen von ihrer Dichtungsgabe vorgelesen. Da ist es. — Es enthält eine treue Beschreibung meines Festungsgartens, den sie spottweise Alexandrien nennt. Meine Arbeitsstube geht in diesen Garten, so, daß ich ihn mir eigen mache. —

Alexandrien.

Ist die Welt denn etwas Anderes, als ein Vogelbauer, wo man sich herumdreht, und, wenn es recht lustig hergeht, Spross' auf Spross' abspringet? Klage nicht über dein Gärtchen, das rings umher mit Häusern umgeben ist, so daß dir nur nach oben zu freie Aussicht übrig bleibt. Giebt's eine andere freie Aussicht, als die nach oben gen Himmel? O die schöne Gipsdecke Gottes, so schön kann kein Künstler sie nachmachen! Alles können Maler und Zeichner nachbilden, nur den Himmel nicht. Wie kann man die Welt in eine Kammer bringen? den großen Gott in ein Haus, wenn's auch einen Thurm hat? Sieh dich um in deinem Gärtchen, sind die nachbarlichen Mauern nicht grün behangen, und so schön von der Natur bewirkt, daß man die Festungsmauer ringsum nicht wahrnimmt? Willst du mehr, als diese augenstärkende, herzerfrischende grüne Tapete? Das Grasstück Wiese, und diese lebendige Wand, Wald; was hat die Erde herrlicher? Was war im Paradiese mehr, als Bäume und Gras? Und sieh nur jenen großen Baum! Er stammt geradesweges vom Baum des Lebens im Paradiese. Wie herrlich er da steht, sich verbreitet und sich einbildet, deinen ganzen Garten befassen zu können! Laß ihn groß thun, diesen Baum aus so gutem Hause, laß ihn groß thun! Es kostet ihm am meisten. Das Gras braucht Schatten und die Hecke Aeste, die ihr zu Hülfe kommen. Sieh! wenn dieser Lebensbaum ihr nicht unter die Arme griffe und aushülfe, sie würde nicht bis oben zu die Mauer bedecken, die Allem, was grün ist, so spinnenfeind ist. Auch würde die Sonne sonst dieser nur frisch gepflanzten Hecke das Kleid beflecken und es verderben, ehe der Herbst kommt und es Zeit ist. Klein ist dein Garten; allein merkst du nicht, wie Alles sich bestrebt, sich darnach einzurichten? Die Biene sumset so laut nicht, um den Finken nicht zu stören, der deinen kleinen Garten sich zur Kapelle geheiligt hat, sein Morgenlied abzusingen — und wenn die der Welt abgestorbene Philomele deine kleine Einsiedelei entdeckt, was sollte sie abhalten, hier ihr Klagelied anzustimmen und diese Einsamkeit dem vögelreichen, lärmvollen Walde vorzuziehen, welcher ihrer nicht werth ist! — nicht werth!

Sieh, wie der Sperling sich in der Stille paart, um durch sein galantes Zwitschern keinem gesitteten Bürger deines Gartens durch Ueppigkeit ein böses Beispiel zu geben!

Groß ist dein Garten dem Weisen, dem Guten, dem nichts zu klein ist, wie unserm Herr Gott! Einen so großen Erdschollen, als der Mensch zum Grabe braucht, hat er auch nur nöthig, froh zu seyn! — Wie weit mehr hast du! Du und dein Weib können in diesem Gärtchen begraben werden und selig ruhen, und doch bleibt noch Raum für einen Menschenfreund, dem Philomele beistimmt, wenn er unsern Tod beweint! —

* * *

Eben ein Brief, daß meine Schwiegermutter außer Hoffnung sey. — So stirbt denn Alles, was gut ist! — Vielleicht bessert sie sich! Gott geb' es! —

Meine Mine will den ältesten Sohn des Nathanael, Alexander genannt, erziehen. Mag sie sich wissen!

Hiermit lebet wohl! Das waren die Worte, in die mein Freund — — es griff. Jetzt, da ich auch ihn befriediget, kann ich mit völlig entledigtem Herzen lebt wohl! wiederholen. Wenigstens habt ihr doch Etwas von der aufsteigenden Linie, so daß Bild und Ueberschrift dieses Buches zum kleinen Theil erfüllt ist. — Sterb' ich in den sechs Jahren, gönnt mir die Ruhe! — Laßt, was ich euch gesagt habe, im Segen bei euch bleiben. Ich lasse euch den Frieden, ich gebe euch den Segen des Friedens Gottes, der höher ist, denn alle Vernunft! Nicht geb' ich euch den Frieden, wie die Welt giebt, die mit ihrer Lust vergehet. Euer Herz erschrecke nicht ob dem großen Gedanken vom Reiche Gottes, und fürchte sich nicht. Weiter, lieben Brüder! was wahrhaftig ist, was ehrbar, was gerecht, was keusch, was lieblich, was wohl lautet, ist etwa eine Tugend, ist etwa ein Lob, dem denket nach! Der Gott des Friedens sey mit euch und meinem Geiste! Amen! —

Legt es dazu an, Freunde! daß wir uns einst wiederfinden in der Versammlung der Guten, nach die=

ser Zeit Leiden, wo so Mancher seine Mine, seinen Pold wiederfinden wird, unter den Verklärten des Herrn! —

Liebes holdes Mädchen! schäme dich der Thräne nicht, die dir entfiel! Deine Liebe zu dem Vertrauten deiner Seele war eine edle, gute Liebe. Du wirst ihn wiederfinden, deine Traurigkeit wird in Freude verkehrt werden. Du hast deinen Willen überwunden, der Welt halber, du hast über die Welt gesiegt, in welcher du Angst hattest! Sey getrost! —

Auch du, kinderloser Mann! der du Kraft fühltest, dir Nachkömmlinge zu erwecken, der du jene astronomische Prophezeihung nicht zu hoch fandest, zähle die Sterne, kannst du sie zählen; also soll auch deine Nachkommenschaft seyn! — Du in deiner Kraft durch den Weltlauf erstickter edler Mann, nimm Trost aus meinem Beispiel! Sieh! ich werde, ohne mich fortzupflanzen, versammelt zu meinen fruchtbaren Vätern. Kein Sohn wird bei meinem Grabe gen Himmel sehen und sagen: Mein Vater! — Keine Tochter wird ihre Hände ringen und meine Gebeine begrüßen mit einem: Ruhet wohl! Und sieh, Freund! Du bist weiblos, und ich habe eine Mine und sie hat mich! — Weib meiner Seele! Wende dein Auge, ich seh' es brechen, wend' es! Ich bitte, ich flehe! Laß mich mit diesen Kinderlosen allein! Unser Pold siehet das Angesicht unsers Vaters im Himmel, der heute, nach einer so langen Dürre, regnen ließ. Blick' her, wie sich der Baum vor dem Fenster erholt hat. Unser Pold ist bei Gott. Die Gerechten werden weggerafft vor dem Unglück, und die richtig vor sich gewandelt, kommen zum

Frieden und ruhen in ihren Kammern. — Freund! hast du sie gesehen? Hast du mich gehört? O danke Gott, daß du kinder- und weiblos bist, daß du nicht nöthig hast, ein Weib zu trösten ihres einzigen Sohnes halber! Wie weit glücklicher bist du! —

Die Freude an Gott und seinem Reiche sey unsere Stärke. Bis unser Ende kommt, wollen wir nicht weichen von unserer Frömmigkeit. Vergiß, Lieber! was dahinten ist, und strecke dich nach dem, was da vorn ist; jage nach dem vorgesteckten Ziel, nach dem Kleinod, welches verhält die himmlische Berufung. — Wandle würdiglich, dem Herrn zu gefallen, und sey fruchtbar in allen guten Werken, bis uns der Herr erlöset von allem Uebel und uns aushilft zu seinem himmlischen Reiche! Denk, Einsamer! wenn du Kinder hättest, die deine grauen Haare in die Grube brächten? Kinder, deretwegen du wie Eli, der Priester, den Hals brächest, halsbrechende Söhne, Absalons, die die gerechte Seele quälen Tag und Nacht. Hat denn dein Bruder nicht einen Sohn? und ist sein paradies-natürliches Weib nicht wieder gesegnet? Sey frohen Müths! Gott kann dir aus Steinen Kinder erwecken. Dein Leichenstein, wenn er glücklich gelegt ist, kann deinen Namen einem Seher in's Gesicht bringen, der dich in sein ewiges Buch schreibt; da lebst du dann so gut, als durch deine Nachkommen! — —

Soll ich euch, geliebtesten Leser! über sechs Jahre, wie ich hoffe, wiedersehen; so geb' es Gott, daß wir uns guten Muths treffen! Er, der mein Innerstes sieht, weiß, mit welchem Herzen ich von euch scheide! Meine Seele ist betrübt bis in den Tod! —

Gott schenke euch viel Freude! — Dank euch drei Männern, die ihr mich geleitet habt! Der Engel des Herrn geleite euch wieder, und du, mein lieber — — es, dem ich dies ganze Buch zu Gefallen geschrieben, danke nicht: Es ist gern geschehen!

Lebt Alle, Alle, wohl! fromm und glücklich!

Stehet auf und lasset uns von hinnen gehen!

Kolibri 360 GmbH
Ferdinand-Jühlke-Straße 7
99095 Erfurt, Deutschland
produktsicherheit@kolibri360.de